高等职业学校电类专业教材

PLC应用技术（三菱）

（第三版）

邓 霞 主编

中国劳动社会保障出版社

简　介

本书是高等职业学校电类专业教材，主要内容包括 PLC 基础知识、FX 系列 PLC 编程软件的操作、PLC 应用基础、顺序功能图、数据处理类应用指令、程序控制类应用指令、PLC 与外围设备的综合应用 7 个课题。

本书由邓霞任主编，陈雄成任副主编，何醒燊、佘艳、李玲、易明、瞿彩萍参加编写；周照君审稿。

图书在版编目(CIP)数据

PLC 应用技术：三菱 / 邓霞主编. --3 版. --北京：中国劳动社会保障出版社，2024. --(高等职业学校电类专业教材). --ISBN 978-7-5167-6681-1

Ⅰ. TM571.61

中国国家版本馆 CIP 数据核字第 2024H1N446 号

中国劳动社会保障出版社出版发行

（北京市惠新东街 1 号　邮政编码：100029）

*

北京市科星印刷有限责任公司印刷装订　　新华书店经销

787 毫米×1092 毫米　16 开本　17.25 印张　398 千字

2024 年 12 月第 3 版　　2024 年 12 月第 1 次印刷

定价：37.00 元

营销中心电话：400-606-6496

出版社网址：https://www.class.com.cn

https://jg.class.com.cn

前言

为了更好地适应高等职业学校电类专业教学要求，全面提升教学质量，我们组织有关学校的一线教师和行业、企业专家，充分调研企业生产和学校教学情况，广泛听取各职业院校对教材使用情况的反馈意见，对高等职业学校电类专业基础课教材和电气自动化技术专业教材进行了修订，并做了适当的补充开发。

本次教材修订（新编）工作的重点主要体现在以下几个方面。

更新教材内容

以《电工（2018 年版）》等国家职业技能标准为依据，根据电类专业毕业生所从事职业的实际需要和教学实际情况的变化，合理确定学生应具备的能力与知识结构，适当调整部分教材的内容及其深度、难度；根据相关工种及专业领域的最新发展，在教材中充实“四新”内容，更新设备型号和软件版本；根据最新的国家标准、行业标准编写教材，保证教材的科学性和规范性。

创新教材形式

在专业课教材中融入工学一体化课改理念，以代表性工作任务为载体，按照工作过程设计和安排教学活动，实现理论与实践的统一，使学生在贴近生产实际的具体情境中学习，从而提高在工作过程中分析问题和解决问题的综合职业能力。

在部分专业课中，配套开发学生用书，按照“资讯、计划、决策、实施、检查、评价”六个步骤进行教学设计，通过引导问题和课堂活动设计体现，贯彻以学生为中心、以能力为本位的教学理念，引导学生自主学习。

增强表现效果

尽可能使用图片、实物照片和表格等形式将知识点生动地展示出来，达到提高学生学习兴趣、提升教学效果的目的，并在《数字电子技术》（第三版）等教材中采用双色印刷方式，在《机械基础（非机械类）》（第二版）等教材中采用彩色印刷方式，使内容更加清晰明了，进一步增强表现效果。

提升教学服务

为方便教师教学和学生学习，在传统纸质资源基础上，充分利用信息技术，构建“1+3”的教学资源体系，即 1 本学生用书或习题册，加上视频动画资源、电子课件、习题册参考答案 3 种互联网资源。其中，视频动画资源主要为针对重点、难点内容制作的微视频或演示动画；电子课件依据教材内容制作，为教师教学提供帮助；习题册参考答案则针对教材配套习题册编写，为教师指导学生练习提供方便。

视频动画资源、电子课件和习题册参考答案均可通过技工教育网（https://jg.class.com.cn）在线观看或下载使用。

编者

2024 年 10 月

目录

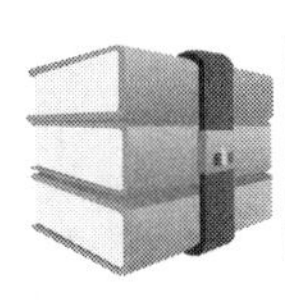

课题一　PLC基础知识

任务1　认识PLC

学习目标

1. 了解PLC的产生和应用场合。
2. 熟悉常用的PLC产品。

任务引入

可编程序控制器（PLC）是以微处理器为基础，综合了计算机技术、自动控制技术和通信技术发展起来的一种通用工业自动控制装置。PLC具有体积小、功能强、程序设计简单、灵活、通用等一系列优点，而且具有高可靠性和较强的适应恶劣工业环境的能力，是实现工业生产自动化的支柱产品之一。本任务的主要内容是了解PLC在工业生产及生活中的应用，从直观上初步认识PLC，包括PLC的实物外形、品牌、种类、主要技术指标及特点等。

相关知识

一、PLC的产生和应用

自20世纪60年代起，工业产品出现了多品种、小批量的发展趋势，而各种生产流水线的自动控制系统基本上是由继电器控制系统构成的，产品的每一次改型都直接导致继电器控制系统的重新设计和安装。为了尽可能减少重新设计和安装的工作量，降低成本，缩短周期，于是设想把计算机系统的功能完备、灵活、通用与继电器控制系统的简单易懂、操作方便、价格便宜等优点结合起来，制造一种新型的工业控制装置。为此，美国通用汽车公司在1968年公开招标，要求用新的控制装置取代继电器控制系统。1969年，美国数字设备公司（DEC）研制出了第一台 PLC，型号为 PDP-14，用它取代传统的继电器控制系统，在美国通用汽车公司的汽车自动装配线上使用，取得了巨大成功。这种新型的工业控制装置以其简单易懂、操作方便、可靠性高、通用、灵活、体积小、使用寿命长等一系列优点，很快在美国其他工业领域推广应用。

随着 PLC 应用领域的不断拓宽，PLC 的定义也在不断完善。《可编程序控制器　第 1 部分：通用信息》（GB/T 15969. 1—2007）中，将可编程序控制器定义为一种用于工业环境的数字式操作的电子系统。这种系统用可编程的存储器作面向用户指令的内部寄存器，完成规定的功能，如逻辑、顺序、定时、计数、运算等，通过数字或模拟的输入/输出，控制各种类型的机械或过程。可编程序控制器及其相关的外围设备的设计，使它能够非常方便地集成到工业控制系统中，并能很容易地达到所期望的功能。实际上，现在 PLC 的功能早已超出了它的定义范围，主要应用于开关量逻辑控制、运动控制、闭环过程控制、数据处理和通信联网等。图 1-1 和图 1-2 所示是两个应用实例。

图 1-1　选用通用电气（GE）公司 PLC 的某开关量控制盘

图 1-2　选用 A-B 公司 PLC 的某造纸厂控制柜

二、常用的 PLC 产品

美国是 PLC 生产大国，著名的 PLC 制造商有莫迪康、德州仪器等。欧洲著名的 PLC 制造商有西门子、AEG 等。图 1-3 和图 1-4 所示为西门子公司的 PLC 产品。日本有许多 PLC 制造商，如三菱、欧姆龙、日立等。

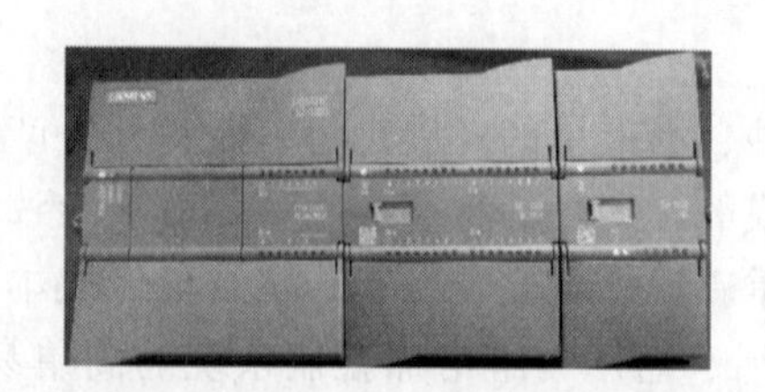

图 1-3　西门子公司 S7-1200 系列 PLC

图 1-4　西门子公司 S7-1500 系列 PLC

三菱公司的 PLC 产品进入中国市场较早，其小型机 F1/F2 系列是 F 系列的升级产品。F1/F2 系列加强了指令系统，增加了特殊功能单元和通信功能，比 F 系列 PLC 具有更强的控制能力。继 F1/F2 系列之后，20 世纪 80 年代末三菱公司又推出 FX 系列 PLC，在容量、速度、特殊功能、网络功能等方面都有了全面的加强。FX_2 系列是在 20 世纪 90 年代开发的高功能整体式小型机，它配有各种通信适配器和特殊功能单元。FX_{2N} 系列是 FX_2 系列的换代产品，FX_{3U} 系列是近些年推出的高功能整体式小型机，它是 FX_{2N} 系列的换代产品。三菱公司还不断推出了满足不同要求的微型、小型 PLC，如 FX_{0S}、FX_{1S}、FX_{0N}、FX_{1N}、FX_{5U} 等系列产品。图 1-5 所示为三菱公司带扩展模块的 FX_{3U} 系列 PLC。

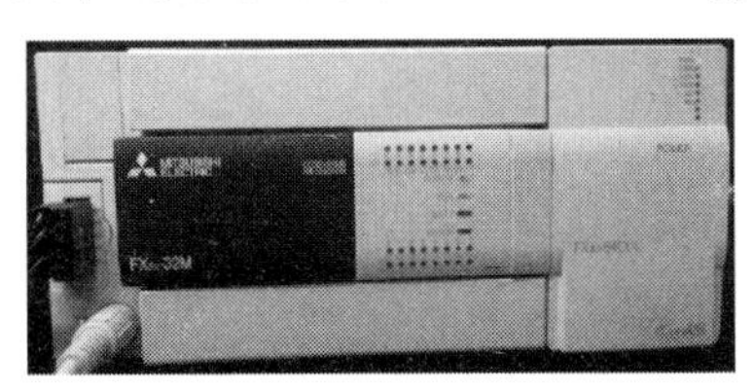

图 1-5　三菱公司带扩展模块的 FX_{3U} 系列 PLC

三菱公司的大、中型机有 A 系列、QnA 系列、Q 系列，具有丰富的网络功能，I/O 点数可达 8 192 点。其中 Q 系列具有超小的体积、丰富的机型和灵活的安装方式，同时具备双 CPU 协同处理、多存储器、远程口令等功能和特点，是三菱公司性能较高的 PLC。图 1-6 所示为三菱公司的 Q 系列 PLC。

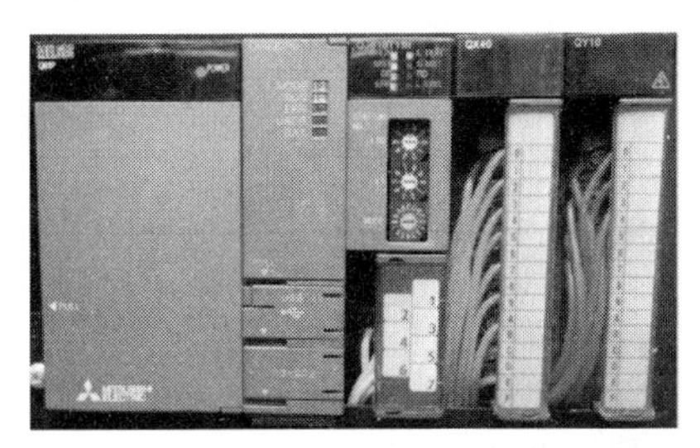

图 1-6　三菱公司的 Q 系列 PLC

目前，我国有许多自主研发的 PLC 设备。图 1-7、图 1-8 所示为黄石科威自控有限公司的 PLC 产品，图 1-9 所示为深圳市汇川技术股份有限公司的 PLC 产品，图 1-10 所示为上海海得控制系统股份有限公司的 PLC 产品。

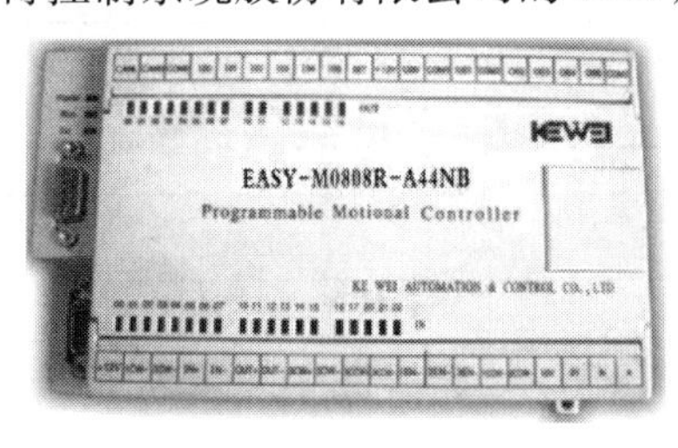

图 1-7　黄石科威 PLC（24 点混合型通用 PLC）

图 1-8　黄石科威 PLC（PLC 型运动控制器）

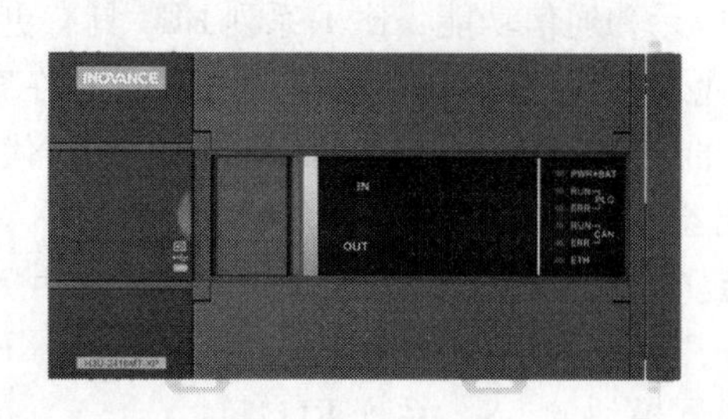

图 1-9　汇川 PLC

图 1-10　海得 PLC

任务实施

一、参观学校 PLC 实训室

参观学校 PLC 实训室，指出实训设备中 PLC 各部分的结构组成；记录 PLC 的品牌及种类；查阅相关资料，了解 PLC 的主要技术指标及特点，填入表 1-1。

表 1-1　参观学校 PLC 实训室记录表

序号	品牌及种类	主要技术指标	特点
1			
2			
3			
4			

二、参观工业自动化企业

在学校教师的带领下，参观工业生产自动化程度较高的企业，了解电气自动化在企业应用的现状及发展趋势，观察自动化设备的运行情况，听企业工程师讲解 PLC 在控制系统中所起的作用，填写表 1-2。图 1-11 所示为 PLC 在工业生产中的应用。

表 1-2　参观工业自动化企业记录表

序号	设备名称	PLC 品牌及种类	功能
1			
2			
3			
4			

a）

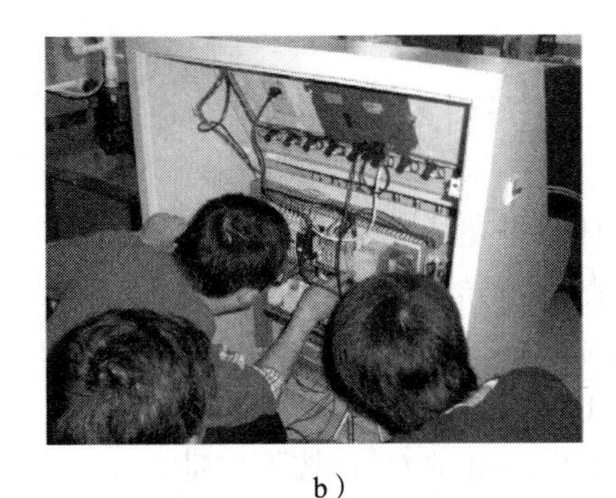

b）

图 1-11 PLC 在工业生产中的应用
a）某自动化生产线现场 b）学生观察 PLC 电气控制柜

三、比较继电器控制与 PLC 控制

通过上网检索、到图书馆查阅资料等形式，比较继电器控制与 PLC 控制，并填写表 1-3。

表 1-3 继电器控制与 PLC 控制的比较

比较项目	继电器控制	PLC 控制
控制逻辑		
控制速度		
定时控制		
设计与施工		
可靠性和可维护性		
价格		

任务 2 简单 PLC 控制系统设计——三相异步电动机点动运行控制

学习目标

1. 熟悉 PLC 的内部结构。
2. 了解 PLC 控制系统的组成。
3. 掌握 PLC 的工作原理。
4. 熟悉常用编程元件的作用及使用方法。
5. 熟悉常用的编程语言和指令。
6. 能利用取指令、输出指令等指令与输入/输出继电器编写梯形图程序，实现三相异步电动机点动运行控制。

任务引入

本任务将在认识 PLC 内部结构、控制系统等基本知识的基础上，设计一个简单的由 PLC 控制三相异步电动机点动运行的控制线路，从而比较 PLC 控制系统与继电器控制系统的区别和联系，进一步熟悉 PLC 的功能和特点。

图 1-12 所示为三相异步电动机点动运行控制线路，SB 为启动按钮，KM 为交流接触器。合上电源开关 QF，按下启动按钮 SB，KM 线圈通电，KM 主触点闭合，电动机开始运行。松开 SB 后，KM 线圈断电，KM 主触点断开，电动机 M 停止运行。停止使用时，关断电源开关 QF。用 PLC 控制电动机点动运行线路的逻辑变量见表 1-4。

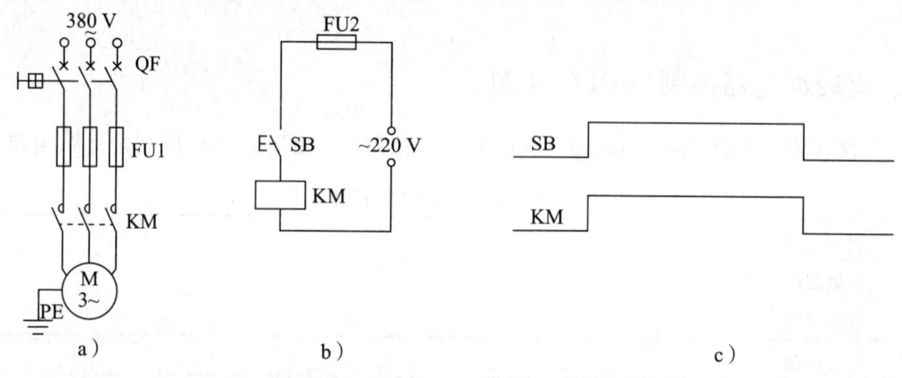

图 1-12　三相异步电动机点动运行控制线路
a）主电路　b）控制电路　c）时序图

表 1-4　用 PLC 控制电动机点动运行线路的逻辑变量

输入变量 SB	1	触点动作（常开触点接通，常闭触点断开）
	0	触点不动作（常开触点断开，常闭触点接通）
输出变量 KM	1	线圈通电吸合
	0	线圈断电释放

相关知识

一、PLC 的内部结构

PLC 主要由 CPU 模块、输入模块、输出模块、电源和编程软件等组成，CPU 模块通过输入模块将外部的控制信号读入 CPU 模块的存储器，经过用户程序处理后，再将控制信号输出，通过输出模块来控制外部的执行机构。图 1-13 所示为 PLC 控制系统的示意图。

如果把 PLC 的 CPU 模块、输入模块、输出模块、电源装在一个箱状机壳内，则称为整体式 PLC，小型 PLC 一般采用这种结构，图 1-3 和图 1-5 所示 PLC 均为整体式 PLC，而大、中型 PLC 通常采用“搭积木”的方式组成系统，称为模块式 PLC，如图 1-4 和图 1-6 所示。

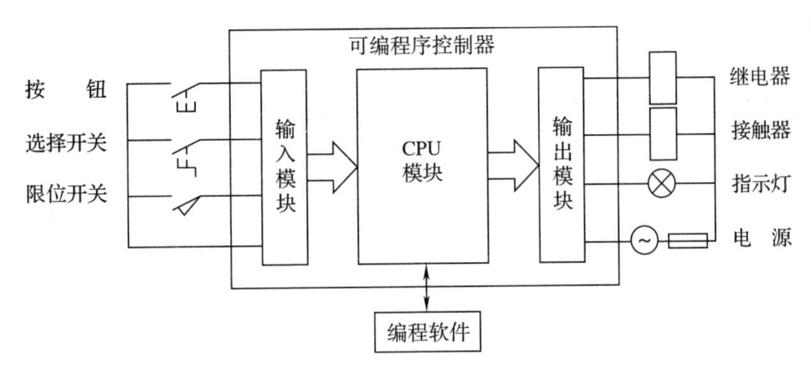

图 1-13 PLC 控制系统的示意图

1. CPU 模块

PLC 的 CPU 模块由 CPU 芯片和存储器组成。

(1) CPU 芯片

CPU 芯片是 PLC 的核心部件，PLC 的整个工作过程都是在 CPU 芯片的统一指挥和协调下进行的，CPU 芯片的主要任务如下。

1) 接收从编程软件或编程器输入的用户程序和数据，并存储在存储器中。

2) 用扫描方式接收现场输入设备的状态和数据，并存入相应的数据寄存器或输入映像寄存器。

3) 监测电源、PLC 内部电路工作状态和用户程序编制过程中的语法错误。

4) 在 PLC 的运行状态下，执行用户程序，完成用户程序规定的各种逻辑和算术运算、数据传输、存储等。

5) 按照程序运行结果，更新相应的标志位和输出映像寄存器，通过输出部件实现输出控制、制表打印和数据通信等功能。

(2) 存储器

PLC 的存储器有两种：一种是存放系统程序的存储器，另一种是存放用户程序的存储器。系统程序存储器为只读存储器（ROM、PROM、EPROM、EEPROM）。用户程序存储器一般为随机存储器（RAM），以方便用户修改程序。为了保证 RAM 中的信息不丢失，RAM 都有后备电池。固定不变的用户程序和数据可以固化在只读存储器中。

系统程序不能由用户直接存取，因此，通常说的存储容量是指用户程序存储器的容量。用户程序存储器的容量不足时，可以扩展存储器。

为方便电气工程技术人员使用，将 PLC 的数据单元称为继电器，不同用途的继电器在存储器中占有不同的区域，有不同的地址编号。

2. 开关量输入/输出接口

PLC 在工业生产现场工作时，要求有与工业过程相连接的接口和适合工业控制的编程语言。与工业过程相连接的接口即为 I/O 接口，也称 I/O 模块或 I/O 部件。对 PLC 的 I/O 接口有两个主要的要求：一是接口应有良好的抗干扰能力，二是接口应能满足工业现场各类信号的匹配要求，因此，接口电路一般都包含光电隔离电路和 RC 滤波电路，以防止外部干扰脉冲和输入触点抖动造成输入错误的 I/O 信号。

（1）开关量输入接口

开关量输入接口的作用是将现场的开关量信号变成 PLC 内部处理的标准信号。按现场信号可接纳电源类型的不同，开关量输入接口可分为直流输入接口、交直流输入接口、交流输入接口三类。

1）直流输入接口。直流输入接口电路原理图如图 1-14 所示，图中只画出了一个输入触点（图中输入端子）的输入电路，其他输入触点的输入电路与它相同，COM 是输入公共端。当输入端的现场开关（图中输入开关）接通时，光电耦合器导通，输入信号送入 PLC 内部电路，CPU 在输入处理阶段读入数字 1 供用户程序处理，同时输入指示灯点亮，指示输入端现场开关接通。反之，当输入开关断开时，光电耦合器截止，CPU 在输入处理阶段读入数字 0 供用户程序处理，同时输入指示灯熄灭，指示输入端现场开关断开。直流输入接口所用的电源一般由 PLC 内部的电源供给。

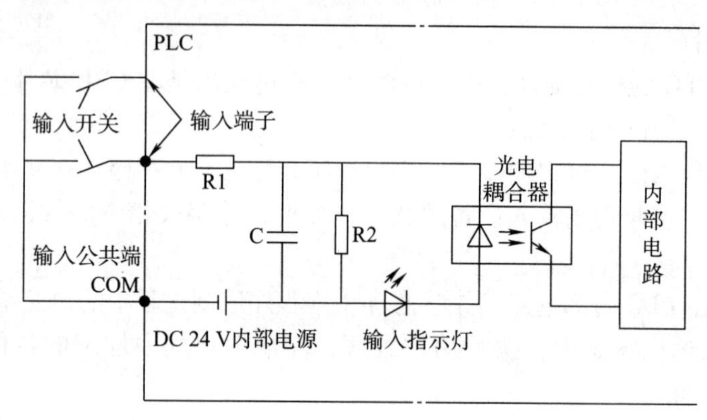

图 1-14　直流输入接口电路原理图

2）交直流输入接口。交直流输入接口电路原理图如图 1-15 所示。电路结构与直流输入接口基本相同，只是电源不仅可用直流电源，还可用交流电源。交直流输入接口所用的电源一般由外部电源供给。

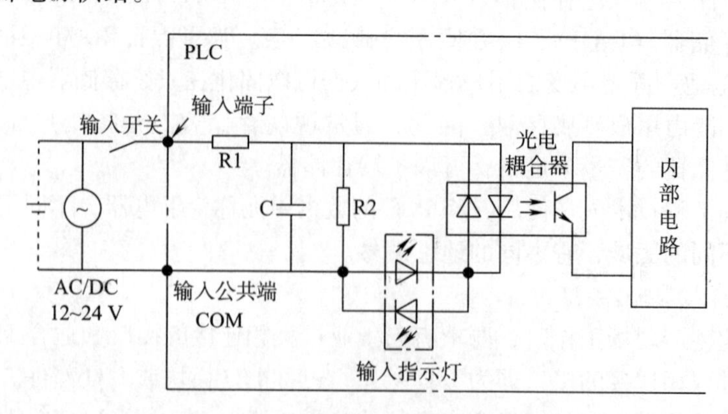

图 1-15　交直流输入接口电路原理图

3）交流输入接口。交流输入接口电路原理图如图 1-16 所示。RC 电路起高频滤波的作用，以防止高频信号的串入。交流输入接口所用的电源一般由外部电源供给。

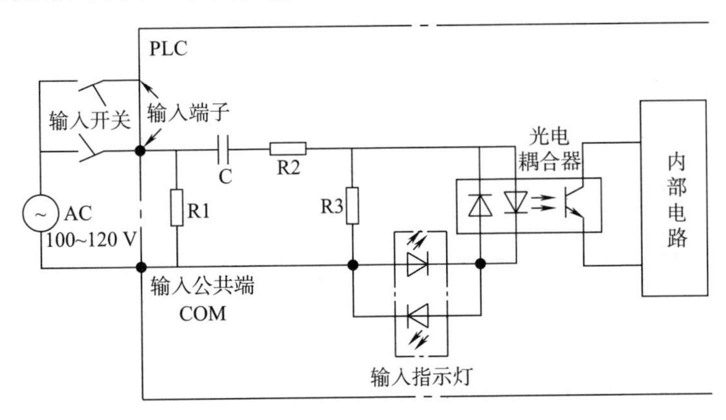

图 1-16　交流输入接口电路原理图

（2）开关量输出接口

开关量输出接口的作用是将 PLC 的输出信号传送到用户输出设备（负载）。按负载所用电源类型的不同，开关量输出接口可分为直流输出接口、交直流输出接口和交流输出接口三类。按输出开关器件种类的不同，开关量输出接口可分为晶体管型、继电器型和双向晶闸管型三类。其中晶体管型的接口只能接直流负载，为直流输出接口；继电器型的接口可接直流负载和交流负载，为交直流输出接口；双向晶闸管型的接口只能接交流负载，为交流输出接口。负载所需电源均由用户提供。

1）直流输出接口。直流输出接口电路原理图（晶体管型）如图 1-17 所示，图中只画出了一个输出触点（图中输出端子）。输出信号由 CPU 送给内部电路中的输出锁存器，再经光电耦合器送给输出晶体管 VT，VT 的饱和导通状态和截止状态相当于触点的接通和断开。当 VT 饱和导通时，输出指示灯点亮，指示该输出端有输出信号。图中的稳压管 VD 用来抑制关断过电压和外部的浪涌电压，保护晶体管。晶体管输出电路的延迟时间小于 1 ms。

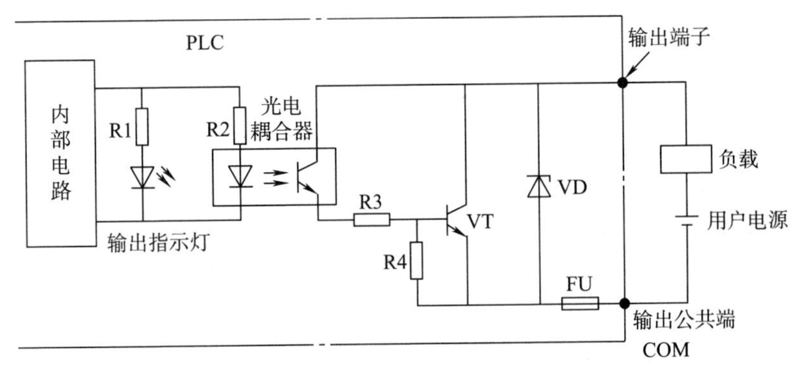

图 1-17　直流输出接口电路原理图（晶体管型）

2）交直流输出接口。交直流输出接口电路原理图（继电器型）如图 1-18 所示，用户程序决定 PLC 的信号输出。当需要某一输出端产生输出信号时，由 CPU 控制，将用户程序区相应端子的运算结果输出，接通输出继电器线圈，使输出继电器的触点闭合，相应的负载接通，同时输出指示灯点亮，指示该输出端有输出信号。

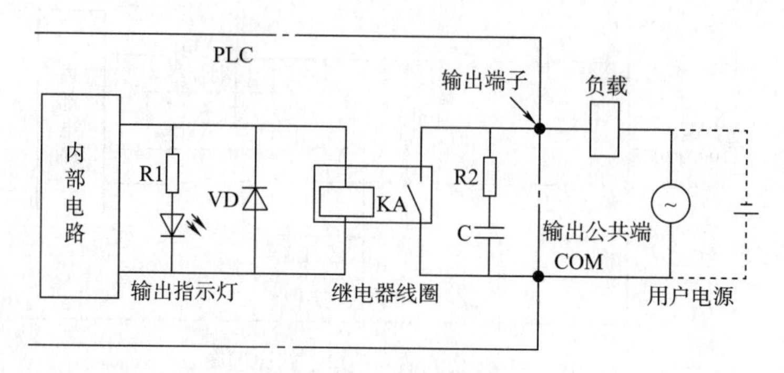

图 1-18　交直流输出接口电路原理图（继电器型）

3）交流输出接口。交流输出接口电路原理图（双向晶闸管型）如图 1-19 所示。当需要某一输出端产生输出信号时，由 CPU 控制，将用户程序区相应端子的运算结果经光电耦合器输出，使光电耦合器中的双向晶闸管导通，相应的负载接通，同时输出指示灯点亮，指示该输出端有输出信号。电路中设有阻容过压保护和浪涌吸收器，起限幅作用，以承受严重的瞬时干扰。

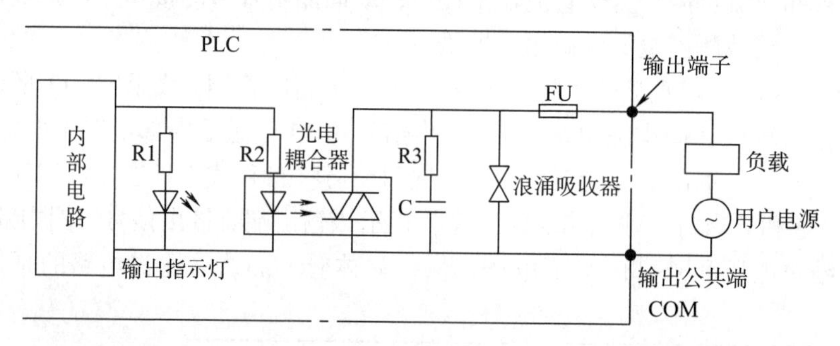

图 1-19　交流输出接口电路原理图（双向晶闸管型）

二、PLC 控制系统

1. 接线程序控制系统

在传统的继电器和电子逻辑控制系统中，通过不同的导线连接方式来连接继电器、接触器、电子元件等，以实现控制任务的逻辑控制部分，这种控制系统称为接线程序控制系统（逻辑程序是通过不同的导线连接方式来实现的，所以逻辑程序也称为接线程序），继电器控制系统就是接线程序控制系统，如图 1-20 所示。在接线程序控制系统中，控制功能的更改必须通过改变导线的连接方式才能实现。

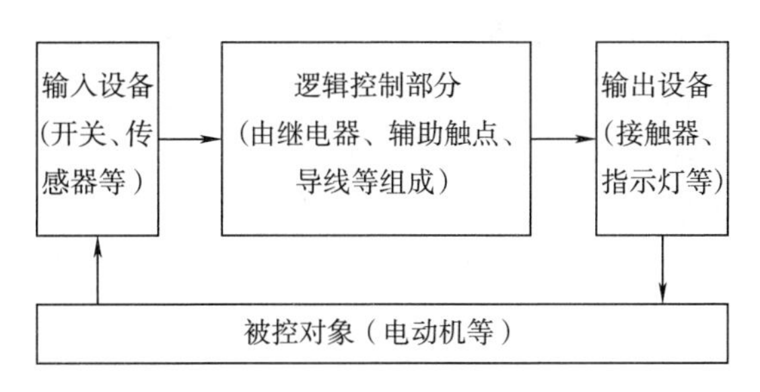

图 1-20　继电器控制系统

2. 存储程序控制系统

与接线程序控制系统对应的是存储程序控制系统。所谓存储程序控制，就是将控制逻辑以程序语言的形式存放在存储器中，通过执行存储器中的程序实现系统的控制要求。在存储程序控制系统中，控制功能的更改只需改变程序而不必改变导线的连接方式就能实现。

可编程序控制系统就是存储程序控制系统，如图 1-21 所示。它由输入设备、PLC 内部控制电路和输出设备三部分组成。

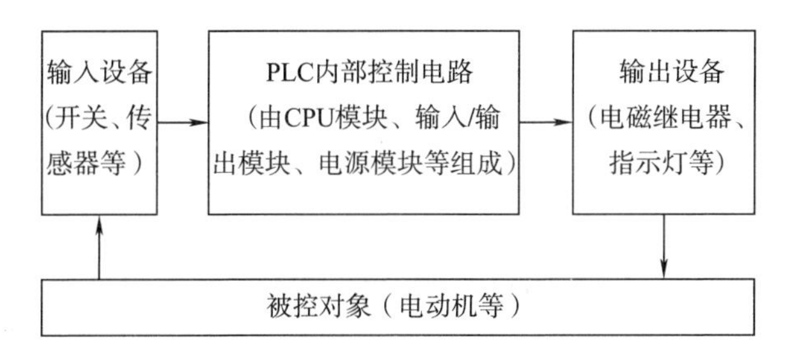

图 1-21　可编程序控制系统

（1）输入设备

输入设备连接到可编程序控制器的输入端，它们直接接收来自操作台的操作命令或来自被控对象的各种状态信息，并将产生的输入信号送到 PLC。常用的输入器件和设备包括各种控制开关和传感器，如控制按钮、限位开关、光电开关、继电器和接触器的触点、磁尺、热电阻、热电偶、光栅位移式传感器等。

（2）PLC 内部控制电路

PLC 内部控制电路由 CPU 模块、输入/输出模块、电源模块等组成。其作用是执行按控制要求编制的程序，以完成控制任务。

（3）输出设备

输出设备与可编程序控制器的输出端连接，将 PLC 的输出控制信号转换为驱动负载的信号。常用的输出设备有电磁开关、电磁阀、电磁继电器、电磁离合器、指示灯等。

可见，存储程序控制系统的输入、输出设备与继电器控制系统的输入、输出设备基本相同，所不同的是逻辑控制部分，PLC 是利用软件编程来实现逻辑控制的。

对用户来说，不必考虑 PLC 内部由 CPU、RAM、ROM 等组成的复杂电路，只要将 PLC 看成内部由许多“软继电器”组成的控制器即可，以便用梯形图（类似于继电器控制电路的形式）编程。“软继电器”的线圈和触点的符号如图 1-22 所示。所谓“软继电器”，实质上是存储器中的每一位触发器（统称为映像寄存器），该位触发器为“1”状态，相当于继电器触点接通；该位触发器为“0”状态，相当于继电器触点断开。

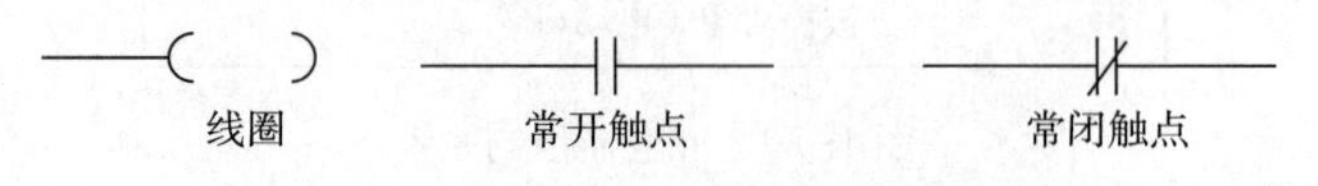

图 1-22　“软继电器”的线圈和触点的符号

简单地说，PLC 的工作过程就是在 CPU 的统一管理下，通过执行用户程序完成控制任务。

三、PLC 的工作原理

1. 循环扫描工作方式

PLC 用户程序的执行采用循环扫描工作方式。它有两种基本的工作模式，停止（STOP）模式和运行（RUN）模式，如图 1-23 所示。

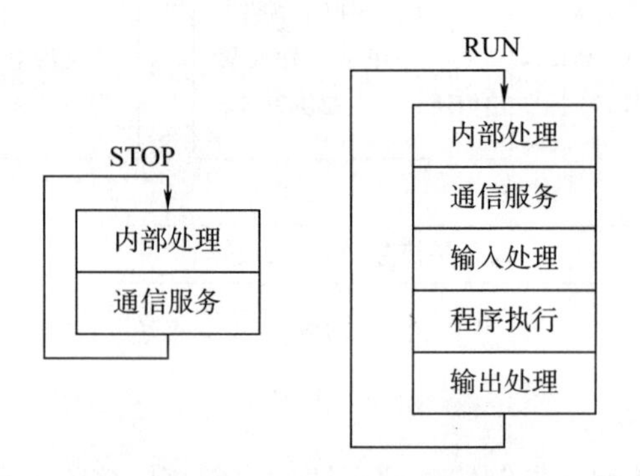

图 1-23　PLC 基本的工作模式

（1）停止模式

在停止模式下，PLC 只进行内部处理和通信服务工作。在内部处理阶段，PLC 检查 CPU 模块内部的硬件是否正常，进行监控定时器复位等工作。在通信服务阶段，PLC 与其他的具备 CPU 的智能装置通信。

（2）运行模式

在运行模式下，PLC 除了完成内部处理和通信服务工作外，还要完成输入处理、程序执行和输出处理三个阶段的工作，程序执行过程如图 1-24 所示。

输入处理阶段又称输入采样阶段。在此阶段，PLC 以扫描方式按顺序将所有输入信号的状态（开或关）读入输入映像寄存器中存储起来，称为对输入信号的采样，也称输入刷新。

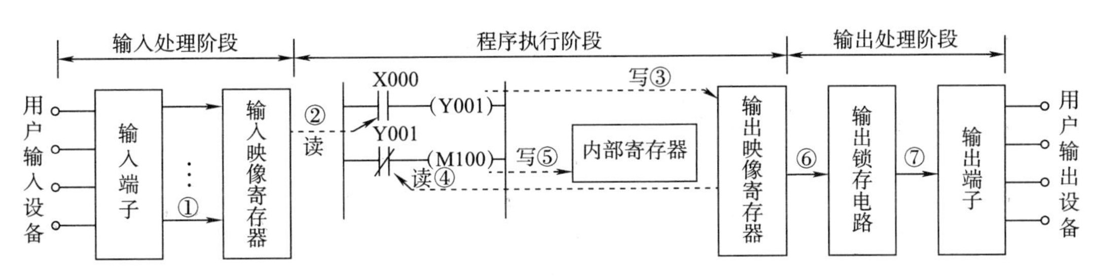

图 1-24　程序执行过程

程序执行阶段又称程序处理阶段。在此阶段，CPU 反复执行反映控制要求的用户程序来实现控制功能。为了使 PLC 的输出及时响应随时可能变化的输入信号，用户程序要不断地重复执行，直至 PLC 停机或切换到停止模式。PLC 执行程序的过程是根据本次采样到输入映像寄存器中的数据，依用户程序的顺序逐条执行用户程序，执行的结果都存入输出映像寄存器。因此，对每个元件来说，输出映像寄存器中的内容会随程序执行的过程而改变。

应当注意的是，在程序执行阶段和输出处理阶段，即使用户输入端的输入信号发生变化，输入映像寄存器中的内容也不会改变，输入状态的变化只有在下一个扫描周期的输入采样阶段才会被读入。

要特别说明的是，对于程序执行顺序，若程序用梯形图表示，则总是按先上后下、先左后右的顺序扫描；若遇到跳转指令，则根据跳转条件是否满足来决定程序是否跳转。

输出处理阶段又称输出刷新阶段。在此阶段，PLC 将程序执行阶段存入输出映像寄存器（即输出继电器对应的输出映像寄存器）中的内容（即输出继电器的状态）转存到输出锁存电路，再通过输出端子驱动用户输出设备（负载），这就是 PLC 的实际输出。

PLC 重复地执行上述三个阶段，每重复一次的时间就是一个扫描周期（也称一个工作周期）。在每次扫描中，可编程序控制器只对输入采样一次、输出刷新一次，这可以确保在程序执行阶段，同一个扫描周期的输入映像寄存器和输出锁存电路中的内容保持不变。

2. PLC 对输入/输出的处理规则

将图 1-24 所示的执行过程绘制成流程图的形式，可以更形象地说明输入/输出的处理规则，如图 1-25 所示。具体的处理规则如下。

（1）输入映像寄存器中的数据取决于本次扫描周期输入处理阶段所刷新的状态，程序执行阶段和输出处理阶段不会改变输入映像寄存器中的数据。

（2）输出映像寄存器中的数据由程序中输出指令的执行结果决定，输入处理阶段和输出处理阶段不会改变输出映像寄存器中的数据。

（3）输出锁存电路中的数据取决于上一个扫描周期输出处理阶段所刷新的状态，输入处理阶段和程序执行阶段不会改变输出锁存电路中的数据。

（4）输出端子的输出状态由输出锁存电路中的数据确定。

（5）程序执行过程中所需的输入/输出数据由输入映像寄存器和输出映像寄存器读出。

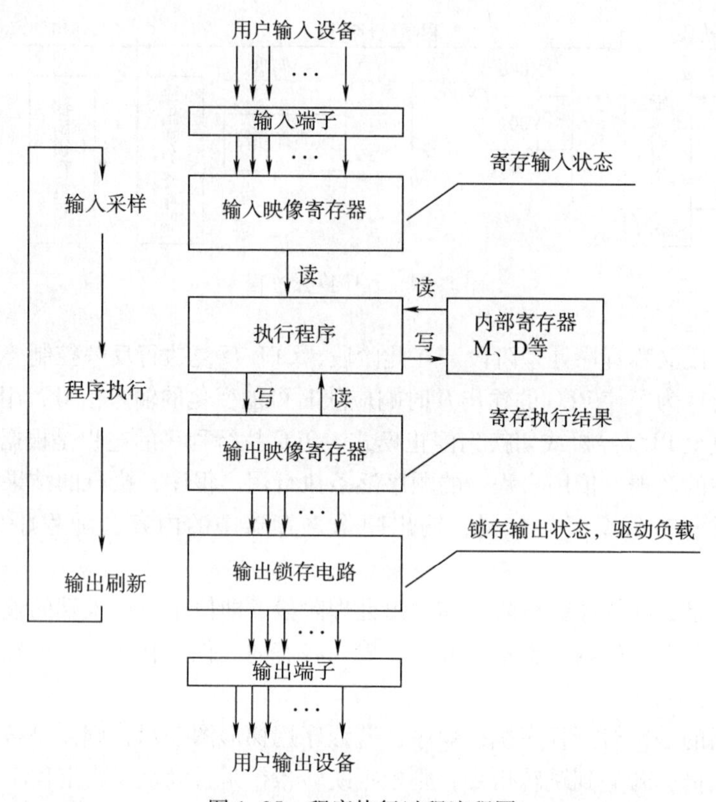

图 1-25　程序执行过程流程图

3. 输入/输出滞后时间

PLC 与其他控制系统相比，有许多优越之处。例如，由于采用扫描工作方式，消除了复杂电路的内部“竞争”，但这也带来了输入/输出的响应滞后问题。

输入/输出滞后时间是指 PLC 的外部输入信号发生变化的时刻至它所控制的外部输出信号发生变化的时刻之间的时间间隔，它由输入模块的滤波时间、输出模块的滞后时间和扫描工作方式产生的滞后时间三部分组成。

（1）输入模块的 RC 滤波电路用来滤除由输入端引入的干扰，消除外接输入触点动作产生的抖动所造成的影响，滤波电路的时间常数决定了输入滤波时间的长短，典型值约为 10 ms。

（2）输出模块的滞后时间与模块类型有关，继电器型的滞后时间约为 10 ms，晶体管型的滞后时间一般小于 1 ms，双向晶闸管型在负载通电时的滞后时间约为 1 ms，负载由通电到断电时的最长滞后时间约为 10 ms。

（3）由扫描工作方式产生的滞后时间最长可超过两个扫描周期。扫描周期与用户程序的长短、指令的种类和 CPU 执行指令的速度有关，典型值为 1～100 ms。

滞后现象对于一般的工业设备而言是完全允许的，但对某些需要输出对输入做出快速响应的实时控制设备，滞后现象又是必须克服的。在硬件上可采用快速响应模块、高速计数模块等，在软件上可采用改变信息刷新方式、运用中断处理、调整输入滤波器参数等措施加以克服。

四、编程元件

不同厂家、不同系列的PLC，其内部软继电器（编程元件）的功能和编号各不相同。因此，在编制程序时，必须熟悉所选用PLC的每条指令涉及的编程元件的功能和编号。

FX系列PLC编程元件的编号由字母和数字组成，其中输入继电器和输出继电器用八进制数字编号，其他均采用十进制数字编号。编程元件所用的字母有输入继电器X，输出继电器Y，辅助继电器M，状态寄存器S，定时器T，计数器C，数据寄存器D，变址寄存器V和Z，扩展寄存器R和ER，指针N、P、I和常数K、H等。

1. 输入继电器X

输入继电器与输入端相连，它是专门用来接收PLC外部开关信号的元件。PLC通过输入接口将外部输入信号状态（接通时为“1”，断开时为“0”）读入并存储在输入映像寄存器中。

输入继电器必须由外部信号驱动，不能用程序驱动，所以在程序中不可能出现输入继电器的线圈。由于输入继电器反映输入映像寄存器的状态，所以其触点的使用次数不限。

FX系列PLC的输入继电器以八进制数字编号，如X0～X7、X10～X17等。应注意的是，基本单元输入继电器的编号是固定的，扩展单元和扩展模块是按与基本单元最近开始，顺序进行编号。例如，基本单元FX_{3U}-64MR的输入继电器编号为X0～X37（32点），如果接有扩展单元或扩展模块，则扩展的输入继电器从X40开始编号。

2. 输出继电器Y

输出继电器的作用是将PLC内部信号输出传送给外部负载（用户输出设备）。输出继电器线圈由PLC内部程序的指令驱动，将其线圈状态传送给输出单元，再由输出单元对应的触点来驱动外部负载。

每个输出继电器在输出单元中都对应有唯一一个常开触点，但在程序中供编程的输出继电器，无论是常开触点还是常闭触点，都可以使用无数次。

FX系列PLC的输出继电器也是以八进制数字编号，如Y0～Y7、Y10～Y17等。与输入继电器相同，基本单元输出继电器的编号是固定的，扩展单元和扩展模块的编号也是按与基本单元最近开始，顺序进行编号。

在实际使用中，输入、输出继电器的数量要视具体系统的配置情况而定。

五、编程语言和指令

1. 梯形图

梯形图是在传统继电器控制系统中常用的接触器、继电器等图形表达符号的基础上演变而来的。它与电气控制线路图相似，继承了传统电气控制逻辑中使用的框架结构、逻辑运算方式和输入/输出形式，具有形象、直观、实用的特点。因此，这种编程语言为广大电气技术人员所熟知，是PLC的第一编程语言。PLC梯形图使用的内部继电器，如定时器、计数器等，都是由软件来实现的，使用方便，修改灵活，是电气控制线路硬接线无法比拟的。

2. SFC（顺序功能图）

SFC 是根据机械的动作流程设计的顺序控制方式，适用于处理步骤明确的编程任务。

3. 指令表

指令表是一种与汇编语言类似的助记符编程表达方式。尽管不同 PLC 生产厂家的指令格式各有差异，但它们的基本功能却大致相同。以下是点动控制线路的指令表。

步序号	助记符	数据
0	LD	X000
1	OUT	Y000
2	END	

可以看出，指令是指令表程序的基本单位，每条指令都由地址（步序号）、操作码（助记符）和操作数（数据）三部分组成。

4. 常用的指令

LD（取指令）是常开触点与左母线连接的指令，每一个以常开触点开始的逻辑行都用此指令。

LDI（取反指令）是常闭触点与左母线连接的指令，每一个以常闭触点开始的逻辑行都用此指令。

LDP（取上升沿指令）是与左母线连接的常开触点的上升沿检测指令，仅在指定位元件的上升沿（OFF→ON）接通一个扫描周期。

LDF（取下降沿指令）是与左母线连接的常开触点的下降沿检测指令，仅在指定位元件的下降沿（ON→OFF）接通一个扫描周期。

OUT（输出指令）是对线圈进行驱动的指令。OUT 的目标元件为 Y、M、T、C、S、D□. b。

LD、LDI、LDP、LDF 的目标元件为 X、Y、M、S、T、C、D□. b。

任务实施

一、PLC 机型选择

选用图 1-5 所示的三菱公司 FX_{3U} 系列 PLC（本书均选用该系列 PLC，此后不再说明）。FX_{3U} 是三菱公司 FX 系列的第三代可编程序控制器，是 FX_{2N} 的升级换代产品，指令与 FX_{2N} 基本相同，输入/输出可扩展到 256 点，如果包括控制与通信链路系统的远程 I/O，输入/输出点数可达 384 点。三菱公司 FX_{3U} 系列 PLC 除了基本单元外，还可按照需要选用各种扩展单元模块和特殊适配器。本任务只需要使用 FX_{3U} 系列的基本单元，基本单元是内置了 CPU、存储器、输入/输出和电源的产品，正面各部位的名称如图 1-26 所示，打开端子排盖板的状态如图 1-27 所示。

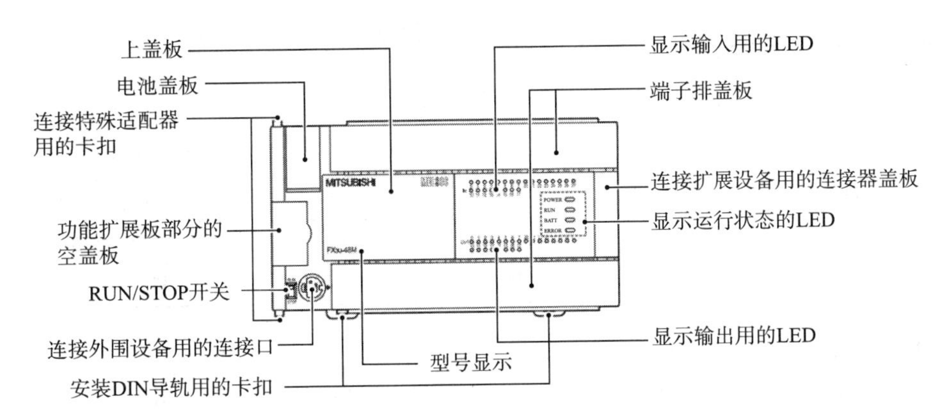

图 1-26　FX_{3U} 正面各部位的名称

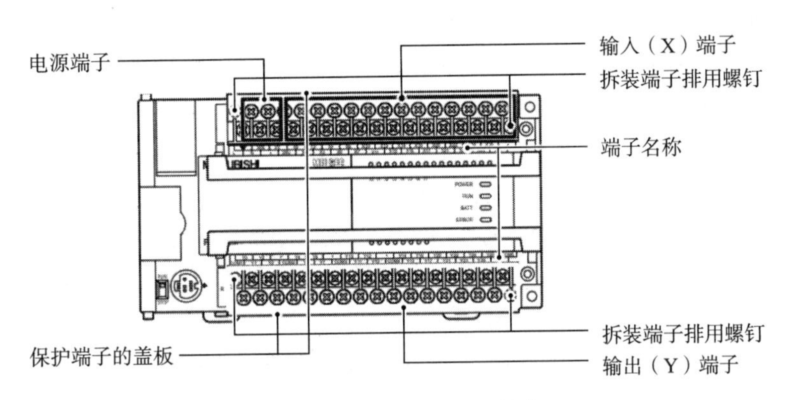

图 1-27　打开端子排盖板的状态

1. 型号

FX_{3U} 系列 PLC 的型号含义如图 1-28 所示。基本单元输入/输出合计点数主要有 16 点、32 点、48 点、64 点、80 点和 128 点，输入/输出点数各占合计点数的一半。

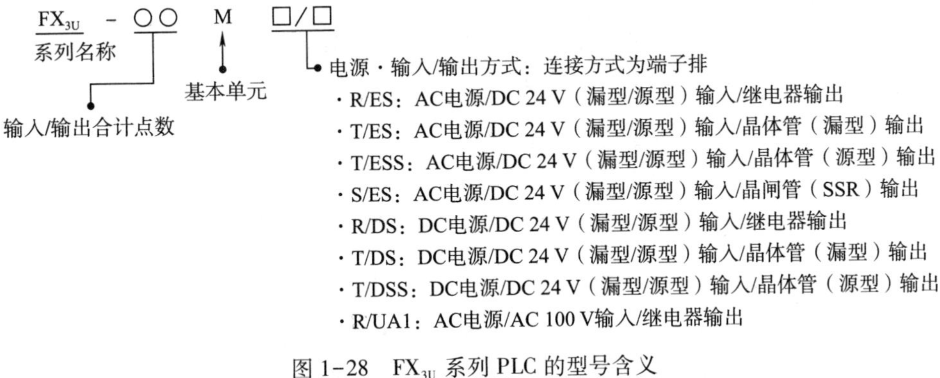

图 1-28　FX_{3U} 系列 PLC 的型号含义

2. 显示 PLC 运行状态的 LED

PLC 正面面板上有 4 个状态指示灯，指示 PLC 的当前工作状态，其含义见表 1-5。

表 1-5　PLC 状态指示灯的含义

LED 名称	显示颜色	含义
POWER	绿色	通电状态下灯亮
RUN	绿色	运行中灯亮
BATT	红色	电池电压降低时灯亮
ERROR	红色	程序错误时闪烁
	红色	CPU 错误时灯亮

3. RUN/STOP 开关

RUN/STOP 开关用来改变 PLC 的工作模式。PLC 接通电源后，将 RUN/STOP 开关拨到 RUN 位置，则 PLC 的运行指示灯（RUN）为绿色，表示 PLC 在运行程序；而拨到 STOP 位置，则 PLC 的运行指示灯（RUN）不亮，表示 PLC 是停止状态。

4. 连接外围设备用的连接口

连接口用于连接编程设备或通信设备，如计算机、触摸屏等。连接时一定要看清通信接口内的插针位置和方向，否则很容易损坏接口。

5. PLC 电源和输入/输出端子

图 1-29 所示为 FX_{3U}-32MR/ES（-A）PLC 的接线端子，按照图 1-28 所示型号含义，电源为单相交流电源；输入为直流 24 V，分为漏型输入和源型输入；输出为继电器型。

（1）电源端子

电源端子有交流电源型（见图 1-29）和直流电源型（见图 1-31）。

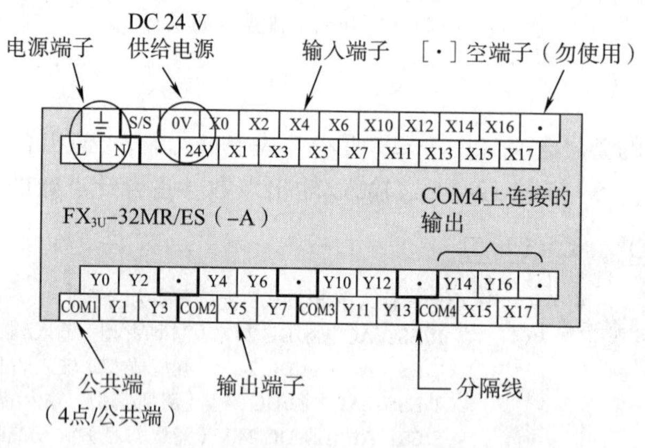

图 1-29　FX_{3U}-32MR/ES（-A）PLC 的接线端子

（2）输入端子

FX_{3U} 系列与 FX_{2N} 系列在接线端子上的不同主要体现在输入端子。FX_{2N} 系列的输入公共端是 COM，内部的直流 24 V 电源没有外接到端子上。而 FX_{3U} 系列的输入公共端是 S/S，如图 1-30 所示，当 PLC 为漏型输入时，S/S 与 24 V 相连接，输入信号接在 0 V 与输入端子之间；当 PLC 为源型输入时，S/S 与 0 V 相连接，输入信号接在 24 V 与输入端子之间。

如果输入只是简单的按钮等，没有使用相关的传感器，采用漏型或源型输入都可以。如果使用了相关的传感器，就要按传感器的类型来选择输入类型。

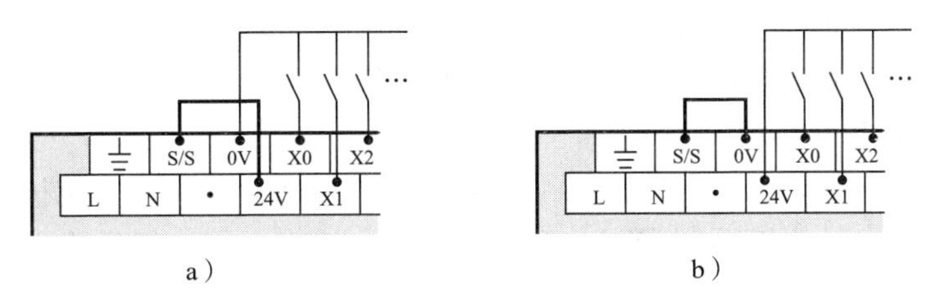

图 1-30　FX_{3U} 系列 PLC 输入接线

a）漏型输入　b）源型输入

（3）输出端子

输出端设有多个公共端，如 COM1、COM2 等，从而形成多组输出。设置多个公共端是为了满足不同电压类型和等级的负载需要，如 Y0～Y3 这组共用 COM1，那么 Y0～Y3 的负载必须用同一个电压类型和同一个电压等级。如果不同组的负载使用同一个电压类型和同一个电压等级，则可以把这些组的公共端连接到一起。注意，各组的输出端子数不一定相同，例如，图 1-31 中，COM1 这组有 4 个输出端子 Y0～Y3，而 COM5 这组有 8 个输出端子 Y20～Y27。

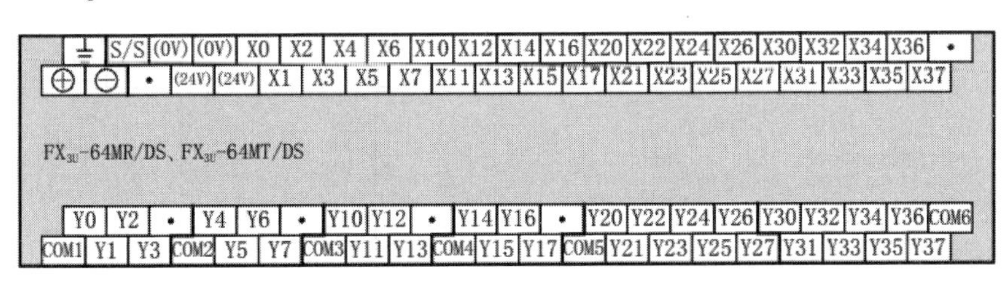

图 1-31　FX_{3U}-64MR/DS、FX_{3U}-64MT/DS PLC 的接线端子

二、程序设计

为了实现电动机的点动运行控制，PLC 需要一个输入器件和一个输出器件，输入/输出地址分配表见表 1-6。

表 1-6　输入/输出地址分配表

输入			输出		
继电器	器件	说明	继电器	器件	说明
X0	SB	启动按钮	Y0	KM	控制电动机用交流接触器

由此列出点动控制电路的逻辑表达式：

$$Y000=X000$$

绘制 PLC 控制电路图，如图 1-32a 所示。针对电动机点动运行控制线路的控制要求，绘制梯形图，如图 1-32b 所示。程序也可以写成指令表的形式，如图 1-32c 所示。

LD　　X000；接在左侧母线上的 X000 的常开触点，逻辑实现的条件

OUT　Y000；Y000 的线圈，逻辑条件满足时的结果

END　　　；程序结束

图 1-32d 所示为 FX_{2N} 系列 PLC 控制电路图，可见 FX_{3U} 和 FX_{2N} 控制电路的区别主要在输入的公共端。如果使用的是 FX_{2N}，都可以按此法连接电路，以后不再提供 FX_{2N} 的控制电路图。

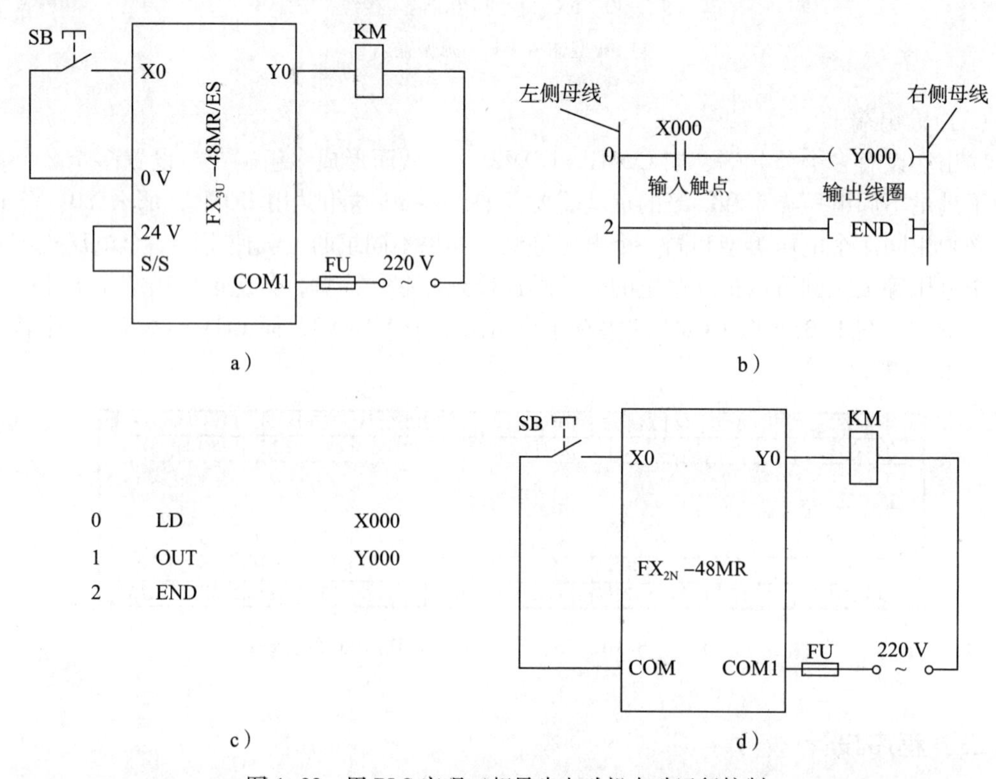

图 1-32　用 PLC 实现三相异步电动机点动运行控制

a）PLC 控制电路图（FX_{3U}）　b）梯形图　c）指令表　d）PLC 控制电路图（FX_{2N}）

三、原理分析

为了说明系统的工作过程，将图 1-32a 改绘成图 1-33。首先是输入处理阶段，CPU 将 SB 常开触点的状态通过输入模块读入相应的输入映像寄存器，如按下 SB，则读入输入映像寄存器 X000 的数据为 1；其次在程序执行阶段，先执行 LD X000，将输入映像寄存器 X000 的数据 1 保存到运算结果寄存器，再执行 OUT Y000，将运算结果寄存器的值 1 存放到输出映像寄存器，遇到 END，程序结束，转入输出处理阶段；在输出处理阶段，将输出映像寄存器 Y000 的值 1 送到输出模块，输出模块内对应的物理继电器的常开触点接通，

使 Y0 外接的交流接触器 KM 的线圈得电，KM 的主触点接通，电动机 M 得电运行。反之，若未按下 SB，则读入输入映像寄存器 X000 的数据为 0，执行程序后将 0 存放到输出映像寄存器 Y0，在输出处理阶段再将输出映像寄存器中的 0 送到输出模块，输出模块内对应的物理继电器的常开触点断开，使 Y0 外接的交流接触器 KM 的线圈失电，KM 的主触点断开，电动机 M 失电停转。

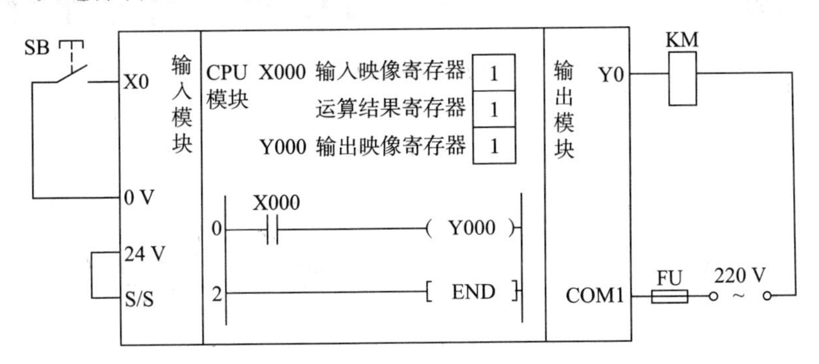

图 1-33 改绘后的 PLC 控制电路图（FX_{3U}）

课题二　FX 系列 PLC 编程软件的操作

任务 1　GX Works2 编程软件的安装

学习目标

能正确安装 GX Works2 编程软件。

任务引入

GX Works2 是三菱电机公司推出的三菱综合 PLC 编程软件，是 GX Developer 的升级版，功能更加强大，支持的语言类型更为丰富，支持的 PLC 系列更加广泛，适用于 Q 系列、L 系列、F 系列的 PLC，同时界面设计也更加现代化。GX Works2 支持多种编程语言，包括梯形图、指令表、顺序功能图等。除了基本的编程功能外，GX Works2 还支持批量操作，允许用户同时编辑多个程序、设备或参数，从而提高编程效率。此外，它还可以生成报表、图表和文档，帮助用户更好地管理和分析 PLC 程序。在程序调试方面，GX Works2 提供了完善的仿真环境，可以在不使用实际硬件设备的情况下测试和验证 PLC 程序的正确性。在实际使用中，GX Works2 也提供了多种调试和监控工具，如在线监视、数据采集、模拟等，可以帮助用户更好地诊断和解决 PLC 程序中的问题。

本任务的主要内容就是完成 GX Works2 编程软件的安装。

任务实施

一、登录官网获取安装包

1. 在计算机上打开浏览器，输入网址“https://www.mitsubishielectric-fa.cn”，进入三菱电机公司官网首页，如图 2-1 所示。

2. 单击首页上方菜单的“资料中心”，从左到右依次选择“控制器”→“可编程控制器 MELSEC”→“软件”，如图 2-2 所示。

图 2-1　三菱电机公司官网首页

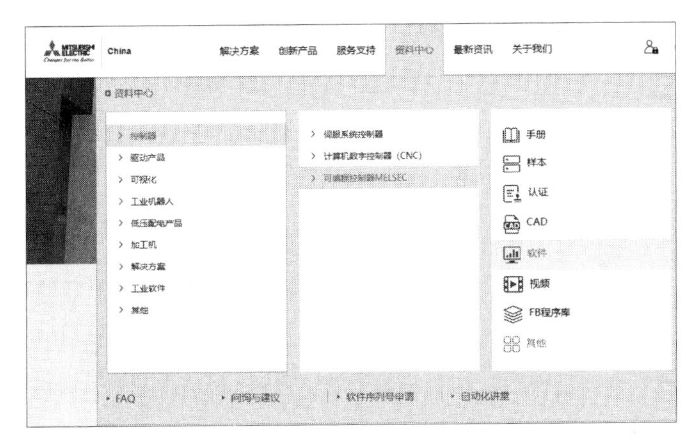

图 2-2　官网资料中心

3. 网页跳转到软件下载列表页，如图 2-3 所示，在列表中找到 GX Works2，单击进入软件下载页。单击下载栏的“云盘”保存即可，如图 2-4 所示。

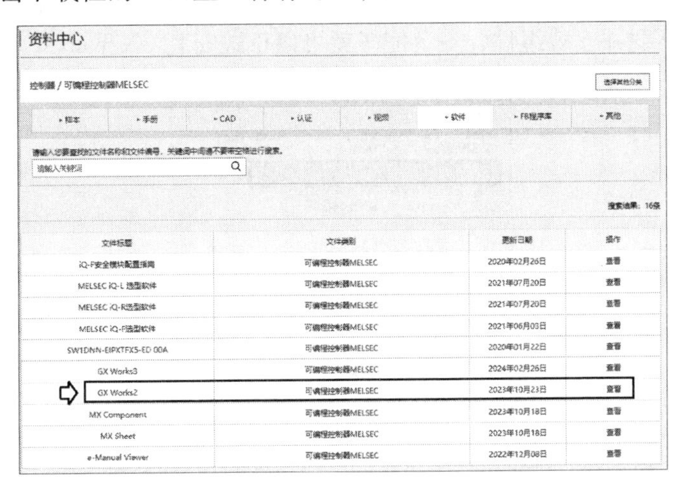

图 2-3　软件下载列表页

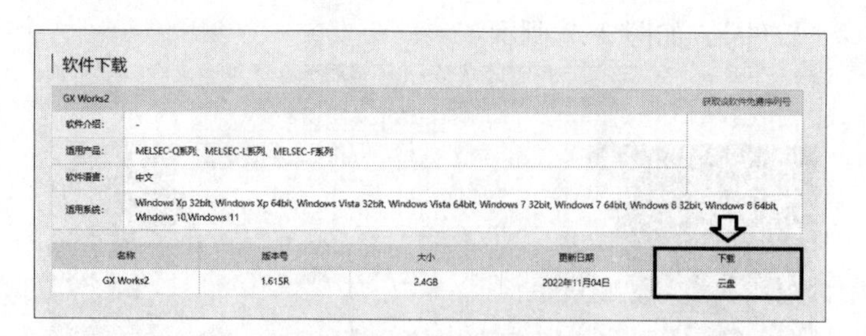

图 2-4　软件下载页

二、解压文件并安装 GX Works2 软件

1. 在安装软件之前先确认当前系统是否已安装“. NETFramework3. 5”组件，以满足 GX Works2 的运行环境。打开控制面板，如图 2-5 所示，单击“程序”→“启动或关闭 Windows 功能”，如图 2-6 所示。

图 2-5　控制面板

图 2-6　启动或关闭 Windows 功能

弹出“Windows 功能”窗口，在“启动或关闭 Windows 功能”中勾选“. NET Framework 3. 5（包括 . NET2. 0 和 3. 0）”，如图 2-7 所示。如已勾选上就忽略此步骤。单击“确定”按钮后自动下载并安装组件，安装完毕就可以正式安装 GX Works2 软件。

图 2-7　勾选“. NET Framework 3. 5（包括 . NET2. 0 和 3. 0）”

2. 在下载 GX Works2 的路径下找到安装包的压缩文件并解压，得到 4 个文件，如图 2-8 所示。

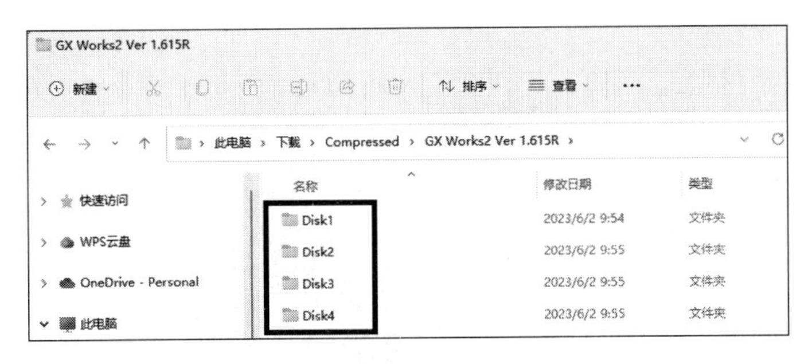

图 2-8　安装包解压后的文件

3. 双击并进入“Disk1”文件夹，单击“setup. exe”程序进行安装，如图 2-9 所示（如果弹出如图 2-10 所示对话框，则说明“. NET Framework 3. 5（包括 .NET2. 0 和 3. 0）”组件没有安装完成，应返回第 1 步重新安装）。

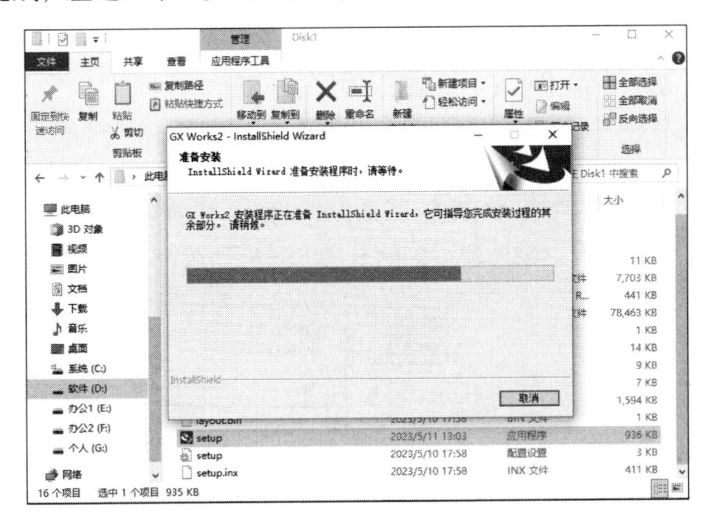

图 2-9　运行安装程序

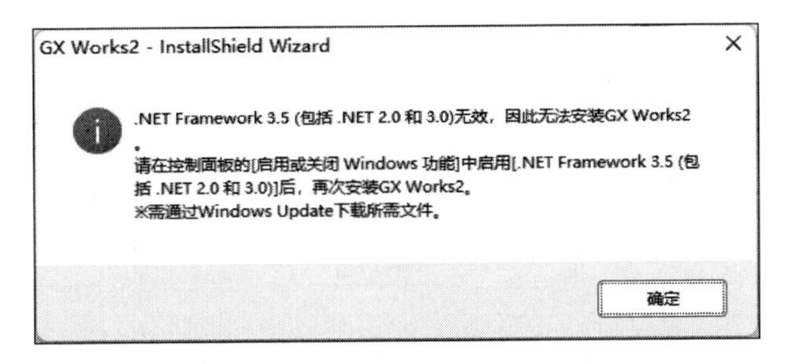

图 2-10　没安装“. NET Framework 3. 5（包括 . NET2. 0 和 3. 0）”提醒对话框

4. 安装程序提示关闭其他在系统后台运行的程序，如图 2-11 所示，此时需关闭没必要的程序，以免安装失败。单击“确定”按钮进入安装向导界面，如图 2-12 所示，单击“下一步”按钮。

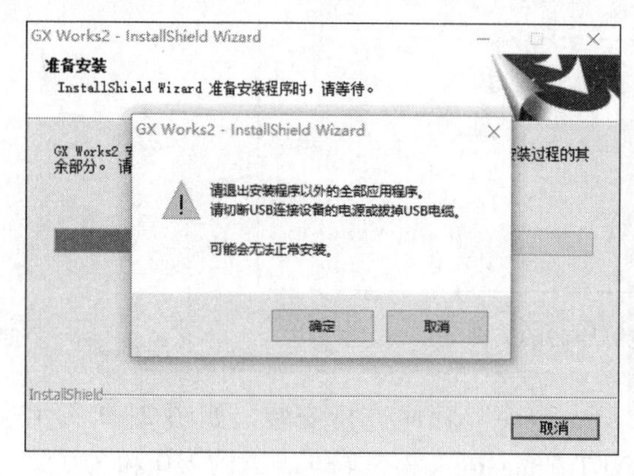

图 2-11　提示关闭后台程序

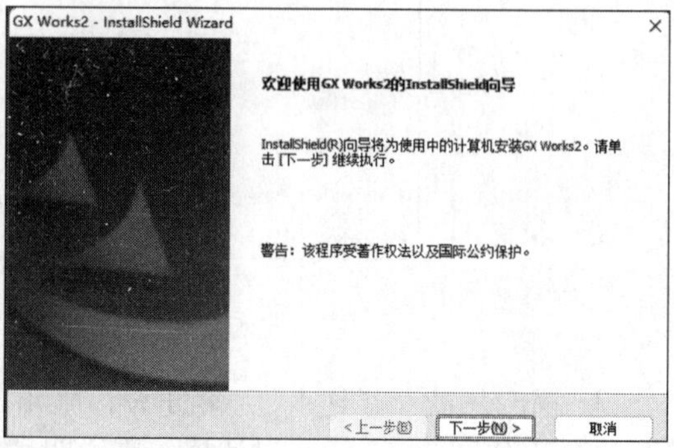

图 2-12　安装向导界面

5. 进入用户信息界面，如图 2-13 所示，在“姓名”和“公司名”栏填写信息，可随意填写，但不可不填。产品 ID 是一组数字组成的号码，不同软件的产品，产品 ID 不相同，可从官网申请获得，多个号码都可适用。这里使用“804-999559933”。填写完成后单击“下一步”按钮。

6. 进入选择安装目标界面，如图 2-14 所示，此步是选择软件的安装路径，可以按需更改路径，一般非必要情况下默认即可，单击“下一步”按钮。

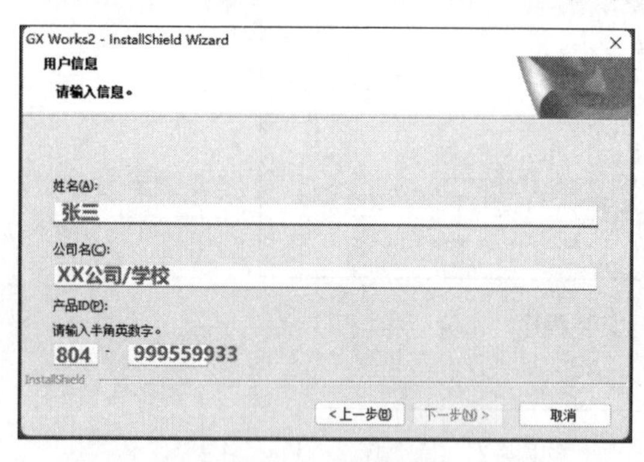

图 2-13　用户信息界面

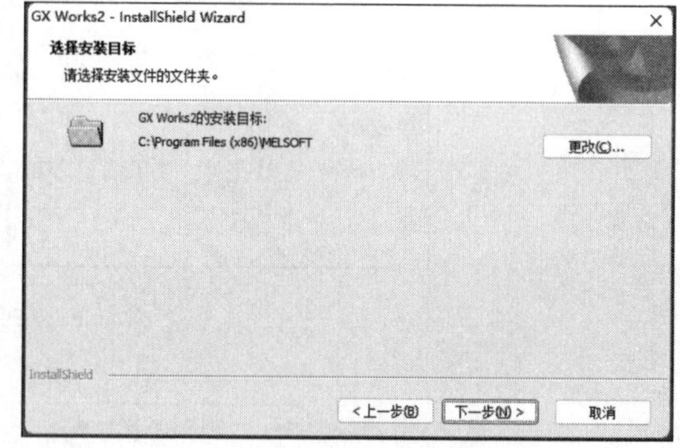

图 2-14　选择安装目标界面

7. 进入开始复制文件界面，如图 2-15 所示，该界面显示了用户信息和安装路径的设置，如有问题则返回上一步修改，否则确认信息，单击“下一步”按钮，进入安装状态界面，如图 2-16 所示。

安装过程中会弹出其他安装进程，无须处理，待安装进度条完成即可。

8. 当安装进度条完成后，弹出如图 2-17 所示安装与使用提示对话框，单击“确定”按钮即可。

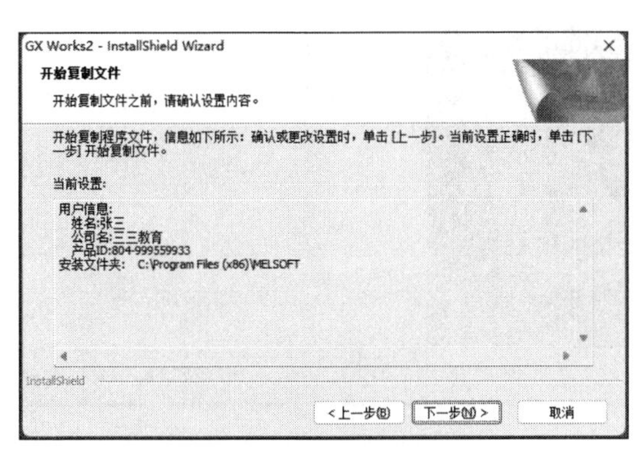

图 2-15　开始复制文件界面

图 2-16　安装状态界面

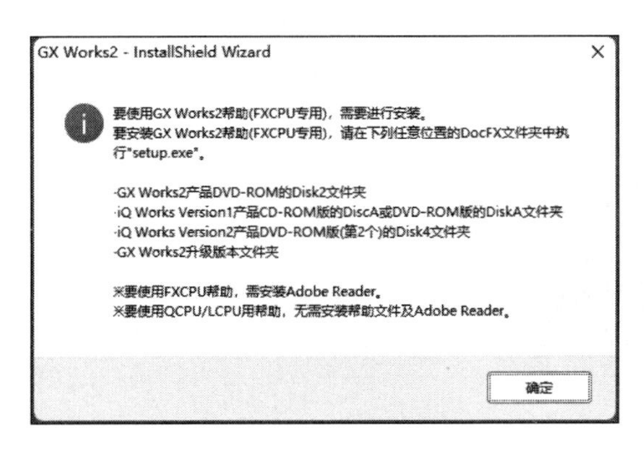

图 2-17　安装与使用提示对话框

9. 弹出如图 2-18 所示询问对话框，询问是否查看 CPU 模块记录设置工具的安装手册，一般单击“是”按钮即可。继续弹出如图 2-19 所示询问对话框，询问是否查看 GX LogViewer 的安装手册，单击“是”按钮。

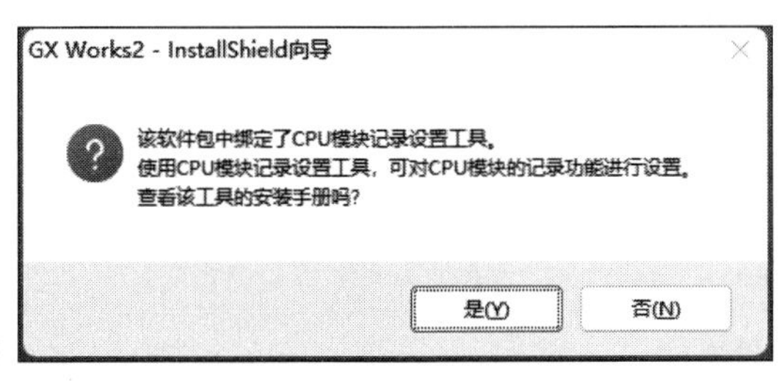

图 2-18　询问对话框 1

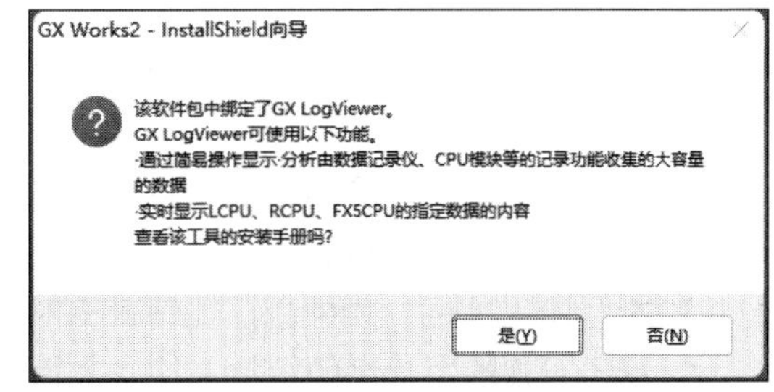

图 2-19　询问对话框 2

10. 弹出软件更新信息对话框，如图 2-20 所示，单击“确定”按钮。

11. 弹出如图 2-21 所示完成 InstallShield 向导对话框，提示安装完成，单击“完成”按钮，结束 GX Works2 的安装。

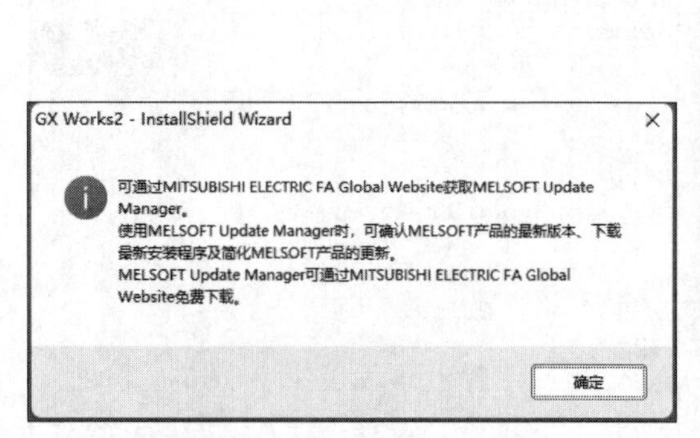

图 2-20　软件更新信息对话框

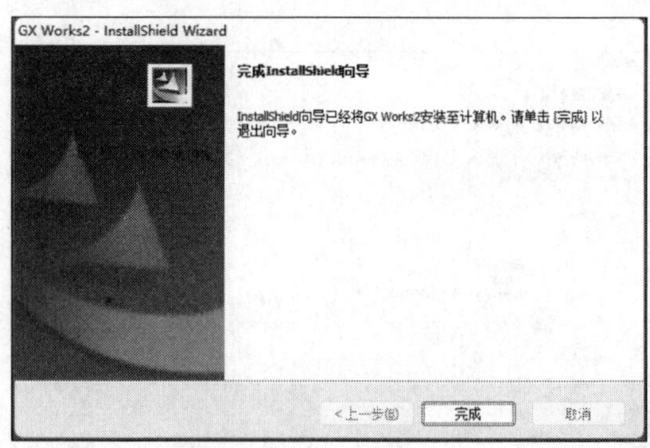

图 2-21　安装完成

12. 安装结束后，软件将在桌面上建立一个和 GX Works2 相对应的图标，同时在“开始”→“所有程序”菜单中建立“MELSOFT”→“GX Works2”选项，单击即可启动 GX Works2 软件，如图 2-22 所示。

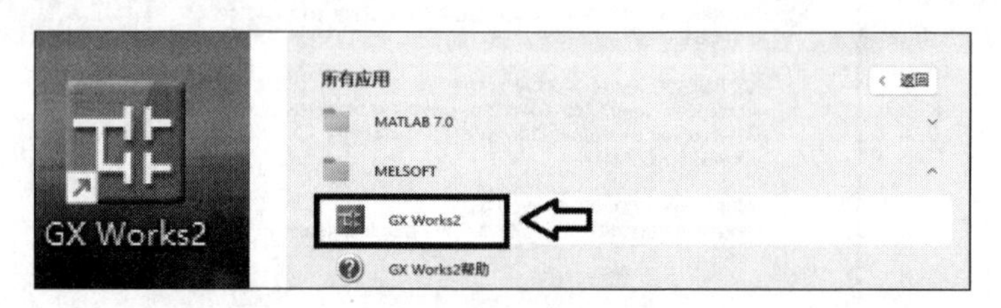

图 2-22　软件启动方法

任务 2　GX Works2 编程软件的应用

学习目标

1. 掌握用 GX Works2 编程软件新建工程的方法。
2. 熟悉 GX Works2 的窗口组成。
3. 能利用工具栏、菜单命令等编辑梯形图程序。
4. 能进行梯形图程序的转换、检查和保存等操作。

任务引入

本任务的主要内容是利用 GX Works2 软件完成如图 2-23 所示梯形图程序的编辑输入，熟悉软件的基本功能和使用方法。

图 2-23　梯形图程序

相关知识

一、用 GX Works2 编程软件新建工程

1. 启动 GX Works2 编程软件

双击桌面上的“GX Works2”图标，启动 GX Works2，弹出如图 2-24 所示的窗口。

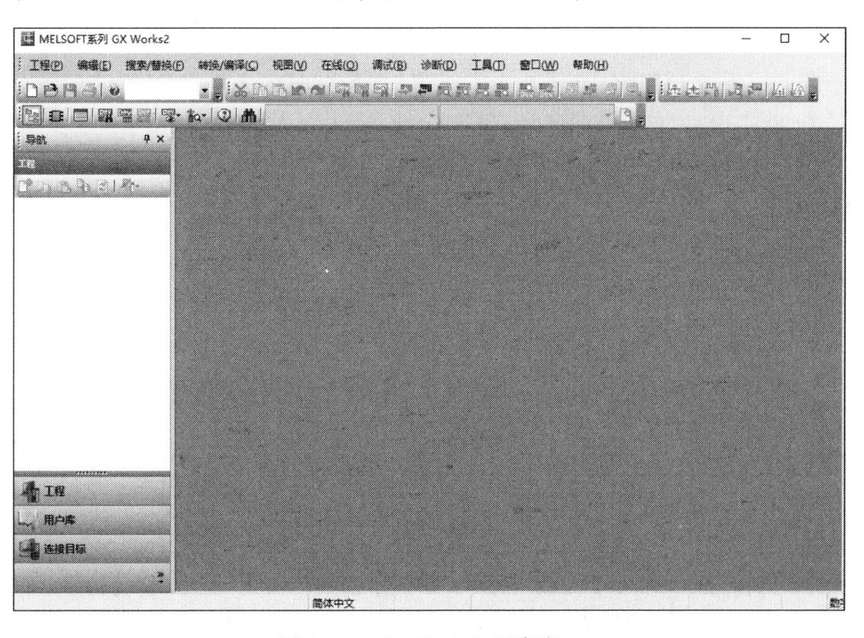

图 2-24　GX Works2 程序窗口

2. 新建工程

执行“工程”→“新建”命令，如图 2-25 所示，创建一个新的用户程序（也可以在工具栏中直接单击“ ”图标）。

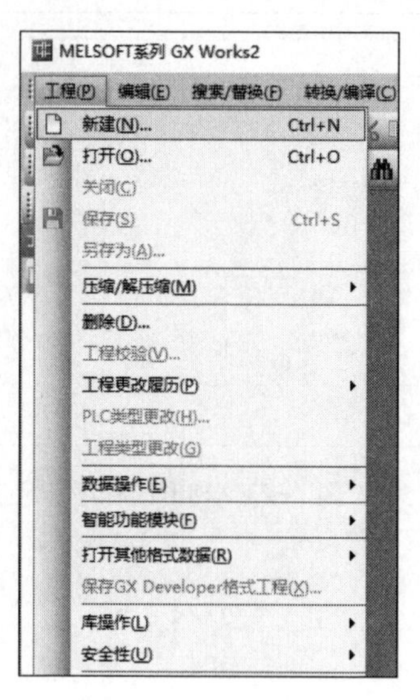

图 2-25　执行“工程”→“新建”命令

弹出“新建”对话框，如图 2-26 所示，PLC 系列选择“FXCPU”，机型选择“FX3U/FX3UC”，工程类型选择“简单工程”，程序语言选择“梯形图”，然后单击“确定”按钮。

弹出操作提示界面，如图 2-27 所示，根据个人需求选择勾选下次是否显示，然后单击“是”按钮。

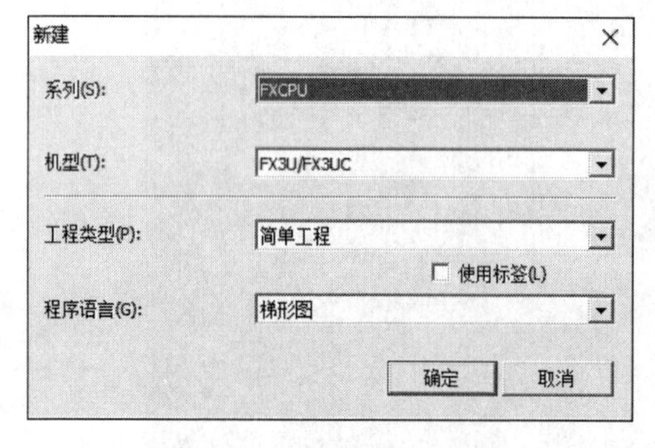

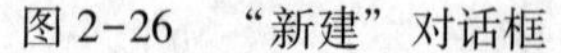

图 2-26　“新建”对话框

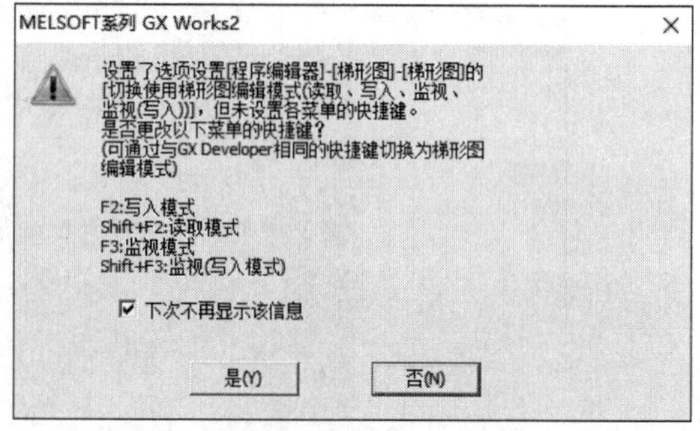

图 2-27　操作提示界面

进入程序编辑界面，如图 2-28 所示，软件标题栏显示“工程未设置”，此时工程还未设置完毕，需定义项目的保存路径。执行“工程”→“保存”命令（也可在工具栏中直接单击“ ”图标），弹出“工程另存为”对话框，如图 2-29 所示，根据个人需求选择工程路径，在文件名中填写工程名称（这里输入的工程名为“项目一”，路径为桌面），标题是选填项，可不填，然后单击“保存”按钮。保存后工程正式建立，可继续进行编程。

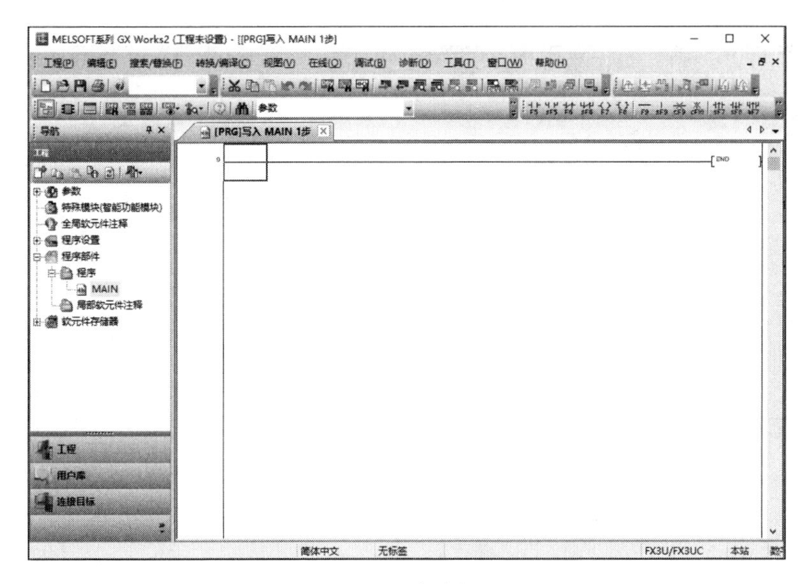

图 2-28　程序编辑界面

图 2-29　“工程另存为”对话框

二、GX Works2 的窗口组成

GX Works2 的窗口分为 6 个区域：标题栏、菜单栏、快捷工具栏、工程导航栏、程序编辑区和状态栏，如图 2-30 所示。

1. 标题栏

标题栏如图 2-31 所示，标题栏左侧显示工程名称、保存路径和程序步数，右侧有“最小化”“最大化”和“关闭”按钮，可对窗口进行相应的操作。要批量关闭多个窗口时，执行“窗口”→“关闭所有窗口”命令即可。

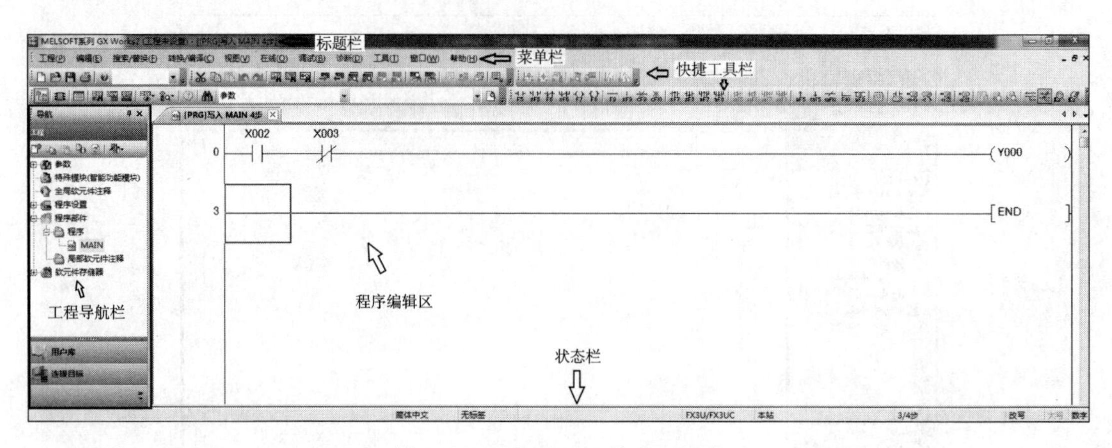

图 2-30　GX Works2 的窗口组成

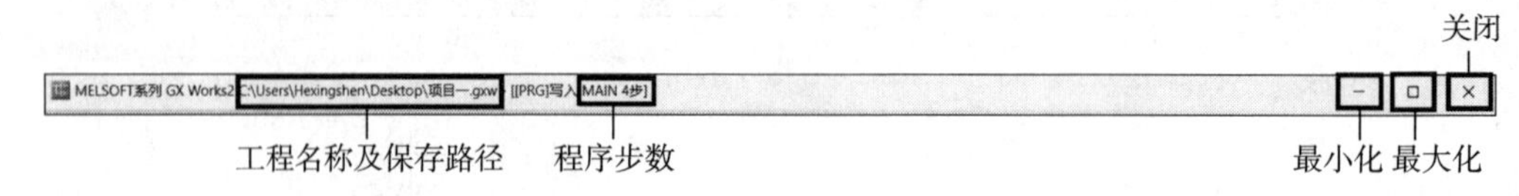

图 2-31　标题栏

2. 菜单栏

菜单栏如图 2-32 所示，允许使用鼠标或键盘执行菜单栏中的各种命令，GX Works2 所有的功能都可以在里面找到并设置。

图 2-32　菜单栏

3. 快捷工具栏

GX Works2 提供所有编程、调试的命令或工具的快捷键，并分为多个工具栏，常用的工具栏如“标准工具栏”（见图 2-33），“程序通用工具栏”（见图 2-34），“切换折叠窗口/工程数据工具栏”（见图 2-35），“梯形图工具栏”（见图 2-36）。

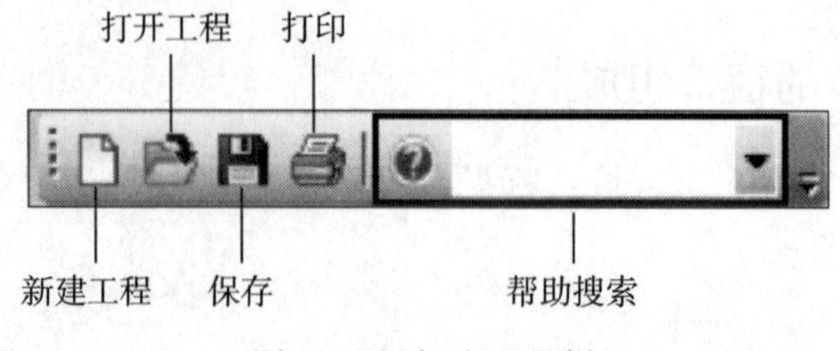

图 2-33　标准工具栏

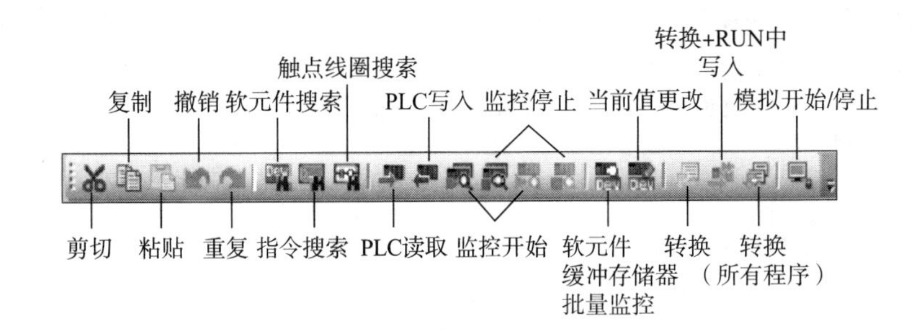

图 2-34　程序通用工具栏

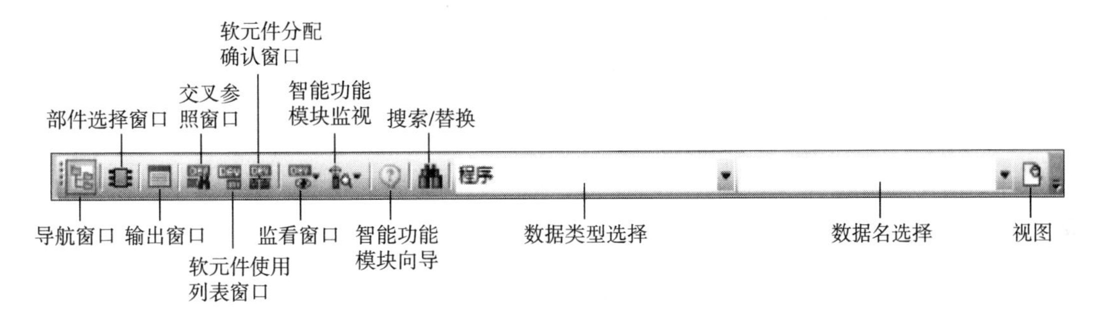

图 2-35　切换折叠窗口/工程数据工具栏

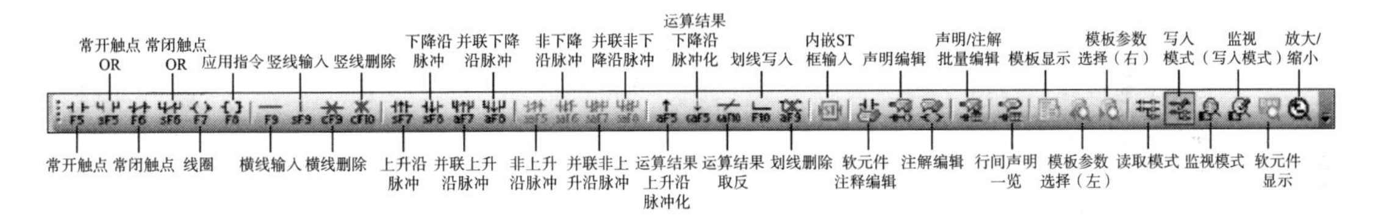

图 2-36　梯形图工具栏

用户可按需要自定义调取其他的工具栏，执行“视图”→“工具栏”→“显示所有工具栏”命令即可，如图 2-37 所示。

调取出来的工具栏可自定义位置，具体操作为将光标移至工具栏最左边，使其变成“ ”，按住左键即可将工具栏拖动到软件中的任意位置。也可以增减每个工具栏的快捷按钮，具体操作为单击工具栏最右侧的下拉小箭头“ ”，在“添加或删除按钮”的菜单中选择显示或隐藏相应的快捷按钮。

4. 工程导航栏

工程导航栏分为“工程”“用户库”“连接目标”三部分，其中“工程”和“连接目标”最为常用。“工程”是以树形结构反映当前工程的参数、程序、软元件存储器的配置及使用情况，如图 2-38 所示，让用户可以快速定位某个内容并进行编辑和修改。其中的 PLC 参数是常用设置之一，双击“PLC 参数”，弹出“FX 参数设置”对话框，如图 2-39 所示示，可设置有关 PLC 本体的参数或连接扩展模块的有关参数，也可使用默认参数。

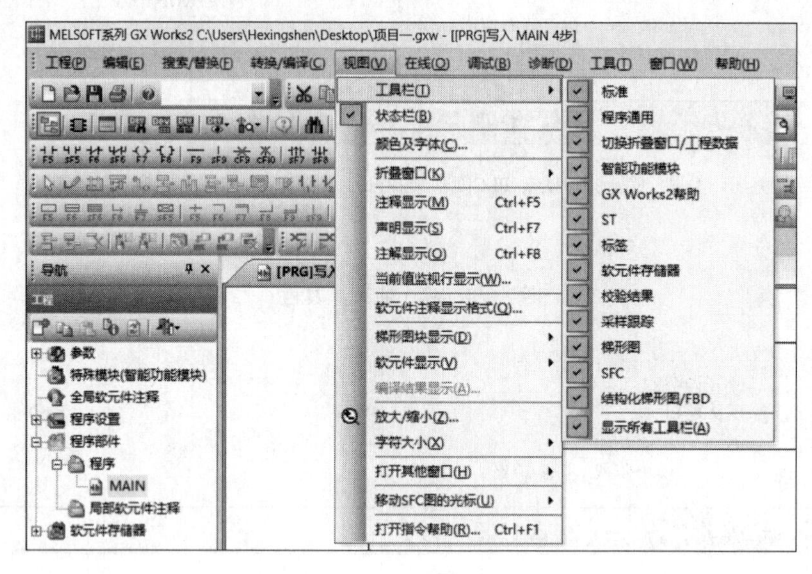

图 2-37　工具栏调取设置

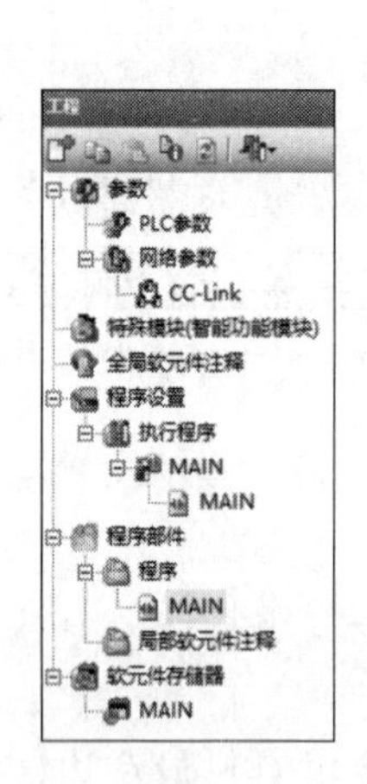

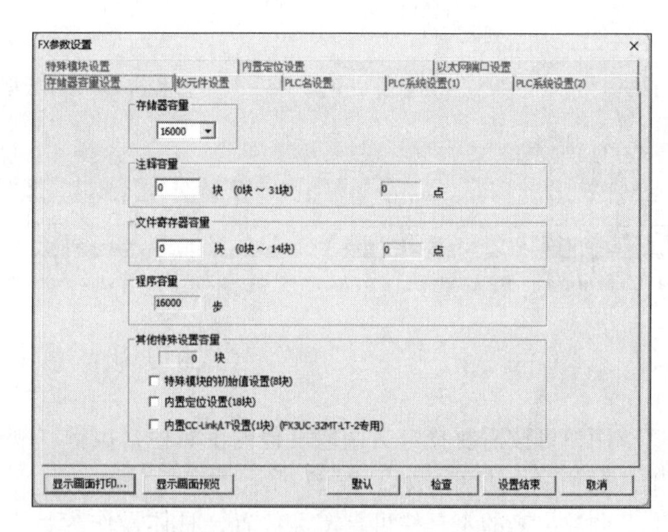

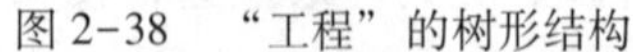

图 2-38　“工程”的树形结构　　　　图 2-39　“FX 参数设置”对话框

“连接目标”包含 PLC 各种通信的选择、测试、端口设置等内容，如图 2-40 所示。

5. 程序编辑区

程序编辑区是工程的主窗口，包含梯形图、指令表、SFC 等多种编程语言，最常用的是梯形图编程语言，图 2-41 所示为梯形图编辑界面。

编程语言可随意切换，当使用顺控指令时也可调换成 SFC 进行编辑，这样更为方便、快捷。具体操作为单击菜单栏“工程”→“工程类型更改”，弹出“工程类型更改”对话框，如图 2-42 所示，选择“更改程序语言类型”选项，单击“确定”按钮，即可切换为

SFC 编辑界面，如图 2-43 所示。

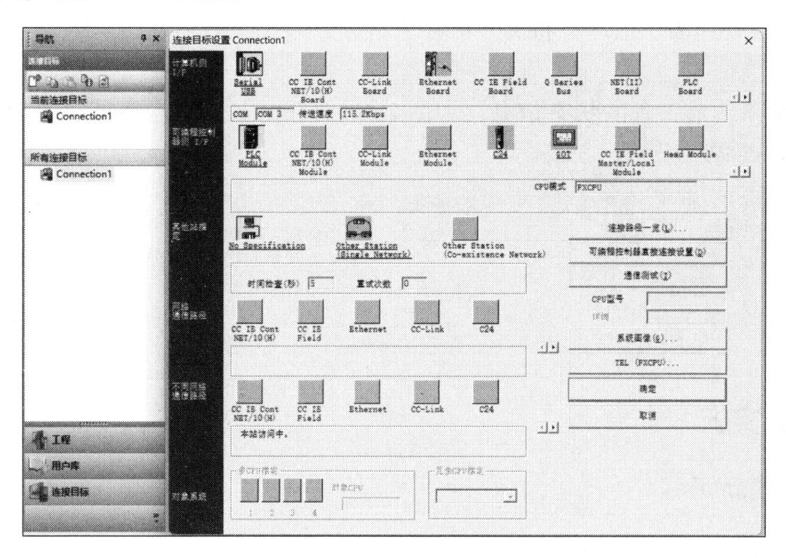

图 2-40　连接目标设置

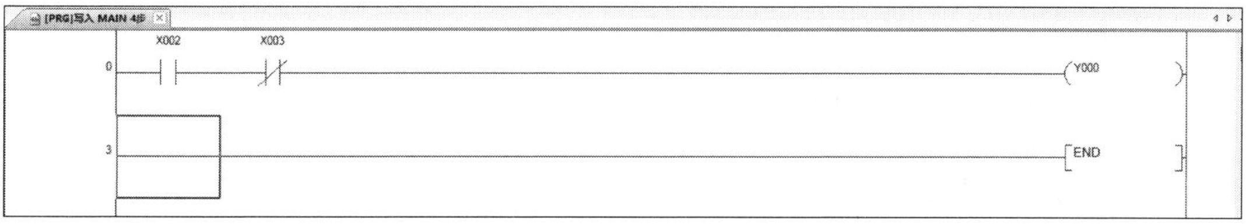

图 2-41　梯形图编辑界面

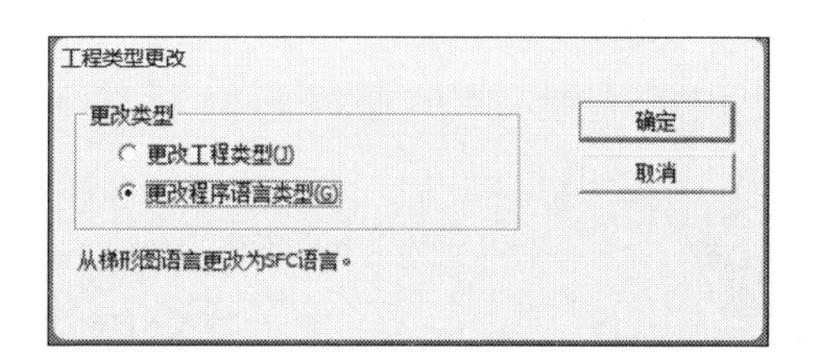

图 2-42　“工程类型更改”对话框

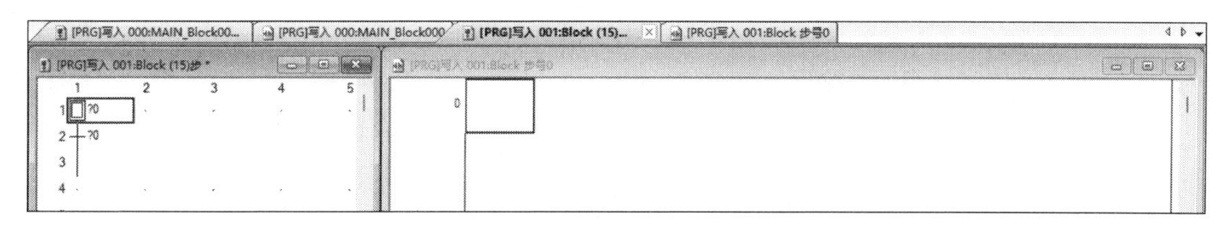

图 2-43　SFC 编辑界面

注意，GX Developer 可以输入梯形图、SFC、指令表，GX Works2 可以输入梯形图、SFC，不能输入指令表，但可以将文件保存为指令表形式。

6. 状态栏

状态栏显示当前工程的状态信息，如图 2-44 所示，在编辑、监控、调试和设置数据时显示的内容略有不同。

图 2-44　状态栏

任务实施

一、创建新工程

启动 GX Works2 软件，创建新工程。

二、编辑梯形图程序

1. 创建梯形图

（1）通过键盘输入助记符的方式创建。

（2）通过工具栏的工具按钮创建。

（3）通过功能键创建。

（4）通过工具栏的菜单创建。

2. 输入常开触点

功能：在梯形图中输入常开触点。

操作方法：先将光标定位到要输入的位置，按“F5”键或单击“F5”按钮，弹出“梯形图输入”对话框，如图 2-45 所示。

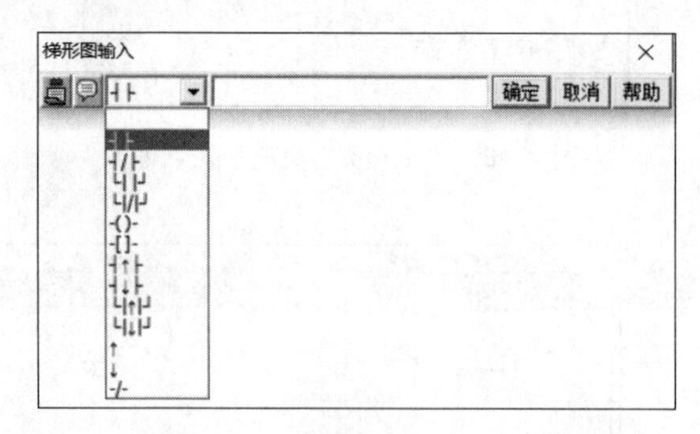

图 2-45　“梯形图输入”对话框

在触点选择下拉列表中有常开、常闭、并联常开、并联常闭、线圈、应用指令、上升沿脉冲、下降沿脉冲、并联上升脉冲、并联下降脉冲和结果取反等触点类型。例如，选择常开触点符号，并在输入元件符号框中输入元件符号 X2（见图 2-46），单击“确定”按钮，主界面如图 2-47 所示。

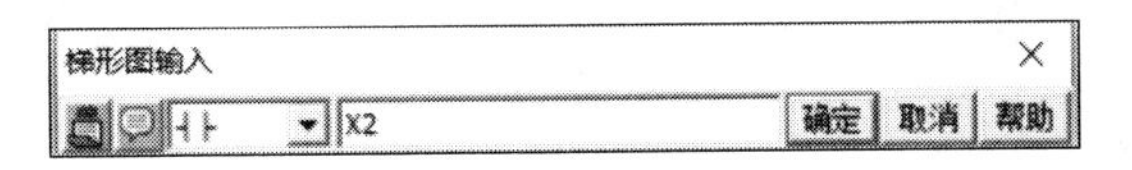

图 2-46　输入常开触点 X2

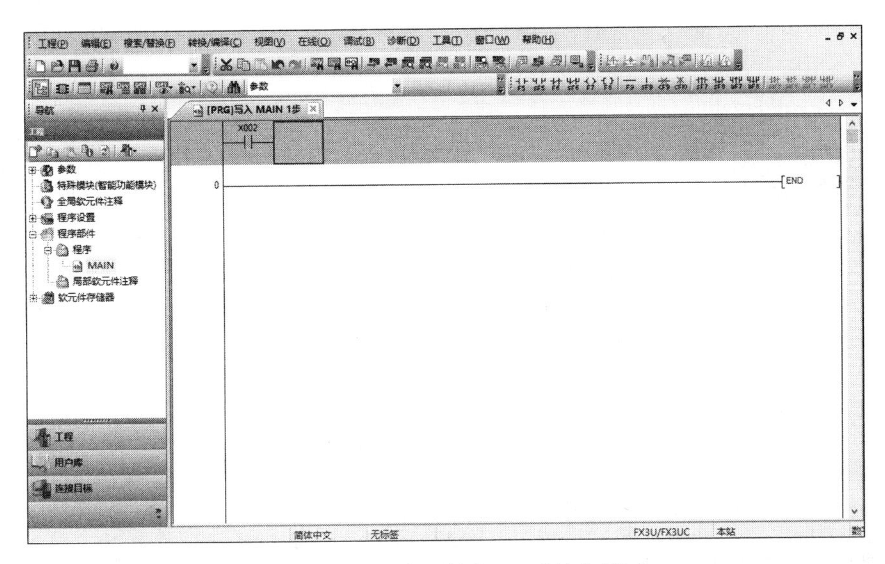

图 2-47　输入常开触点 X2 后的主界面

3. 输入常闭触点

功能：在梯形图中输入常闭触点。

操作方法：先将光标定位到要输入的位置，按“F6”键或单击“ ”按钮，弹出“梯形图输入”对话框，其操作方法与输入常开触点的方法相同。例如，输入常闭触点 X3（见图 2-48），单击“确定”按钮，主界面如图 2-49 所示。

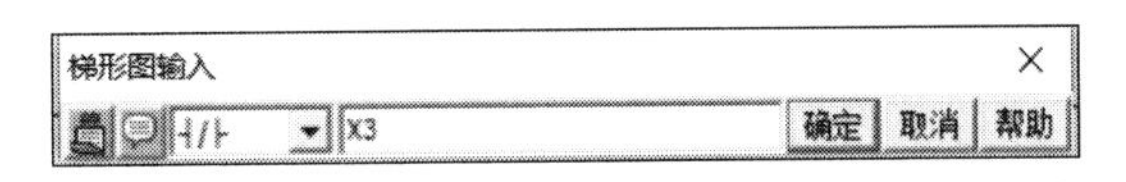

图 2-48　输入常闭触点 X3

4. 输入输出线圈

功能：在梯形图中输入输出线圈。

操作方法：先将光标定位到要输入的位置，按“F7”键或单击“ ”按钮，弹出“梯形图输入”对话框，其操作方法与输入常开触点的方法相同。例如，输入输出线圈 Y0（见图 2-50），单击“确定”按钮，主界面如图 2-51 所示。

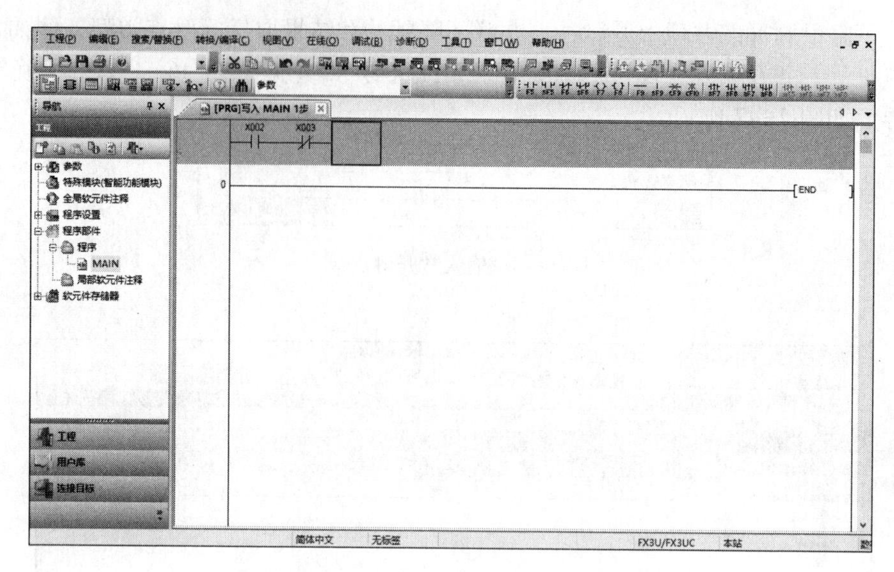

图 2-49　输入常闭触点 X3 后的主界面

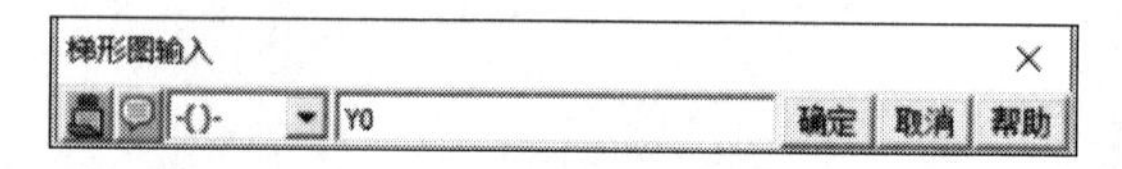

图 2-50　输入输出线圈 Y0

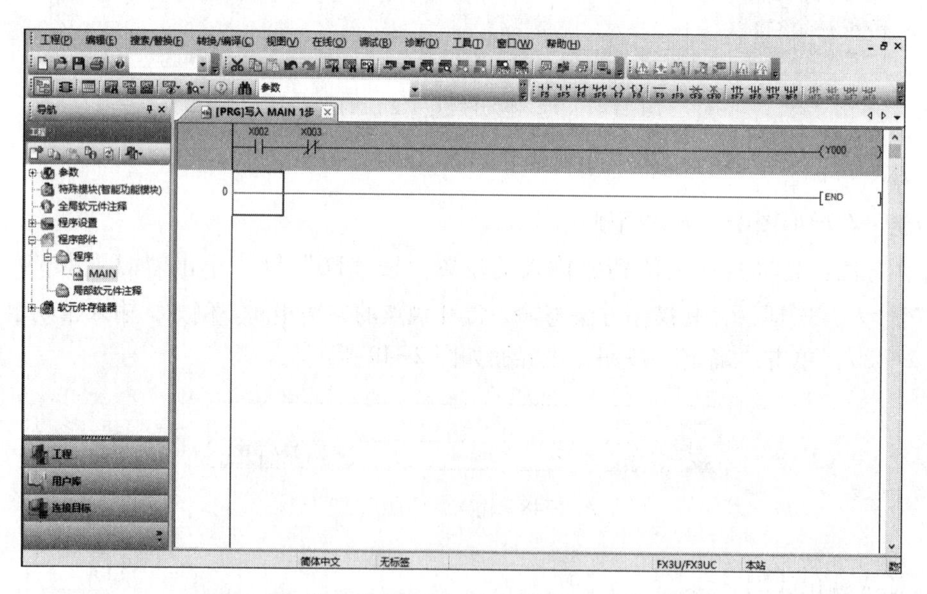

图 2-51　输入（或修改）输出线圈 Y0 后的主界面

在输入过程中如果选取错误，如指令符号和软元件类型不匹配（见图 2-52），这时若单击“确定”按钮，会弹出“指令帮助”对话框（见图 2-53），可通过在该对话框的“指令一览”栏中双击指令，弹出“详细的指令帮助”对话框（见图 2-54），在“软元件输入”中选择对应的软元件进行修改。例如，将软元件改为 Y0，单击“确定”按钮，修改完成的主界面如图 2-51 所示。

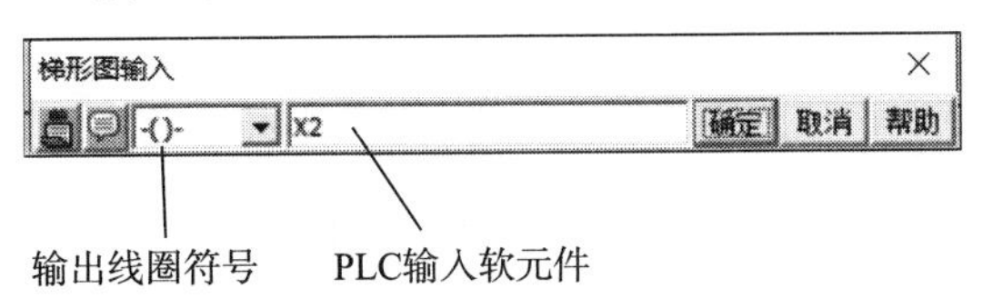

图 2-52　指令符号和软元件类型不匹配

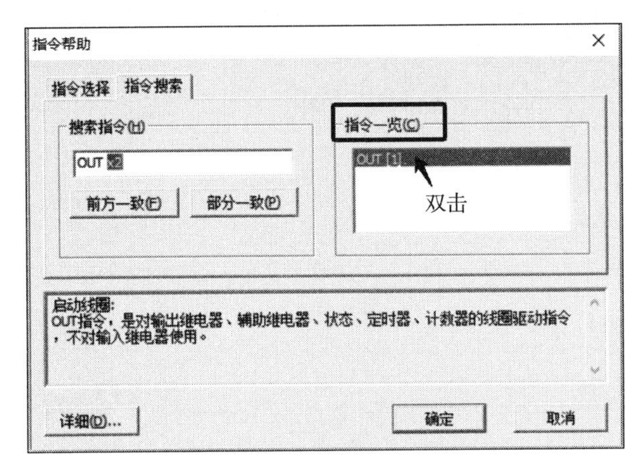

图 2-53　“指令帮助”对话框

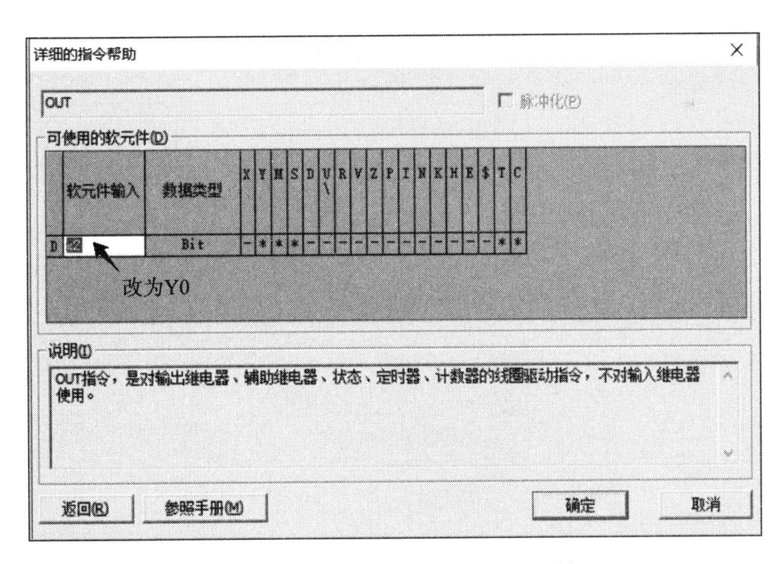

图 2-54　“详细的指令帮助”对话框

5. 输入并联触点

功能：在梯形图中输入并联触点。

操作方法：先将光标定位到要输入的位置，按“Shift”+“F5”键或单击“ ”按钮，弹出“梯形图输入”对话框，其操作方法与输入常开触点的方法相同。例如，输入并联常开触点 Y0（见图 2-55），单击“确定”按钮，主界面如图 2-56 所示。

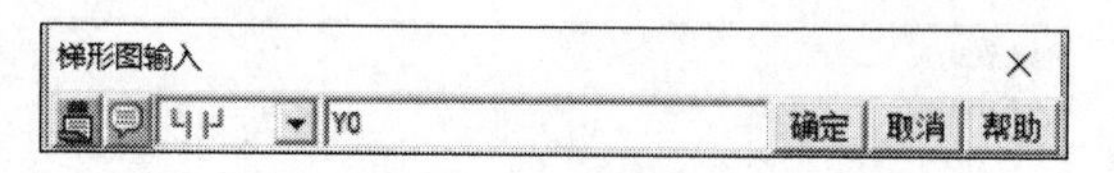

图 2-55　输入并联常开触点 Y0

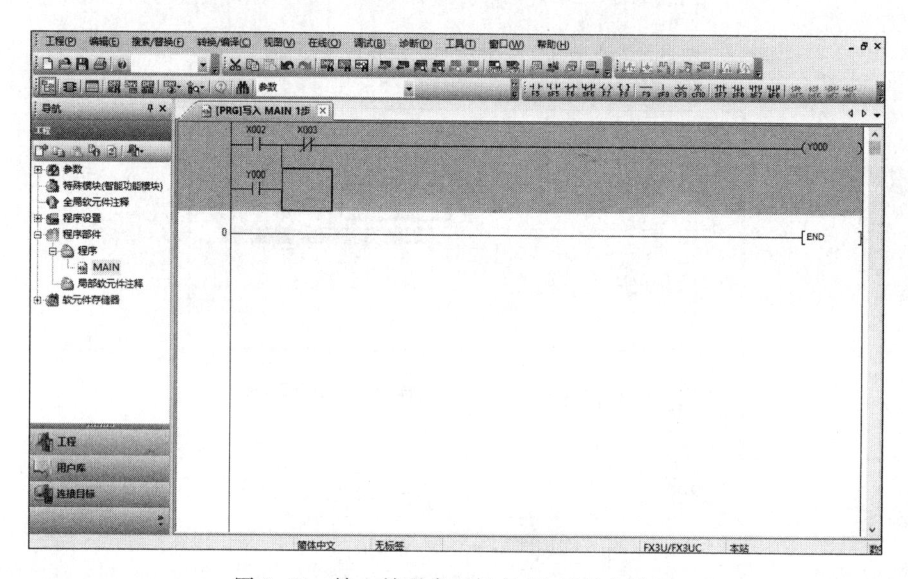

图 2-56　输入并联常开触点 Y0 后的主界面

并联常闭触点的输入方法可参考并联常开触点。

6. 输入横线

功能：在梯形图中输入横线。

操作方法：先将光标定位到要输入的位置，按“F9”键或单击“F9”按钮，弹出“横线输入（-1～10）”对话框（见图 2-57），在对话框中输入横线的数量。例如，输入“2”，单击“确定”按钮，主界面如图 2-58 所示。

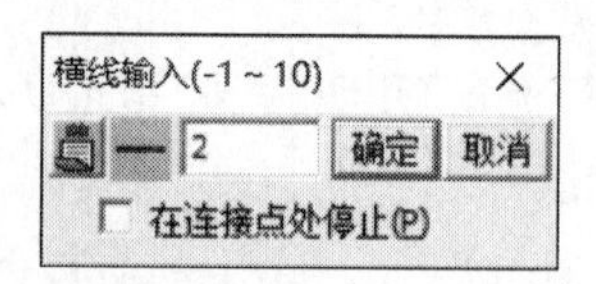

图 2-57　“横线输入（-1～10）”对话框

7. 输入竖线

功能：在梯形图中输入竖线。

操作方法：先将光标定位到要输入的位置，按“Shift”+“F9”键或单击“sF9”按钮，弹出“竖线输入”对话框（见图 2-59），在对话框中输入竖线的数量。例如，输入“3”，单击“确定”按钮，主界面如图 2-60 所示。

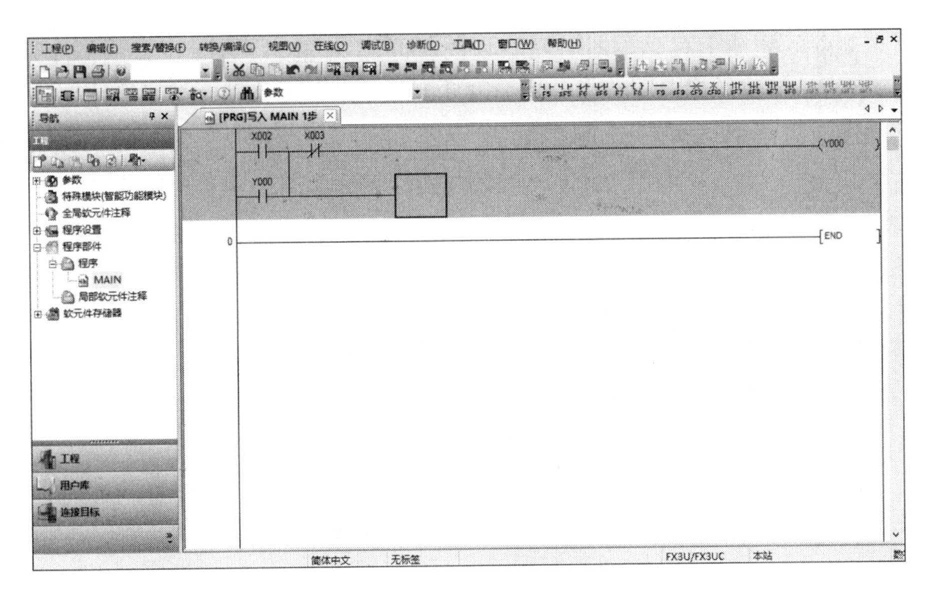

图 2-58　输入 2 条横线后的主界面

图 2-59　“竖线输入”对话框

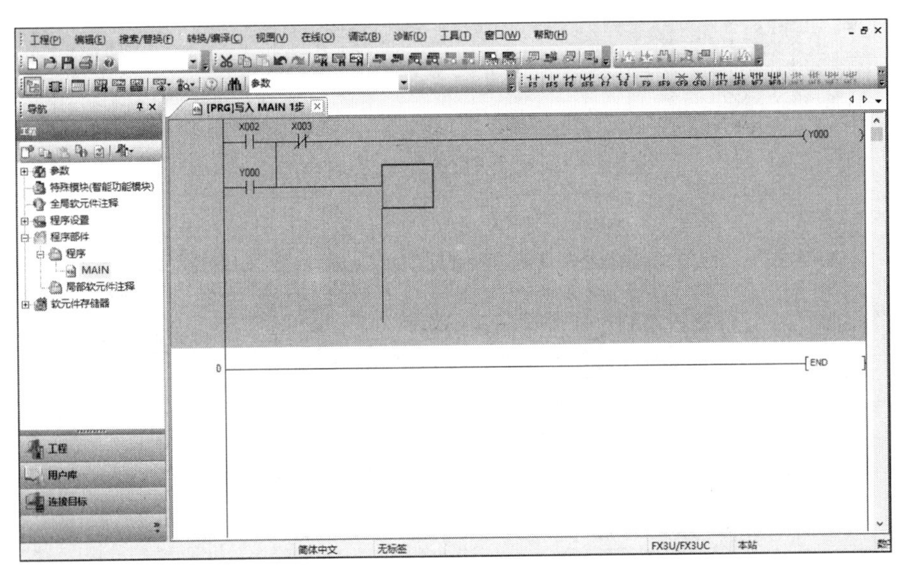

图 2-60　输入 3 条竖线后的主界面

8. 删除划线

功能：删除划线。

操作方法：将光标定位到要删除划线的位置，单击“ ”按钮，按住鼠标左键，将光标在需要删除的划线上移动，即可删除划线。也可以先按快捷键“Alt”+“F9”，再按“Shift”+方向键，按住鼠标左键，将光标在需要删除的划线上移动，即可删除划线。

删除横线或竖线时，可以分别使用“ ”和“ ”按钮，对应的快捷键分别是“Ctrl”+“F9”和“Ctrl”+“F10”，操作方法与删除划线相同。

9. 删除触点/线圈

功能：删除梯形图中的触点或线圈。

操作方法：以触点为例，将光标定位到要删除的触点处，通过“Delete”键可以删除梯形图中的触点。例如，删除 Y000 触点，如图 2-61 所示，按“Delete”键后，主界面如图 2-62 所示。删除线圈的操作方法与删除触点相同。

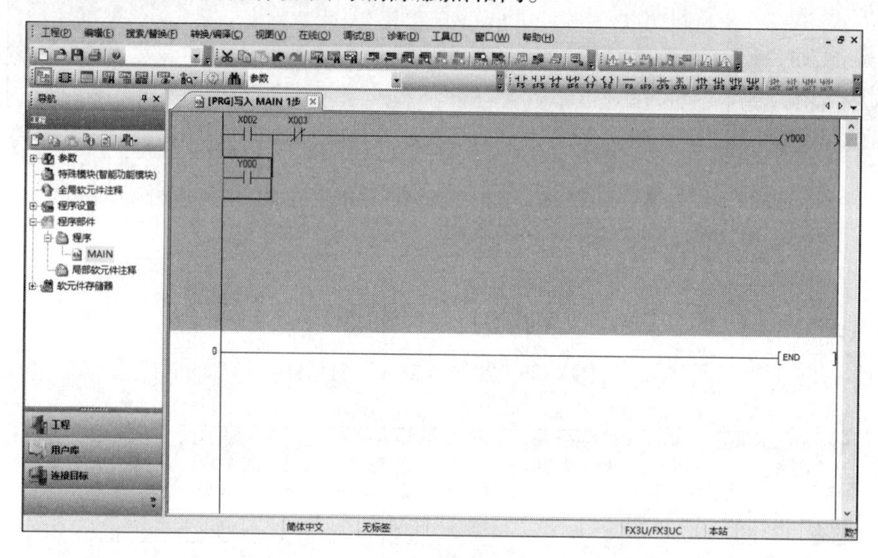

图 2-61　删除 Y000 触点前的主界面

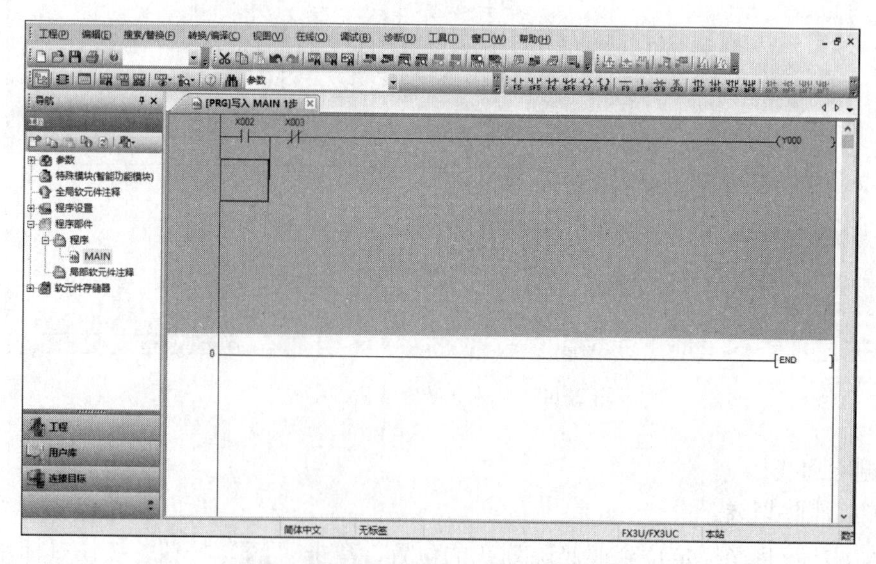

图 2-62　删除 Y000 触点后的主界面

10. 创建软元件注释

功能：如果程序有输入/输出地址分配表（见表 2-1），可以为软元件创建注释，使程序易于阅读。

表 2-1　输入/输出地址分配表

输入信号		输出信号	
名称	PLC 接入点	名称	PLC 接入点
启动按钮	X2	接触器线圈驱动	Y0
停止按钮	X3		

操作方法：将光标定位到要创建软元件注释的位置，如 X002，单击如图 2-63 所示的“”按钮，然后双击 X002 软元件，弹出如图 2-64 所示的“注释输入”对话框，在文本框中输入文字“启动”，单击“确定”按钮，显示如图 2-65 所示的 X002 软元件注释信息。

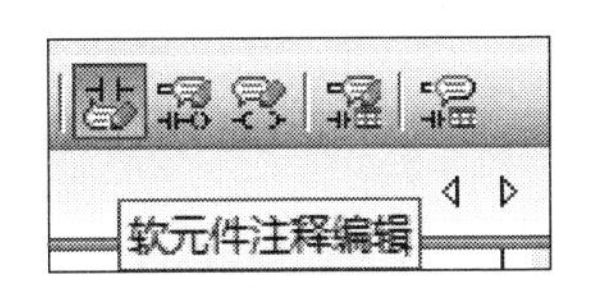

图 2-63　软元件注释编辑按钮

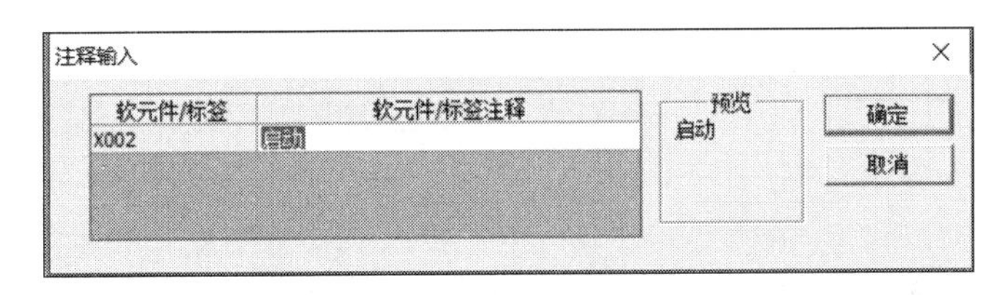

图 2-64　“注释输入”对话框

图 2-65　X002 软元件注释信息

使用相同的操作方法，补充完成“X003”和“Y000”软元件的注释。

也可以进行批量注释。在导航栏中双击“全局软元件注释”，进入软元件注释页面，如图 2-66 所示，输入软元件名，即可快速定位至要注释的软元件。例如，输入软元件名“Y000”，按“回车”键即可定位到软元件 Y000，注释完成后如图 2-67 所示。用同样的方法对其他软元件进行注释，图 2-68 所示为注释完成的梯形图程序。

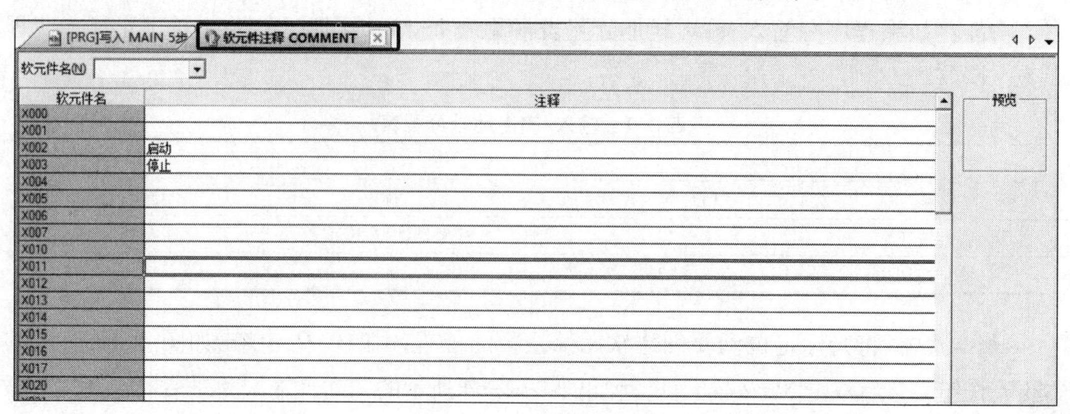

图 2-66　软元件注释页面

图 2-67　注释完 Y000 软元件的页面

图 2-68　注释完成的梯形图程序

三、转换和检查梯形图程序

1. 转换梯形图程序

当梯形图程序输入完成后，程序呈灰色状态，执行“转换/编译”→“转换”命令，或按“F4”快捷键，或单击程序通用工具栏中的转换按钮，都可以转换梯形图程序，转换后程序呈白色状态。转换前/后的梯形图程序如图 2-69 所示。

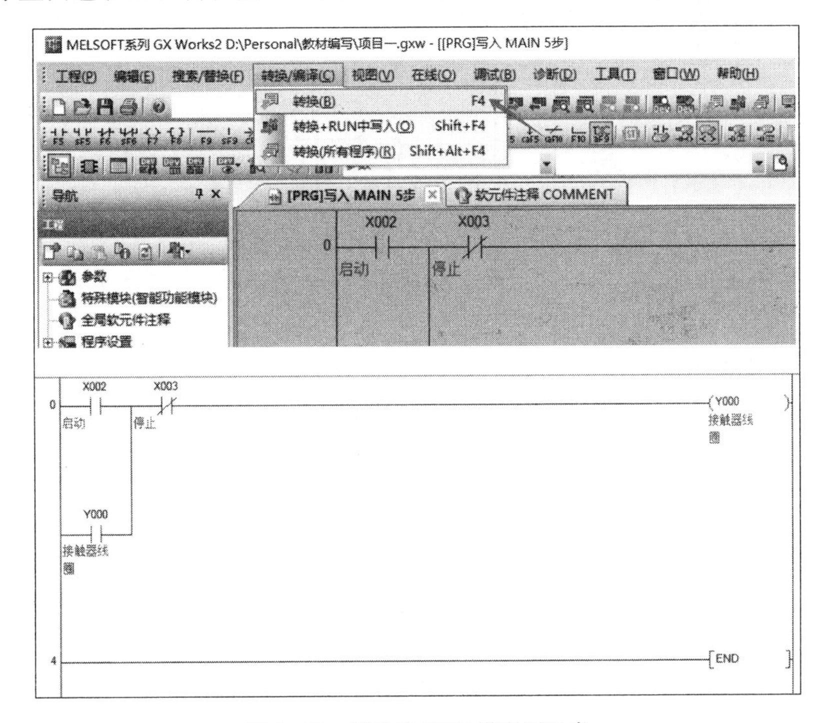

图 2-69 转换前/后的梯形图程序

2. 检查梯形图程序

转换梯形图程序后可以进行程序检查。执行“工具”→“程序检查”命令，如图 2-70 所示，此时会弹出“程序检查（MAIN）”对话框，如图 2-71 所示。单击“执行”按钮，对 MAIN 主程序进行检查，如果信息框中显示“MAIN 没有错误”，说明梯形图程序语法正确；如果程序存在错误，则软件会弹出提示，指出错误的位置和原因。

四、保存工程并退出

1. 将工程保存为梯形图

确保程序无误后，按照正确的方法保存并退出软件，完成本次任务的操作。

2. 将工程保存为指令表形式

编写的梯形图也可以保存为指令表形式，执行“编辑”→“写入至 CSV 文件”命令，如图 2-71a 所示，此时会询问是否将当前显示的梯形图写入 CSV 文件，如图 2-71b 所示，单击“是”按钮，此时会弹出“写入至 CSV 文件”对话框，如图 2-71c 所示，选择保存位置，输入文件名，单击“保存”按钮，把梯形图保存为 CSV 格式的 Excel 表格，用打开 Excel 表格的方法打开这个表格，就可以看到指令表形式的程序。

反过来，执行“编辑”→“从 CSV 文件读取”命令，可以将保存为 CSV 格式的 Excel

表格打开为梯形图。

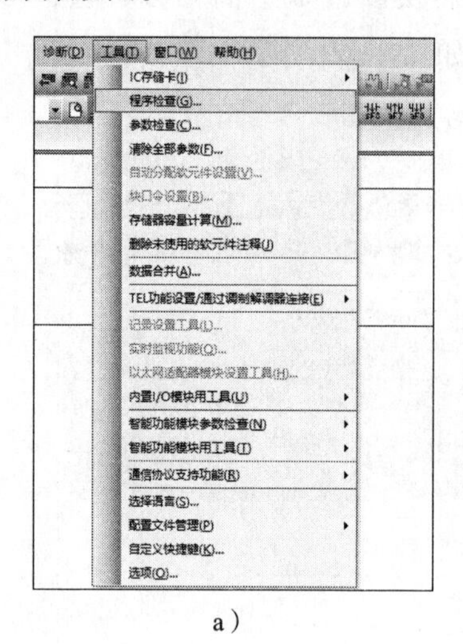

a）

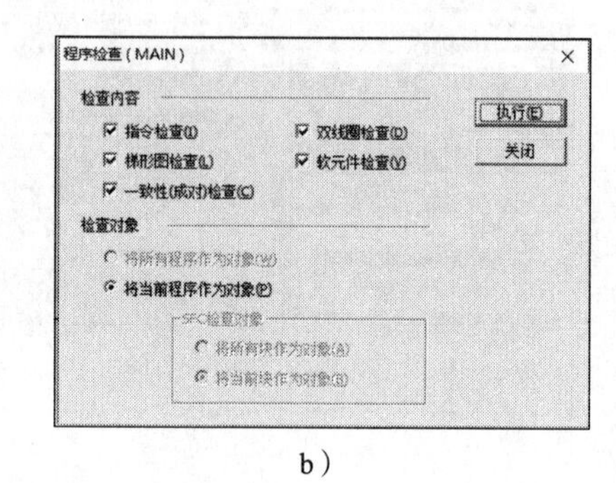

b）

图 2-70　进行程序检查

a）执行“工具”→“程序检查”命令　b）“程序检查（MAIN）”对话框

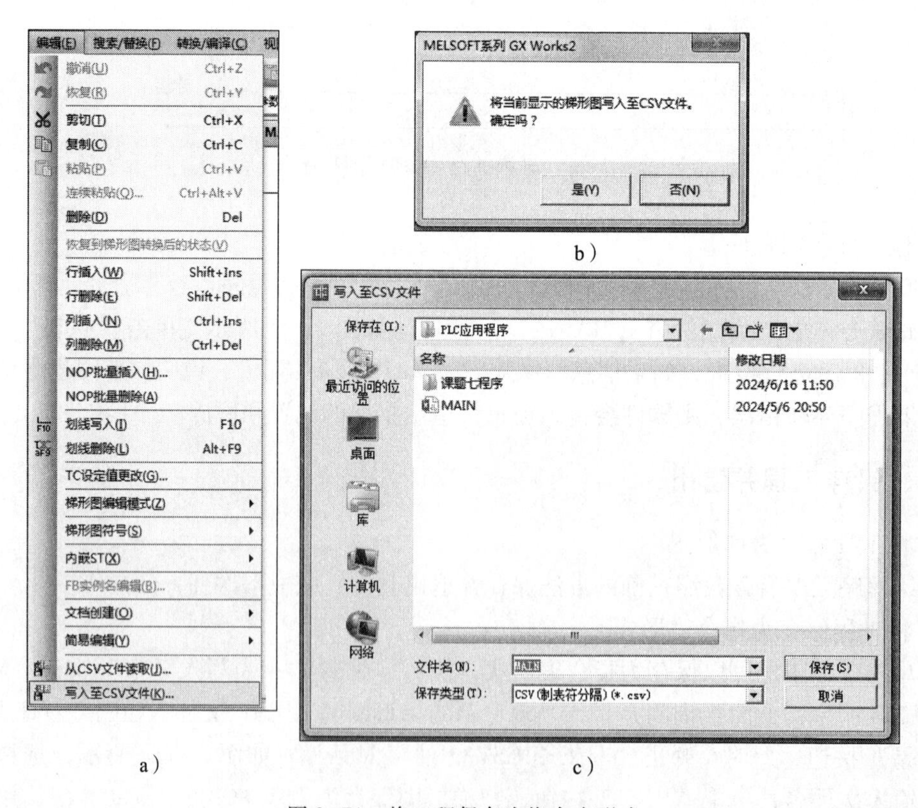

图 2-71　将工程保存为指令表形式

a）执行“编辑”→“写入至 CSV 文件”命令　b）询问是否将当前显示的梯形图写入 CSV 文件

c）“写入至 CSV 文件”对话框

任务 3　FX 系列 PLC 与计算机的通信连接和程序调试

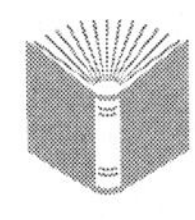

学习目标

1. 能正确连接 FX 系列 PLC 与计算机，并进行通信设置。
2. 能将梯形图程序写入 PLC，并对写入的程序进行离线仿真调试和在线调试。

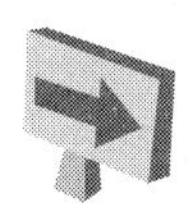

任务引入

在 PLC 与计算机连接构成的系统中，计算机主要完成数据处理、参数修改、图像显示、报表打印、PLC 程序编制、工作状态监视等任务，而 PLC 则直接面向现场、面向设备进行实时控制。

本任务的主要内容就是完成 PLC 与计算机的连接和通信设置，并完成图 2-23 所示梯形图程序的离线仿真调试。

任务实施

一、FX 系列 PLC 与计算机的连接和通信设置

1. 将 PLC 与计算机连接

PLC 一般连接到计算机的 RS-232C 串行端口或 USB 端口（在购买 PLC 时，会附带相应的通信电缆），如图 2-72 所示。无论是 PLC 侧还是计算机侧，端口都是有方向的，在接插线时，一是要断电，二是要对准端口方向轻插，不可使用蛮力（使用蛮力会造成端口插针弯曲，损坏通信电缆）。

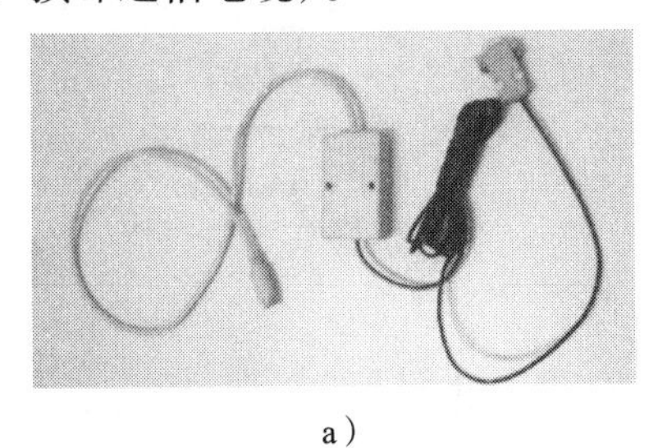

a）

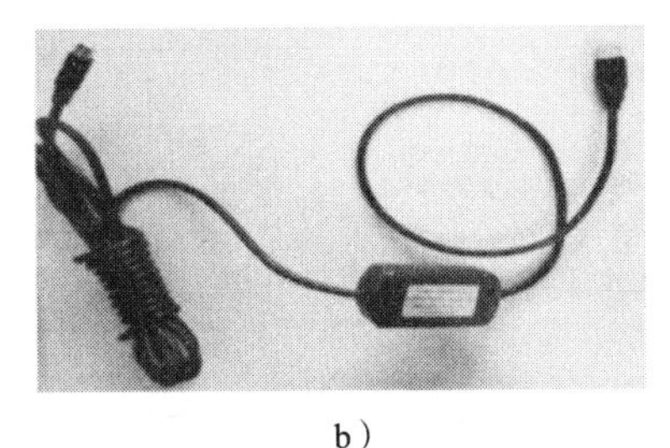

b）

图 2-72　通信电缆

a）串行端口（RS-232C）　b）USB 端口

2. 系统设置

连接计算机和 PLC 后，启动计算机，接通 PLC 电源，运行 GX Works2，先进行必要的

系统设置，计算机和 PLC 之间才能通信。

功能：选择计算机的 RS-232C 端口与 PLC 相连。

操作方法：在导航栏选择“连接目标”，双击“Connection1”，弹出“连接目标设置 Connection1”对话框，如图 2-73 所示，先进行端口设置，选择正确的 COM 端口，双击“ ”按钮，弹出“计算机侧 I/F 串行详细设置”对话框，如图 2-74 所示，根据使用的通信电缆选择 RS-232C 或 USB，单击“确定”按钮。

COM 的端口号可在计算机的设备管理器中查看，在计算机桌面右击“此电脑”图标，在弹出的快捷菜单中选择“管理”，如图 2-75 所示。

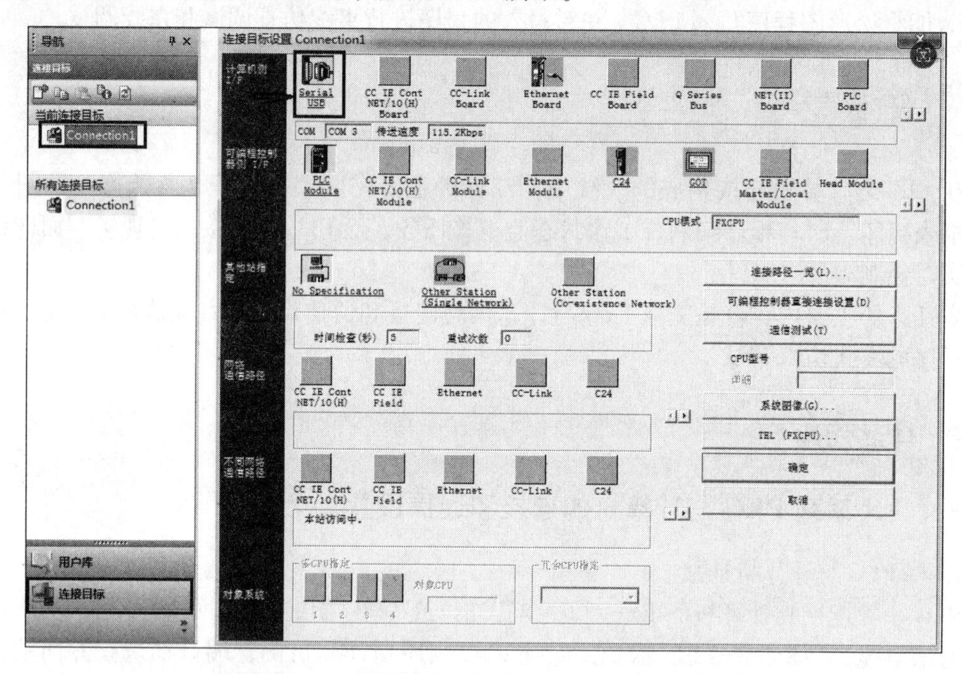

图 2-73 “连接目标设置 Connection1”对话框

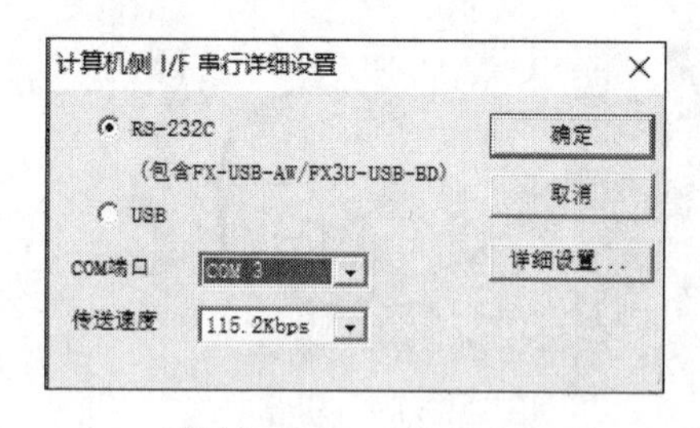

图 2-74 “计算机侧 I/F 串行详细设置”对话框

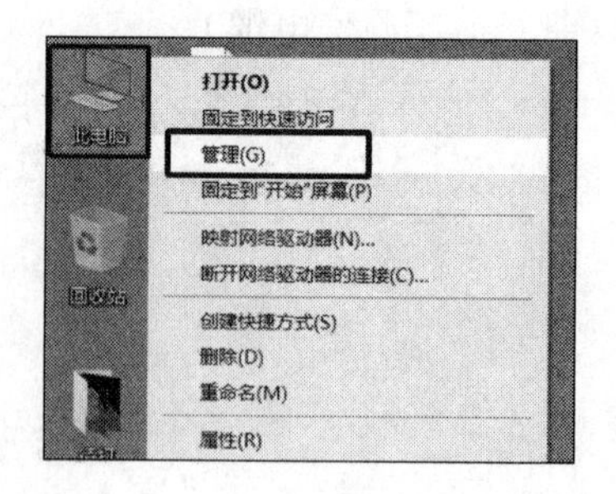

图 2-75 通过快捷菜单进入设备管理器

弹出“计算机管理”窗口，单击进入设备管理器，如图 2-76 所示，如果通信电缆线是串口线连接，则默认为 COM1；如果是 USB 转串口的通信电缆线，就单击“端口（COM 和 LPT）”查看，根据查看结果选择对应的 COM 口。

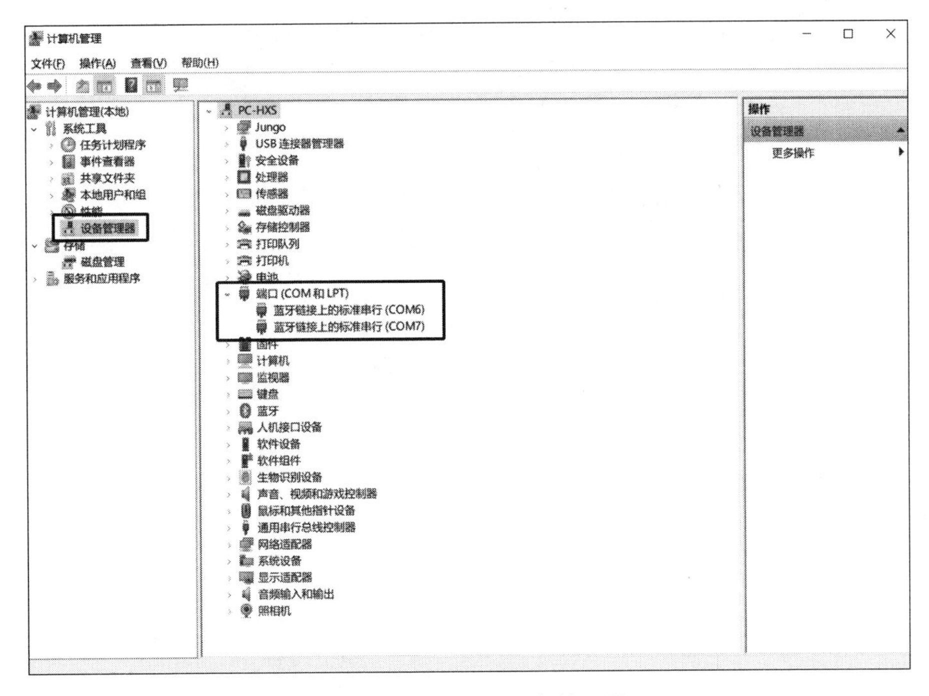

图 2-76　计算机的设备管理器

选择完 COM 口后返回图 2-73 所示的对话框，单击“通信测试”按钮，提示“连接成功”即可。如有误则继续检查、修改 COM 口设置，并确保 PLC 是在接通电源的情况下进行测试的。

二、程序的离线仿真调试

程序的调试分为离线仿真调试和在线调试，这是程序调试所必需的两个阶段。为了保护 PLC 所连接的外部设备，在进行在线调试前必须先进行离线仿真调试。由于在线调试要涉及其他硬件设备，因此这里先介绍程序的离线仿真调试。继续以图 2-23 所示梯形图程序为例。

1. 启动离线仿真调试

执行“调试”→“模拟开始/停止”命令，或单击快捷工具栏中的模拟开始/停止按钮“ ”，启动模拟调试，如图 2-77 所示。

启动模拟调试后，会自动弹出“PLC 写入”窗口，这里不是真正的下载程序到实体的 PLC，而是模拟下载程序写入 PLC，如图 2-78 所示，完成后关闭“PLC 写入”窗口，同时弹出“GX Simulator2”窗口，用于控制虚拟 PLC 的启动和停止，如图 2-79 所示。

2. 运行并调试程序

当进行模拟仿真并且虚拟 PLC 设置为运行状态时，程序栏的程序已自动进入监控模式，可通过快捷工具栏中的“ ”和“ ”按钮切换监控状态。在监控状态时，PLC 的停止按钮 X003 为常闭触点，呈深蓝色代表接通，如图 2-80 所示。

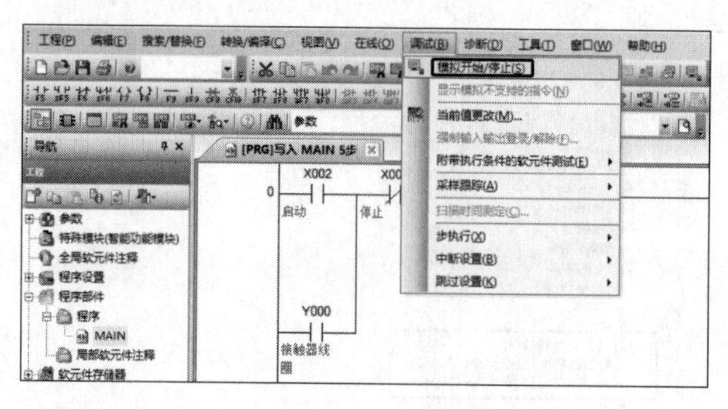

图 2-77　启动模拟调试

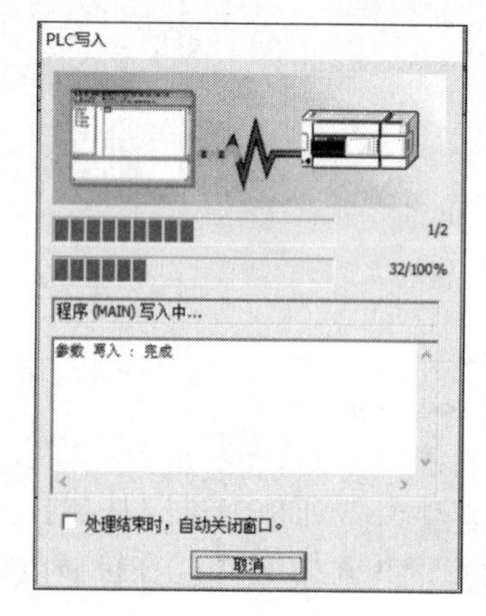

图 2-78　模拟下载程序写入 PLC

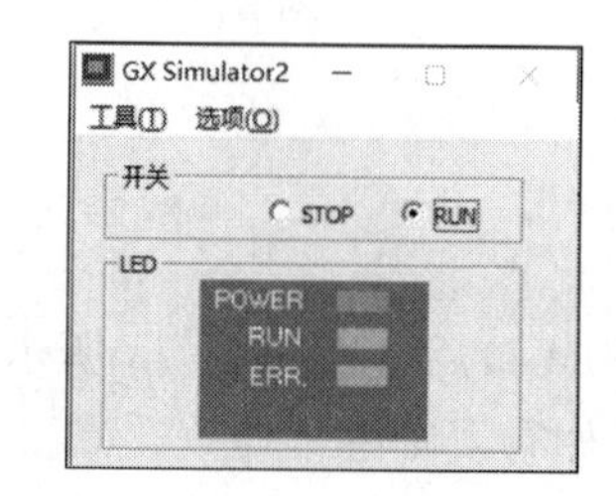

图 2-79　“GX Simulator2” 窗口

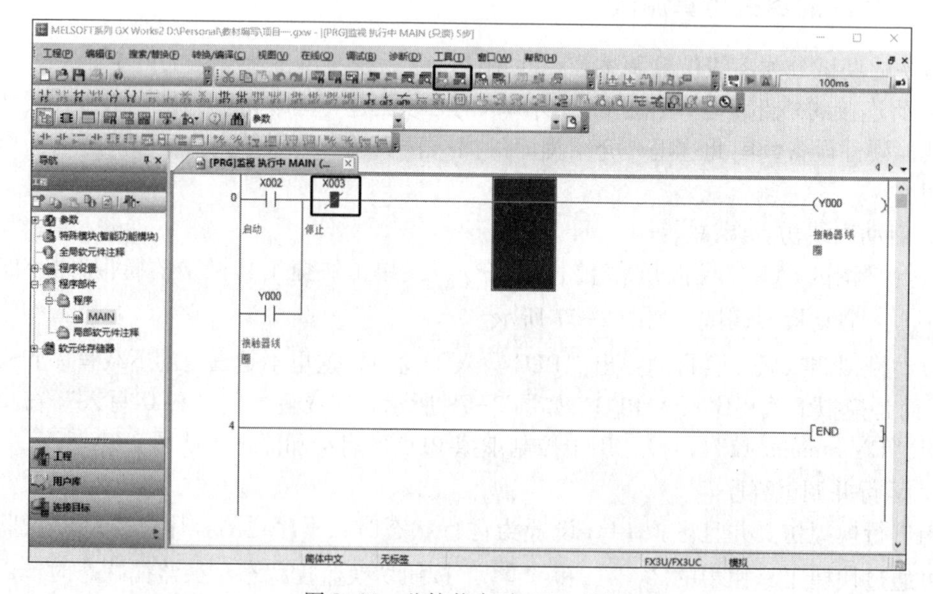

图 2-80　监控状态时 X003 接通

分析程序可知，当按下启动按钮 X002 时，会使输出线圈 Y000 得电，同时形成程序自锁，始终保持 Y000 输出，只有断开 X003 触点才能停止输出 Y000。

通过模拟仿真调试进行验证。选中要执行动作的软元件，如选中“X002”，在快捷工具栏中单击“ ”按钮，或执行“调试”→“当前值更改”命令，如图 2-81 所示，弹出“当前值更改”对话框，如图 2-82 所示。在“软元件/标签”输入框中已填入 X002，如要操作其他软元件，对应修改即可。单击“ON”按钮，程序监控界面随即变化，如图 2-83 所示。

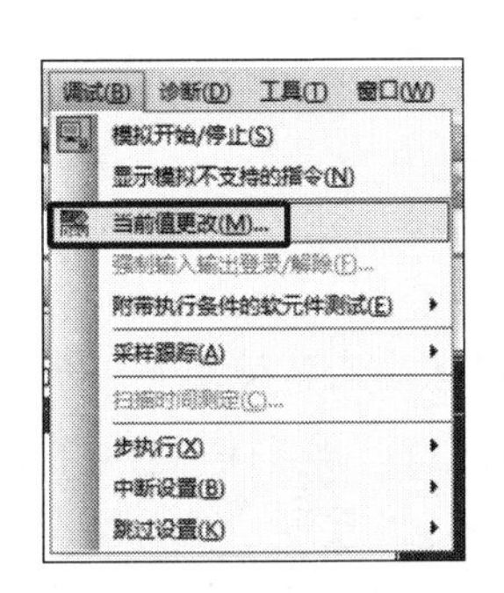

图 2-81　执行“调试”→“当前值更改”命令

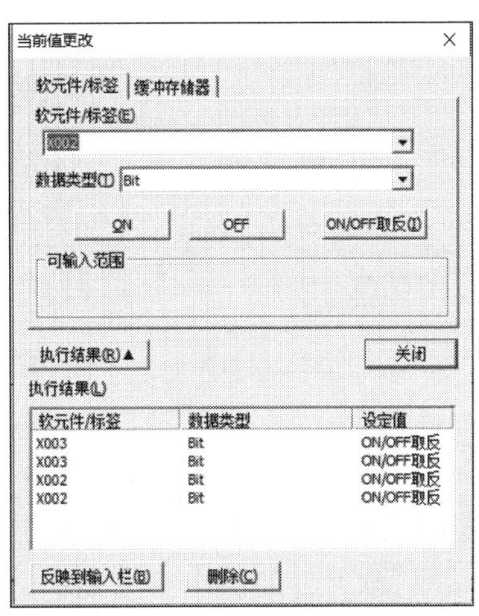

图 2-82　“当前值更改”对话框

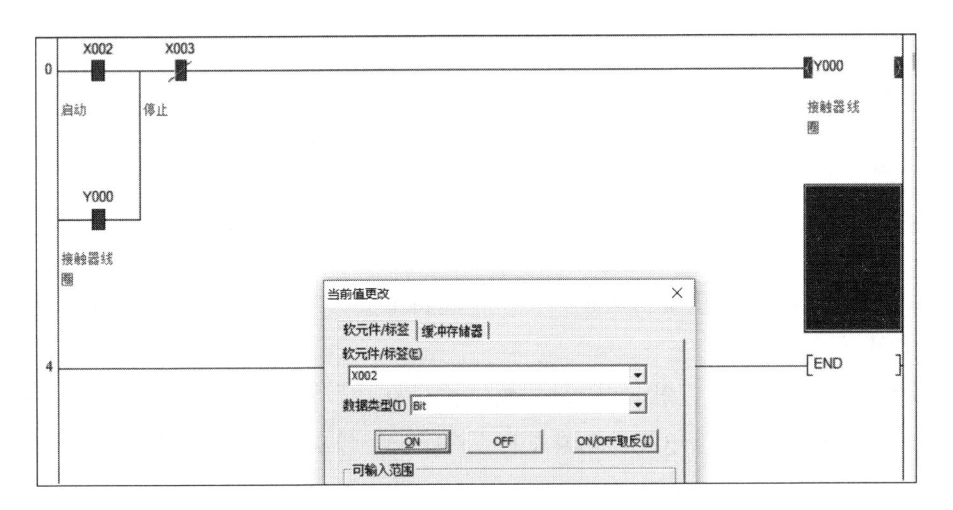

图 2-83　模拟监控界面 1

此时，在“当前值更改”对话框中，即使对“X002”启动触点单击“OFF”按钮，程序监控显示依然保持 Y000 输出，证明自锁程序功能正常。在“当前值更改”对话框中对“X003”停止触点单击“ON”按钮后，程序监控显示 Y000 输出停止，如图 2-84 所示。

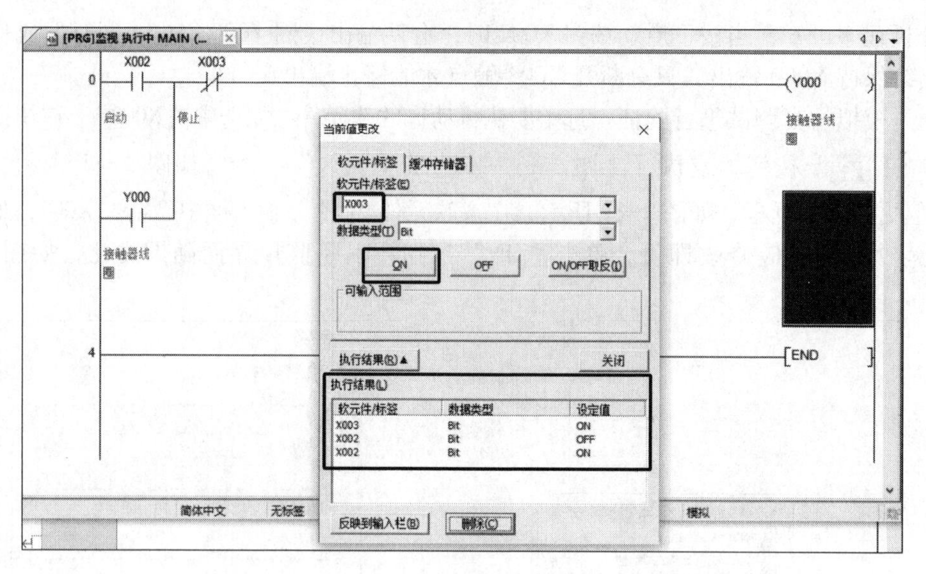

图 2-84　模拟监控界面 2

至此，整个调试验证程序功能正常。调试完毕再次单击快捷工具栏中的“ ”按钮，关闭模拟调试。需要注意的是，在调试过程中需要留意“当前值更改”对话框中的“执行结果”栏软元件的操作变化记录，以便掌握输入触点的接通、断开情况。因为这是基于虚拟的离线仿真，PLC 并没有外接信号调试，必须实时掌握信号的通断状态。

三、程序的在线调试

1. 将程序写入 PLC

PLC 的在线调试必须确保以下四点才能保证程序下载成功。

（1）确保 PLC 通电，“POWER”指示灯亮。

（2）PLC 的运行状态要切换到“STOP”状态，“RUN”指示灯灭。

（3）外部实际的 PLC 型号与建立工程项目的 PLC 型号一致。

（4）下载用通信电缆要完好且插好，工程项目中连接目标的 COM 口设置与设备管理器中的 COM 口一致。

在快捷工具栏中单击“ ”按钮，或执行“在线”→“PLC 写入”命令，如 PLC 没有上电、下载程序的通信电缆损坏或没有连接好，会弹出报错信息，如图 2-85 所示。

图 2-85　下载程序报错

如果确认 PLC 已上电，通信电缆完好且已插好，还是报错，则可进入计算机的设备管理器，查看并确认 COM 口的设置是否有误，如图 2-86 所示。在本例中显示的 COM 口为“COM4”，则按步骤对应设置连接目标的 COM 口，如图 2-87 所示。

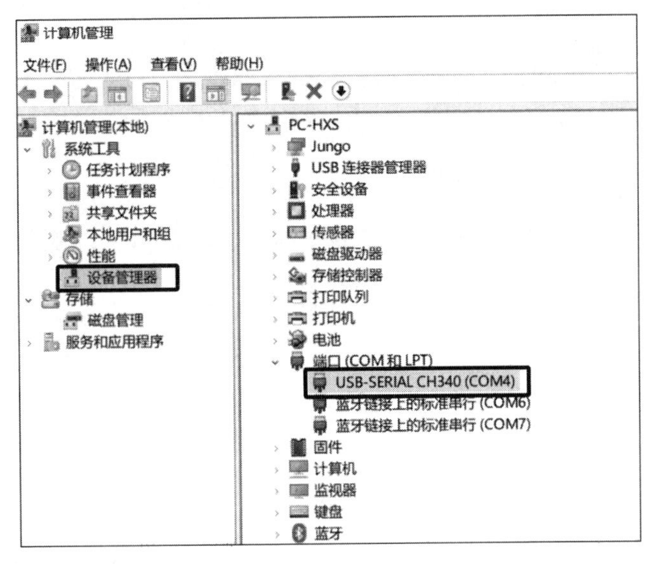

图 2-86　通过计算机设备管理器查看 COM 口的设置是否有误

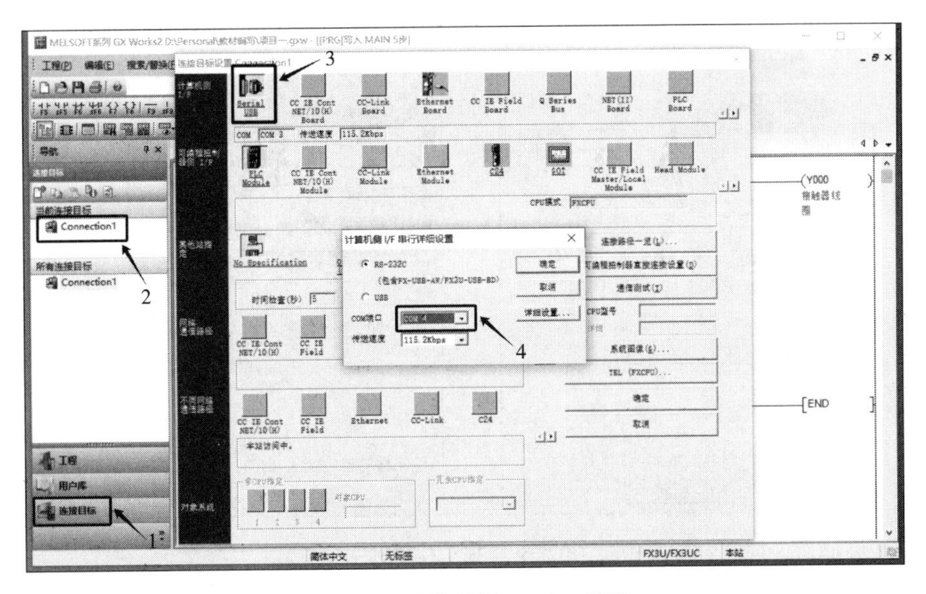

图 2-87　连接目标 COM 口设置

若情况正常，则弹出“在线数据操作”对话框，一般情况下不涉及 PLC 参数修改，只需要勾选对话框中“程序（程序文件）”下面“MAIN”的复选框，如图 2-88 所示，然后单击“执行”按钮。

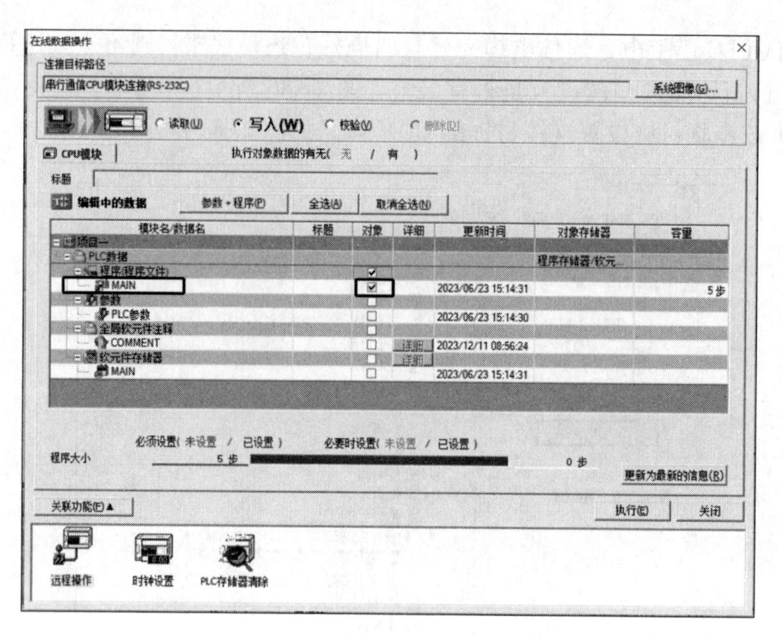

图 2-88　勾选“MAIN”的复选框

此时会弹出“PLC 写入”窗口，提示程序进度，如图 2-89 所示；程序写入时会先自检一遍再写入，当进度为 100%时，会提示程序写入和 PLC 写入完成。单击“关闭”按钮，程序就输送到 PLC 中了。

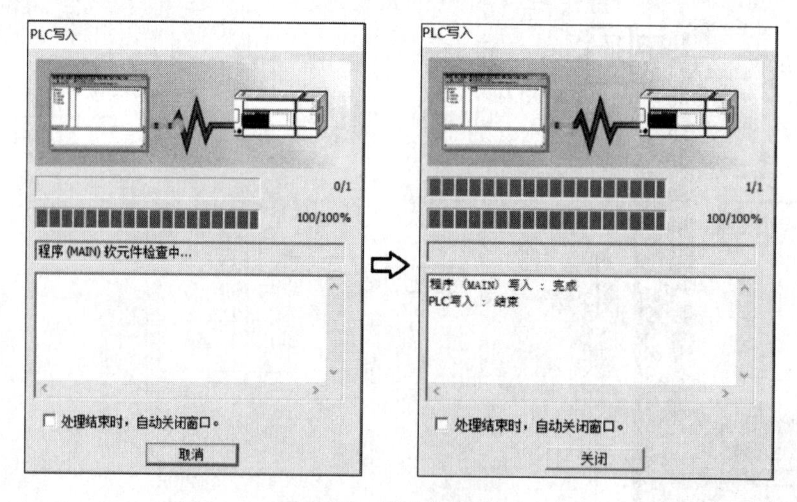

图 2-89　提示程序进度

2. 运行并调试程序

（1）运行程序

程序写入完成后，需要将 PLC 从“STOP”状态置于“RUN”状态，程序即可运行。执行“在线”→“远程操作”命令，如图 2-90 所示，弹出“远程操作”对话框，如图 2-91 所示，单击“RUN”按钮，让 PLC 处于运行状态。

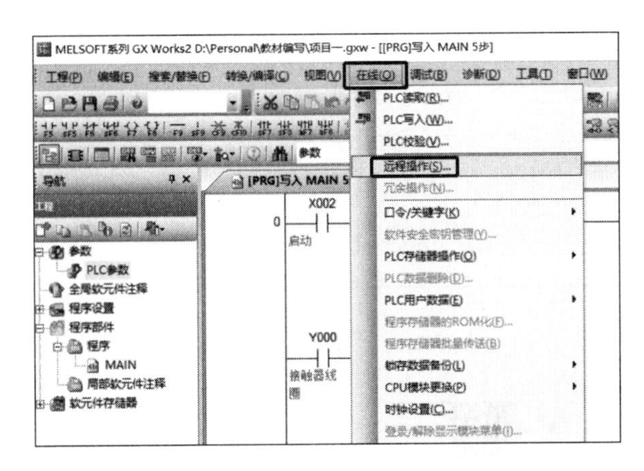

图 2-90　执行远程操作

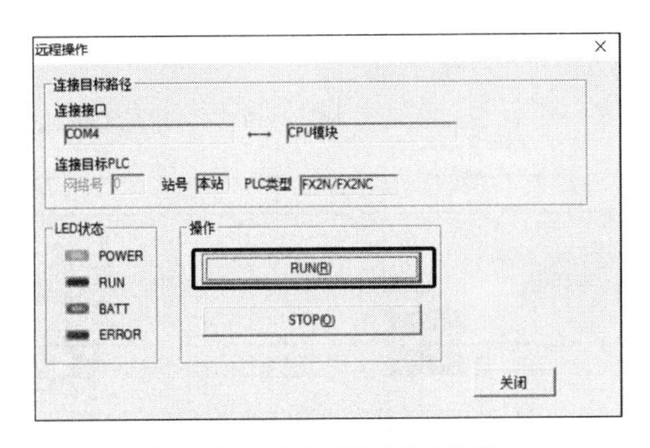

图 2-91　“远程操作”对话框

（2）调试程序

在线调试程序和离线仿真调试是一样的操作，可参照离线仿真调试的方法。此外需要注意，如果 PLC 外接了按钮、指示灯、继电器等元件，就无须通过软件置位软元件，需根据外接信号来调试程序。在调试程序时，如果发现错误，要修改梯形图并转换，重新将程序写入 PLC 后再运行和调试，直到实现要求的功能。

3. 运行监视

当执行“在线”→“监视”→“监视开始（全窗口）”或单击工具栏中的“ ”按钮时，PLC 软件可以监控到外部各元件的动作过程。监控 PLC 各触点的动作过程必须遵循以下几点。

（1）在监控过程时，需要用 PLC 的数据线将 PLC 与计算机连接在一起。

（2）在监控过程中，不能断开数据线。

（3）在监控过程中，不能对程序进行修改，只能观察各元件的动作情况（包括触点的闭合和断开，线圈的得电和失电）。

例如，要监控一台电动机的启停控制的动作情况，程序如图 2-92 所示。

当按下“Ctrl”+“F3”键或单击工具栏中的“ ”按钮时，程序变成如图 2-93 所示的情况。

当 X002 的状态由 OFF 变为 ON 时，输出设备 Y000 得电，效果图如图 2-94 所示。

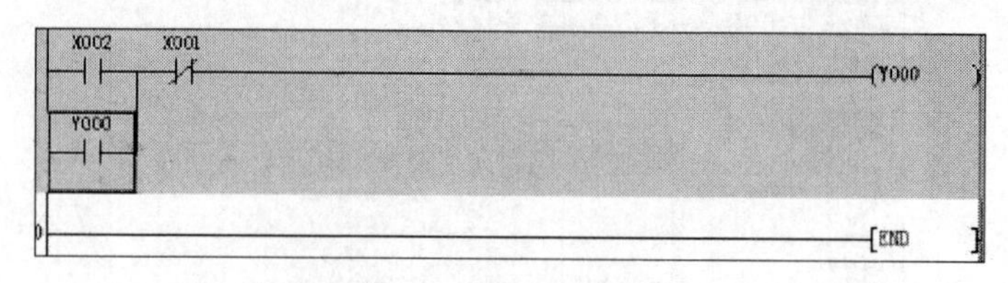

图 2-92　电动机启停控制程序

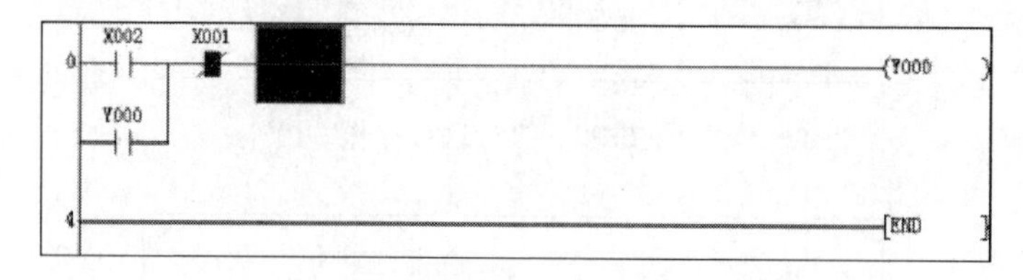

图 2-93　监控后的电动机启停控制程序

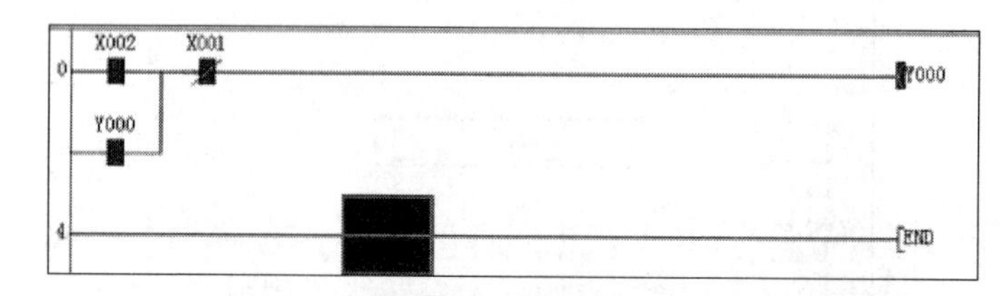

图 2-94　X002 的状态由 OFF 变为 ON 的效果图

当 X002 的状态由 ON 变为 OFF 时，效果图如图 2-95 所示。

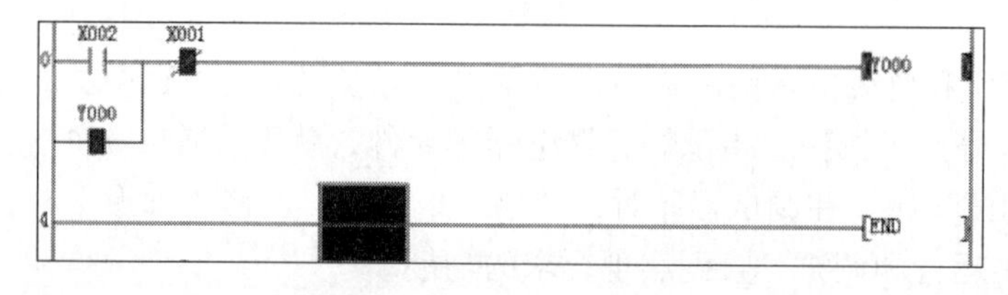

图 2-95　X002 的状态由 ON 变为 OFF 的效果图

当 X001 的状态由 ON 变为 OFF 时，线圈 Y000 失电，效果图如图 2-96 所示。当 X001 再次恢复通电时，效果图如图 2-93 所示。

图 2-96　X001 的状态由 ON 变为 OFF 的效果图

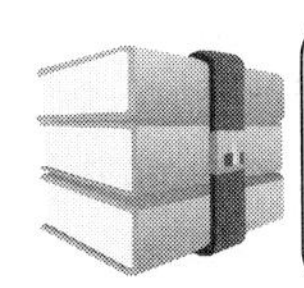

课题三　PLC 应用基础

任务 1　三相异步电动机连续运行控制

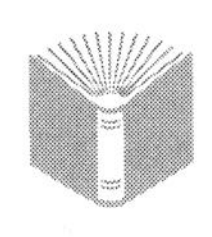

学习目标

1. 熟悉触点串联指令、并联指令、置位与复位指令的作用，并能正确使用。

2. 熟悉常闭触点提供的输入信号的处理方法。

3. 能利用触点串联指令、并联指令、置位与复位指令编写“启-保-停”梯形图程序，应用于三相异步电动机连续运行控制。

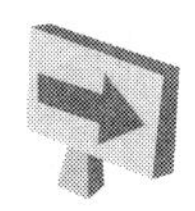

任务引入

图 3-1 所示是三相异步电动机连续运行控制线路，KM 为交流接触器，SB1 为启动按

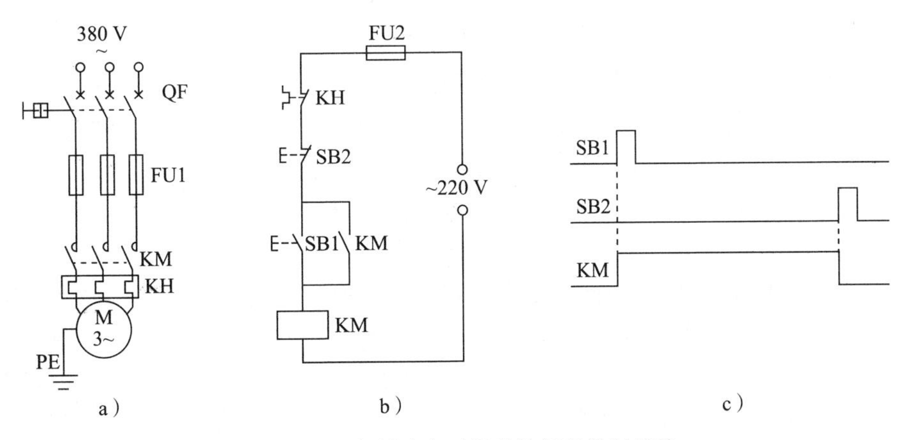

图 3-1　三相异步电动机连续运行控制线路
a）主电路　b）控制电路　c）时序图

钮，SB2 为停止按钮，KH 为过载保护用热继电器。当合上电源开关 QF、按下 SB1 时，KM 线圈通电吸合，KM 主触点闭合，电动机开始运行，同时 KM 的辅助常开触点闭合而使 KM 线圈保持吸合，实现了电动机的连续运行，直到按下停止按钮 SB2。

本任务的主要内容是研究用 PLC 实现图 3-1 所示线路的控制要求。

任务分析

为了用 PLC 实现图 3-1 所示线路的控制要求，PLC 需要 3 个输入器件和 1 个输出器件，输入/输出地址分配表见表 3-1。

表 3-1　输入/输出地址分配表

输入			输出		
继电器	器件	说明	继电器	器件	说明
X0	SB1	启动按钮	Y0	KM	运行用交流接触器
X1	SB2	停止按钮			
X2	KH	过载保护用热继电器			

根据输入/输出地址分配表，绘制 PLC 控制电路图。当所用按钮和热继电器的触点类型不同或接法不同时，设计出的梯形图也是不同的。这里用四种方案来分析。

1. 方案一

PLC 控制系统中输入器件的触点类型沿用继电器控制系统中的触点类型，即启动按钮 SB1 在继电器控制系统中使用常开触点，在 PLC 控制系统中仍使用常开触点；停止按钮 SB2 和过载保护用热继电器 KH 原来使用常闭触点，在 PLC 控制系统中仍使用常闭触点。图 3-2a 所示为 PLC 控制电路图，由此设计的梯形图如图 3-2b 所示。当 SB2、KH 不动作时，继电器 X1、X2 接通，X1、X2 的常开触点闭合，常闭触点断开，所以在梯形图中 X001、X002 要使用常开触点，确保 SB2、KH 不动作时，X1、X2 接通，为电动机的启动做好准备。按下 SB1，X0 接通，X0 的常开触点闭合，驱动继电器 Y0 动作，使 Y0 外接的 KM 线圈通电吸合，KM 的主触点闭合，主电路接通，电动机 M 通电运行。梯形图中 Y000 的常开触点接通，使得 Y000 的输出保持，维持电动机 M 的连续运行，直到按下 SB2，此时 X1 不通，X1 的开触点由闭合变为断开，使 Y0 断开，Y0 外接的 KM 线圈断电释放，KM 的主触点断开，主电路断开，电动机 M 断电停止运行。

2. 方案二

PLC 控制系统中的输入触点全部采用常开触点，即启动按钮 SB1、停止按钮 SB2 和过载保护用热继电器 KH 全部接入常开触点。图 3-3a 所示为 PLC 控制电路图，由此设计的梯形图如图 3-3b 所示。当 SB2、KH 不动作时，继电器 X1、X2 不接通，X1、X2 的常开触点断开，常闭触点闭合，所以在梯形图中 X001、X002 要使用常闭触点，确保 SB2、KH 不动作时，X1、X2 的常闭触点闭合，为电动机的启动做好准备。按下 SB1，X0 接通，X0 的常开触点闭合，驱动继电器 Y0 动作，使 Y0 外接的 KM 线圈通电吸合，KM 的主触点闭

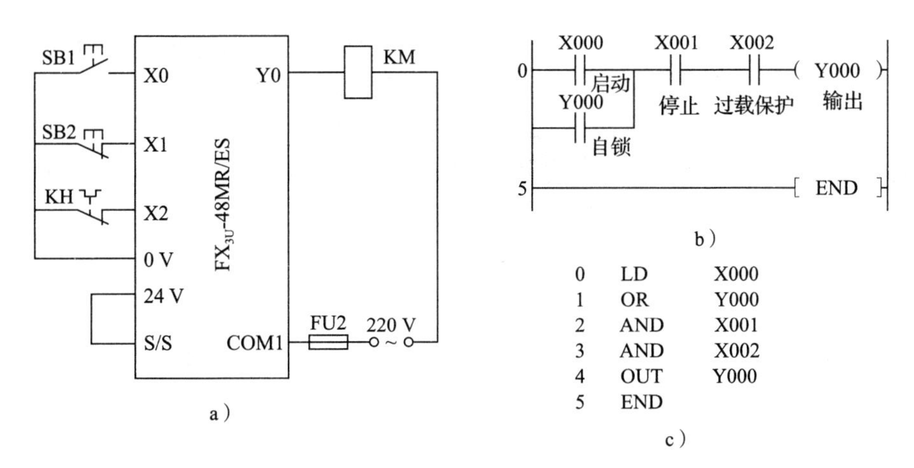

图 3-2　用PLC实现三相异步电动机连续运行控制方案一
a）PLC控制电路图　b）梯形图　c）指令表

合，主电路接通，电动机M通电运行。梯形图中Y000的常开触点接通，使得Y000的输出保持，维持电动机M的连续运行，直到按下SB2，此时X1接通，X1的常闭触点由闭合变为断开，使Y0断开，Y0外接的KM线圈断电释放，KM的主触点断开，主电路断开，电动机M断电停止运行。

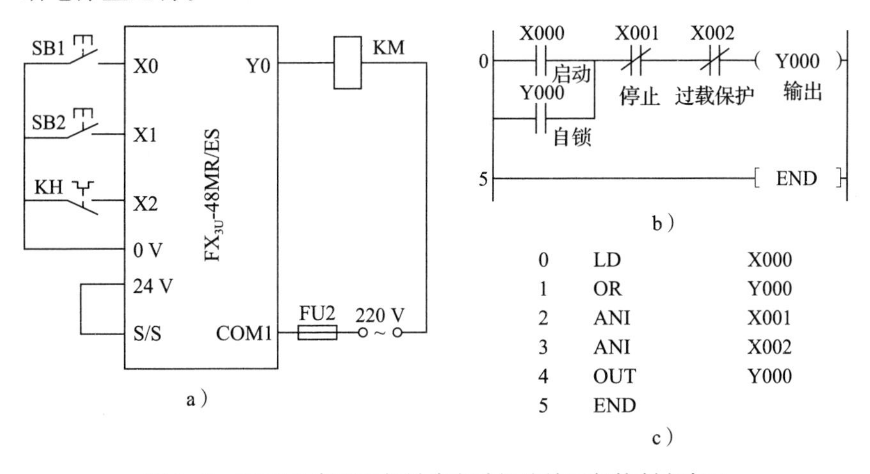

图 3-3　用PLC实现三相异步电动机连续运行控制方案二
a）PLC控制电路图　b）梯形图　c）指令表

3. 方案三

PLC控制系统中启动按钮SB1、停止按钮SB2接入常开触点，过载保护用热继电器KH接入常闭触点。图3-4a所示为PLC控制电路图，由此设计的梯形图如图3-4b所示。当SB2不动作时，继电器X1不接通，X1的常开触点断开，常闭触点闭合，所以在梯形图中X001要使用常闭触点，确保SB2不动作时，X1的常闭触点闭合；当KH不动作时，继电器X2接通，X2的常开触点闭合，常闭触点断开，所以在梯形图中X002要使用常开触点，确保KH不动作时，X2接通，为电动机的启动做好准备。按下SB1，继电器X0接通，

X0 的常开触点闭合，驱动继电器 Y0 动作，使 Y0 外接的 KM 线圈通电吸合，KM 的主触点闭合，主电路接通，电动机 M 通电运行。梯形图中 Y000 的常开触点接通，使得 Y000 的输出保持，维持电动机 M 的连续运行，直到按下 SB2，此时 X1 接通，X1 的常闭触点由闭合变为断开，使 Y0 断开，Y0 外接的 KM 线圈断电释放，KM 的主触点断开，主电路断开，电动机 M 断电停止运行。

以上三个方案梯形图的结构俗称“启-保-停”结构，X000 为启，Y000 自锁为保，X001 为停。

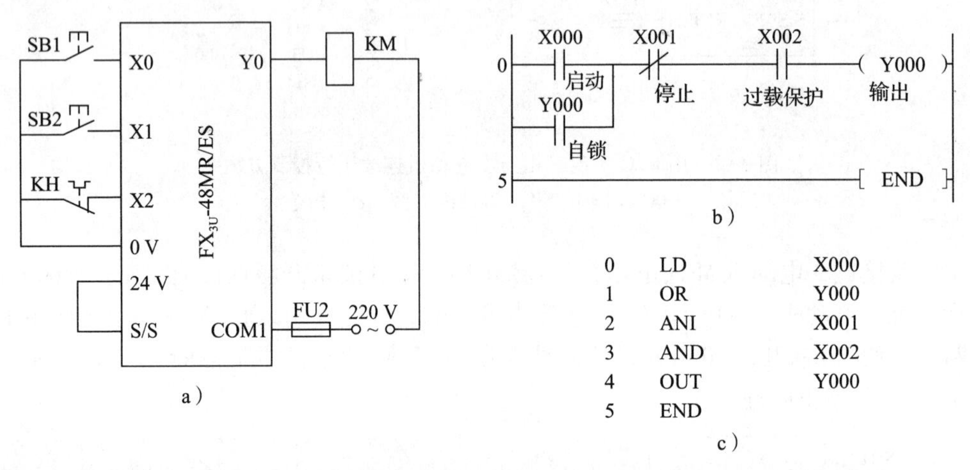

图 3-4 用 PLC 实现三相异步电动机连续运行控制方案三
a）PLC 控制电路图 b）梯形图 c）指令表

4. 方案四

有时为了减少 PLC 的输入触点，将过载保护用热继电器 KH 的常闭触点接在输出端，此时输入/输出地址分配表见表 3-2。

表 3-2 输入/输出地址分配表

输入			输出		
继电器	器件	说明	继电器	器件	说明
X0	SB1	启动按钮	Y0	KM	运行用交流接触器
X1	SB2	停止按钮			

PLC 控制电路图如图 3-5a 所示，此时的过载保护是不受 PLC 控制的，保护方式与继电器控制系统相同。这里介绍两种设计该梯形图的方法。图 3-5b 所示梯形图和指令表与前面相同，用“启-保-停”结构实现，原理自行分析。图 3-5c 所示梯形图和指令表是用置位与复位指令实现的，当按下 SB1 时，继电器 X0 接通，X0 的常开触点闭合，使继电器 Y0 置位并保持，Y0 外接的 KM 线圈通电吸合，KM 的主触点闭合，主电路接通，电动机 M 通电连续运行。按下 SB2，X1 接通，X1 的常开触点闭合，使 Y0 复位，Y0 外接的 KM 线圈断电释放，KM 的主触点断开，主电路断开，电动机 M 断电停止运行。

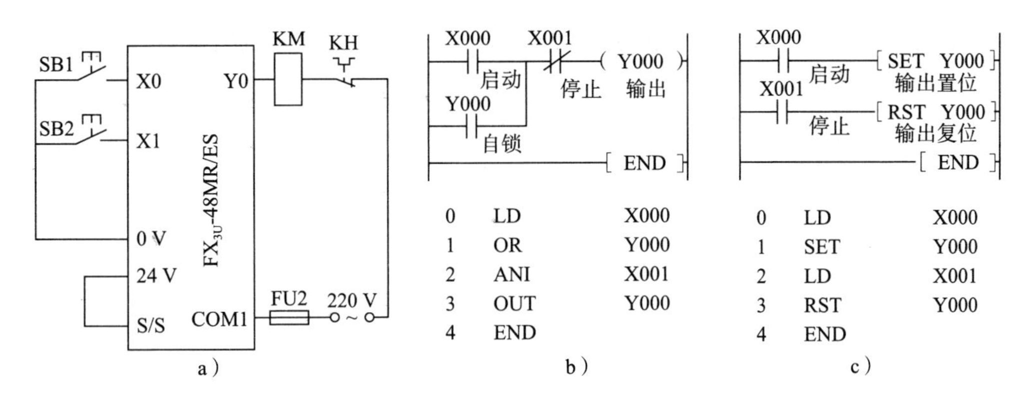

图 3-5 用 PLC 实现三相异步电动机连续运行控制方案四

a）PLC 控制电路图 b）“启-保-停”结构 c）置位/复位结构

相关知识

一、指令

1. 触点串联指令

（1）与指令（AND）

AND 是单个常开触点串联连接指令，完成逻辑“与”运算。

（2）与非指令（ANI）

ANI 是单个常闭触点串联连接指令，完成逻辑“与非”运算。

（3）上升沿与指令（ANDP）

ANDP 是上升沿检测串联连接指令，触点的中间用一个向上的箭头表示上升沿，受该类触点驱动的线圈只在触点的上升沿接通一个扫描周期，如图 3-6 所示。

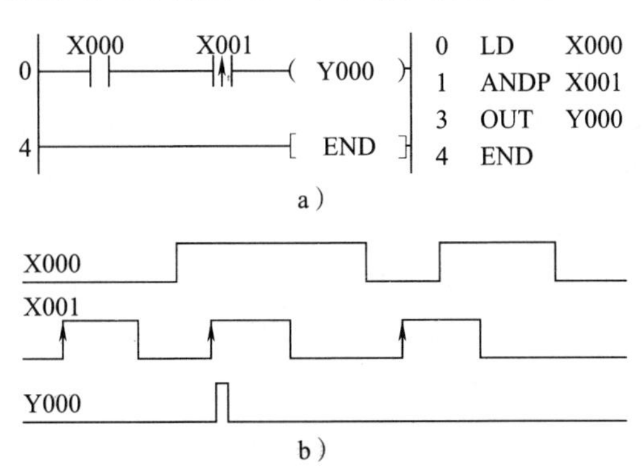

图 3-6 上升沿与指令的使用

a）梯形图与指令表 b）时序图

（4）下降沿与指令（ANDF）

ANDF 是下降沿检测串联连接指令，触点的中间用一个向下的箭头表示下降沿，受该类触点驱动的线圈只在触点的下降沿接通一个扫描周期，如图 3-7 所示。

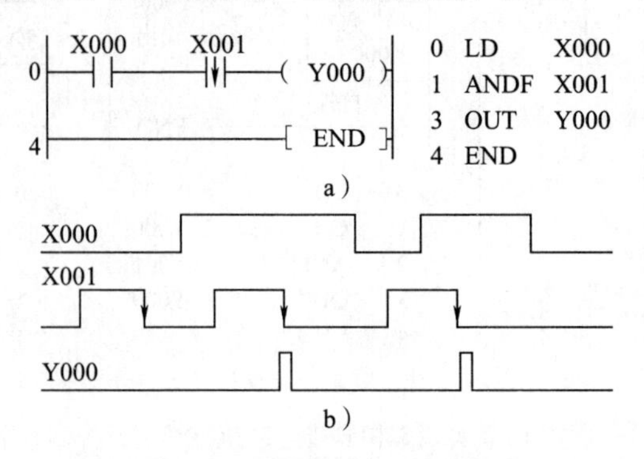

图 3-7　下降沿与指令的使用
a）梯形图与指令表　b）时序图

（5）触点串联指令的使用说明

1）触点串联指令是单个触点串联连接的指令，串联次数没有限制，可反复使用。

2）触点串联指令的目标元件为输入继电器 X、输出继电器 Y、辅助继电器 M、定时器 T、计数器 C、状态继电器 S 和 D□. b。

2. 触点并联指令

（1）或指令（OR）

OR 是单个常开触点并联连接指令，实现逻辑“或”运算。

（2）或非指令（ORI）

ORI 是单个常闭触点并联连接指令，实现逻辑“或非”运算。

（3）上升沿或指令（ORP）

ORP 是上升沿检测并联连接指令，触点的中间用一个向上的箭头表示上升沿，受该类触点驱动的线圈只在触点的上升沿接通一个扫描周期。

（4）下降沿或指令（ORF）

ORF 是下降沿检测并联连接指令，触点的中间用一个向下的箭头表示下降沿，受该类触点驱动的线圈只在触点的下降沿接通一个扫描周期，如图 3-8 所示。

（5）触点并联指令的使用说明

1）触点并联指令是单个触点并联连接的指令，并联次数没有限制，可反复使用。

2）触点并联指令的目标元件为输入继电器 X、输出继电器 Y、辅助继电器 M、定时器 T、计数器 C、状态继电器 S 和 D□. b。

3. 置位与复位指令

（1）置位指令（SET）

该指令使被操作的目标元件置位并保持。

（2）复位指令（RST）

该指令使被操作的目标元件复位并保持。

置位与复位指令的使用如图 3-9 所示。当 X010 的常开触点接通时，Y010 变为 ON 状

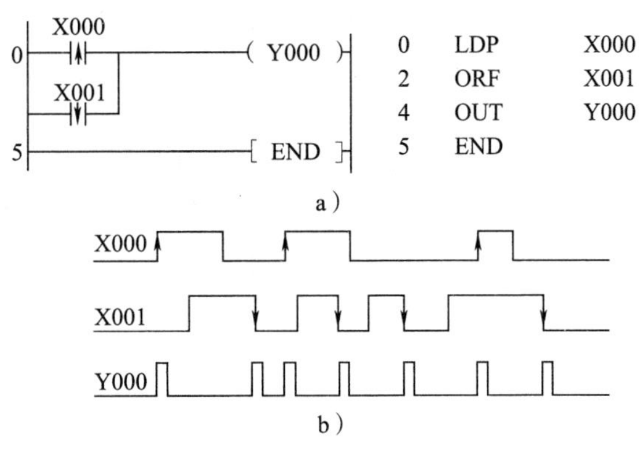

图 3-8　下降沿或指令的使用
a）梯形图与指令表　b）时序图

态并一直保持该状态，即使 X010 的常开触点断开，Y010 的 ON 状态仍维持不变；只有当 X011 的常开触点接通时，Y010 才变为 OFF 状态并保持，即使 X011 的常开触点断开，Y010 仍为 OFF 状态。

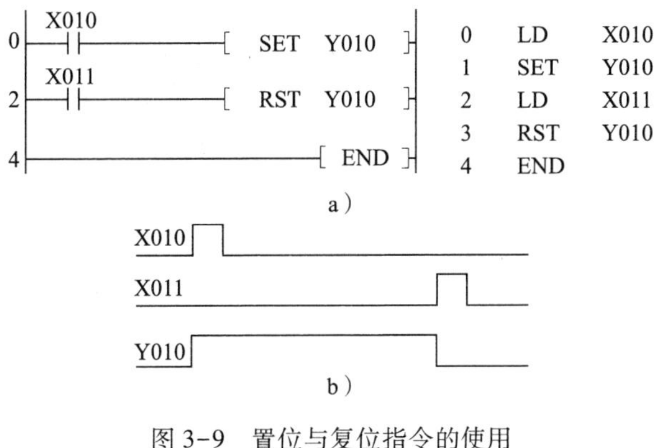

图 3-9　置位与复位指令的使用
a）梯形图与指令表　b）时序图

（3）置位与复位指令的使用说明

1）置位指令的目标元件为 Y、M、S 和 D□. b，复位指令的目标元件为位元件（Y、M、T、C、S、D□. b）和字元件（T、C、D、R、V、Z）。复位指令常被用来对 D、Z 和 V 的内容清零，也可用来复位积算定时器和计数器。

2）对于同一目标元件，置位与复位指令可多次使用，顺序也可随意，但最后执行者有效。

二、常闭触点提供的输入信号的处理

比较上述任务实现方案可知，将 SB1（启动按钮）、SB2（停止按钮）和 KH（过载保护用热继电器）的常开触点接到 PLC 的输入端，如图 3-3a 所示，梯形图中的触点类型与继电器控制系统中的触点类型完全一致（比较图 3-3b 和图 3-1b），使得梯形图很容易理解。

如果 SB2（停止按钮）和 KH（过载保护用热继电器）使用常闭触点（见图 3-2a），那么，梯形图中对应触点的常开/常闭类型应与继电器控制系统中的触点类型相反（比较图 3-2b 和图 3-1b），容易造成理解困难。所以，除非输入信号只能由常闭触点提供，否则应尽量使用常开触点。在实际使用中，热继电器的输入触点用常闭触点。所以推荐使用方案三。

图 3-2b、图 3-3b、图 3-4b 和图 3-5b 所示梯形图中起自保持作用的触点 Y000 与输入继电器的触点同为软元件，可以无限次使用，实际上 PLC 中的编程元件都有这样的功能，以后不再赘述。

任务实施

说明：如果没有相应的外部设备，可以只在 PLC 的输入继电器（如 X0、X1 等）接按钮，输出继电器不接任何外部输出器件或设备，也不接主电路。调试程序时，通过观察 PLC 面板上的输出指示灯来确定输出状态。以 Y0 为例，若 Y0 指示灯亮，说明 Y0 为 1，Y0 外接的输出器件或设备动作。其他的任务实施也同样处理，以后不再说明。

一、方案一

1. 输入图 3-2b 所示的梯形图，进行离线仿真调试，检查程序是否实现了连续运行的功能。

2. 按图 3-2a 连接 PLC 控制电路，检查线路正确性，确保无误。接通电源，下载仿真调试通过的程序，运行程序，检查控制电路和程序配合是否实现了连续运行的功能，完成后关闭电源。

3. 按图 3-1a 连接主电路，检查线路正确性，确保无误。接通电源，运行程序，检查主电路、控制电路和程序配合是否实现了连续运行的功能，完成后关闭电源。

二、方案二

1. 输入图 3-3b 所示的梯形图，进行离线仿真调试，检查程序是否实现了连续运行的功能。

2. 按图 3-3a 连接 PLC 控制电路，检查线路正确性，确保无误。接通电源，下载仿真调试通过的程序，运行程序，检查控制电路和程序配合是否实现了连续运行的功能，完成后关闭电源。

3. 按图 3-1a 连接主电路，检查线路正确性，确保无误。接通电源，运行程序，检查主电路、控制电路和程序配合是否实现了连续运行的功能，完成后关闭电源。

三、方案三

1. 输入图 3-4b 所示的梯形图，进行离线仿真调试，检查程序是否实现了连续运行的功能。

2. 按图 3-4a 连接 PLC 控制电路，检查线路正确性，确保无误。接通电源，下载仿真调试通过的程序，运行程序，检查控制电路和程序配合是否实现了连续运行的功能，完成后关闭电源。

3. 按图 3-1a 连接主电路，检查线路正确性，确保无误。接通电源，运行程序，检查主电路、控制电路和程序配合是否实现了连续运行的功能，完成后关闭电源。

四、方案四

1. 输入图 3-5b 所示的梯形图，进行离线仿真调试，检查程序是否实现了连续运行的功能。

2. 按图 3-5a 连接 PLC 控制电路，检查线路正确性，确保无误。接通电源，下载仿真调试通过的程序，运行程序，检查控制电路和程序配合是否实现了连续运行的功能，完成后关闭电源。

3. 按图 3-1a 连接主电路，检查线路正确性，确保无误。接通电源，运行程序，检查主电路、控制电路和程序配合是否实现了连续运行的功能，完成后关闭电源。

4. 保持主电路、控制电路不变，输入图 3-5c 所示的梯形图，先进行离线仿真调试，通过后下载并运行程序，检查主电路、控制电路和程序配合是否实现了连续运行的功能，完成后关闭电源。

在上面的方案中，梯形图所用的触点都是电平触发的，试将其改为边沿触发并调试。

任务 2　三相异步电动机正反转控制

学习目标

1. 熟悉回路块串联指令、并联指令和栈存储器指令的作用，并能正确使用。

2. 熟悉梯形图优化方法。

3. 能利用所学指令编写起互锁作用的梯形图程序，应用于三相异步电动机正反转控制。

任务引入

图 3-10 所示为三相异步电动机正反转控制线路，KM1 为电动机正向运行交流接触器，KM2 为电动机反向运行交流接触器，SB1 为正向启动按钮，SB3 为反向启动按钮，SB2 为停止按钮，KH 为过载保护用热继电器。当按下 SB1 时，KM1 线圈通电吸合，KM1 主触点闭合，电动机开始正向运行，同时 KM1 的辅助常开触点闭合，使 KM1 线圈保持吸合，实现了电动机的正向连续运行，直到按下停止按钮 SB2；反之，当按下 SB3 时，KM2 线圈通电吸合，KM2 主触点闭合，电动机开始反向运行，同时 KM2 的辅助常开触点闭合，使 KM2 线圈保持吸合，实现了电动机的反向连续运行，直到按下停止按钮 SB2。KM1、KM2 线圈互锁，确保不同时通电。本任务的主要内容是研究用 PLC 实现三相异步电动机的正反转控制。

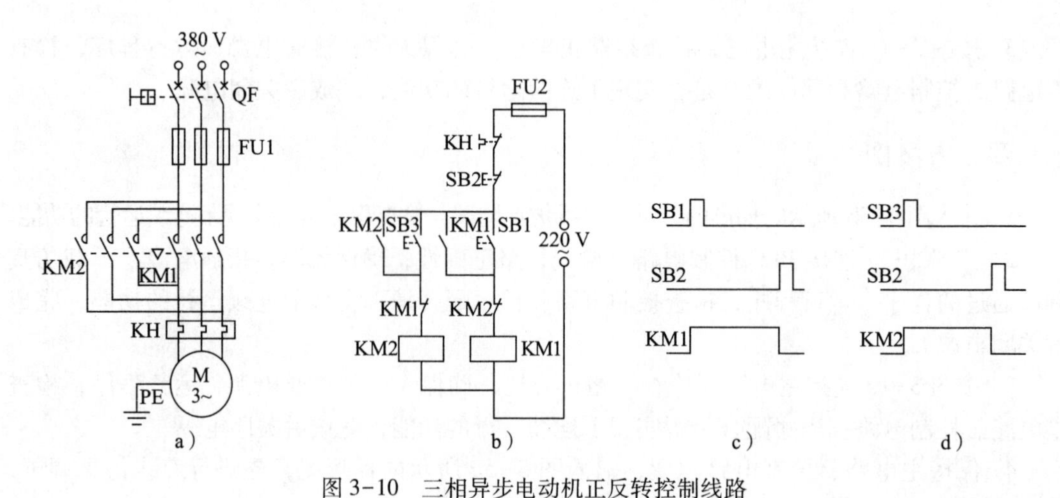

图 3-10　三相异步电动机正反转控制线路

a）主电路　b）控制电路　c）正向运行时序图　d）反向运行时序图

任务分析

为了将图 3-10b 中的控制电路用 PLC 来实现，PLC 需要 4 个输入器件、2 个输出器件，输入/输出地址分配表见表 3-3。

表 3-3　输入/输出地址分配表

输入			输出		
继电器	器件	说明	继电器	器件	说明
X0	SB1	正向启动按钮	Y0	KM1	正向运行用交流接触器
X1	SB2	停止按钮	Y1	KM2	反向运行用交流接触器
X2	SB3	反向启动按钮			
X3	KH	过载保护用热继电器			

1. 根据输入/输出地址分配表，绘制 PLC 控制电路图，如图 3-11a 所示。PLC 控制系统中按钮的输入触点全部采用常开触点，热继电器输入触点采用常闭触点，由此设计的梯形图和指令表如图 3-11b 所示。当 SB2 不动作时，继电器 X1 不接通，X1 的常闭触点闭合；当 KH 不动作时，继电器 X3 接通，X3 的常开触点闭合，为电动机正向或反向启动做好准备。如果按下 SB1，继电器 X0 接通，X0 的常开触点闭合，驱动 Y0 动作，使 Y0 外接的 KM1 线圈通电吸合，KM1 的主触点闭合，主电路接通，电动机 M 通电正向运行，同时梯形图中 Y000 的常开触点接通，使得 Y000 的输出保持，起到自锁作用，维持电动机 M 的连续正向运行。另外，Y0 的常闭触点断开，确保在 Y0 接通时，Y1 不能接通，起到互锁作用。直到按下 SB2，此时 X1 接通，X1 的常闭触点断开，使 Y0 断开，Y0 外接的 KM1 线圈断电释放，KM1 的主触点断开，主电路断开，电动机 M 断电停止运行。同理分析反向运行。

2. 设计梯形图时，除了按照继电器控制电路并适当调整触点顺序绘制梯形图外，还

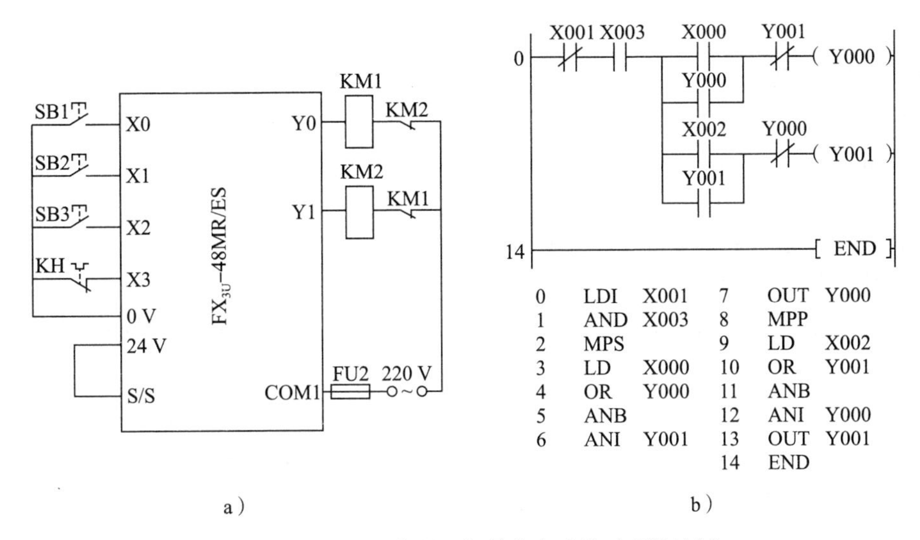

图 3-11 用 PLC 实现三相异步电动机正反转控制

a）PLC 控制电路图 b）梯形图和指令表

可以对梯形图进行优化，方法是分离交织在一起的逻辑电路。因为在继电器控制电路中，为了减少器件，少用触点，从而节约硬件成本，导致各个线圈的控制电路相互关联，交织在一起。而梯形图中的触点都是软元件，多次使用也不会增加硬件成本，因此，可以将各线圈的控制电路分离开来。对图 3-10b 所示控制电路进行分离，分离后的控制逻辑如图 3-12a 所示，优化后的梯形图和指令表如图 3-12b 所示。将图 3-11b 和图 3-12b 进行比较，可以发现图 3-12b 所示的梯形图和指令表逻辑思路更清晰，所用的指令类型更少。

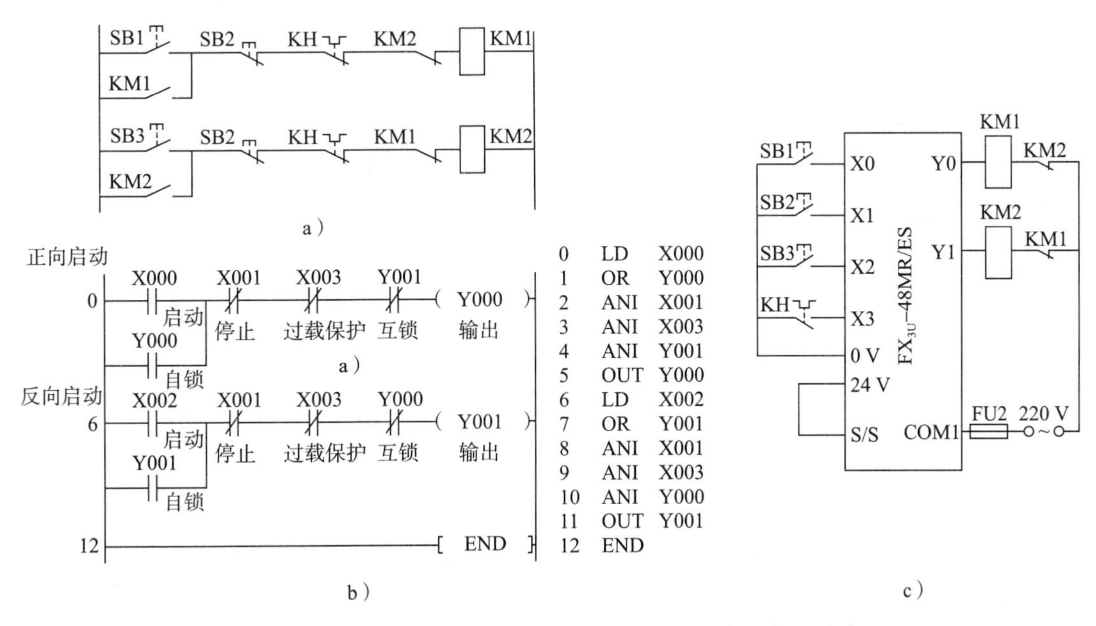

图 3-12 用 PLC 实现三相异步电动机正反转控制的优化设计

a）分离后的控制逻辑 b）优化后的梯形图和指令表 c）PLC 控制电路图

相关知识

一、指令

1. 回路块串联、并联指令

（1）块或指令（ORB）

ORB 是两个或两个以上的触点串联回路结构之间的并联连接指令。ORB 的使用说明如下。

1）几个串联回路块并联连接时，每个串联回路块的开始处应用 LD、LDI、LDP 或 LDF。例如，图 3-13 所示的梯形图中有 3 个串联回路块：X000、X001，X002、X003，X004、X005，每个回路块开始的 3 个触点 X000、X002、X004 都使用了 LD。

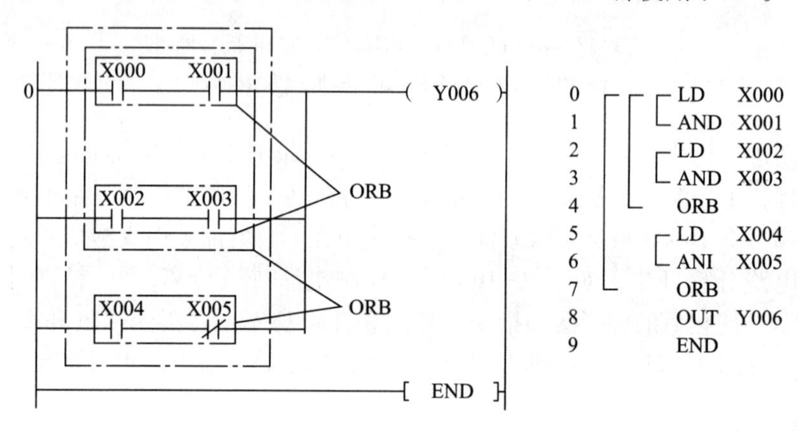

图 3-13 串联回路块并联连接

2）多个回路块并联连接时，如对每个回路块都使用 ORB，则并联回路块数量没有限制。

3）ORB 也可以连续使用，如图 3-14 所示，但这种程序写法不推荐使用，LD 或 LDI 的使用次数不得超过 8 次。

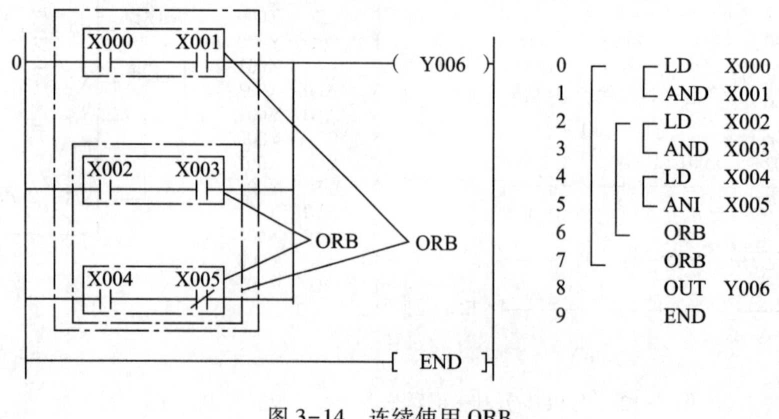

图 3-14 连续使用 ORB

（2）块与指令（ANB）

ANB 是两个或两个以上的触点并联回路结构之间的串联连接指令，如图 3-15 所示，X000、X001 是并联回路块，X002～X006 也是并联回路块，将这两个并联回路块串联，所以在指令表中使用了 ANB。

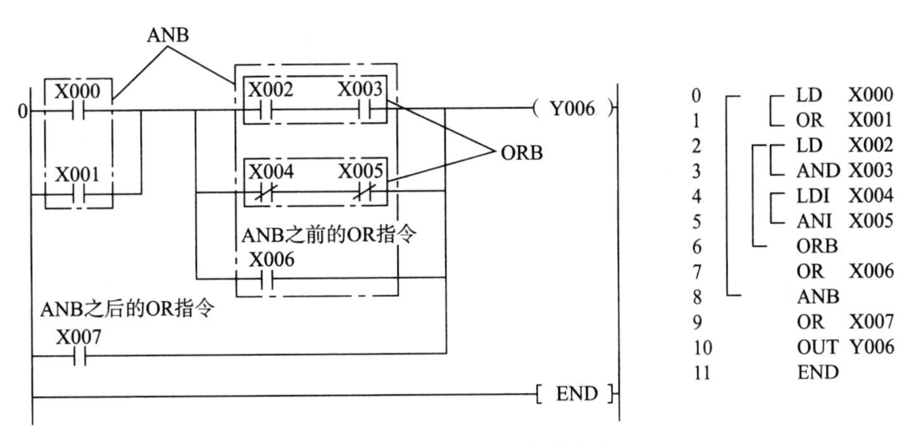

图 3-15　并联回路块串联连接

ANB 的使用说明如下。

1）并联回路块串联连接时，并联回路块的开始处应用 LD、LDI、LDP 或 LDF。

2）多个并联回路块串联时，ANB 的使用次数不受限制，也可连续使用 ANB，但与 ORB 相同，LD 或 LDI 的使用次数不得超过 8 次。

2. 栈存储器指令

FX 系列 PLC 中有 11 个存储单元，如图 3-16a 所示，它们采用先进后出的数据存取方式，专门用来存储程序运算的中间结果，称为栈存储器。

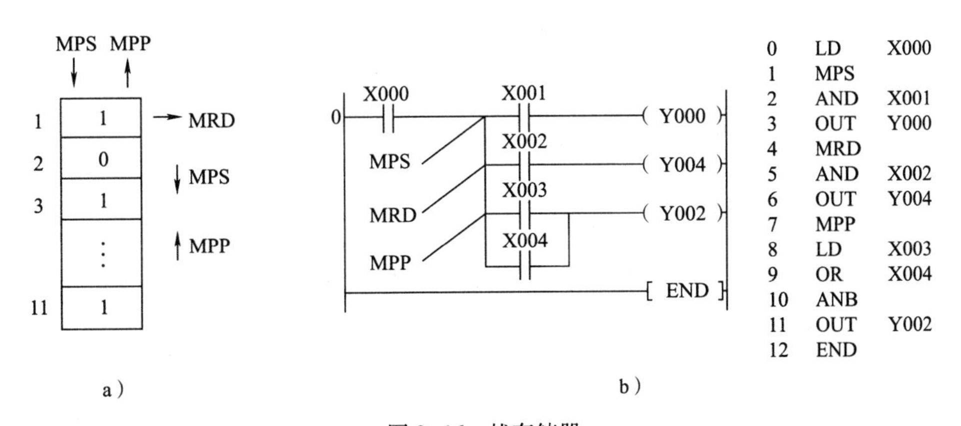

图 3-16　栈存储器

a）存储单元　b）多重输出程序结构的梯形图与指令表

栈存储器指令用于某一个回路块与其他不同的回路块串联，以实现驱动不同的线圈，即用于多重输出程序。例如，图 3-16b 中的 X000 与 X001 串联驱动 Y000；与 X002 串联驱动 Y004；与 X003、X004 并联回路块串联驱动 Y002，这里 X000 后出现了分支，要使用栈存储器指令。图 3-11b 中的 X001 常闭触点与 X003 常开触点串联回路块，与 X000 常开触点和 Y000 常开触点并联回路块、Y001 常闭触点串联驱动 Y000；与 X002 常开触点和 Y001 常开触点并联回路块、Y000 常闭触点串联驱动 Y001，这里 X001 常闭触点与 X003 常开触点串联回路块后出现了分支，要使用栈存储器指令。

（1）进栈指令（MPS）

MPS 将运算结果送入栈存储器的第一段，同时将先前送入的数据依次移到栈的下一段。MPS 用于分支的开始处。

（2）读栈指令（MRD）

MRD 将栈存储器的第一段数据（最后进栈的数据）读出且该数据继续保存在栈存储器的第一段，栈内的数据不发生移动。MRD 用于分支的中间段。

（3）出栈指令（MPP）

MPP 将栈存储器的第一段数据（最后进栈的数据）读出且该数据从栈中消失，同时将栈中其他数据依次上移。MPP 用于分支的结束处。

（4）栈存储器指令的使用说明

1）栈存储器指令没有目标元件。

2）MPS 和 MPP 必须配对使用。

3）由于栈存储单元只有 11 个，所以栈最多为 11 层。图 3-17 所示为二层堆栈示例。

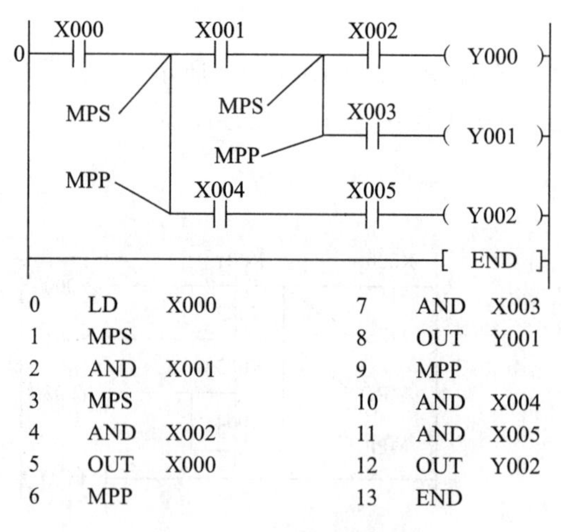

图 3-17 二层堆栈示例

二、梯形图优化

在梯形图中，触点回路块绘制在梯形图的左侧，线圈绘制在梯形图的右侧。为使程序简洁易读，还可以对程序进行优化。

(1) 在串联程序中，单个触点应放在触点回路块的右侧。

(2) 在并联程序中，单个触点应放在触点回路块的下面。

(3) 在有线圈的并联程序中，将单个线圈放在上面。

读者可将图 3-18 所示的梯形图改写成指令表，比较梯形图优化的好处。

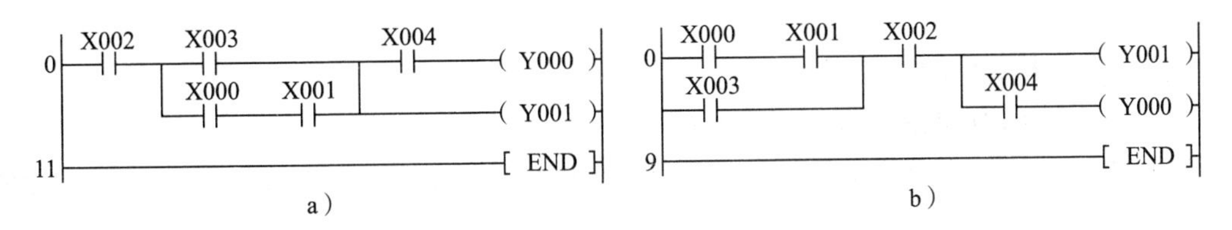

图 3-18 梯形图优化

a) 不推荐的梯形图 b) 推荐的梯形图

任务实施

一、用堆栈和块指令的方案

1. 输入图 3-11b 所示的梯形图，进行离线仿真调试，检查程序是否实现了正反转运行的功能。

2. 按图 3-11a 连接 PLC 控制电路，检查线路正确性，确保无误。接通电源，下载仿真调试通过的程序，运行程序，检查控制电路和程序配合是否实现了正反转运行的功能，完成后关闭电源。

3. 按图 3-10a 连接主电路，检查线路正确性，确保无误。接通电源，运行程序，检查主电路、控制电路和程序配合是否实现了正反转运行的功能，完成后关闭电源。

二、不用堆栈和块指令的优化方案

1. 输入图 3-12b 所示的梯形图，进行离线仿真调试，检查程序是否实现了正反转运行的功能。

2. 按图 3-12c 连接 PLC 控制电路，检查线路正确性，确保无误。接通电源，下载仿真调试通过的程序，运行程序，检查控制电路和程序配合是否实现了正反转运行的功能，完成后关闭电源。

3. 按图 3-10a 连接主电路，检查线路正确性，确保无误。接通电源，运行程序，检查主电路、控制电路和程序配合是否实现了正反转运行的功能，完成后关闭电源。

4. 保持主电路、控制电路不变，将用“启-保-停”方法编写的梯形图改为用置位和复位指令编写，进行程序调试，直到实现正反转运行的功能。

在上面的方案中，梯形图所用的触点都是电平触发的，试将其改为边沿触发并调试。

任务3 两台电动机顺序启动控制

学习目标

1. 熟悉定时器的常用类型和作用。
2. 能利用通电延时定时器实现断电延时。
3. 能利用所学指令和定时器编写通电延时和断电延时的梯形图程序，应用于两台电动机顺序启动控制。

任务引入

在实际工作中，经常需要两台或多台电动机顺序启动，如图 3-19 所示。按下启动按钮 SB1 后，第一台电动机 M1 启动，5 s 后第二台电动机 M2 启动，完成相关工作后按下停止按钮 SB2，两台电动机同时停止。本任务的主要内容是研究用 PLC 实现两台电动机的顺序启动控制。

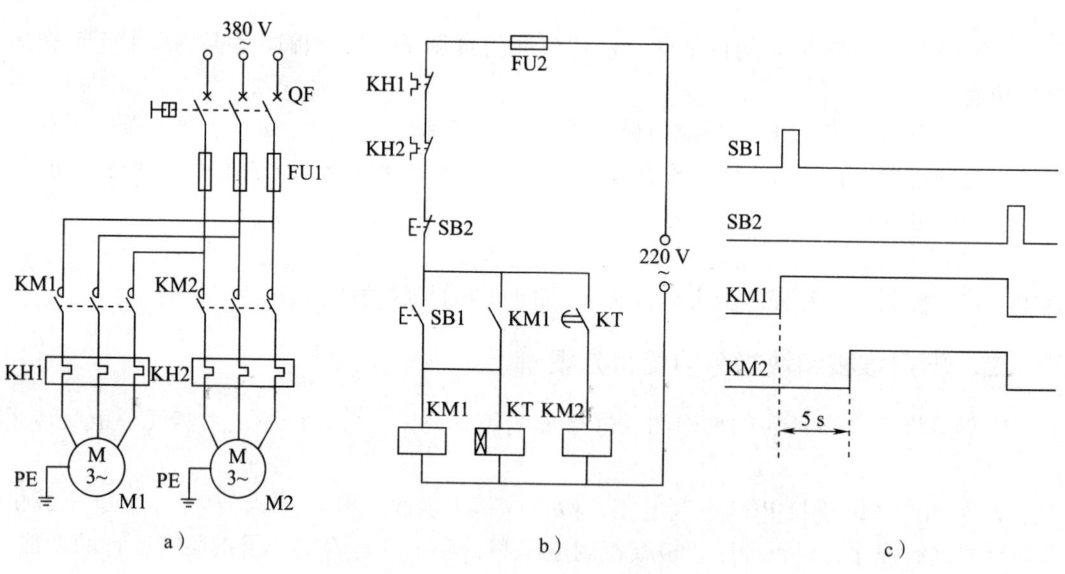

图 3-19 两台电动机顺序启动控制线路

a）主电路 b）控制电路 c）时序图

任务分析

由时序图（见图 3-19c）可知，SB1 和 SB2 分别是电动机 M1 的启动和停止按钮，SB2

同时也是电动机 M2 的停止按钮，但 M2 的启动是由时间继电器 KT 控制的，KT 是通电延时继电器，在用 PLC 控制时，可用定时器来完成相应的功能。为了将这个控制关系用 PLC 实现，PLC 需要 4 个输入器件、2 个输出器件和 1 个定时器，输入/输出地址分配表见表 3-4。

表 3-4　输入/输出地址分配表

输入			输出		
继电器	器件	说明	继电器	器件	说明
X0	SB1	M1 启动按钮	Y1	KM1	M1 用交流接触器
X1	SB2	停止按钮	Y2	KM2	M2 用交流接触器
X2	KH1	M1 过载保护用热继电器			
X3	KH2	M2 过载保护用热继电器			

根据输入/输出地址分配表，绘制 PLC 控制电路图，如图 3-20a 所示。PLC 控制系统中的按钮全部采用常开触点，热继电器全部采用常闭触点，由此设计的梯形图如图 3-20b 所示。按下 SB1，X0 接通，驱动 Y1 动作，使 Y1 外接的 KM1 线圈通电吸合，电动机 M1 通电运行，同时驱动定时器 T0 线圈接通，T0 开始定时，5 s 定时时间到，T0 常开触点接通，驱动 Y2 动作，使 Y2 外接的 KM2 线圈通电吸合，电动机 M2 通电运行，直到按下 SB2，此时 X1 接通，X1 的常闭触点断开，使 Y1、Y2 外接的 KM1、KM2 线圈断电释放，电动机 M1、M2 断电停止运行。

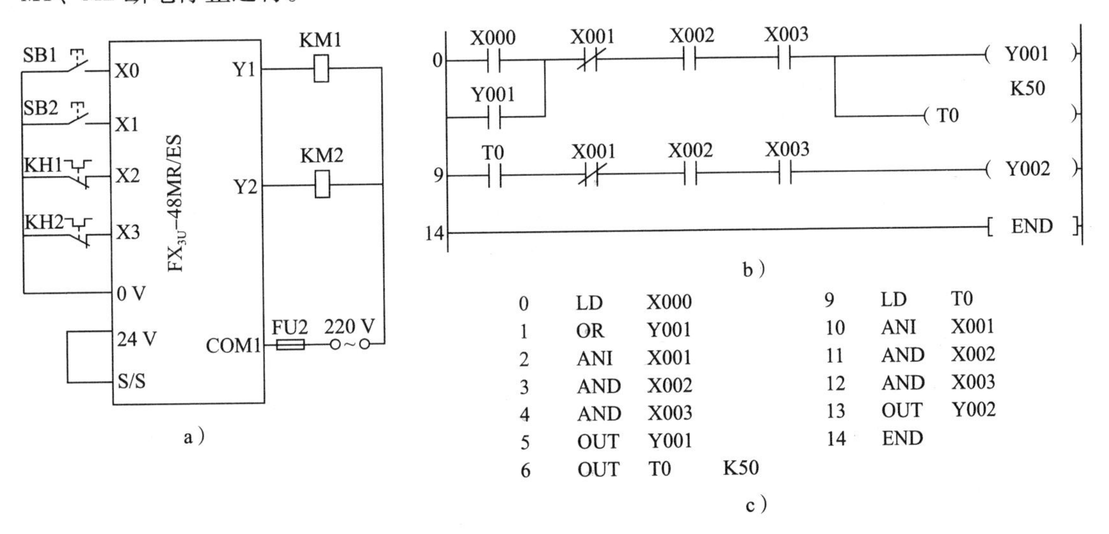

图 3-20　用 PLC 控制两台电动机顺序启动控制
a）PLC 控制电路图　b）梯形图　c）指令表

相关知识

PLC 中的定时器（T）相当于继电器控制系统中的通电型时间继电器，它可以提供无限对常开和常闭延时触点。定时器中有一个设定值寄存器（一个字长）、一个当前值寄存器（一个字长）和一个用来存储其触点的映像寄存器（一个二进制位），这三个量使用同一地址编号。定时器采用T与十进制数共同组成编号（只有输入/输出继电器才使用八进制数编号），如T0、T198等。

FX_{3U}系列PLC共有512个定时器，编号为T0~T511，分为通用定时器、积算定时器两种。它们是通过对一定周期的时钟脉冲计数实现定时的，时钟脉冲的周期有1 ms、10 ms和100 ms三种，当所计脉冲个数达到设定值时触点动作。设定值可用常数K或数据寄存器D的内容来设置。

一、通用定时器

1. 100 ms通用定时器（T0~T199）

100 ms通用定时器共200点，其中T192~T199为子程序和中断程序专用定时器。这类定时器用于对100 ms时钟脉冲进行累积计数。如果设定值为123，即表示对100 ms时钟脉冲累积计数123次，定时时间为123×100 ms=12 300 ms，也就是12. 3 s。设定值范围为1~32 767，所以其定时范围为0. 1~3 276. 7 s。

2. 10 ms通用定时器（T200~T245）

10 ms通用定时器共46点。这类定时器用于对10 ms时钟脉冲进行累积计数，设定值范围为1~32 767，所以其定时范围为0. 01~327. 67 s。

3. 1 ms通用定时器（T256~T511）

1 ms通用定时器共256点。这类定时器用于对1 ms时钟脉冲进行累积计数，设定值范围也为1~32 767，所以其定时范围为0. 001~32. 767 s。

图3-21所示为通用定时器的内部结构示意图。通用定时器的特点是不具备断电保持功能，即当外接驱动信号断开或停电时定时器复位。如图3-22所示，当输入X000接通时，定时器T0从0开始对100 ms时钟脉冲进行累积计数，当T0当前值与设定值K1000相等时，定时器T0的常开触点接通，Y000接通，经过的时间为1 000×0. 1 s=100 s。当

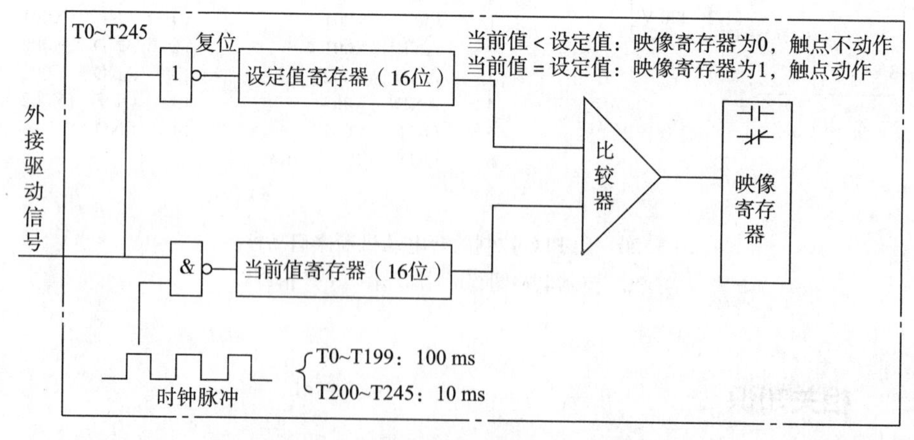

图3-21 通用定时器的内部结构示意图

X000 断开时，定时器 T0 复位，当前值变为 0，其常开触点断开，Y000 也随之断开。若外部电源断电或 X000 断开，定时器也将复位。

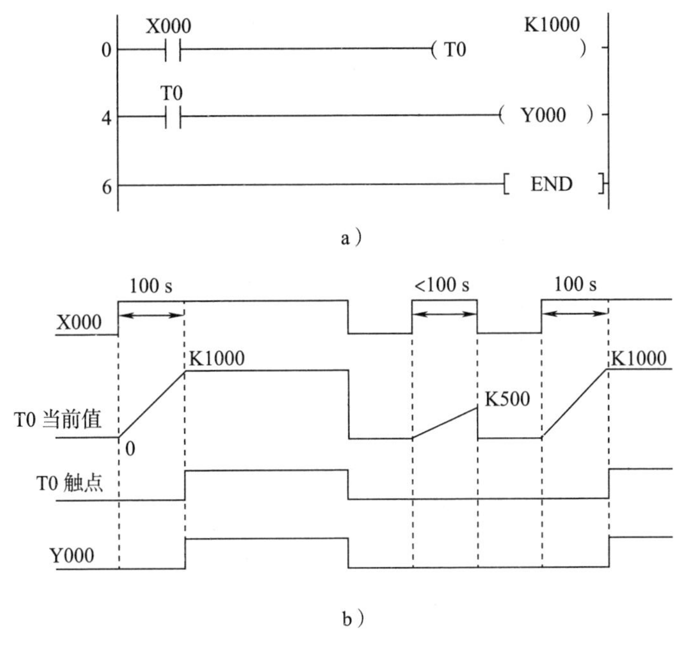

图 3-22　通用定时器举例

a）梯形图　b）时序图

二、积算定时器

1. 1 ms 积算定时器（T246～T249）

1 ms 积算定时器共 4 点，这类定时器用于对 1 ms 时钟脉冲进行累积计数，设定值范围为 0.001～32.767 s。

2. 100 ms 积算定时器（T250～T255）

100 ms 积算定时器共 6 点，这类定时器用于对 100 ms 时钟脉冲进行累积计数，设定值范围为 0.1～3 276.7 s。

图 3-23 所示为积算定时器的内部结构示意图。积算定时器具备断电保持功能，在定时过程中如果断电或定时器线圈断开，积算定时器将保持当前的计数值（当前值），通电或定时器线圈接通后继续累积，即其当前值具有保持功能，只有将积算定时器复位，当前值才变为 0。如图 3-24 所示，当 X001 接通时，T250 当前值计数器开始累积 100 ms 的时钟脉冲个数。当 X001 经 t_1 时间后断开，而 T250 计数尚未达到设定值 K1000，其计数的当前值保留。当 X001 再次接通，T250 从保留的当前值开始继续累积，经过 t_2 时间，当前值达到 K1000 时，定时器 T250 的触点动作，累积的时间为 0.1 s×1 000=100 s。当复位输入 X002 接通时，定时器才复位，当前值变为 0，触点也随之复位。

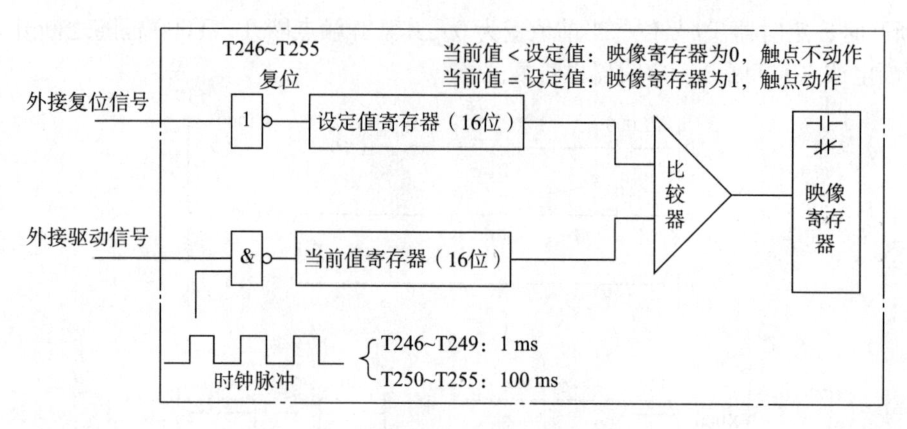

图 3-23　积算定时器的内部结构示意图

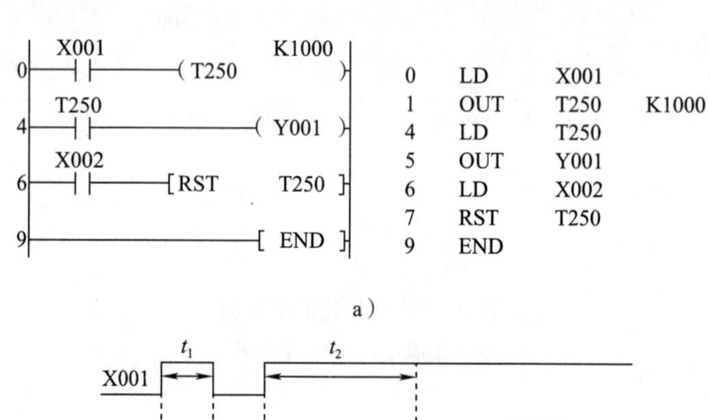

a）

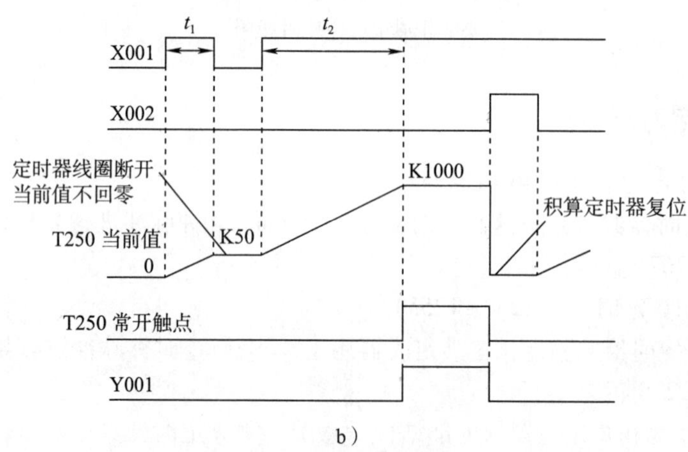

b）

图 3-24　积算定时器举例

a）梯形图　b）时序图

三、利用通电延时定时器实现断电延时

FX_{3U} 系列 PLC 定时器是通电延时定时器，如果需要使用断电延时定时器，可用如图 3-25 所示的程序。当 X001 接通时，X001 的常开触点闭合，常闭触点断开，Y000 动作并自保持，T0 不动作；当 X001 断开后，X001 的常开触点断开，常闭触点闭合，由于

Y000 的自保持作用，Y000 仍接通，T0 由于 X001 的常闭触点闭合而接通，开始定时，定时 10 s 后，T0 的常闭触点断开，T0 和 Y000 同时断开，实现了输入信号断开后输出延时断开的功能。

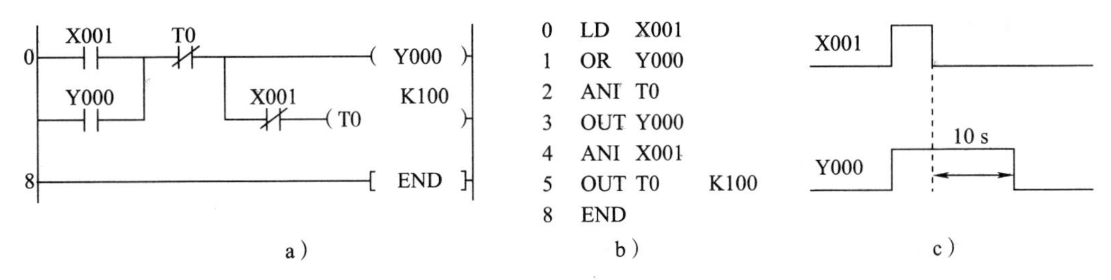

图 3-25 利用通电延时定时器实现断电延时
a）梯形图 b）指令表 c）时序图

任务实施

任务实施时，一般先离线仿真调试程序，再在线仿真调试程序，然后调试控制电路，最后调试主电路，如任务 1 和任务 2 的调试顺序。在熟悉电路的情况下也可以先连接电路，再调试程序，但调试程序时，一定要先离线仿真调试，通过后再在线调试。以后不再说明。

1. 按图 3-19a 连接主电路，检查线路正确性，确保无误。
2. 按图 3-20a 连接 PLC 控制电路，检查线路正确性，确保无误。
3. 输入图 3-20b 所示的梯形图，进行程序调试，检查是否实现了顺序启动的功能。
4. 自行设计接线图和操作步骤，调试图 3-25 所示的程序，观察是否实现了断电延时的功能。
5. 自行设计接线图和操作步骤，调试图 3-22 所示的程序，定性观察通用定时器无断电保持功能的特点。
6. 自行设计接线图和操作步骤，调试图 3-24 所示的程序，定性观察积算定时器断电保持功能的特点。

任务 4 顺序相连的传送带控制

学习目标

1. 熟悉辅助继电器的常见类型和作用。
2. 掌握避免双线圈输出的方法。

3. 能利用所学指令和编程元件编写需暂存中间状态的梯形图程序，应用于顺序相连的传送带控制。

任务引入

图 3-26 所示为某车间两条顺序相连的传送带的工作原理示意图和时序图。为了避免运送的物料在 2 号传送带上堆积，按下启动按钮后，2 号传送带开始运行，5 s 后 1 号传送带自动启动。而停机时，则是 1 号传送带先停止，10 s 后 2 号传送带才停止。本任务的主要内容是研究用 PLC 实现顺序相连的传送带控制。

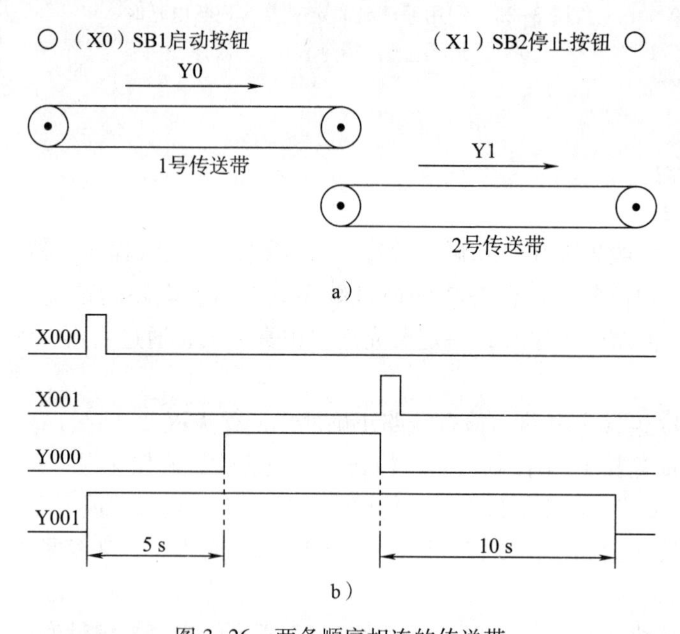

图 3-26　两条顺序相连的传送带
a）工作原理示意图　b）时序图*

任务分析

由图 3-26b 所示的时序图可知，SB1 是 2 号传送带的启动按钮，1 号传送带在 2 号传送带启动 5 s 后自行启动，SB2 是 1 号传送带的停止按钮，1 号传送带停止 10 s 后 2 号传送带自行停止。为了将这个控制关系用 PLC 实现，PLC 需要 2 个输入器件（采用过载保护用的热继电器不占用输入点）、2 个输出器件和 2 个定时器，输入/输出地址分配表见表 3-5。

* 为与顺序功能图和梯形图保持一致，全书时序图均采用梯形图中元件编号方式。

表 3-5　输入/输出地址分配表

输入			输出		
继电器	器件	说明	继电器	器件	说明
X0	SB1	启动按钮	Y0	KM1	1 号传送带接触器
X1	SB2	停止按钮	Y1	KM2	2 号传送带接触器

根据输入/输出地址分配表，绘制 PLC 控制电路图，如图 3-27a 所示。PLC 控制系统中的输入器件全部采用常开触点，如简单地按照功能动作过程设计出图 3-27b 所示的梯形图，调试程序时无法通过，原因是该程序是双线圈输出（在同一个程序中，同一元件的线圈在同一个扫描周期中输出了两次或多次，称为双线圈输出），即在一个扫描周期内，Y001 输出了两次。在 X000 动作之后，X001 动作之前，同一个扫描周期中，第一个 Y001 接通，第二个 Y001 断开，在下一个扫描周期中，第一个 Y001 又接通，第二个 Y001 又断开，Y001 输出继电器出现快速振荡的异常现象。因此，在编程时要避免双线圈输出的现象。

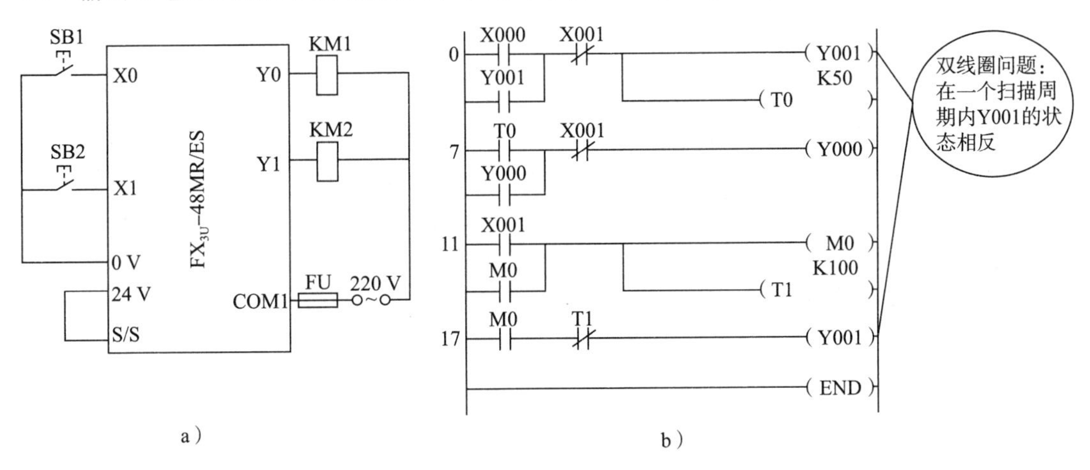

图 3-27　用 PLC 控制两条顺序相连的传送带 1
a）PLC 控制电路图　b）错误的梯形图

借助辅助继电器 M0 或 M1 间接驱动 Y001，可以解决双线圈问题，如图 3-28 所示。程序动作过程分析如下。

一、启动

按下启动按钮 SB1，X0 接通（梯形图中 X000 常开触点闭合），驱动 M0 和定时器 T0 的线圈接通（0 行）；M0 接通后，其常开触点闭合（19 行），驱动 Y001 动作，继电器 Y1 外接的接触器 KM2 通电，2 号传送带开始运行；另外，T0 接通延时 5 s 后，其常开触点闭合（7 行），驱动 Y000 动作，继电器 Y0 外接的接触器 KM1 通电，1 号传送带运行，执行了两条传送带的顺序启动程序。T0（11 行）的常开触点闭合，M1 线圈得电自锁，T0 的常闭触点断开，T1 定时器不工作，为断电延时做准备。

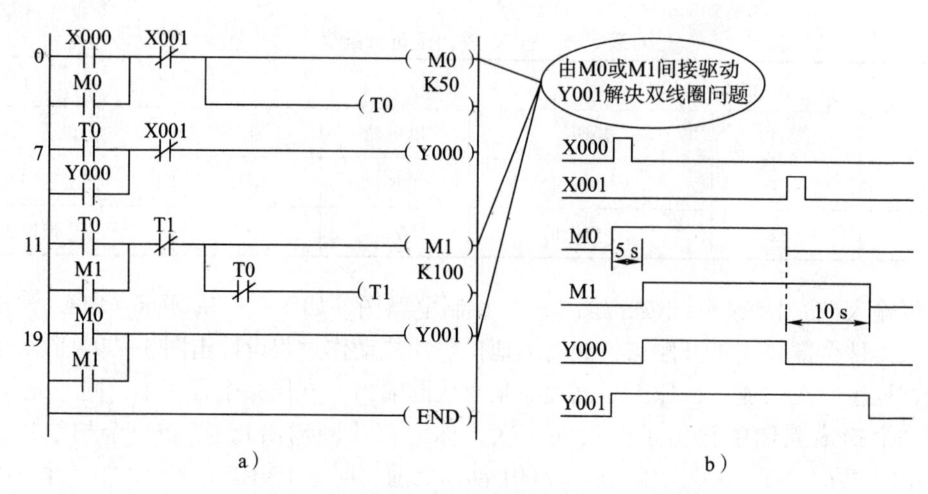

图 3-28　用 PLC 控制两条顺序相连的传送带 2
a）梯形图　b）时序图

二、停止

按下停止按钮 SB2，X1 接通，梯形图中 X001 的常闭触点断开（0 行、7 行），使 M0 和 Y000 断开，继电器 Y0 外接的 KM1 线圈断开，1 号传送带停止运行；另外，由于 T0 断电，其常开触点断开，常闭触点闭合（11 行），定时器 T1 通电，10 s 后，M1 断开（11 行），使 Y001 断电（19 行），继电器 Y1 外接的 KM2 线圈断开，2 号传送带停止运行，执行了两条传送带顺序停止的程序。

相关知识

辅助继电器是 PLC 中数量最多的一种继电器，辅助继电器的作用通常与继电器控制系统中的中间继电器相似。

辅助继电器不能直接驱动外部负载，负载只能由输出继电器的外部触点驱动。辅助继电器的常开触点与常闭触点在 PLC 内部编程时可无限次使用。

辅助继电器采用 M 与十进制数共同组成编号，如 M0、M8200 等。

一、通用辅助继电器（M0~M499）

FX_{3U} 系列 PLC 共有 500 点通用辅助继电器。在 PLC 运行时，如果电源突然断电，则通用辅助继电器的全部线圈均断开。当电源再次接通时，除了因外部输入信号而变为接通的线圈以外，其余的仍将保持断开状态，它们没有断电保持功能。通用辅助继电器常在逻辑运算中实现辅助运算、状态暂存、移位等功能，图 3-28 中的 M0、M1 就起到状态暂存的作用。

根据需要可通过程序设定，将 M0~M499 变为断电保持辅助继电器。

二、断电保持辅助继电器（M500~M7679）

FX_{3U} 系列 PLC 有 M500~M7679 共 7 180 点断电保持辅助继电器。与通用辅助继电器不同的是，断电保持辅助继电器具有断电保持功能，即能记忆电源中断瞬间的状态，并在重新通电后再现其状态。断电保持辅助继电器之所以能在电源断电时保持其原有的状态，是因为电源中断时它们用 PLC 内置的锂电池供电，以保持自身映像寄存器中的内容。比较图 3-29a 和图 3-29b，当 X000 接通时，M0 和 M600 都接通并自保持，若此时突然停电，M0 断开，由于 M600 有断电保持功能，恢复供电时，如果 X000 不接通，则 M0 断开，而 M600 仍然处于接通状态。但恢复供电时，如果 X001 的常闭触点断开，则 M600 也断开。

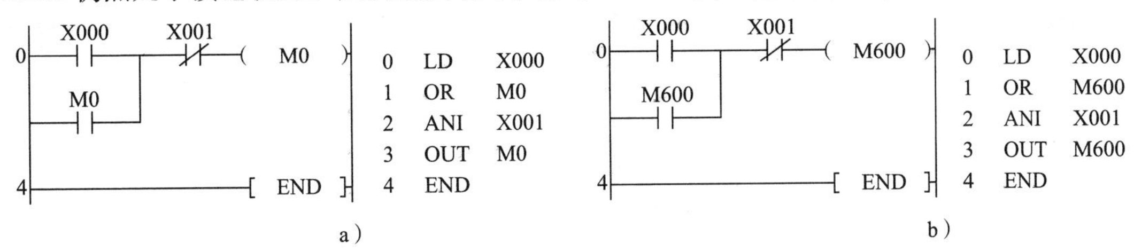

图 3-29　通用辅助继电器和断电保持辅助继电器比较

a）通用辅助继电器　b）断电保持辅助继电器

根据需要，M500~M1023 共 524 点可由软件将其设定为通用辅助继电器，而 M1024~M7679 共 6 656 点只能作断电保持辅助继电器。下面通过小车往复运动控制来说明断电保持辅助继电器的应用，如图 3-30 所示。

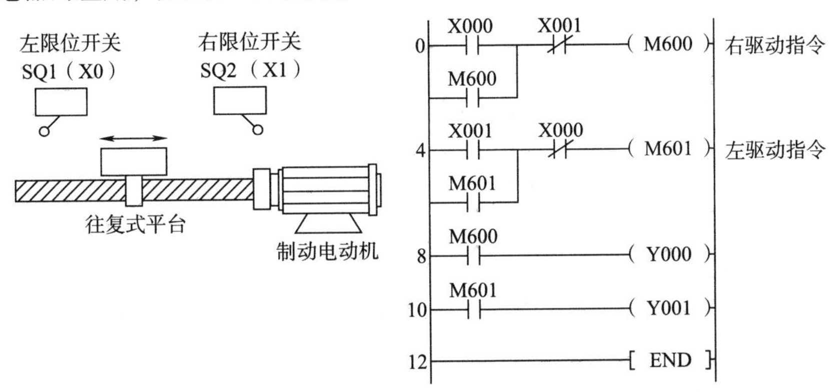

图 3-30　断电保持辅助继电器的应用

小车的正反向运动中，用 M600、M601 控制输出继电器驱动小车运动，X001、X000 为限位输入信号，运行的过程是 X000=ON→M600=ON→Y000=ON→小车右行→停电→小车中途停止→上电（M600=ON→Y000=ON）→小车继续右行→X001=ON→M600=OFF、M601=ON→Y001=ON（左行）。可见，由于 M600 和 M601 具有断电保持功能，所以在小车中途因停电停止后，一旦恢复供电，M600 和 M601 仍记忆原来的状态，控制相应的输出继电器，小车继续按原方向运动。若不用断电保持辅助继电器，当中途断电后，再次通电小车也不能继续运动。

三、特殊辅助继电器

FX_{3U} 系列 PLC 有 M8000~M8511 共 512 点特殊辅助继电器，它们都有各自的特殊功能。特殊辅助继电器可分为触点型和线圈型两大类。

1. 触点型特殊辅助继电器

触点型特殊辅助继电器的线圈由 PLC 自动驱动，用户只可使用其触点。例如：

M8000：运行监视器（在 PLC 运行时接通），M8001 与 M8000 逻辑相反。

M8002：初始脉冲（仅在运行开始时接通一个扫描周期），M8003 与 M8002 逻辑相反。

M8011、M8012、M8013 和 M8014 分别是产生 10 ms、100 ms、1 s 和 1 min 时钟脉冲的特殊辅助继电器。

M8000、M8002 和 M8012 的时序图如图 3-31 所示。

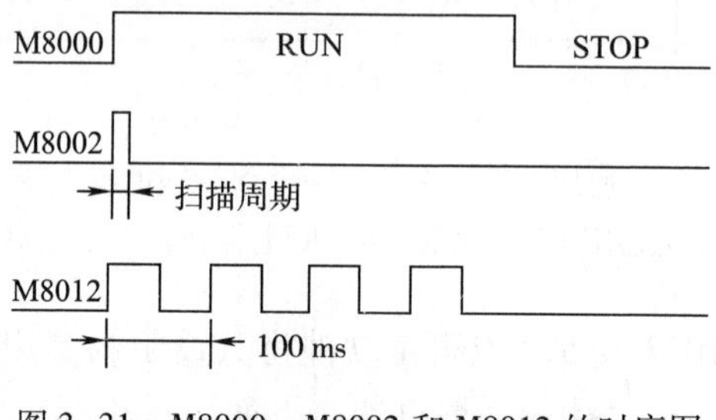

图 3-31　M8000、M8002 和 M8012 的时序图

2. 线圈型特殊辅助继电器

线圈型特殊辅助继电器由用户程序驱动线圈后，PLC 执行特定的动作。例如：

M8033：若使其线圈得电，则 PLC 停止时保持输出映像寄存器和数据寄存器中的内容。

M8034：若使其线圈得电，则将 PLC 的输出全部禁止。

M8039：若使其线圈得电，则 PLC 按 D8039（恒定扫描时间寄存器）中指定的扫描时间工作。

任务实施

1. 按照输入/输出地址分配表，自行设计主电路（见图 3-19a）并连接线路，检查线路正确性，确保无误。

2. 按照输入/输出地址分配表，自行设计 PLC 控制电路（见图 3-27a，图中未画出过载保护电器）并连接线路，检查线路正确性，确保无误。

3. 输入图 3-28 所示的梯形图，进行程序调试，检查是否实现了顺序运行的功能。

4. 输入图 3-27b 所示的梯形图，观察双线圈输出的现象。

5. 分别输入图 3-29a 和图 3-29b 所示的梯形图，观察通用辅助继电器和断电保持辅助继电器的区别。

任务 5　星–三角启动电动机可逆运行控制

学习目标

1. 熟悉主控指令和主控复位指令的作用，并能正确使用。

2. 能利用主控指令和主控复位指令编写有公共串联触点的梯形图程序，应用于星–三角启动电动机可逆运行控制。

任务引入

三相定子绕组作三角形联结的三相笼型异步电动机，正常运行时均可采用星–三角启动的方法，以达到限制启动电流的目的。电动机启动时，定子绕组先星形联结降压启动，待转速上升到接近额定转速时，改为三角形联结，电动机进入全压运行状态。星–三角启动电动机可逆运行控制线路如图 3–32 所示。控制要求如下。

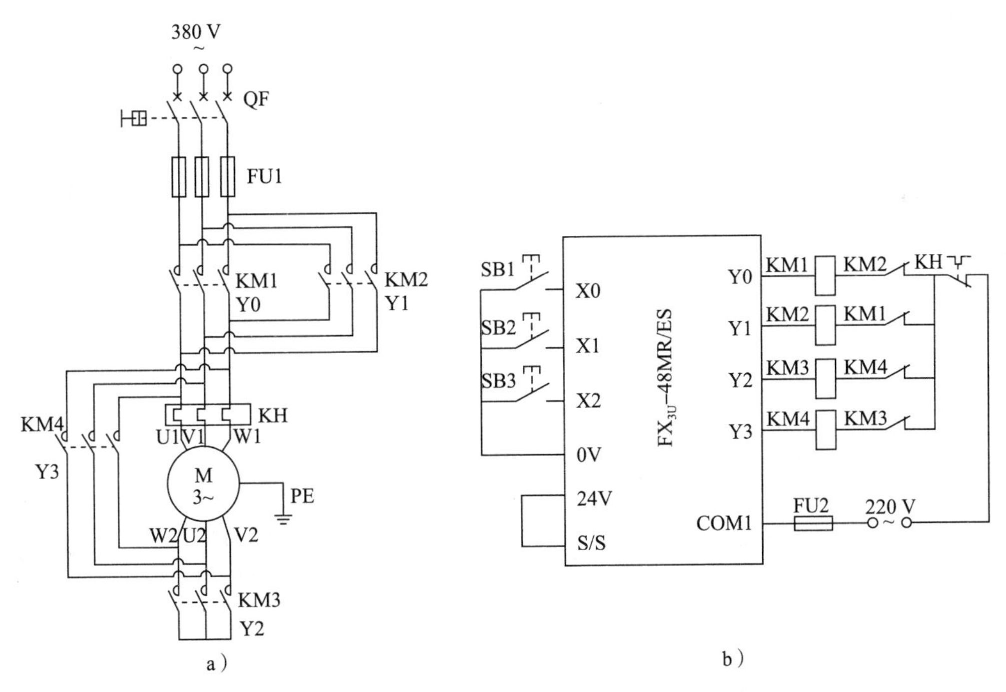

图 3–32　星–三角启动电动机可逆运行控制线路

a）主电路　b）PLC 控制电路

按下正向启动按钮 SB1，电动机以星–三角方式正向启动，星形联结运行 30 s 后转换为三角形联结运行。按下停止按钮 SB3，电动机停止运行。

按下反向启动按钮 SB2，电动机以星-三角方式反向启动，星形联结运行 30 s 后转换为三角形联结运行。按下停止按钮 SB3，电动机停止运行。

本任务的主要内容是研究用 PLC 实现星-三角启动电动机可逆运行控制。

任务分析

为了将上述控制关系用 PLC 实现，PLC 需要 3 个输入器件、4 个输出器件，输入/输出地址分配表见表 3-6。

表 3-6　输入/输出地址分配表

输入			输出		
继电器	器件	说明	继电器	器件	说明
X0	SB1	正向启动按钮	Y0	KM1	正向运行用交流接触器
X1	SB2	反向启动按钮	Y1	KM2	反向运行用交流接触器
X2	SB3	停止按钮	Y2	KM3	Y形降压启动用交流接触器
			Y3	KM4	△形全压运行用交流接触器

根据输入/输出地址分配表，绘制 PLC 控制电路图，如图 3-32b 所示，由此设计的梯形图如图 3-33a 所示。当按下 SB1 时，X0 接通，驱动 Y0、Y2 动作，电动机 M 作正向星形降压启动，30 s 后，Y2 断开，Y3 接通，电动机 M 转入三角形全压运行。同理可分析反向运行。梯形图中的常闭触点 Y000、Y001 和 Y002、Y003 分别起接触器互锁作用。图 3-33a 所示的梯形图的设计采用了堆栈指令，也可以用主控指令实现，如图 3-33b 所示。

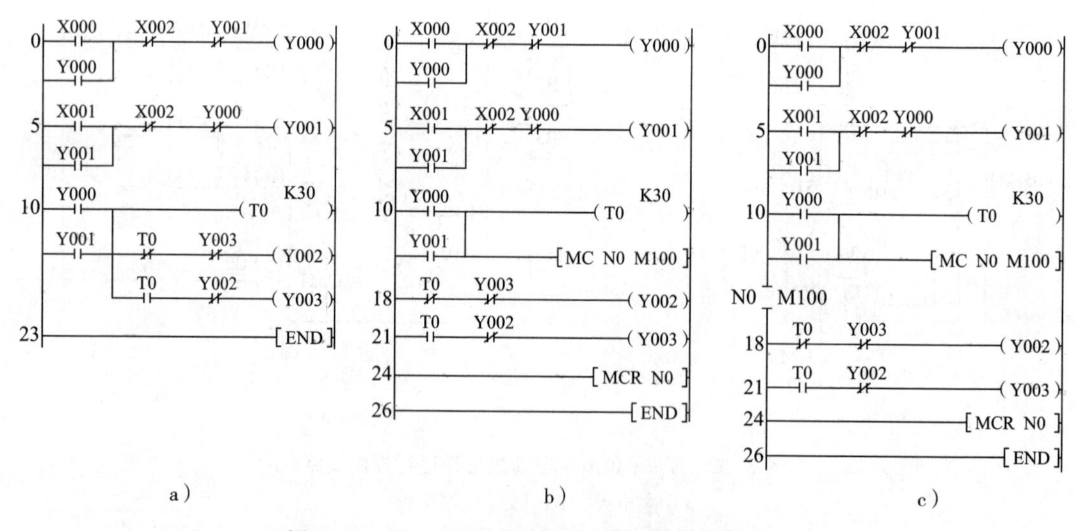

图 3-33　星-三角启动电动机可逆运行控制梯形图

a）用堆栈指令实现的梯形图　b）用主控指令实现的梯形图　c）主控指令运行时的梯形图

相关知识

一、主控指令（MC）

MC 用于公共串联触点的连接。执行 MC 后，左母线移到 MC 触点的后面。

二、主控复位指令（MCR）

MCR 是 MC 的复位指令，即利用 MCR 恢复原左母线的位置。编程时常会出现多个线圈同时受一个或一组触点控制的情况，如果在每个线圈的控制程序中都串入同样的触点，将占用很多存储单元，使用主控复位指令可以解决这一问题。MC、MCR 的使用如图 3-34 所示，利用“MC N0 M100”实现左母线右移，其中 N0 表示嵌套等级，在无嵌套结构中 N0 的使用次数无限制；利用“MCR N0”恢复原左母线的位置。如果 X000 断开，则会跳过 MC、MCR 之间的指令向下执行。

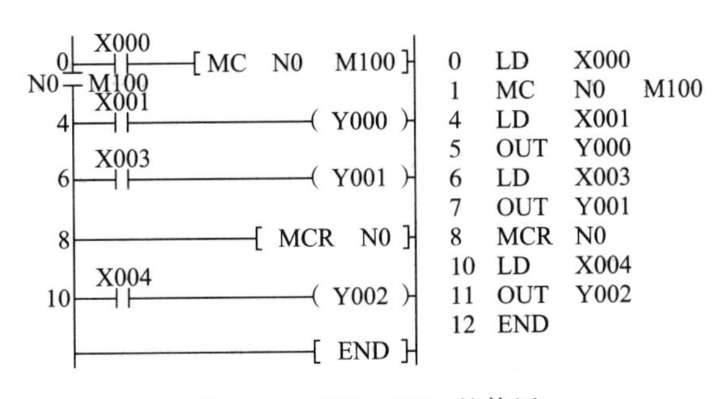

图 3-34 MC、MCR 的使用

三、主控指令和主控复位指令的使用说明

1. MC、MCR 的目标元件为 Y 和 M，但不能用特殊辅助继电器。MC 占 3 个程序步，MCR 占 2 个程序步。

2. 主控触点在梯形图中与一般触点垂直（见图 3-34 中的 M100）。主控触点是与左母线相连的常开触点，是控制一组程序的总开关。与主控触点相连的触点必须用 LD 类指令。

3. MC 的输入触点断开时，在 MC 和 MCR 之间的积算定时器和计数器、用复位/置位指令驱动的元件保持其之前的状态不变，非积算定时器和计数器、用 OUT 驱动的元件将复位。图 3-34 中的 X000 断开后，Y000 和 Y001 即变为 OFF。

4. 在一个主控指令区内若再使用 MC 称为嵌套。嵌套级数最多为 8 级，编号按 N0→N1→N2→N3→N4→N5→N6→N7 顺序增大，每级的返回用对应的 MCR，从编号大的嵌套级开始复位，如图 3-35 所示。

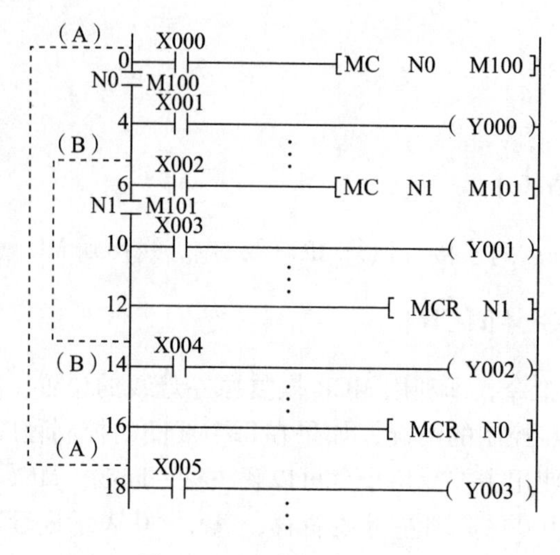

图 3-35　主控指令的嵌套

任务实施

1. 按图 3-32a 连接主电路，检查线路正确性，确保无误。

2. 按图 3-32b 连接 PLC 控制电路，检查线路正确性，确保无误。

3. 输入图 3-33a 所示的梯形图，进行程序调试，检查是否实现了星-三角启动电动机可逆运行控制的功能。

4. 输入图 3-33b 所示的梯形图，进行程序调试，检查是否实现了星-三角启动电动机可逆运行控制的功能。

任务 6　灯光闪烁电路控制

学习目标

1. 熟悉微分指令、取反指令、空操作指令和结束指令的作用，并能正确使用。
2. 熟悉计数器的常见类型和工作原理。
3. 能利用所学指令编写梯形图程序，应用于灯光闪烁电路控制。

任务引入

在控制系统中常常涉及时间控制问题，灯光闪烁电路本质上都是时间控制电路，常用的有脉冲发生器、振荡电路、分频电路、电子钟等。本任务的主要内容是研究用 PLC 实现灯光闪烁电路控制。

任务分析

一、脉冲发生器

FX_{3U} 系列的特殊辅助继电器 M8011～M8014 能分别产生 10 ms、100 ms、1 s 和 1 min 的时钟脉冲。在实际应用中还可以设计脉冲发生器，例如，设计一个周期为 300 s，脉冲持续时间为一个扫描周期的脉冲发生器，其梯形图和时序图如图 3-36 所示，其中 X0 端外接的是带自锁的按钮。

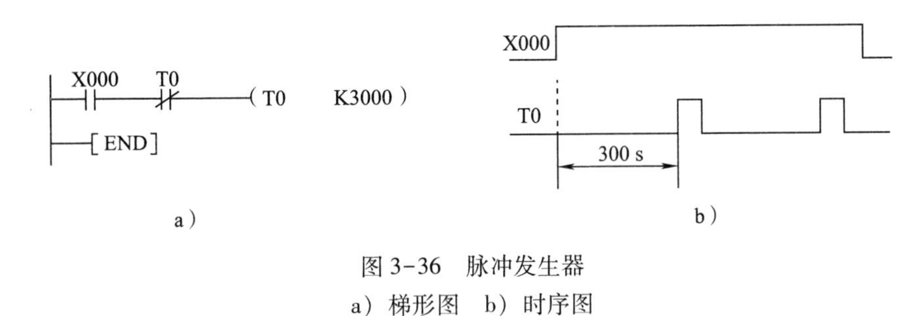

图 3-36　脉冲发生器
a）梯形图　b）时序图

二、振荡电路

设计一个振荡电路，要求其波形如图 3-37 所示。X0 端外接的是带自锁的按钮，Y0 端的指示灯会产生亮 3 s、灭 2 s 的闪烁效果，所以该电路也称为闪烁电路。为了实现这一功能，设置 T0 为 2 s 定时器，T1 为 3 s 定时器，设计的 PLC 控制电路图、梯形图、指令表与时序图如图 3-38 所示。

三、分频电路

用 PLC 可以实现对输入信号的任意分频，图 3-39 所示是二分频电路，要分频的脉冲信号加在 X0 端，Y0 端输出分频后的脉冲信号。开始执行程序时，M8002 接通一个扫描周期，确保 Y000 的初始状态为断开状态。当 X0 端第一个脉冲信号到来时，M100 接通一个扫描周期，驱动 Y000 两条支路中的 1 号支路接通，2 号支路断开，Y000 接通。第一个脉冲到来一个扫描周期后，M100 断开，驱动 Y000 两条支路中的 2 号支路接通，1 号支路断开，Y000 继续保持接通。当 X0 端第二个脉冲信号到来时，M100 又接通一个扫描周期，驱动 Y000 的两条支路都断开，Y000 断开。第二个脉冲到来一个扫描周期后，M100 断开，Y000 继续保持断开，直到第三个脉冲到来。所以 X0 端每送入 2 个脉冲，Y0 端产生 1 个脉冲，实现了分频。

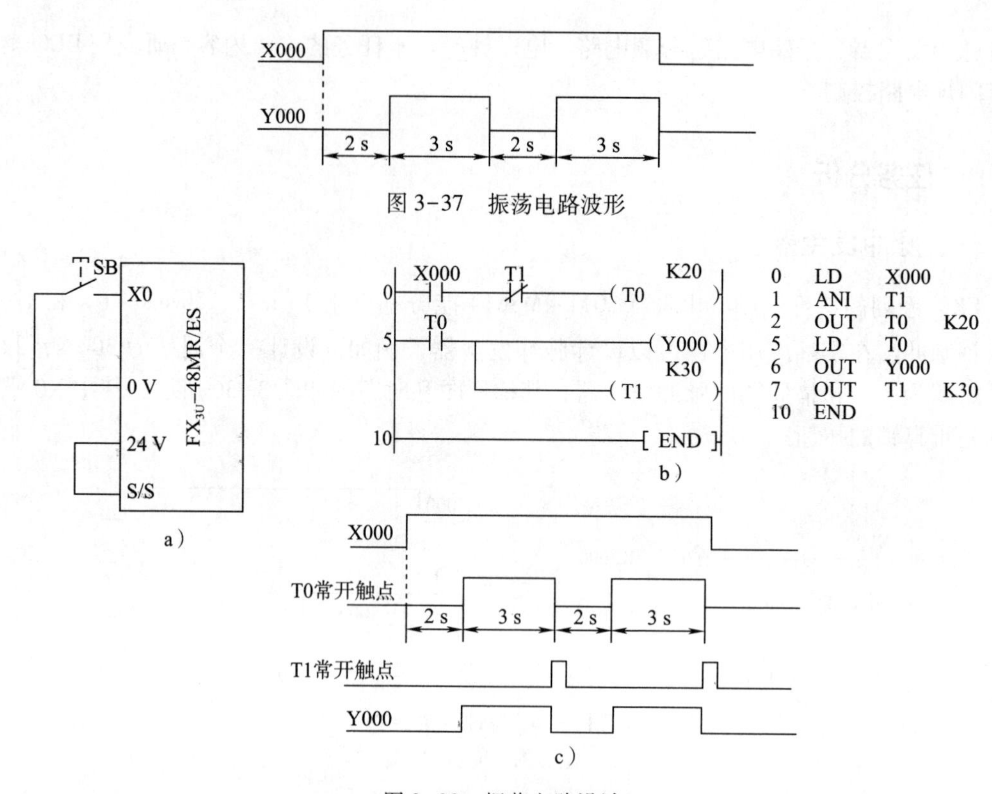

图 3-37 振荡电路波形

图 3-38 振荡电路设计

a）PLC 控制电路图 b）梯形图及指令表 c）时序图

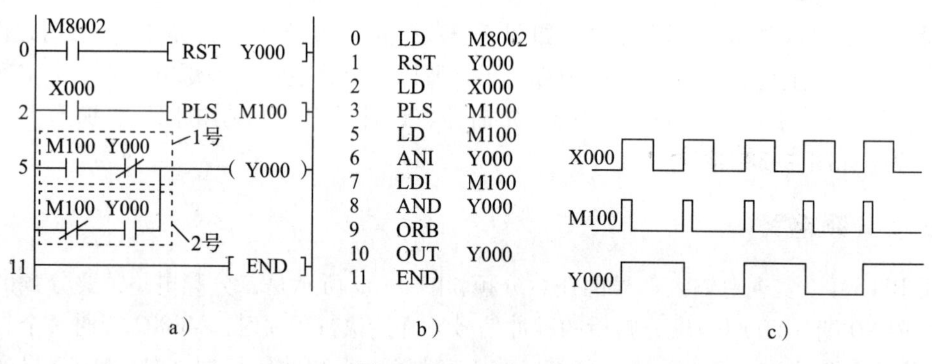

图 3-39 二分频电路

a）梯形图 b）指令表 c）时序图

四、电子钟

图 3-40 所示为电子钟电路，M8013 是 PLC 内部的秒时钟脉冲，C0、C1、C2 分别是秒、分、时计数器，M8013 每来一个秒时钟脉冲，秒计数器 C0 当前值加 1，一直加到 60，达到 1 min，C0 的常开触点闭合，使 C1 分计数器计数，C1 当前值加 1，同时 C0 当前值清零。同理可分析 C1、C2 的作用。

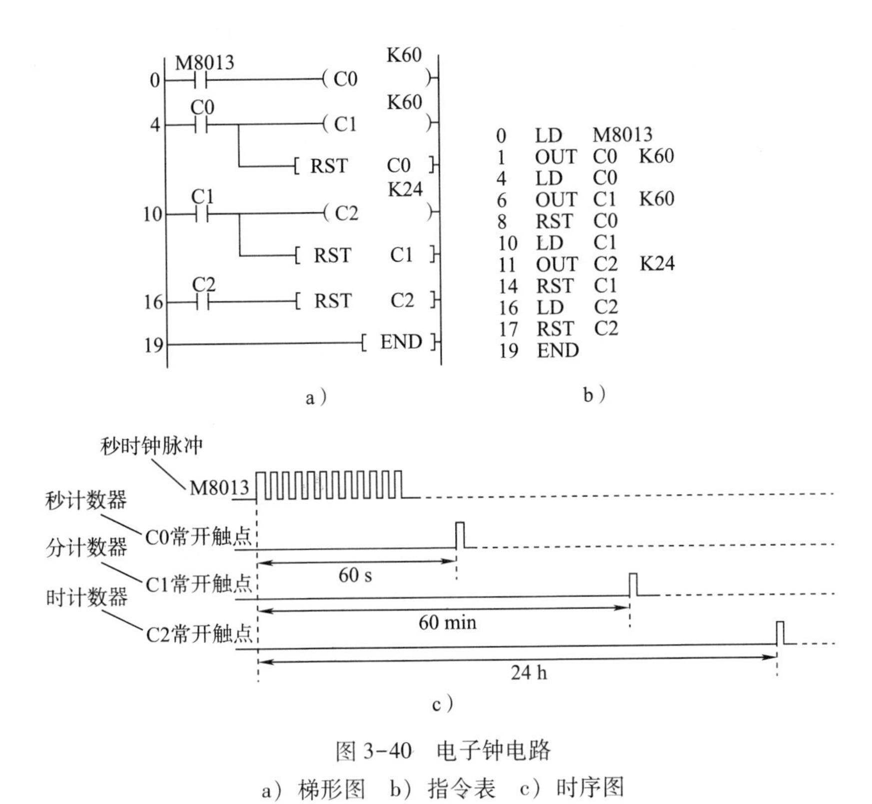

图 3-40　电子钟电路

a）梯形图　b）指令表　c）时序图

相关知识

一、指令

1. 微分指令（PLS/PLF）

上升沿微分指令 PLS 在输入信号上升沿产生一个扫描周期的脉冲输出。下降沿微分指令 PLF 在输入信号下降沿产生一个扫描周期的脉冲输出。

PLS 和 PLF 只能用于输出继电器和辅助继电器（不包括特殊辅助继电器）。图 3-41 中的 M0 仅在 X000 的常开触点由断开变为接通（即 X000 的上升沿）时的一个扫描周期内为 ON，M1 仅在 X000 的常开触点由接通变为断开（即 X000 的下降沿）时的一个扫描周期内为 ON。

当 PLC 从 RUN 状态转到 STOP 状态，然后又由 STOP 状态进入 RUN 状态时，其输入信号仍然为 ON，PLS M0 指令将输出一个脉冲。然而，如果用电池后备（锁存）的辅助继电器代替 M0，PLS 在这种情况下不会输出脉冲。

PLS、PLF 的使用说明如下。

（1）PLS、PLF 的目标元件为 Y 和 M。

（2）使用 PLS 时，仅在驱动输入为 ON 后的一个扫描周期内目标元件为 ON，如图 3-41c

所示，M0 仅在 X000 的常开触点由断开到接通时的一个扫描周期内为 ON；PLF 利用输入信号的下降沿驱动，其他与 PLS 相同。

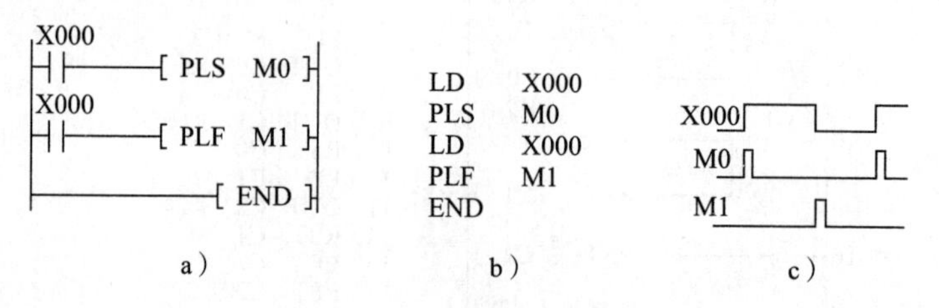

图 3-41　微分指令的使用

a）梯形图　b）指令表　c）时序图

2. 取反、空操作和结束指令

（1）取反指令（INV）

取反指令在梯形图中用一条与水平线成 45°的短斜线表示，它将执行该指令之前的运算结果取反。它前面的运算结果如为 0，则将其变为 1，运算结果为 1 则变为 0。图 3-42 中，如果 X000 和 X001 同时为 ON，则 Y000 为 OFF；其他情况下 Y000 为 ON。取反指令也可以用于 LDP、LDF、ANDP、ANDF、ORP 和 ORF 等脉冲触点指令。

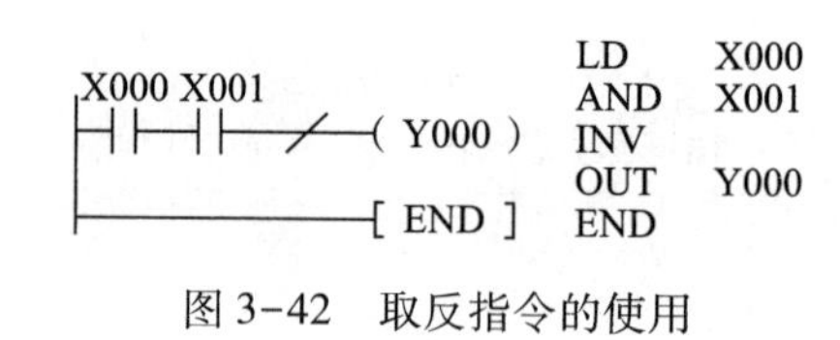

图 3-42　取反指令的使用

（2）空操作指令（NOP）

NOP 为空操作指令，使该步序做空操作。将用户程序全部清除后，用户存储器中的全部指令为空操作指令。

（3）结束指令（END）

END 为结束指令，将强制结束当前的扫描执行过程。若不写结束指令，将从用户程序存储器的第一步执行到最后一步；若将结束指令放在程序结束处，则只执行第一步至 END 之间的程序。使用结束指令可以缩短扫描周期。

在调试程序时，可以将结束指令插在各段程序之后，从第一段开始分段调试，调试完成后必须删去程序中间的结束指令，这种方法对程序的查错也很有用处。

二、计数器

FX_{3U} 系列 PLC 有 256 个计数器，分为内部计数器和高速计数器两类。本课题先介绍内部计数器。

内部计数器在执行扫描操作时对内部信号（如 X、Y、M、S、C 和 T 等）进行计数。内部输入信号的接通和断开时间应比 PLC 的扫描周期稍长。

1. 16 位加计数器（C0~C199）

16 位加计数器共 200 点，其中 C0~C99 共 100 点为通用型，C100~C199 共 100 点为断电保持型（即断电后能保持当前值，待通电后继续计数）。这类计数器为递加计数，应用前先为其设置某一设定值，当输入信号（上升沿）个数累加到设定值时，计数器动作，其常开触点闭合、常闭触点断开。计数器的设定值范围为 1~32 767，设定值除了用常数 K 设定外，还可间接通过指定数据寄存器 D 设定。

下面举例说明通用型 16 位加计数器的工作原理。如图 3-43 所示，X010 为复位信号，当 X010 为 ON 时 C0 复位。X011 是计数输入，X011 每接通一次计数器当前值加 1（注意，X010 断开，计数器不会复位）。当计数器当前值等于设定值 5 时，计数器 C0 的输出触点动作，Y000 接通。此后即使输入 X011 再接通，计数器的当前值也保持不变。当复位输入 X010 接通时，执行 RST，计数器复位，输出触点也复位，Y000 断开。

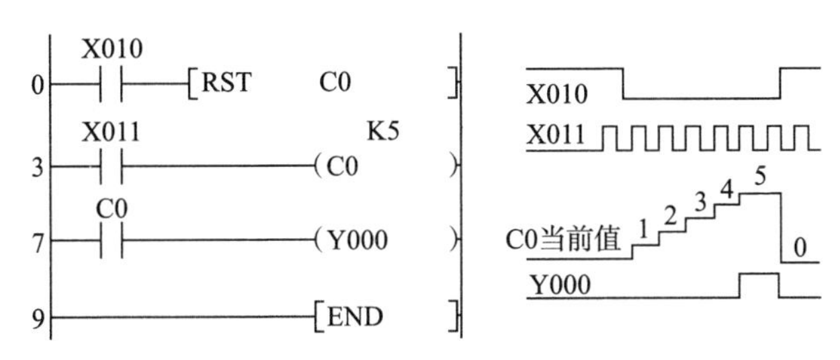

图 3-43　通用型 16 位加计数器

2. 32 位加/减计数器（C200~C234）

32 位加/减计数器共 35 点，其中 C200~C219（共 20 点）为通用型，C220~C234（共 15 点）为断电保持型。这类计数器与 16 位加计数器相比，除位数不同外，还在于其能通过控制实现加/减双向计数，设定值范围为-214 783 648~+214 783 647。

C200~C234 是加计数还是减计数，分别由特殊辅助继电器 M8200~M8234 设定，对应的特殊辅助继电器被置为 ON 时为减计数，被置为 OFF 时为加计数。

与 16 位加计数器相同，32 位加/减计数器也可直接用常数 K 或间接用数据寄存器 D 的内容作为设定值。在间接设定时，要用相邻编号的两个数据寄存器。

如图 3-44 所示，X012 用来控制 M8200，X012 闭合时为减计数方式，否则为加计数方式。X013 为复位信号，当 X013 的常开触点接通时，C200 复位。X014 为计数输入，C200 的设定值为 5（可正、可负）。假设 C200 置为加计数方式（M8200 为 OFF），当 X014 计数输入由 4 累加到 5 时，计数器的输出触点动作，Y001 接着动作。复位输入 X013 接通时，计数器的当前值为 0，输出触点也随之复位。

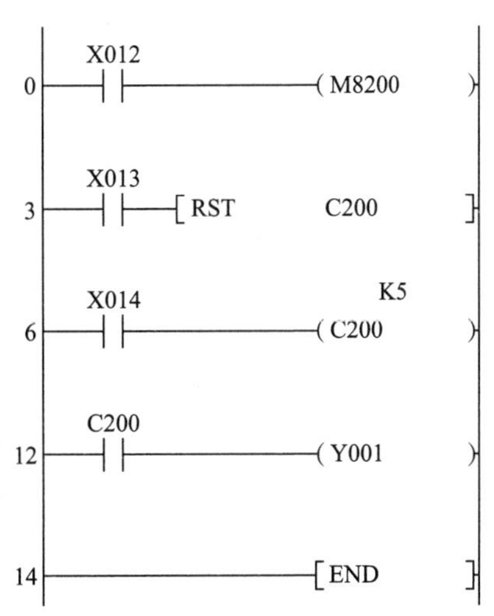

图 3-44　32 位加/减计数器

任务实施

这个任务有独立的 4 个小任务，其中的脉冲发生器、分频电路、电子钟在实施时要使用示波器、信号发生器等，这里只以振荡电路为例实施任务。

1. 按图 3-38a 连接 PLC 控制电路，连接好电源，检查线路正确性，确保无误。

2. 输入图 3-38b 所示的梯形图，进行程序调试，检查是否实现了振荡电路的功能。

3. 改变图 3-38b 所示梯形图中的 T0 和 T1 的设定值，再调试程序，观察振荡电路的振荡频率。

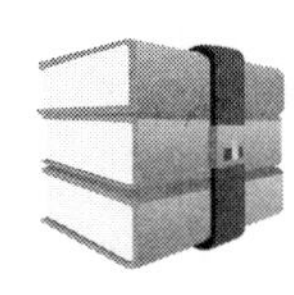

课题四　顺序功能图

任务1　运料小车控制

学习目标

1. 熟悉经验设计法与顺序控制设计法。
2. 熟悉顺序功能图的组成和绘制注意事项。
3. 熟悉顺序功能图中转换实现的基本规则。
4. 掌握由顺序功能图绘制梯形图（“启-保-停”程序结构）。
5. 能利用顺序功能图编写梯形图程序，应用于运料小车控制。

任务引入

自动化生产线上经常使用运料小车，其示意图如图4-1所示。货物通过运料小车M从A地运到B地，在B地卸料后，小车M再从B地返回A地。本任务用PLC来控制运料小车的工作，编程采用单序列顺序功能图实现。假设初始阶段小车停在左限位开关SQ2

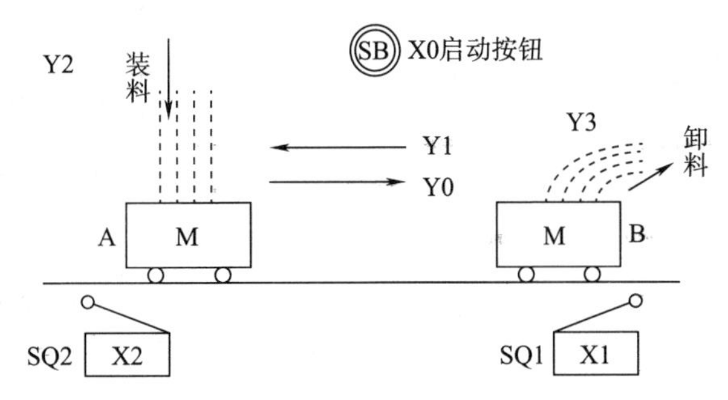

图4-1　运料小车示意图

处，按下启动按钮 X0，Y2 变为 ON，打开储料斗的闸门，开始装料，同时用定时器 T0 定时，10 s 后关闭储料斗的闸门，Y0 变为 ON，小车开始右行，碰到右限位开关 SQ1 后停下来卸料，Y3 为 ON，同时用定时器 T1 定时，8 s 后停止卸料，Y1 变为 ON，小车开始左行，碰到左限位开关 SQ2 后返回初始状态，停止运行。

任务分析

为了用 PLC 来实现任务要求，PLC 需要 3 个输入器件、4 个输出器件，输入/输出地址分配表见表 4-1。

表 4-1　输入/输出地址分配表

输入		输出	
继电器	说明	继电器	说明
X0	启动按钮	Y0	小车右行
X1	右限位开关	Y1	小车左行
X2	左限位开关	Y2	装料
		Y3	卸料

根据控制要求，绘制运料小车控制时序图，如图 4-2 所示。根据 Y000～Y003 ON/OFF 状态的变化，运料小车的一个工作周期分为装料、右行、卸料和左行 4 步，再加上等待装料的初始步，一共有 5 步。各限位开关、按钮和定时器提供的信号是各步之间的转换条件，由此绘制运料小车单周期工作方式顺序功能图，如图 4-3 所示，设计出的运料小车单周期工作方式梯形图（“启-保-停”程序方法）如图 4-4 所示。

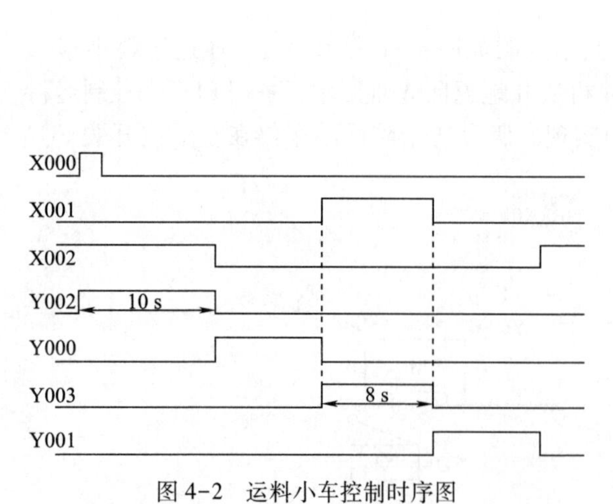

图 4-2　运料小车控制时序图

M8002
M0
X000 · X002启动
M1　Y002　T0　装料
T0
M2　Y000　右行
X001右限位
M3　Y003　T1　卸料
T1
M4　Y001　左行
X002左限位

图 4-3　运料小车单周期工作方式顺序功能图

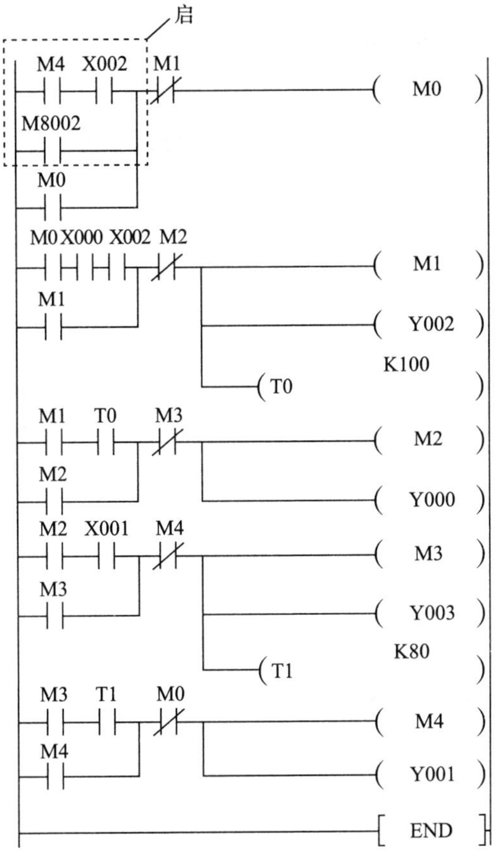

图 4-4　运料小车单周期工作方式梯形图（“启-保-停”程序方法）

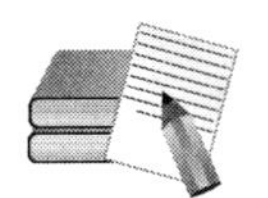

相关知识

一、经验设计法与顺序控制设计法

课题三中各梯形图的设计方法一般称为经验设计法，经验设计法没有一套固定的步骤可循，具有很大的试探性和随意性。在设计复杂系统的梯形图时，若用大量的中间单元来完成记忆、联锁和互锁等功能，由于需要考虑的因素很多，这些因素又往往交织在一起，分析起来非常困难。此外，修改某一局部电路时，可能对系统的其他部分产生意想不到的影响，往往花费很长时间却得不到满意的结果。所以用经验设计法设计出的梯形图不易阅读，系统维修和改进也较困难。

顺序控制设计法是一种先进的设计方法，很容易被初学者接受，有经验的工程师使用顺序控制设计法也会提高设计效率，程序调试、修改和阅读也更方便。

所谓顺序控制，就是按照生产工艺预先规定的顺序，在各个输入信号的作用下，根据内部状态和时间的顺序，生产过程的各个执行机构自动有序地进行操作。使用顺序控制设计法时，首先根据系统的工艺过程绘制顺序功能图，然后根据顺序功能图绘制梯形图。

二、顺序功能图的组成和绘制注意事项

1. 顺序功能图的组成

顺序功能图由步、动作（或称命令）、有向连线、转换和转换条件 5 部分组成。

（1）步

顺序控制设计法最基本的思想是将系统的一个工作周期划分为若干个顺序相连的阶段，这些阶段称为步，可以用编程元件（M 和 S）来代表各步。步是根据输出量的状态变化来划分的，在任何一步之内，各输出量的 ON/OFF 状态不变，但是，相邻两步输出量总的状态是不同的，步的这种划分方法使代表各步的编程元件的状态与各输出量的状态之间的逻辑关系更清晰。在本任务中，除了初始步外，根据 Y000～Y003 的 ON/OFF 状态的变化，工作过程分为装料、右行、卸料和左行 4 步，分别用 M1～M4 来代表。图 4-3 中，用矩形方框表示步，方框中是代表该步的编程元件的元件号，它们也作为步的编号，如 M1、M2 等。

1）初始步。与系统的初始状态相对应的步称为初始步，初始状态一般是系统等待启动命令的相对静止的状态。初始步用双线方框表示，每一个顺序功能图至少应有一个初始步，图 4-3 中的 M0 就是初始步。

2）活动步。当系统正处于某一步所在的阶段时，该步处于活动状态，称为活动步。步处于活动状态时，相应的动作被执行；步处于不活动状态时，相应的非存储型动作被停止。

（2）动作

一个控制系统可以划分为被控系统和施控系统，例如，在数控车床系统中，数控装置是施控系统，而车床是被控系统。对于被控系统，在某一步中要完成某些动作；对于施控系统，在某一步中则要向被控系统发出某些命令。为了叙述方便，下面将命令或动作统称为动作，并用矩形框中的文字或符号表示，该矩形框应与相应步的符号相连。一个步可以有多个动作，也可以没有任何动作。图 4-3 中，M0 步没有任何动作，M2、M4 步各有一个动作，M1、M3 步各有两个动作。如果某一步有多个动作，可以用图 4-5 所示的两种绘制方法来表示，它们并不隐含这些动作之间的任何顺序。动作只能在相应的步为活动步时完成。例如，当 M1 为活动步时，Y002 和 T0 的线圈通电；当 M1 为不活动步时，Y002 和 T0 的线圈断电。从这个意义上来说，T0 的线圈相当于步 M1 的一个动作，所以将 T0 作为步 M1 的动作来处理。步 M1 下面的转换条件 T0 由当定时时间到时 T0 的常开触点（闭合状态）提供。因此，动作框中的 T0 对应的是 T0 的线圈，转换条件 T0 对应的是 T0 的常开触点。

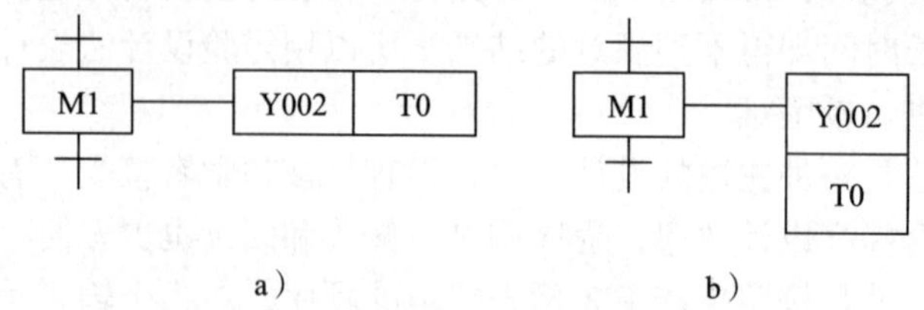

图 4-5　一个步有多个动作的两种绘制方法

a）方法 1　b）方法 2

（3）有向连线

在绘制顺序功能图时，将代表各步的方框按它们成为活动步的先后次序排列，并用有向连线将它们连接起来。步的活动状态习惯的进展方向是从上到下或从左到右，这两个方向有向连线上的箭头可以省略。如果不是上述的方向，应在有向连线上用箭头注明进展方向。图 4-3 中，步 M4 转换到步 M0 的有向连线使用了箭头。在可以省略箭头的有向连线上，为了更易于理解也可以加箭头。

（4）转换

转换用垂直于有向连线的短画线来表示，转换将相邻两步分隔开。步的活动状态的进展是由转换的实现来完成的，并与控制过程的发展相对应。

（5）转换条件

转换条件是与转换相关的逻辑命题，可以用文字语言、布尔代数表达式或图形符号标注在表示转换的短画线旁边，使用最多的是布尔代数表达式。转换条件的标注如图 4-6 所示。

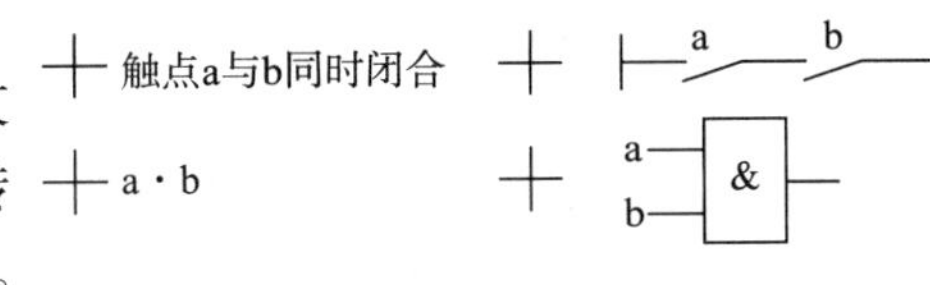

图 4-6　转换条件的标注

2. 绘制顺序功能图的注意事项

（1）两个步之间必须用一个转换隔开，两个步绝对不能直接相连。

（2）两个转换之间必须用一个步隔开，两个转换不能直接相连。

（3）顺序功能图中的初始步一般对应于系统等待启动的初始状态，这一步可能没有输出处于 ON 状态，因此，初学者很容易遗漏这一步。初始步是必不可少的，一方面该步与它的相邻步相比，输出变量的状态各不相同；另一方面如果没有该步，则无法表示初始状态，系统也无法返回停止状态。

（4）自动控制系统应能多次重复执行同一工艺过程，因此，在顺序功能图中一般应有由步和有向连线组成的闭环，即在完成一次工艺过程的全部操作之后，应从最后一步返回初始步。系统停留在初始状态的单周期工作方式如图 4-3 所示；以连续循环方式工作时，将从最后一步返回下一工作周期开始运行的第一步，如图 4-7 所示。此时运料小车完成的任务可叙述为货物通过运料小车 M 从 A 地运到 B 地，在 B 地卸料后小车 M 再从 B 地返回 A 地继续装运料。

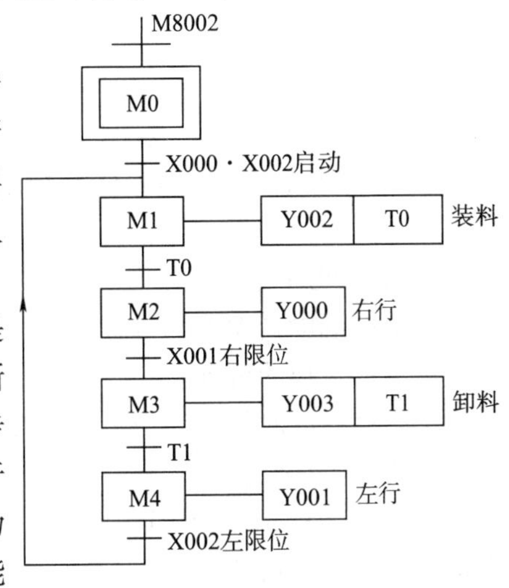

图 4-7　运料小车连续循环工作方式顺序功能图

（5）在顺序功能图中，只有当某一步的前级步是活动步时，该步才有可能变成活动步。如果用没有断电保持功能的编程元件代表各步（本任务中代表各步的 M0~M4），系统进入 RUN 工作方式时，它们均处于 OFF 状态，必须用初始化脉冲 M8002 的常开触点作为转换条件，将初始步预置为活动步，否则因顺序功能图中没有活动步，系统将无法工作。

（6）顺序功能图是用来描述自动工作过程的，如果系统有自动、手动两种工作方式，还应在系统由手动工作方式进入自动工作方式时，用一个适当的信号将初始步置为活动步。本任务没有设置手动工作方式。

三、顺序功能图中转换实现的基本规则

1. 转换实现的条件

在顺序功能图中，步的活动状态的进展是由转换的实现来完成的，转换的实现必须同时满足以下两个条件。

（1）该转换所有的前级步都是活动步。

（2）相应的转换条件得到满足。

2. 转换实现后的操作

转换实现后应完成以下两个操作。

（1）使所有由有向连线与相应转换符号相连的后续步都变为活动步。

（2）使所有由有向连线与相应转换符号相连的前级步都变为不活动步。转换实现的基本规则是根据顺序功能图设计梯形图的基础。

在梯形图中，用编程元件（如 M 和 S）代表步，当某步为活动步时，该步对应的编程元件为 ON。图 4-3 中，要实现步 M0 到步 M1 的转换，必须同时满足 M0 为活动步（或者说 M0 为 ON）、X000 按下且小车停在 SQ2 处（或者说 X000 和 X002 均为 ON）。此时步 M0 到步 M1 的转换实现，而一旦转换实现，就会完成下列两个操作：步 M1 变为活动步，同时步 M0 变为不活动步。步 M1 变为活动步，则完成相应的动作，即 Y002 和 T0 线圈变为 ON。

四、由顺序功能图绘制梯形图（“启-保-停”程序结构）

有的 PLC 编程软件为用户提供了顺序功能图，在编程软件中生成顺序功能图后便完成了编程工作。用户也可以自行将顺序功能图改绘为梯形图，方法有多种，这里介绍利用“启-保-停”程序结构由顺序功能图绘制梯形图的方法。“启-保-停”程序结构仅使用与触点和线圈有关的指令，任何一种 PLC 的指令系统都有这一类指令，因此，这是一种通用的编程方法，可以用于任意型号的 PLC。

利用“启-保-停”程序结构由顺序功能图绘制梯形图，要从步和输出的处理两方面来考虑。

1. 步的处理

用辅助继电器 M 代表步，当某一步为活动步时，对应的辅助继电器为 ON，某一转换实现时，该转换的后续步变为活动步，前级步变为不活动步。由于很多转换条件都是短信号，即它存在的时间比它激活后续步为活动步的时间短，因此，应使用有记忆（或称保持）功能的程序结构（如“启-保-停”程序结构）来控制代表步的辅助继电器。

如图 4-8 所示，步 M1、M2 和 M3 是顺序功能图中顺序相连的 3 步，X001 是步 M2 之前的转换条件。设计“启-保-停”程序的关键是找出它的启动条件和停止条件。转换实现的条件是它的前级步为活动步，并且满足相应的转换条件，所以步 M2 变为活动步的条件是它的前级步 M1 为活动步，且转换条件 X001 = 1。在“启-保-停”程序中，应将前级

步 M1 和转换条件 X001 对应的常开触点串联，作为控制 M2 的启动条件。

当 M2 和 X002 均为 ON 时，步 M3 变为活动步，这时步 M2 应变为不活动步。因此，可以将 M3=1 作为使辅助继电器 M2 变为 OFF 的条件，即将后续步 M3 的常闭触点作为“启-保-停”程序的停止条件。

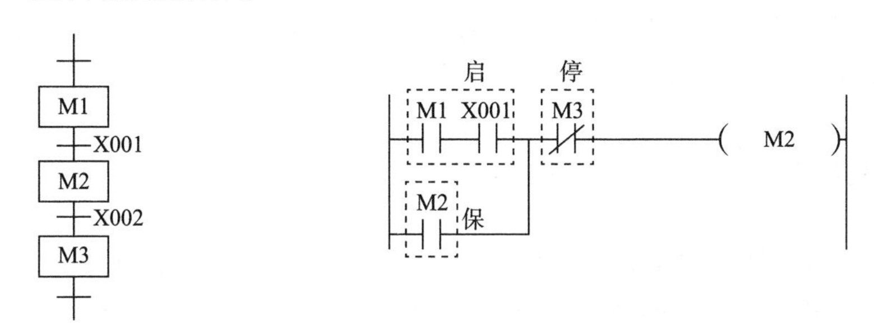

图 4-8 用“启-保-停”程序结构控制步

图 4-8 所示的梯形图可以用逻辑代数式表示为

$$M2=(M1 \cdot X001+M2) \cdot \overline{M3}$$

在这个例子中，可以用 X002 的常闭触点代替 M3 的常闭触点。但是，当转换条件由多个信号经与、或、非等逻辑运算组合而成时，应将它的逻辑表达式取反，再将对应的触点串并联后作为“启-保-停”程序的停止条件。不过这样不如使用后续步的常闭触点简单、方便。

根据上述的编程方法和顺序功能图，很容易绘制梯形图。以图 4-3 中步 M3 为例，M3 的前级步为 M2，步 M3 前面的转换条件为 X001，所以 M3 的启动条件由 M2 和 X001 的常开触点串联而成，与启动条件相并联的 M3 是自保持触点。步 M3 的后续步是 M4，所以应将 M4 的常闭触点作为步 M3 的“启-保-停”程序结构中的停止条件，当 M4 为 ON 时，其常闭触点断开，使 M3 的线圈断电。再以步 M0 为例，有两种方法使 M0 变为活动步：M8002 为 ON 或 M4 为活动步且转换条件 X002 为 ON。所以 M0 的启动电路由 M4 和 X002 的常开触点串联再与 M8002 的常开触点并联而成，并联的 M0 的常开触点是自保持触点。

顺序功能图中有多少步，梯形图中就有多少个驱动步的“启-保-停”程序结构。例如，图 4-3 中有 5 步，由此设计的梯形图（见图 4-4）就有 5 个“启-保-停”程序结构。梯形图的关键在于“启”和“停”的设计，特别是当“启”的条件有多个时，千万不要遗漏了某一个，一定要把每一个“启”的条件并联后再与“保”的常开触点并联。

2. 输出的处理

由于步是根据输出变量的状态变化来划分的，因此，它们之间的关系极为简单，可以分为以下两种情况来处理。

（1）某一输出量仅在某一步中为 ON，可以将它们的线圈分别与对应步的辅助继电器的线圈并联。本任务中输出量 Y000~Y003、T0、T1 都仅在某一步中为 ON，所以将它们的线圈分别与对应步的辅助继电器的线圈并联。图 4-4 所示的梯形图将 Y002 和 T0 的线圈与 M1 的线圈并联，将 Y000 的线圈与 M2 的线圈并联。

也许有人会认为，既然如此，不如用输出继电器来代表步。这样做虽然可以节省一些编程元件，但实际上辅助继电器是完全够用的，多用一些不会增加硬件费用，在设计和输入程序时也不会花费很多时间。全部用辅助继电器来代表步具有概念清楚、编程规范、梯形图易于阅读和查错的优点。

（2）某一输出继电器在几步中都为 ON，应将代表各有关步的辅助继电器的常开触点并联后，驱动该输出继电器的线圈。

任务实施

说明：为了仔细体会顺序流程，本课题中的各种传感器全部用按钮替代。

1. 将三个模拟按钮开关的常开触点分别接到 PLC 的 X0~X2（见图 4-9 的输入部分），然后连接 PLC 电源，检查线路正确性，确保无误。

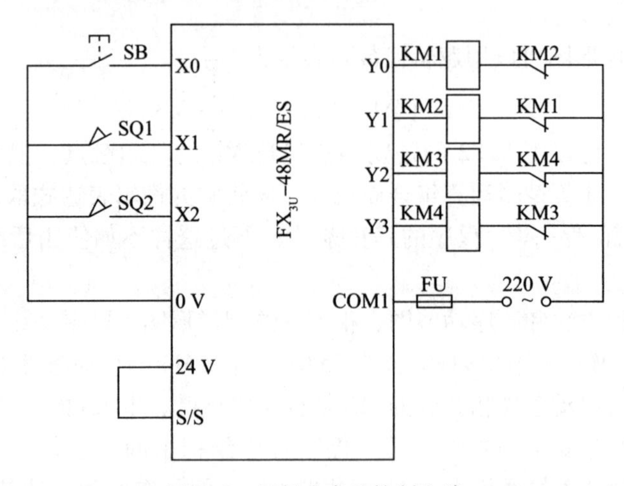

图 4-9　运料小车的控制电路

2. 输入图 4-4 所示的梯形图，进行程序调试，调试时要注意动作顺序，运行后先按下 SB，观察各输出的变化，等 Y0 接通后，再按下 SQ1（模拟右限位开关）并观察各输出的变化，等 Y1 接通后，再按下 SQ2（模拟左限位开关）并观察各输出的变化，检查是否实现了运料小车所要求的功能。

任务 2　按钮式人行道交通灯控制

学习目标

1. 熟悉顺序功能图的基本结构。

2. 掌握用“启-保-停”程序结构实现并行序列的编程方法。

3. 能利用顺序功能图编写梯形图程序，应用于按钮式人行道交通灯控制。

任务引入

在道路交通管理中常会使用按钮式人行道交通灯，其示意图如图 4-10 所示。正常情况下，汽车通行，即 Y3 绿灯亮，Y5 红灯亮；若行人想过马路，需要按下按钮。按下按钮 SB1（或 SB2）后，主干道交通灯将完成绿（5 s）→绿闪（3 s）→黄（3 s）→红（20 s）的变化。当主干道红灯亮时，人行道从红灯亮转为绿灯亮，15 s 以后，人行道绿灯开始闪烁，闪烁 5 s 后转入主干道绿灯亮，人行道红灯亮。

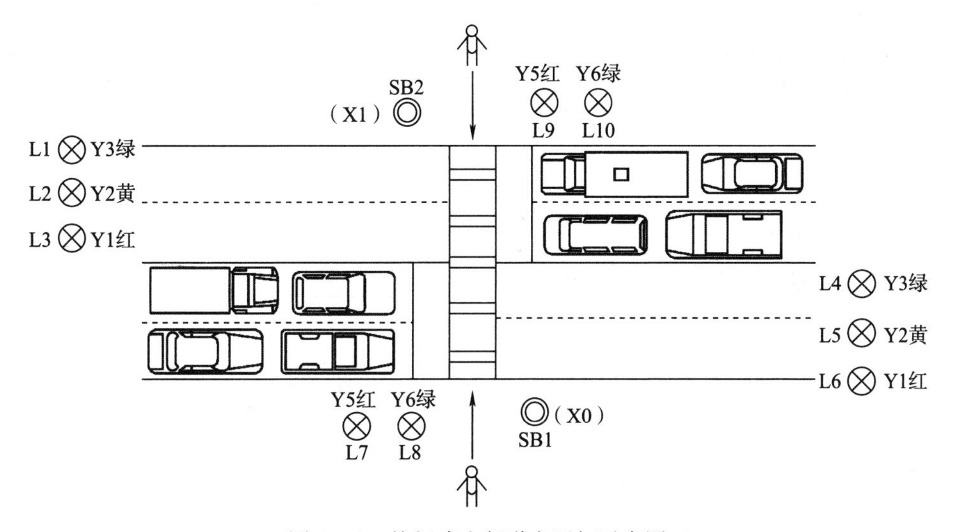

图 4-10　按钮式人行道交通灯示意图

本任务利用 PLC 控制按钮式人行道交通灯，用并行序列的顺序功能图编程。

任务分析

为了用 PLC 来实现任务要求，PLC 需要 2 个输入器件、5 个输出器件，输入/输出地址分配表见表 4-2。

表 4-2　输入/输出地址分配表

输入		输出	
继电器	说明	继电器	说明
X0	SB1 按钮	Y1	主干道红灯
X1	SB2 按钮	Y2	主干道黄灯
		Y3	主干道绿灯

续表

输入		输出	
继电器	说明	继电器	说明
		Y5	人行道红灯
		Y6	人行道绿灯

由提出的任务绘制按钮式人行道交通灯控制时序图，如图 4-11 所示。在按钮式人行道上，主干道与人行道的交通灯是并行工作的，主干道允许通行时，人行道是禁止通行的，反之亦然。主干道交通灯的一个工作周期分为 4 步，分别为绿灯亮、绿灯闪烁、黄灯亮和红灯亮，用 M1~M4 表示。人行道交通灯的一个工作周期分为 3 步，分别为红灯亮、绿灯亮、绿灯闪，用 M5~M7 表示。再加上初始步 M0，一共由 8 步构成。各按钮和定时器提供的信号是各步之间的转换条件，由此绘制此任务的顺序功能图，如图 4-12 所示，用“启-保-停”程序结构设计出的按钮式人行道交通灯控制梯形图如图 4-13 所示。

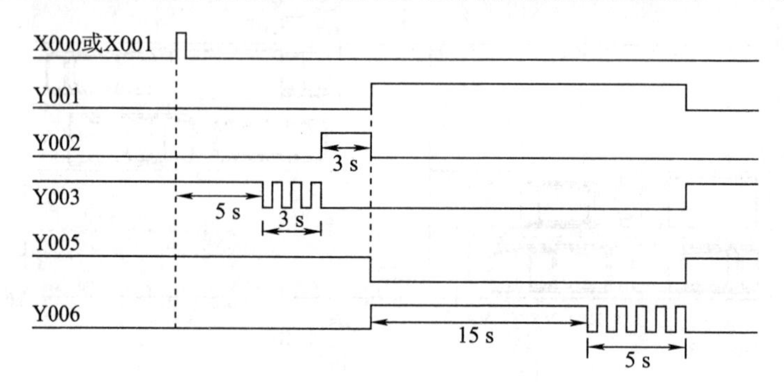

图 4-11　按钮式人行道交通灯控制时序图

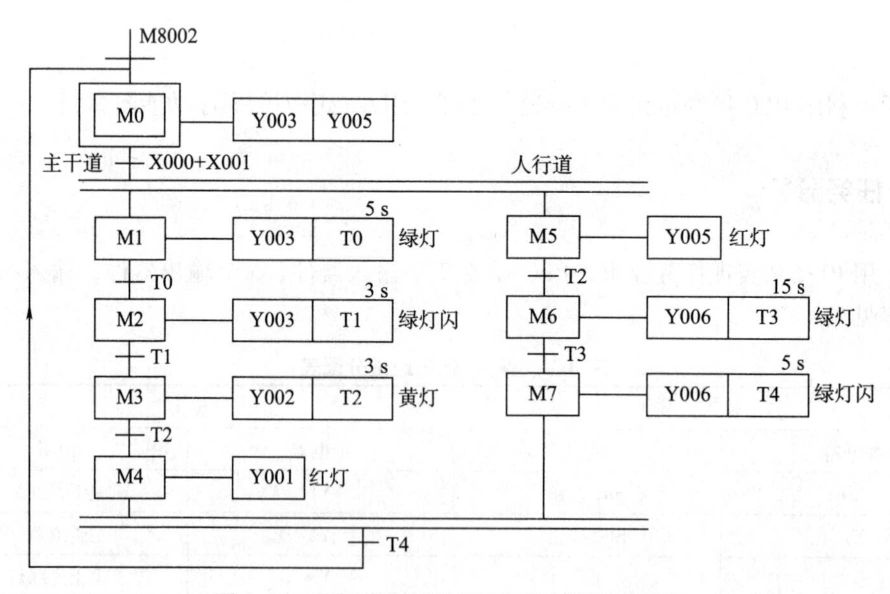

图 4-12　按钮式人行道交通灯控制顺序功能图

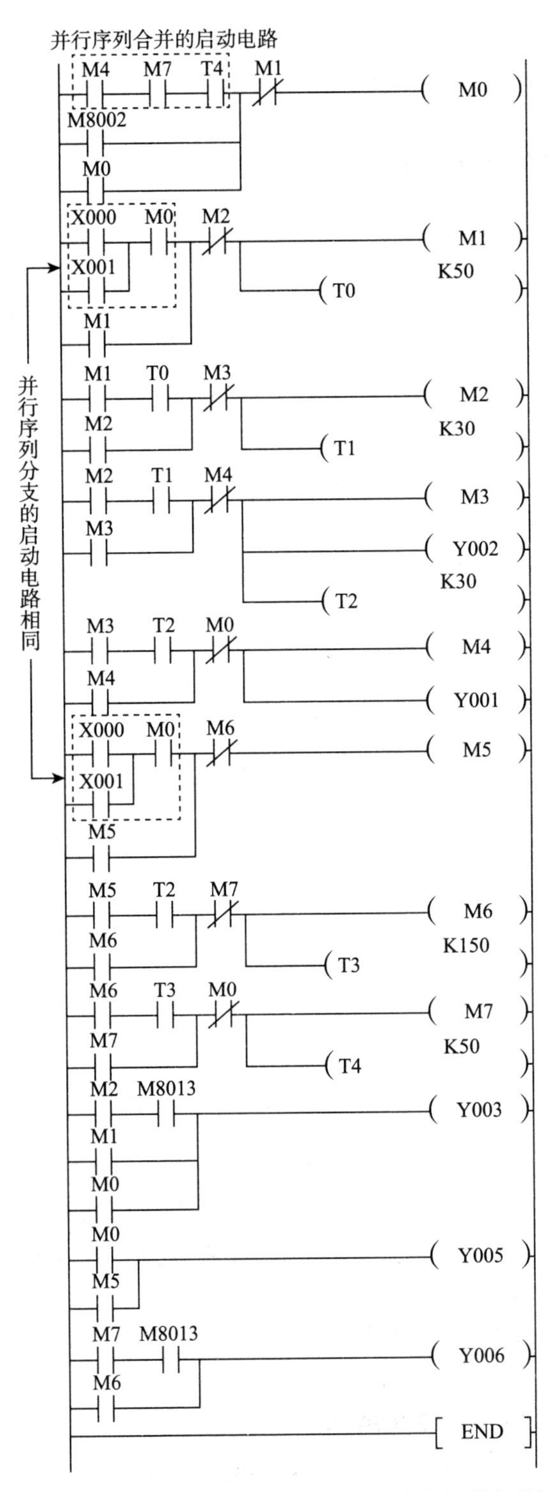

图 4-13　用“启-保-停”程序结构设计出的按钮式人行道交通灯控制梯形图

相关知识

一、顺序功能图的基本结构

顺序功能图有三种基本结构，分别为单序列、并行序列和选择序列。

1. 单序列

单序列由一系列相继激活的步组成，每一步的后面仅有一个转换，每一个转换的后面只有一个步，如图4-14a所示。

2. 并行序列

当转换的实现导致几个序列同时激活时，这些序列称为并行序列，并行序列的开始称为分支。如图4-14b所示，当步3是活动步且转换条件e=1时，步4和步6这两步同时变为活动步，同时步3变为不活动步。为了强调转换的同步实现，水平连线用双线表示。步4和步6同时激活后，每个序列中活动步的进展将是独立的。并行序列用来表示系统几个同时工作的独立部分的工作情况。分支处的转换符号和转换条件写在表示同步的水平双线之上，且只允许有一个转换符号。

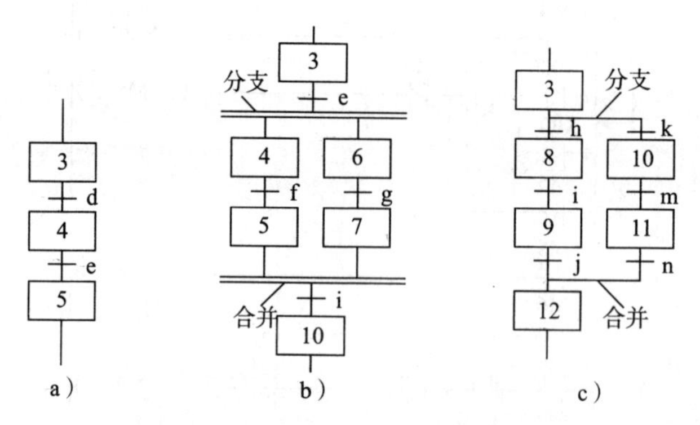

图4-14　顺序功能图的三种基本结构

a）单序列　b）并行序列　c）选择序列

并行序列的结束称为合并，合并处的转换符号和转换条件写在表示同步的水平双线之下，也只允许有一个转换符号。当直接连在双线上的所有前级步（步5、步7）都处于活动状态，并且转换条件i=1时，才会发生步5、步7到步10的进展，即步5、步7同时变为不活动步，而步10变为活动步。

在每一个分支点，最多允许8条支路，每条支路的步数不受限制。

3. 选择序列

选择序列的开始称为分支，如图4-14c所示，转换符号只能标在水平连线之下。如果步3是活动步，并且转换条件h=1，将发生由步3到步8的转换。而如果步3是活动步，并且转换条件k=1，将发生由步3到步10的转换。选择序列一般只允许同时选择一个序列，即选择序列中的各序列是互相排斥的，其中的任何两个序列都不会同时执行。

选择序列的结束称为合并，几个选择序列合并到一个公共序列时，用与需要重新组合的序列相同数量的转换符号和水平连线来表示，转换符号只允许标在水平连线之上。如果步 9 是活动步，并且转换条件 j=1，将发生由步 9 到步 12 的进展。如果步 11 是活动步，并且 n=1，将发生由步 11 到步 12 的进展。

复杂的控制系统的顺序功能图由单序列、选择序列和并行序列组成，对选择序列和并行序列编程的关键在于对它们的分支与合并的处理。

二、用“启-保-停”程序结构实现并行序列的编程方法

本课题任务 1 中介绍的用“启-保-停”程序结构将顺序功能图改绘为梯形图的方法对并行序列和选择序列仍适用，关键是要处理好分支和合并处的编程。

1. 并行序列分支的编程方法

并行序列中各单序列的第一步应同时变为活动步。对控制这些步的“启-保-停”程序使用同样的启动条件，就可以实现这一要求。图 4-12 中，步 M0 之后有一个并行序列的分支，当步 M0 为活动步并且转换条件满足时，步 M1 和步 M5 同时变为活动步，即步 M1 和步 M5 应同时变为 ON，因此图 4-13 中步 M1 和步 M5 的启动条件相同，都为逻辑关系式 M0·（X000+X001）。

2. 并行序列合并的编程方法

图 4-12 中，步 M0 之前有一个并行序列的合并，该转换实现的条件是所有的前级步（即步 M4 和 M7）都是活动步且转换条件 T4 满足。由此可知，应将 M4、M7 和 T4 的常开触点串联，作为控制 M0 的“启-保-停”程序的启动条件。

交通灯的闪烁是用周期为 1 s 的时钟脉冲 M8013 的触点实现的。

任务实施

1. 将两个模拟按钮的常开触点分别接到 PLC 的 X0 和 X1（见图 4-15 的输入部分），

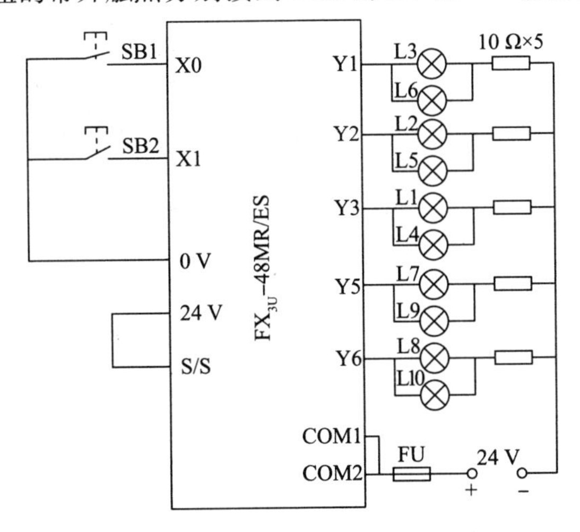

图 4-15 按钮式人行道交通灯 PLC 控制电路图

连接好其他线路及电源，检查线路正确性，确保无误。

2. 输入图 4-13 所示的梯形图，进行程序调试，调试时要注意动作顺序，运行后可任意按下 SB1（或 SB2），监控观察各输出（Y1~Y3、Y5、Y6）和相关定时器（T0~T4）的变化，检查是否实现了按钮式人行道交通灯所要求的功能。

任务 3　自动门控制

学习目标

1. 掌握用“启-保-停”程序结构实现的选择序列的编程方法。
2. 掌握仅有两步的闭环的处理方法。
3. 能利用顺序功能图编写梯形图程序，应用于自动门控制。

任务引入

许多公共场所都采用自动门，其控制示意图如图 4-16 所示。当人靠近自动门时，红外感应器 X0 为 ON，Y0 驱动电动机高速开门；当门碰到开门减速开关 X1 时，Y1 驱动电动机变为低速开门；当门碰到开门极限开关 X2 时，电动机停止转动，开始延时，若 0.5 s 内红外感应器检测为无人，则 Y2 驱动电动机高速关门；当门碰到关门减速开关 X3 时，Y3 驱动电动机低速关门；当门碰到关门极限开关 X4 时，电动机停止转动。在关门期间，若红外感应器检测到有人则停止关门，延时 0.5 s 后自动转换为高速开门。

本任务利用 PLC 控制自动门，用选择序列的顺序功能图编程。

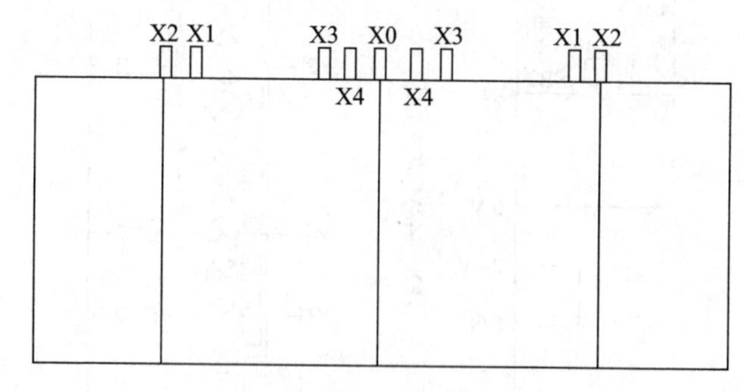

图 4-16　自动门控制示意图

任务分析

为了用 PLC 来实现自动门控制，PLC 需要 5 个输入器件、4 个输出器件，输入/输出地址分配表见表 4-3。

表 4-3　输入/输出地址分配表

输入		输出	
继电器	说明	继电器	说明
X0	红外感应器	Y0	电动机高速开门
X1	开门减速开关	Y1	电动机低速开门
X2	开门极限开关	Y2	电动机高速关门
X3	关门减速开关	Y3	电动机低速关门
X4	关门极限开关		

图 4-17a 所示是自动门控制系统在关门期间无人进出情况下的时序图，图 4-17b 所示是自动门控制系统在高速关门期间有人进出情况下的时序图。从时序图可以看到，自动门在关门时会有两种选择：关门期间无人进出时继续完成关门动作；如果关门期间有人进出，则暂停关门动作，开门让人进出后再关门。因此，要设计选择序列的顺序功能图，如图 4-18 所示，由此设计的自动门控制系统梯形图如图 4-19 所示。

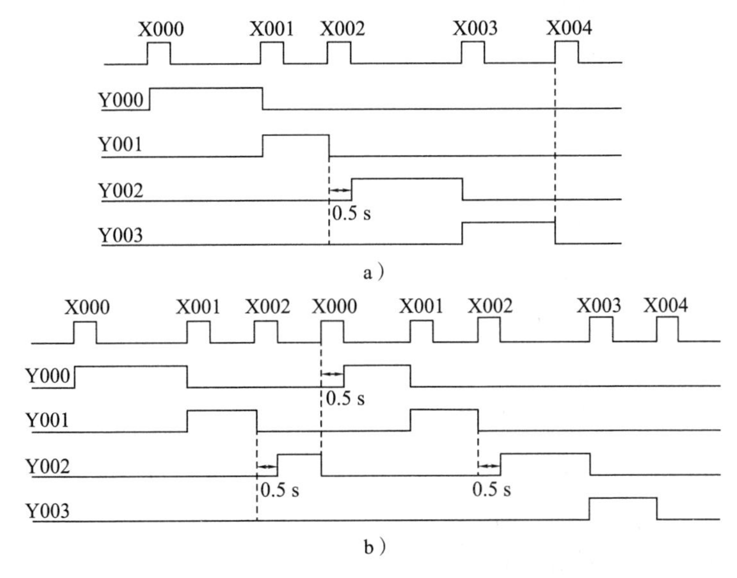

图 4-17　自动门控制系统时序图

a）关门期间无人进出情况下的时序图　b）高速关门期间有人进出情况下的时序图

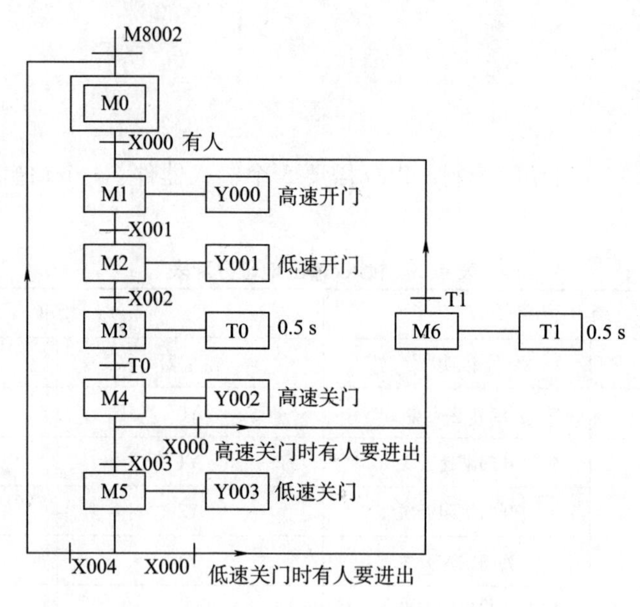

图 4-18 自动门控制系统顺序功能图（选择序列）

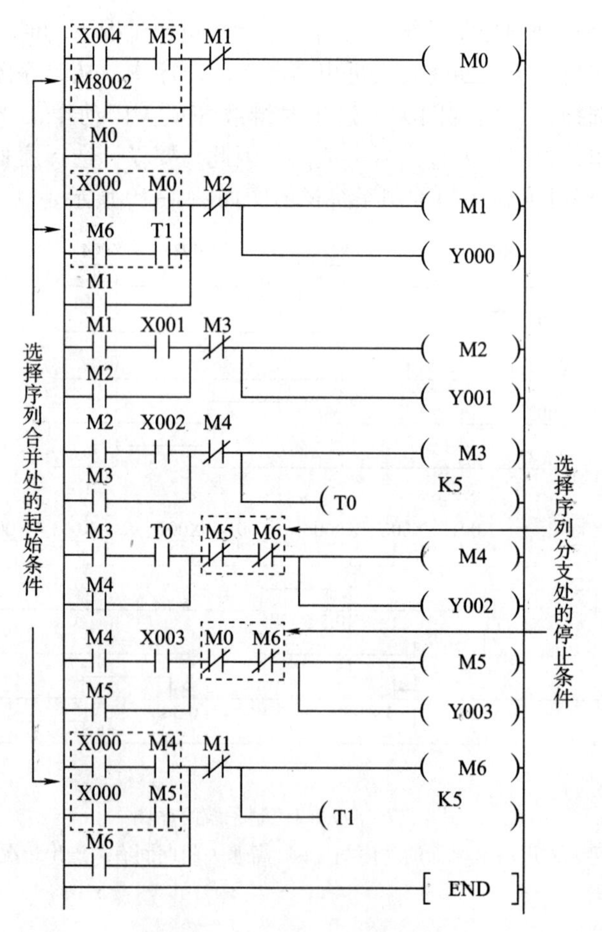

图 4-19 自动门控制系统梯形图

相关知识

一、用“启-保-停”程序结构实现的选择序列的编程方法

1. 选择序列分支的编程方法

如果某一步的后面有一个由 *N* 条分支组成的选择序列，该步可能转换到不同的分支，应将这 *N* 个后续步对应的辅助继电器的常闭触点与该步的线圈串联，作为结束该步的条件。

如图 4-18 所示，步 M4 之后有一个选择序列的分支，当它的后续步 M5 或 M6 变为活动步时，它应变为不活动步。因此，需将步 M5 和 M6 的常闭触点串联作为步 M4 的停止条件，如图 4-19 所示。同理，图 4-18 中，步 M5 之后也有一个选择序列的分支，当它的后续步 M0 或 M6 变为活动步时，它应变为不活动步，因此，需将步 M0 和 M6 的常闭触点串联作为步 M5 的停止条件。

2. 选择序列合并的编程方法

对于选择序列的合并，如果某一步之前有 *N* 个转换（即有 *N* 条分支在该步之前合并后进入该步），则代表该步的辅助继电器的启动条件由 *N* 条支路并联而成，各支路由前级步对应的辅助继电器的常开触点与相应转换条件对应的触点或块串联而成。

如图 4-18 所示，步 M0、M1 和 M6 之前都有一个选择序列的合并。以步 M1 为例，当步 M0 为活动步（M0 为 ON）并且转换条件 X000 满足，或步 M6 为活动步并且转换条件 T1 满足时，步 M1 都应变为活动步，即控制步 M1 的“启-保-停”程序结构的启动条件应为 M0·X000+M6·T1，对应的启动程序由两条并联支路组成，两条支路分别由 M0、X000 和 M6、T1 的常开触点串联而成，如图 4-19 所示。同理可分析 M0、M6 处的选择序列合并的编程方法。

二、仅有两步的闭环的处理

若图 4-20a 所示的顺序功能图用“启-保-停”程序结构设计，那么，步 M3 对应的梯形图如图 4-20b 所示，可以发现，由于 M2 的常开触点和常闭触点串联，它是不能正常工作的。这种顺序功能图的特征是仅由两步组成小闭环。当 M2 和 X002 均为 ON 时，M3 的启动条件接通，但这时与它串联的 M2 的常闭触点却是断开的，所以 M3 的线圈不能通电。出现上述问题的根本原因在于步 M2 既是步 M3 的前级步，又是它的后续步，解决这个问题的方法有以下两种。

1. 以转换条件作为停止条件

将图 4-20b 中 M2 的常闭触点用转换条件 X003 的常闭触点代替即可，如图 4-20c 所示。如果转换条件较复杂，要将对应的转换条件整个取反才可以作为停止条件。

2. 在小闭环中增设步

如图 4-21a 所示，在小闭环中增设 M10 步就可以解决这一问题，这一步没有操作，它后面的转换条件“=1”相当于逻辑代数中的常数 1，即表示转换条件总是满足的，只要进入步 M10，将马上转换到步 M2。图 4-21b 是根据图 4-21a 绘制的部分梯形图。

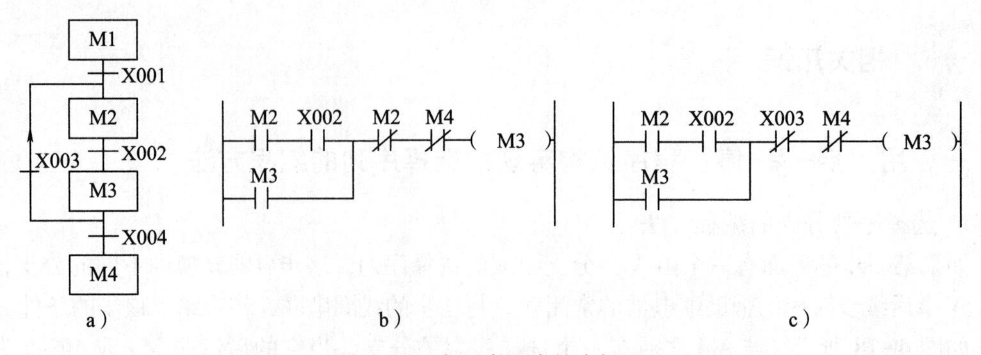

图 4-20　由两步组成的小闭环
a）顺序功能图　b）错误的梯形图　c）正确的梯形图

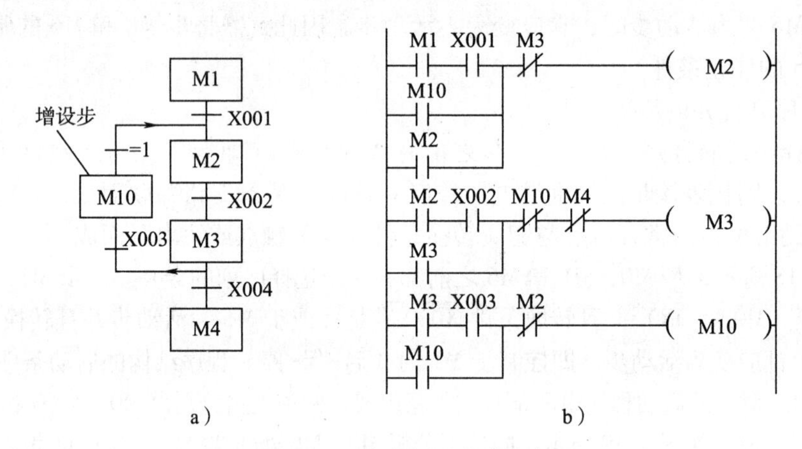

图 4-21　在小闭环中增设步
a）顺序功能图　b）部分梯形图

任务实施

1. 将 5 个模拟红外传感器和限位开关按钮的常开触点分别接到 PLC 的 X0～X4，如图 4-22 所示，连接好其他线路及电源，检查线路正确性，确保无误。

2. 输入图 4-19 所示的梯形图，进行程序调试，调试时要注意动作顺序，运行后先按下 SB1（模拟有人），再依次按下 SB2～SB5，每次操作都要监控观察各输出（Y0～Y3）和相关定时器（T0、T1）的变化，检查是否实现了自动门控制系统在关门期间无人进出情况下所要求的功能。

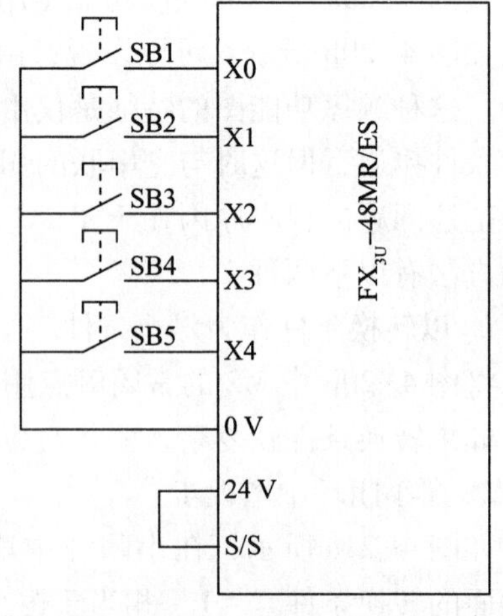

图 4-22　自动门控制系统 PLC 输入电路

3. 继续调试程序，顺序按下 SB1→SB2→SB3→SB1→SB2→SB3→SB4→SB5，监控观察各输出（Y0~Y3）和相关定时器（T0、T1）的变化，检查是否实现了自动门控制系统在高速关门期间有人进出情况下所要求的功能。再顺序按下 SB1→SB2→SB3→SB4→SB1→SB2→SB3→SB4→SB5，监控观察各输出（Y0~Y3）和相关定时器（T0、T1）的变化，检查是否实现了自动门控制系统在低速关门期间有人进出情况下所要求的功能。

任务4　液体混合装置控制

学习目标

1. 掌握顺序控制设计法中停止的处理方法。
2. 能利用顺序功能图编写梯形图程序，应用于液体混合装置控制。

任务引入

在化工行业中经常会遇到要混合多种化工液体的问题，图 4-23 所示为某液体混合装置示意图，上限位、下限位和中限位液位传感器开关在被液体淹没时为 ON，反之为 OFF。阀 YV1、YV2 和 YV3 为电磁阀，线圈通电时打开，线圈断电时关闭。初始状态下容器是空的，各阀门均关闭，各传感器开关均为 OFF。按下启动按钮后，打开阀 YV1，液体 A 流入容器，中限位传感器开关变为 ON 时，关闭阀 YV1，打开阀 YV2，液体 B 流入容器。当液面到达上限位时，关闭阀 YV2，电动机 M 开始运行，搅动液体，60 s 后停止搅动，打开阀 YV3，放出混合液。当液面降至下限位之后再过 5 s，容器排空，关闭阀 YV3，打开阀 YV1，开始下一周期的操作。按下停止按钮，在当前工作周期的操作结束后，液体混合装置才停止工作（停在初始状态）。

本任务利用 PLC 控制液体混合装置，用顺序功能图编程。

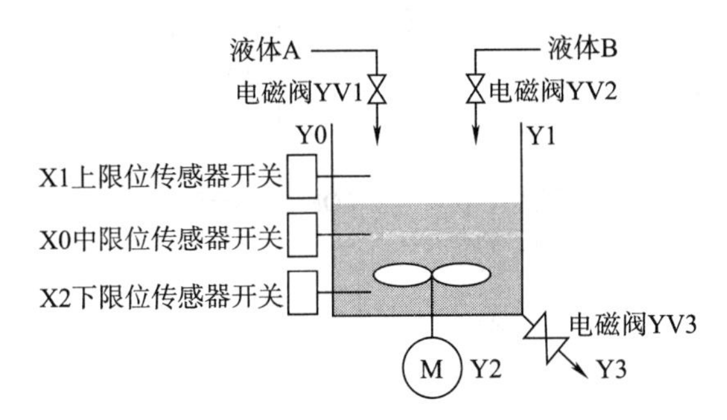

图 4-23　某液体混合装置示意图

任务分析

为了用 PLC 来实现任务要求，PLC 需要 5 个输入器件、4 个输出器件，输入/输出地址分配表见表 4-4。

表 4-4 输入/输出地址分配表

输入		输出	
继电器	说明	继电器	说明
X0	中限位传感器开关	Y0	电磁阀 YV1 线圈
X1	上限位传感器开关	Y1	电磁阀 YV2 线圈
X2	下限位传感器开关	Y2	电动机 M
X3	启动按钮	Y3	电磁阀 YV3 线圈
X4	停止按钮		

根据输入/输出地址分配表绘制 PLC 控制电路图，如图 4-24a 所示，由提出的任务绘制时序图，如图 4-24b 所示。液体混合装置的工作周期划分为 6 步，除了初始步之外，还包括液体 A 流入容器、液体 B 流入容器、搅动液体、放出混合液和容器排空这 5 步。用 M0 表示初始步，分别用 M1～M5 表示液体 A 流入容器、液体 B 流入容器、搅动液体、放出混合液和容器放空，用各限位传感器开关、按钮和定时器提供的信号表示各步之间的转换条件。绘制液体混合装置控制顺序功能图（选择序列）如图 4-25 所示，用“启-保-停”程序结构设计的液体混合装置控制梯形图如图 4-26 所示。

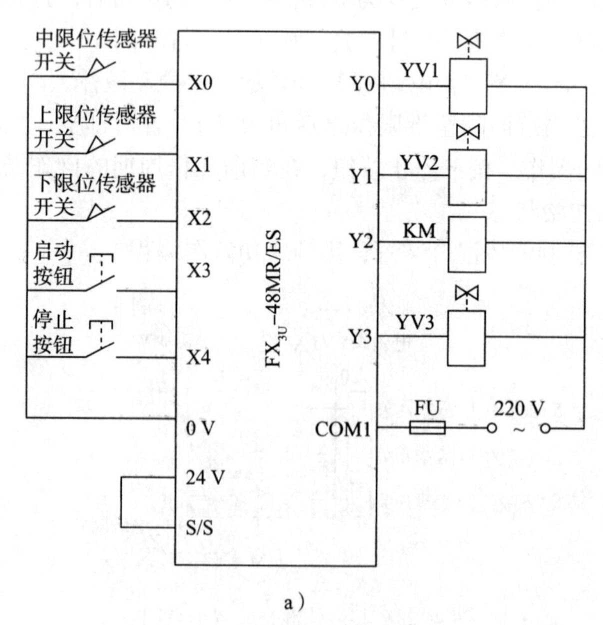

a）

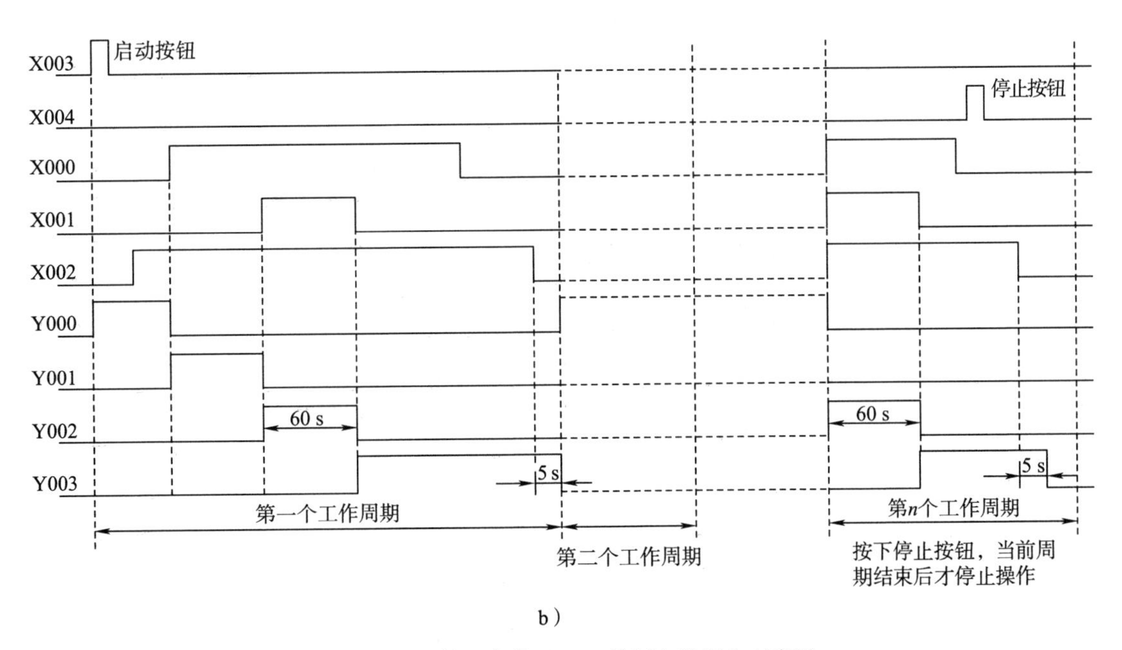

b）

图 4-24　液体混合装置 PLC 控制电路图和时序图

a）PLC 控制电路图　b）时序图

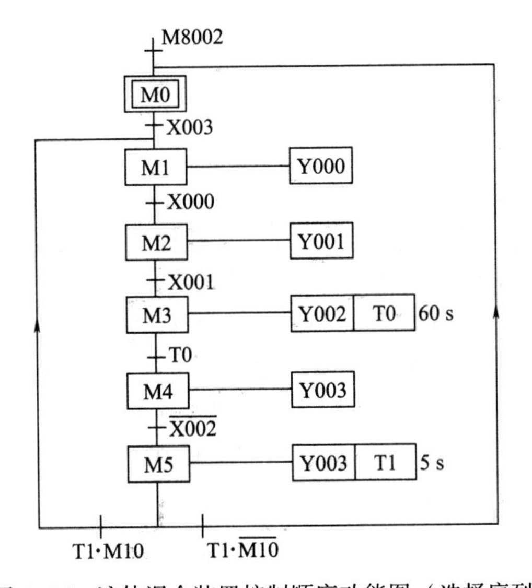

图 4-25　液体混合装置控制顺序功能图（选择序列）

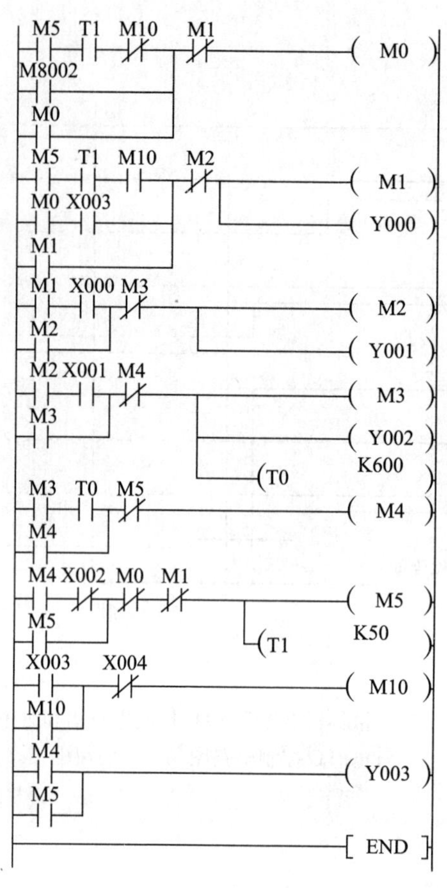

图 4-26　用“启-保-停”程序结构设计的液体混合装置控制梯形图

相关知识

在任务要求中，停止按钮的按下并不是按顺序进行的，在任何时候都可能按下停止按钮，而且不管什么时候按下停止按钮，都要等到当前工作周期结束后才能响应。所以停止按钮的操作无法在顺序功能图中直接反映出来，但可以用 M10 间接表示，如图 4-26 所示。每一个工作周期结束后，再根据 M10 的状态决定进入下一周期还是返回初始状态。由图 4-26 所示的液体混合装置控制梯形图可以看出，M10 由 X003、X004 控制，按下启动按钮，M10 变为 ON 状态并保持，按下停止按钮，M10 变为 OFF 状态，但是系统不会马上返回初始步，因为 M10 只是在步 M5 之后起作用。

任务实施

1. 按图 4-24a 连接 PLC 控制电路，检查线路正确性，确保无误。

2. 输入图 4-26 所示的梯形图，进行程序调试。调试时要注意动作顺序，运行后先按下启动按钮，再依次按下中限位传感器开关、上限位传感器开关，等待一段时间（超过 60 s）后，按下下限位传感器开关，每次操作都要监控观察各输出（Y0~Y3）和相关定时器（T0、T1）的变化，检查是否实现了液体混合装置所要求的功能。

3. 继续调试程序，依次按下中限位传感器开关、上限位传感器开关、下限位传感器开关，监控观察各输出（Y0~Y3）和相关定时器（T0、T1）的变化，输出和定时器的变化应与上一步相同。再在调试过程中的任意时刻（如按下中限位传感器开关后）执行停止功能（按下停止按钮），观察是否在当前工作周期结束后才能响应停止操作并返回初始步。

任务 5　冲床机械手运动控制

学习目标

1. 熟悉存储型命令和非存储型命令。
2. 熟悉命令或动作的修饰词。
3. 能利用顺序功能图编写梯形图程序，应用于冲床机械手的运动控制。

任务引入

在机械加工过程中经常使用冲床，某冲床机械手的运动示意图如图 4-27 所示。初始状态时机械手在最左边，X4 为 ON；冲头在最上面，X3 为 ON；机械手松开时，Y0 为 OFF。按下启动按钮，Y0 变为 ON，工件被夹紧并保持，2 s 后 Y1 被置位，机械手右行，直到碰到 X1，以后将顺序完成以下动作：冲头下行、冲头上行、机械手左行、机械手松开、延时 1 s 后系统返回初始状态。

本任务利用 PLC 控制冲床机械手的运动，用顺序功能图编程。

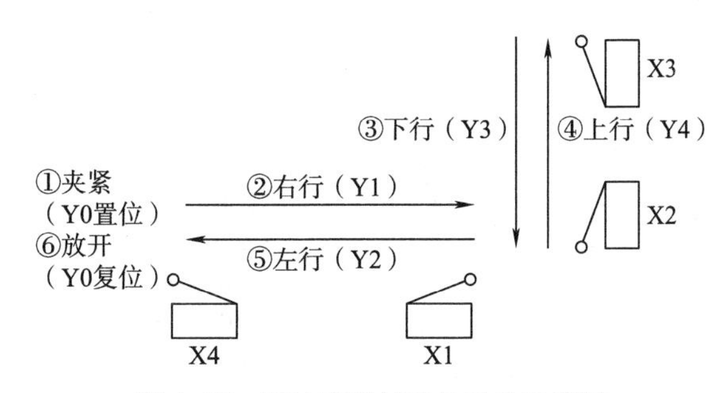

图 4-27　某冲床机械手的运动示意图

任务分析

为了用 PLC 来完成任务，PLC 需要 5 个输入器件、5 个输出器件，输入/输出地址分配表见表 4-5。

表 4-5　输入/输出地址分配表

输入		输出	
继电器	说明	继电器	说明
X0	启动按钮	Y0	工件夹紧
X1	右限位开关	Y1	机械手右行
X2	下限位开关	Y2	机械手左行
X3	上限位开关	Y3	冲头下行
X4	左限位开关	Y4	冲头上行

根据输入/输出地址分配表绘制冲床机械手 PLC 控制电路图，如图 4-28 所示。由提出的任务要求绘制冲床机械手运动控制时序图，如图 4-29 所示。从时序图可以发现，工件在整个工作周期中都处于夹紧状态，直到完成冲压后才松开工件，这种动作命令称为存储型命令。冲床机械手的运动周期划分为 7 步，分别为初始步、工件夹紧、机械手右行、冲头下行、冲头上行、机械手左行和工件松开，用 M0～M6 表示。各限位开关、按钮和定时器提供的信号是各步之间的转换条件。由此绘制冲床机械手运动控制顺序功能图如图 4-30 所示，用“启-保-停”程序结构设计的冲床机械手运动控制梯形图如图 4-31 所示。

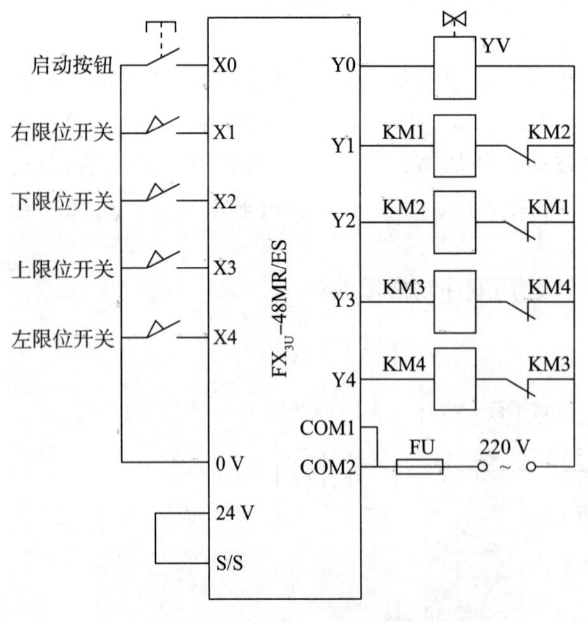

图 4-28　冲床机械手 PLC 控制电路图

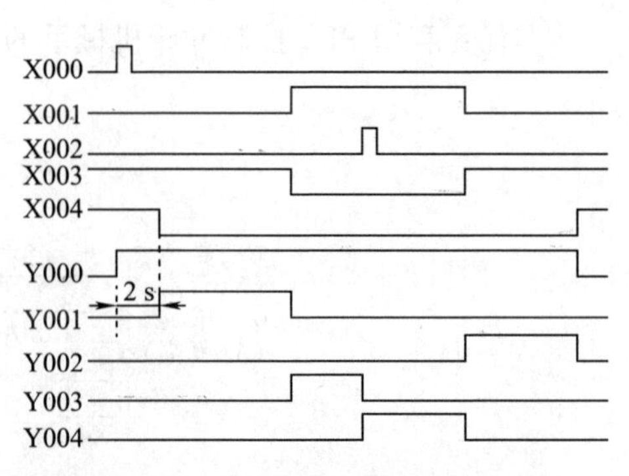

图 4-29　冲床机械手运动控制时序图

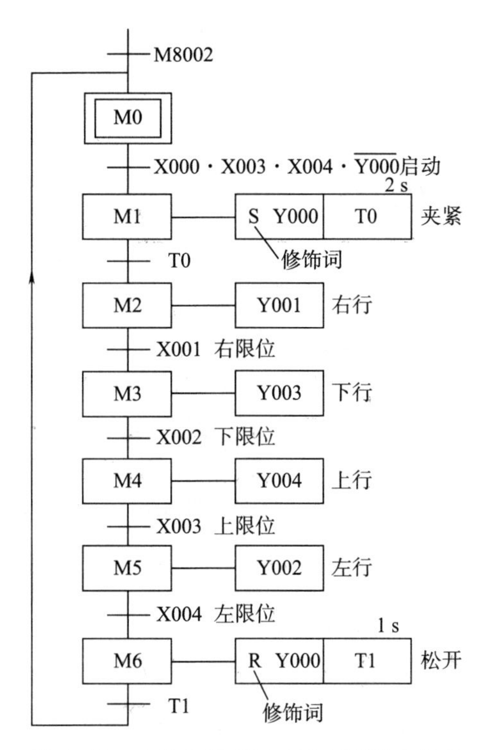

图 4-30　冲床机械手运动控制顺序功能图

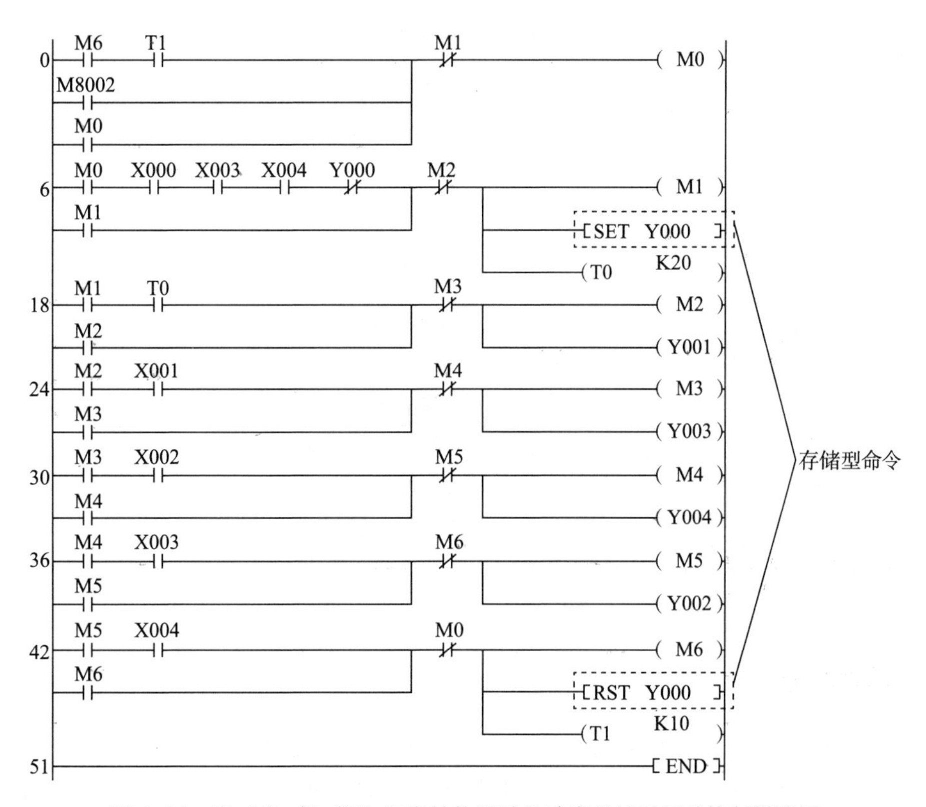

图 4-31　用“启-保-停”程序结构设计的冲床机械手运动控制梯形图

相关知识

一、存储型命令和非存储型命令

在顺序功能图中，说明命令的语句时应清楚地表明该命令是存储型的还是非存储型的。例如，某步的存储型命令“打开 1 号阀并保持”，是指该步为活动步时 1 号阀打开，该步为不活动步时 1 号阀继续打开；非存储型命令“打开 1 号阀”，是指该步为活动步时 1 号阀打开，该步为不活动步时 1 号阀关闭。如图 4-31 所示，步 M1 的命令 Y000 就是存储型命令，当步 M1 为活动步时 Y000 置位，该步为不活动步时 Y000 继续置位，除非在其他步中用复位指令将 Y000 复位（步 M6）。同理，步 M6 中的命令 Y000 也是存储型命令，当步 M6 为活动步时 Y000 复位，该步为不活动步时 Y000 继续复位，除非在其他步中用置位指令将 Y000 置位（步 M1）。

二、命令或动作的修饰词

在顺序功能图中，说明存储型命令时可在命令或动作的前面加修饰词，如“R”“S”等。命令或动作的修饰词说明见表 4-6，使用动作的修饰词可以在一步中完成不同的动作。修饰词允许在不增加逻辑的情况下控制动作。例如，可以使用修饰词 L 来限制配料阀打开的时间等。

表 4-6　命令或动作的修饰词说明

修饰词	说明
N	非存储型，当步变为不活动步时动作终止
S	置位（存储），当步变为不活动步时动作继续，直到动作被复位
R	复位，由修饰词 S、SD、SL 或 DS 启动的动作被终止
L	时间限制，当步变为活动步时动作被启动，直到步变为不活动步或设定时间到
D	时间延迟，当步变为活动步时延迟定时器被启动，如果延迟之后步仍然是活动的，动作被启动和继续，直到步变为不活动步
P	脉冲，当步变为活动步时，动作被启动并且只执行一次
SD	存储与时间延迟，在时间延迟之后动作被启动，直到动作被复位
DS	延迟与存储，在延迟之后如果步仍然是活动的，动作被启动，直到被复位
SL	存储与时间限制，当步变为活动步时动作被启动，直到设定的时间到或动作被复位

任务实施

1. 按图 4-28 连接 PLC 控制电路，检查线路正确性，确保无误。

2. 输入图 4-31 所示的梯形图，进行程序调试，调试时要注意动作顺序，运行后先按下启动按钮，2 s 后再依次按下右限位、下限位、上限位和左限位开关，每次操作都要监控观察各输出（Y0~Y4）和相关定时器（T0、T1）的变化，检查是否完成了冲床机械手所要求的运动。

任务 6　十字路口交通灯控制

学习目标

1. 掌握以转换为中心的梯形图的编程方法。
2. 能利用顺序功能图编写梯形图程序，应用于十字路口交通灯控制。

任务引入

某十字路口交通灯示意图如图 4-32 所示，每一方向的车道都有 4 个交通灯：左转绿

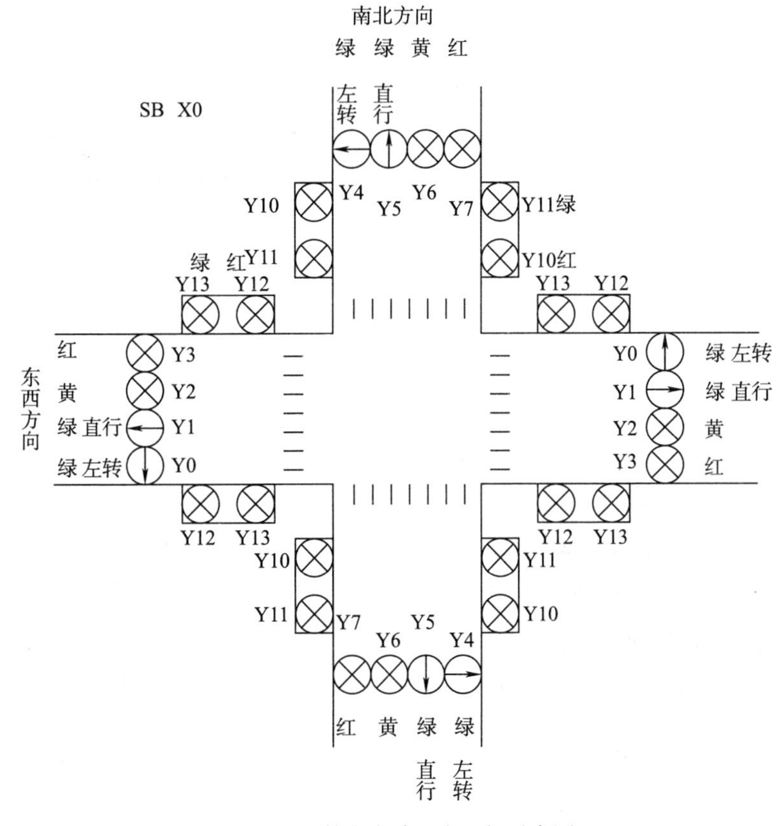

图 4-32　某十字路口交通灯示意图

灯、直行绿灯、黄灯和红灯，每一方向的人行道都有 2 个交通灯：绿灯和红灯。当按下启动按钮时，东西方向车道、人行道通行，南北方向车道、人行道禁止通行，东西方向车道的直行绿灯亮，汽车直行，20 s 后直行绿灯闪烁 3 s，随后黄灯亮 3 s，接着车道的左转绿灯亮，汽车左转，20 s 后左转绿灯闪烁 3 s，随后黄灯亮 3 s，红灯亮。当东西方向车道直行绿灯亮和闪烁时，东西方向人行道的绿灯也处于亮和闪烁的状态。东西方向车道、人行道禁止通行后，转入南北方向车道、人行道通行，顺序与东西方向相同。

本任务利用 PLC 控制十字路口交通灯，用顺序功能图编程。

任务分析

为了用 PLC 来完成任务，PLC 需要 1 个输入器件、12 个输出器件，输入/输出地址分配表见表 4-7。

表 4-7　输入/输出地址分配表

输入		输出	
继电器	说明	继电器	说明
X0	SB 按钮	Y0	东西方向车道左转绿灯
		Y1	东西方向车道直行绿灯
		Y2	东西方向车道黄灯
		Y3	东西方向车道红灯
		Y4	南北方向车道左转绿灯
		Y5	南北方向车道直行绿灯
		Y6	南北方向车道黄灯
		Y7	南北方向车道红灯
		Y10	东西方向人行道红灯
		Y11	东西方向人行道绿灯
		Y12	南北方向人行道红灯
		Y13	南北方向人行道绿灯

根据输入/输出地址分配表绘制十字路口交通灯 PLC 控制电路图，如图 4-33 所示。由提出的任务绘制十字路口交通灯控制时序图，如图 4-34 所示。把十字路口交通灯分为四个并行的分支，分别为东西方向车道、东西方向人行道、南北方向车道和南北方向人行道。每个方向的车道都有直行、直行闪烁、黄灯、左转、左转闪烁、黄灯和红灯 7 步，东西方向的人行道有绿灯、绿灯闪烁和红灯 3 步，南北方向的人行道有红灯、绿灯、绿灯闪烁和红灯 4 步，再加上初始步和虚设步，一共有 23 步，由此绘制十字路口交通灯控制顺序功能图，如图 4-35 所示。用“启-保-停”程序结构设计的梯形图如图 4-36 所示。除了用“启-保-停”程序结构设计梯形图外，还可以用以转换为中心的方法设计梯形图，如图 4-37 所示。

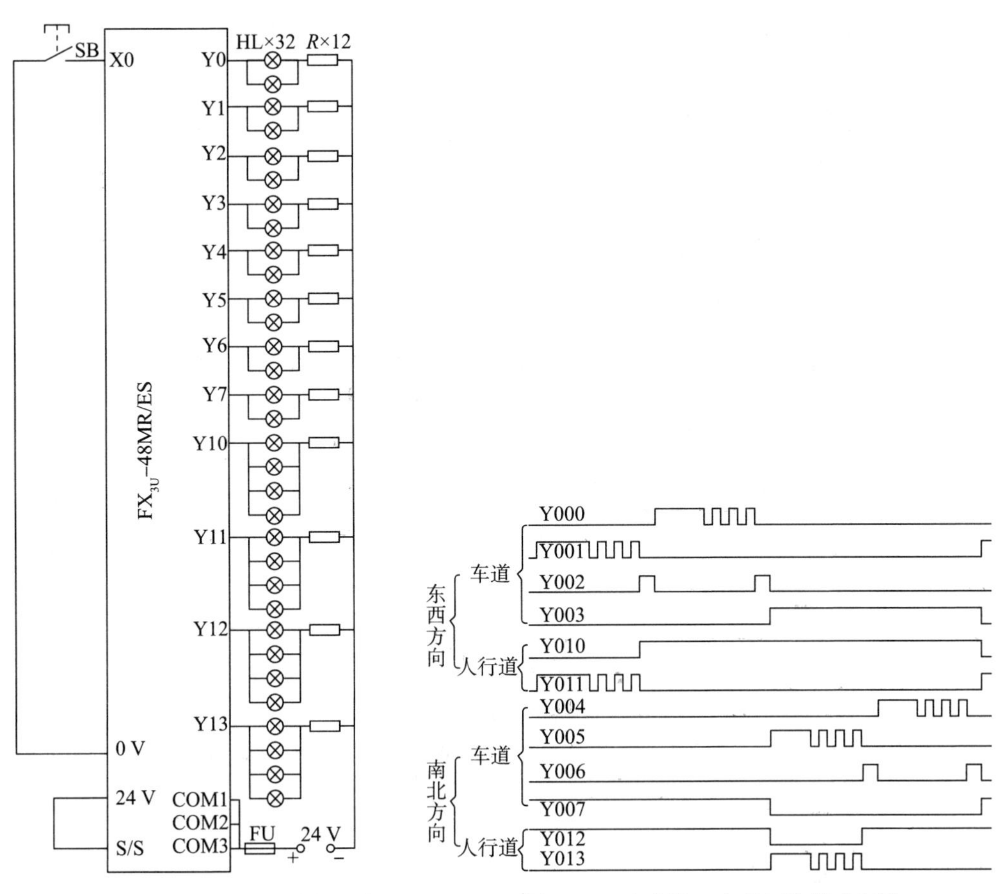

图 4-33　十字路口交通灯 PLC 控制电路图

图 4-34　十字路口交通灯控制时序图

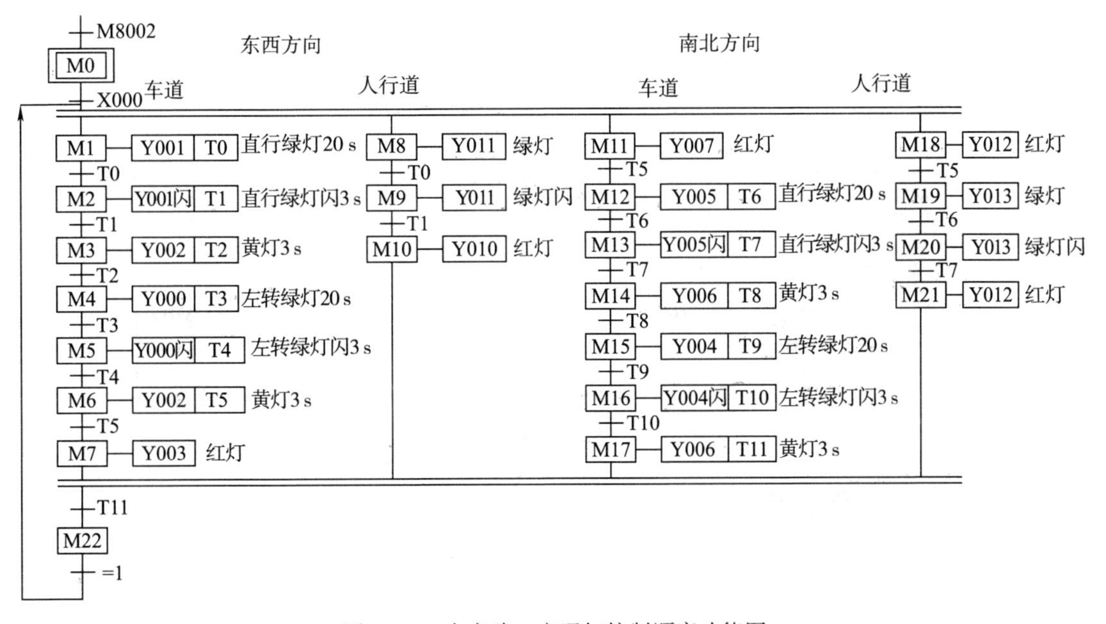

图 4-35　十字路口交通灯控制顺序功能图

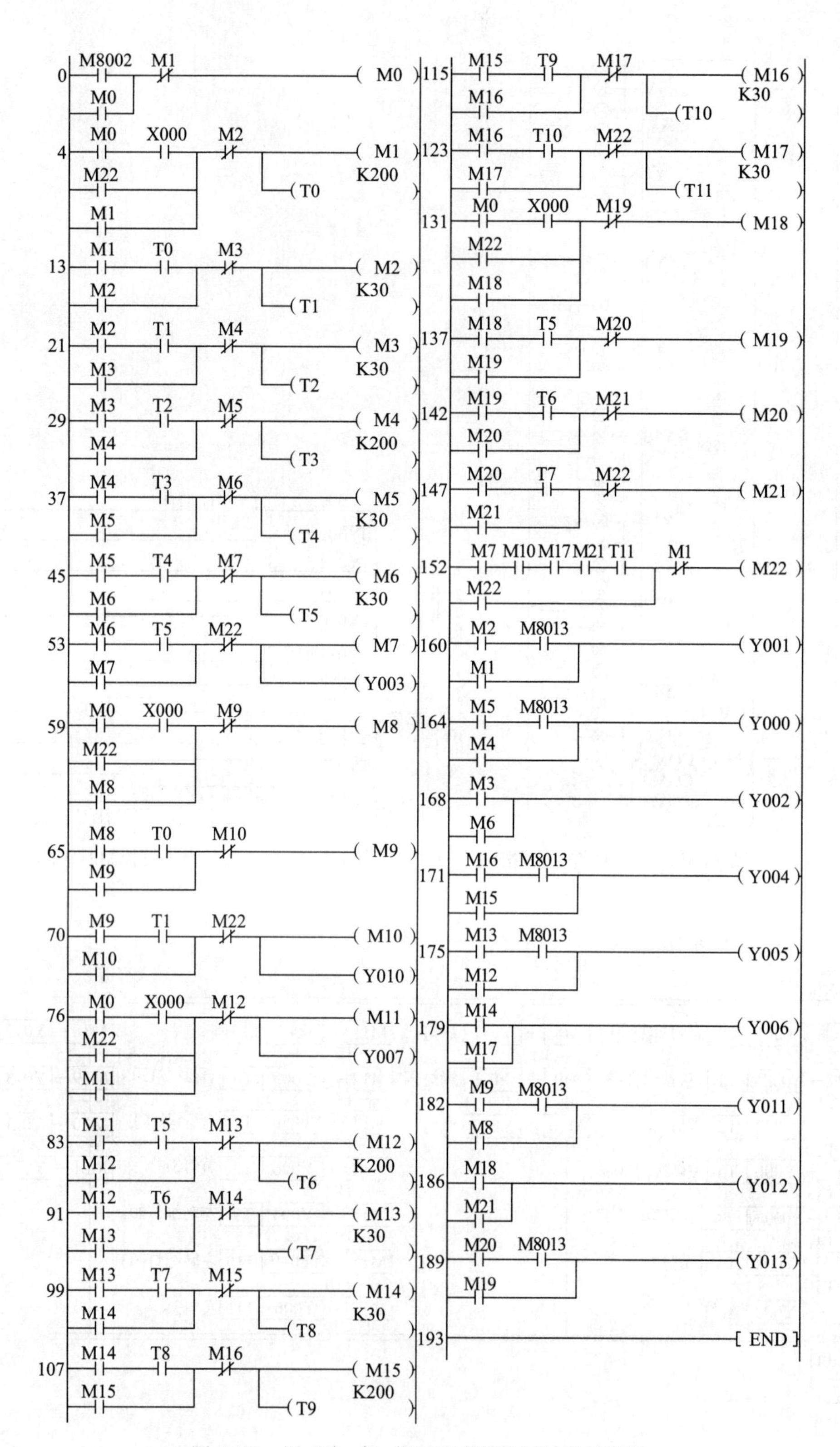

图 4-36　用“启-保-停”程序结构设计的梯形图

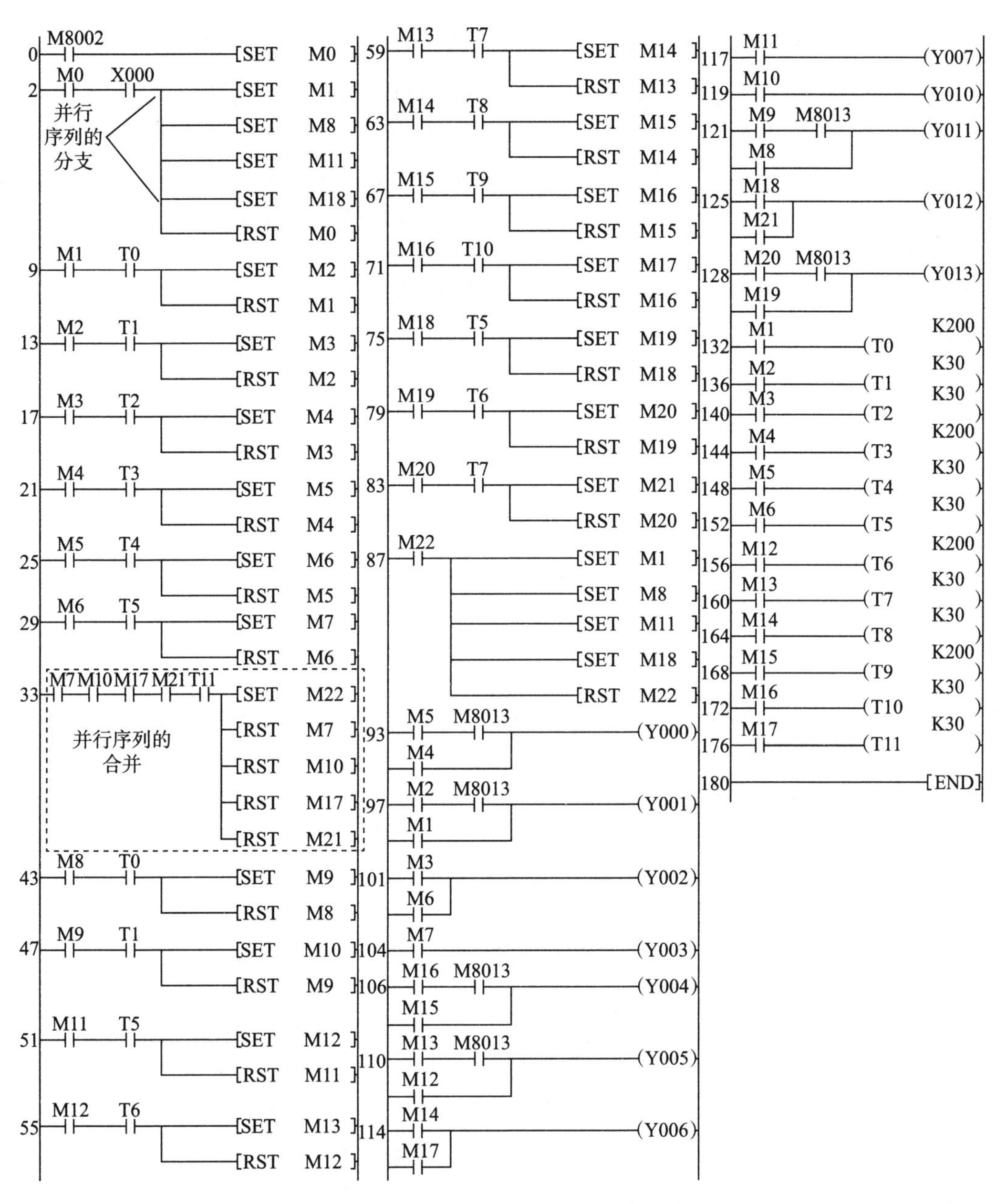

图 4-37　用以转换为中心的方法设计的梯形图

相关知识

以转换为中心的梯形图的编程方法应从步的处理和输出两方面来考虑。

一、步的处理

图 4-38 所示为以转换为中心的编程方法。实现图中 X001 对应的转换需要同时满足两个条件，即该转换的前级步是活动步（M1 = 1）和转换条件满足（X001 = 1）。在梯形图中，可以用 M1 和 X001 的常开触点组成的串联结构来表示上述条件。该串联结构接通，即两个条件同时满足时，此时应完成两个操作，即将该转换的后续步变为活动步（用 SET 将 M2 置位）和将该转换的前级步变为不活动步（用 RST 将 M1 复位），这种编程方法与转换实现的基本规则之间有着严格的对应关系，用它编制复杂的顺序功能图的梯形图时，更能显示出其优越性。

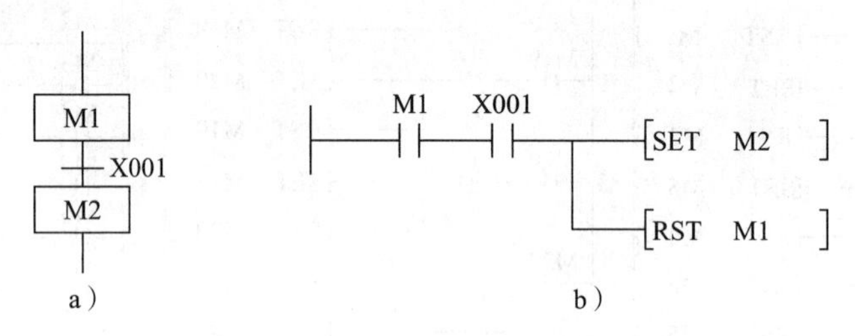

图 4-38 以转换为中心的编程方法

a）顺序功能图 b）梯形图

在以转换为中心的编程方法中，用该转换所有前级步对应的辅助继电器的常开触点与转换对应的触点或块串联，作为使所有后续步对应的辅助继电器置位（使用 SET）和使所有前级步对应的辅助继电器复位（使用 RST）的条件。在任何情况下，代表步的辅助继电器的控制程序都可以用这一原则来设计，每一个转换对应一个这样的控制置位和复位的回路块，有多少个转换就有多少个这样的回路块。这种设计方法特别有规律，在设计复杂的顺序功能图的梯形图时既容易掌握，又不容易出错。

在以转换为中心的编程方法中，单序列和选择序列每一转换的前级步都只有一个，转换的后续步也都只有一步，所以单序列和选择序列步的处理方法相同。并行序列分支处的转换的前级步只有一个，转换的后续步有多个，因此，并行序列分支处对应的转换需要置位的辅助继电器有多个，如图 4-37 中的转换“X000”。并行序列合并处的转换的前级步有多个，转换的后续步只有一个，因此，并行序列合并处对应的转换串联的代表步的辅助继电器的常开触点有多个，需要复位的辅助继电器也有多个，如图 4-37 中的虚线框所示。

二、输出

使用以转换为中心的编程方法时，不能将输出继电器的线圈与 SET 和 RST 并联。图 4-37 中，前级步和转换条件对应的串联回路块接通的时间十分短（只有一个扫描周期），转换条件满足后前级步马上被复位，在下一个扫描周期控制置位、复位的串联回路块被断开，而输出继电器的线圈至少应在某一步对应的全部时间内被接通，因此，应根据顺序功能图，用代表步的辅助继电器的常开触点或它们的并联回路块来驱动输出继电器的线圈。

任务实施

1. 将 1 个模拟按钮的常开触点接到 PLC 的 X0（见图 4-33 的输入部分），连接好其他线路和电源，检查线路正确性，确保无误。

2. 输入图 4-37 所示的梯形图，进行程序调试，运行后先按下 SB，观察各输出（Y0~Y7、Y10~Y13）和相关定时器（T0~T11）的变化，检查是否实现了十字路口交通灯所要求的功能。

任务 7　用凸轮实现旋转工作台控制

学习目标

1. 了解状态继电器的相关知识。

2. 熟悉步进顺控指令及其使用注意事项。

3. 能根据工艺要求绘制用状态继电器表示步的单序列顺序功能图，并改绘为梯形图，应用于用凸轮实现的旋转工作台控制。

任务引入

在机械加工时，很多场合都会用到旋转工作台，图 4-39 中，旋转工作台用凸轮和限位开关来实现其运动控制。在初始状态时，左限位开关 X3 为 ON，按下启动按钮，电动机驱动工作台沿顺时针方向正转，凸轮转到右限位开关 X4 所在位置时暂停 5 s，之后工作台反转，凸轮回到左限位开关 X3 所在的初始位置时停止转动，系统回到初始状态。

本任务利用 PLC 控制旋转工作台运动，用顺序功能图编程。

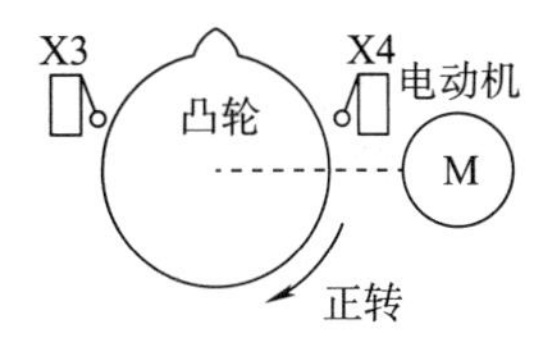

图 4-39　用凸轮和限位开关实现的旋转工作台运动控制

任务分析

为了用 PLC 来完成任务，PLC 需要 3 个输入器件、2 个输出器件，输入/输出地址分配表见表 4-8。

表 4-8　输入/输出地址分配表

输入		输出	
继电器	说明	继电器	说明
X0	启动按钮	Y0	工作台正转
X3	左限位开关	Y1	工作台反转
X4	右限位开关		

根据输入/输出地址分配表绘制旋转工作台 PLC 控制电路图，如图 4-40 所示，由提出的任务绘制旋转工作台控制时序图，如图 4-41 所示。旋转工作台的工作周期划分为 4 步，除了初始步外，还包括正转步、暂停步和反转步，可以用 M0～M3 表示。先绘制顺序功能图，再用“启-保-停”程序结构或以转换为中心的方法设计梯形图，上述内容可以自行完成。下面用 S0 表示初始步，分别用 S20～S22 表示正转步、暂停步和反转步，仍然用各限位开关、按钮和定时器提供的信号表示各步之间的转换条件，由此绘制顺序功能图如图 4-42a 所示，用步进顺控指令设计出梯形图如图 4-42b 所示，指令表如图 4-42c 所示。

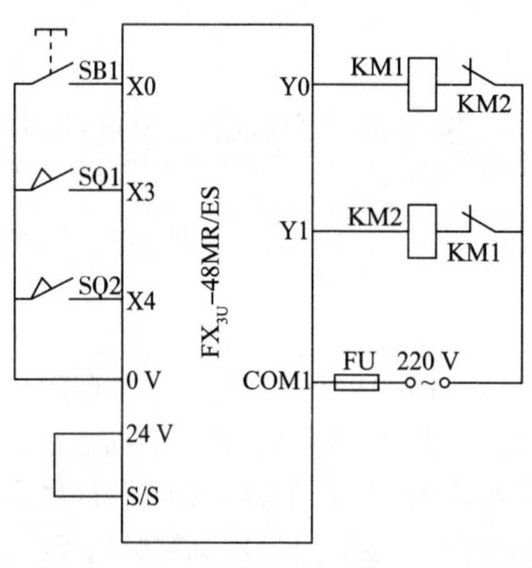

图 4-40　旋转工作台 PLC 控制电路图

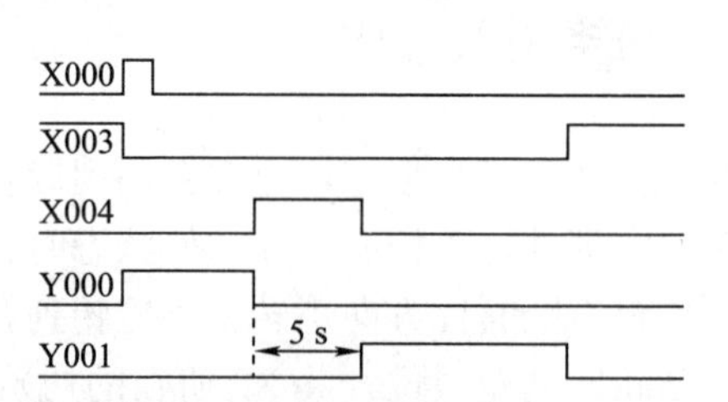

图 4-41　旋转工作台控制时序图

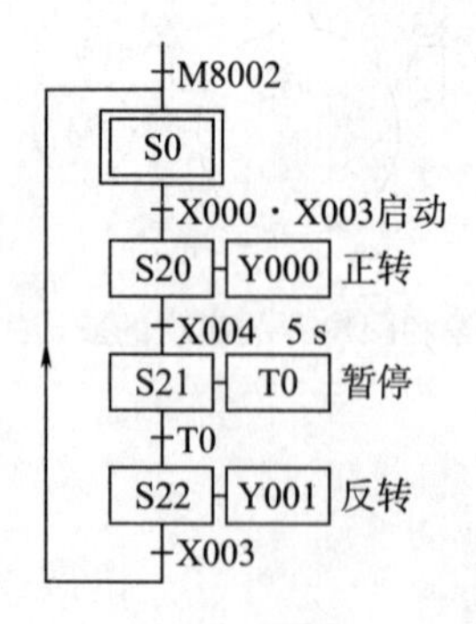

a）

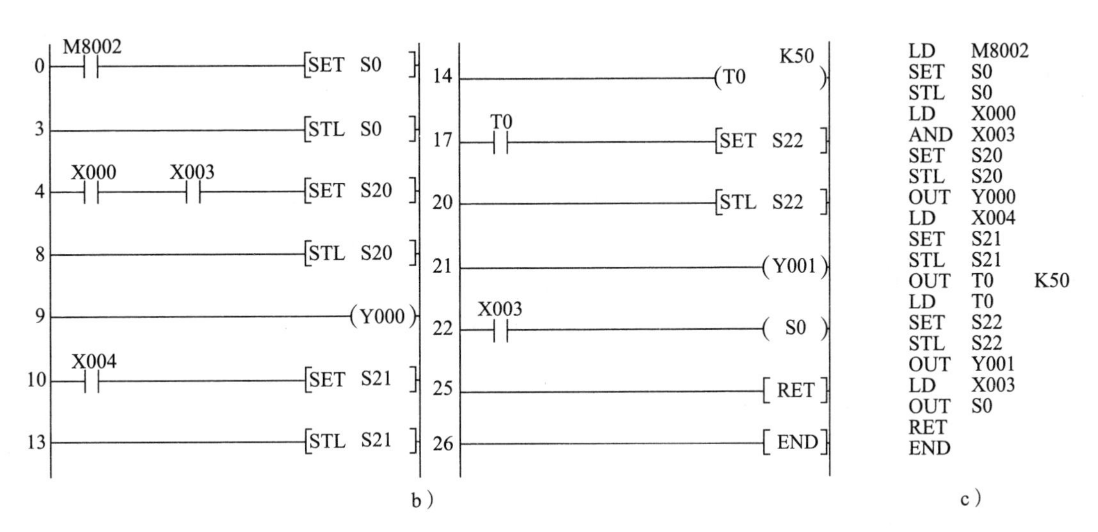

图 4-42 旋转工作台控制顺序功能图、梯形图和指令表
a）顺序功能图 b）梯形图 c）指令表

相关知识

一、状态继电器

状态继电器（S）用来记录系统运行中的状态，是编制顺序控制程序的重要编程元件，它与步进顺控指令 STL 配合使用。本任务的整个工作周期分为 4 步，如图 4-42a 所示，每一步都用一个状态继电器（S0、S20、S21、S22）记录。每个状态继电器都有各自的置位和复位信号（如 S21 由 X004 置位，由 T0 复位），并有各自要执行的操作（驱动 Y000、T0、Y001）。从启动开始，随着状态动作的转移，下一状态动作时上一状态自动返回原状态。这样使每一步的工作互不干扰，不必考虑不同步之间元件的互锁，使设计清晰、简洁。

状态继电器有 5 种类型：初始状态继电器 S0～S9 共 10 点，回零状态继电器 S10～S19 共 10 点，通用状态继电器 S20～S499 共 480 点，具有断电保持功能的状态继电器 S500～S899 共 400 点，供报警用的状态继电器（可用作外部故障诊断输出）S900～S999 共 100 点。

状态继电器的使用注意事项如下。

（1）状态继电器与辅助继电器一样，有无数的常开和常闭触点。

（2）状态继电器不与步进顺控指令 STL 配合使用时，可与辅助继电器 M 同样使用。

（3）FX_{3U} 系列 PLC 可通过程序设定将 S0～S499 设置为具有断电保持功能的状态继电器。

二、步进顺控指令

步进顺控指令也称步进梯形图指令（STL），FX 系列 PLC 还有一条使 STL 复位的指令 RET。利用这两条指令，可以很方便地编制顺序控制梯形图程序。

STL 可以生成流程与顺序功能图非常接近的程序。顺序功能图中的每一步对应一小段程序，每一步与其他步是完全隔离开的。使用者根据自己的要求将这些程序段按一定的顺序组合在一起，就可以完成控制任务。这种编程方法可以节约编程时间，并减少编程错误。

用 FX 系列 PLC 的状态继电器编制顺序控制程序时，一般应与 STL 一起使用。S0～S9 用于初始步，S10～S19 用于自动返回原点。使用 STL 的状态继电器的常开触点称为 STL 触点，从图 4-43 中可以看出顺序功能图与梯形图之间的对应关系。STL 触点驱动的回路块具有 3 个功能：对负载的驱动处理、指定转换条件和指定转换目标。

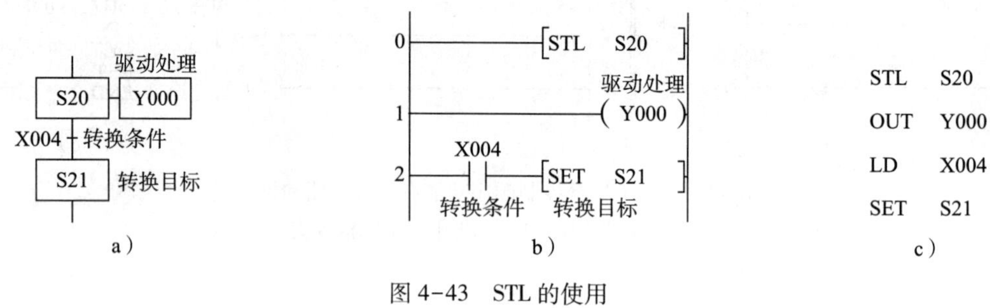

图 4-43　STL 的使用

a）顺序功能图　b）梯形图　c）指令表

STL 触点一般是与左侧母线相连的常开触点，当某一步为活动步时，对应的 STL 触点接通，它后面的程序被处理，直到下一步被激活。STL 程序区内可以使用标准梯形图的绝大多数指令和结构，包括应用指令。某一 STL 触点闭合后，该步的负载线圈被驱动。当该步后面的转换条件满足时，转换实现，即后续步对应的状态继电器被 SET 置位或被 OUT 驱动，后续步变为活动步，同时与原活动步对应的状态继电器被系统程序自动复位，原活动步对应的 STL 触点断开。

系统的初始步应使用初始状态继电器 S0～S9，它们应放在顺序功能图的最上面，当由 STOP 状态切换到 RUN 状态时，可用只打开一个扫描周期的初始化脉冲 M8002 来将初始状态继电器置为 ON，为后续步的活动状态的转换做好准备。需要从某一步返回初始步时，应对初始状态继电器使用指令 OUT。

步进顺控指令的使用注意事项如下。

（1）下一个 STL 的出现意味着当前 STL 程序区的结束和新的 STL 程序区的开始，指令 RET 意味着整个 STL 程序区的结束。各 STL 触点驱动的回路块一般放在一起，最后一个 STL 结束时一定要使用指令 RET，否则将出现程序错误信息，PLC 不能执行用户程序。

（2）STL 触点可以直接驱动或通过其他触点驱动 Y、M、S、T 等元件的线圈和应用指令。STL 触点程序区内不能使用进栈指令。

（3）由于 CPU 只执行活动步对应的回路块，所以使用指令 STL 时允许双线圈输出，即不同的 STL 触点可以分别驱动同一编程元件的线圈。但是，同一元件的线圈不能在同时为活动步的 STL 程序区内出现，在有并行序列的顺序功能图中，应特别注意这一问题。

（4）在步的活动状态的转换过程中，相邻两步的状态继电器会同时打开一个扫描周期，可能引发瞬时的双线圈问题。为了避免不能同时接通的两个输出（如控制异步电动机正、反转的交流接触器线圈）同时动作，除了在梯形图中设置软元件互锁外，还应在 PLC 外部设置由常闭触点组成的硬件互锁电路。

（5）定时器在下一次运行之前，应将它复位。同一定时器的线圈可以在不同的步中使用，如果用于相邻的两步，在步的活动状态转换时，该定时器的线圈不能断开，当前值不能复位，否则将导致定时器非正常运行。

（6）指令 OUT 与 SET 均可用于步的活动状态的转换，将原来的活动步对应的状态寄存器复位，此外还有自保持功能。指令 SET 用于将 STL 状态继电器置位并保持，以激活对应的步。如果指令 SET 在 STL 程序区内，一旦当前的 STL 步被激活，原来的活动步对应的 STL 线圈将被系统程序自动复位。指令 SET 一般用于驱动状态继电器的元件号比当前步的状态继电器元件号大的 STL 步。STL 程序区内的指令 OUT 用于顺序功能图中的闭环和跳步，如果想跳回已经处理过的步，或向前跳过若干步，可对状态继电器使用指令 OUT（见图 4-44）。指令 OUT 还可以用于远程跳步，即从顺序功能图中的一个序列跳到另外一个序列。以上情况虽然可以使用指令 SET，但最好使用指令 OUT。

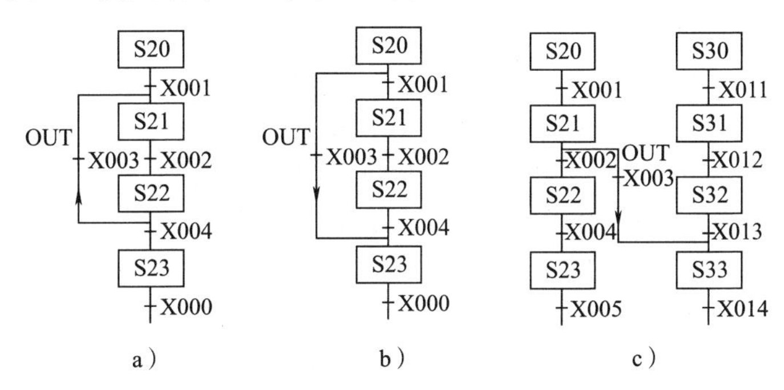

图 4-44　STL 区内的闭环和跳步使用指令 OUT
a）向前跳步　b）向后跳步　c）远程跳步

（7）指令 STL 不能与 MC、MCR 一起使用。在 FOR-NEXT 结构、子程序和中断程序中，不能有 STL 回路块，STL 回路块不能出现在主程序结束指令之后。

（8）并行序列或选择序列中分支处的支路不能超过 8 条，总的支路不能超过 16 条。

（9）在转换条件对应的程序中，不能使用 ANB、ORB、MPS、MRD 和 MPP。可用转换条件对应的复杂回路块来驱动辅助继电器，再用后者的常开触点作为转换条件。

（10）与跳转指令类似，CPU 不执行处于断开状态的 STL 触点驱动的回路块中的指令。在没有并行序列时，同时只有一个 STL 触点接通，因此，使用指令 STL 可以显著地缩短用户程序的执行时间，提高 PLC 的输入、输出响应速度。

（11）M2800~M3071 是单操作标志，单操作标志及应用如图 4-45 所示。当图 4-45a 中 M2800 的线圈通电时，只有它后面第一个 M2800 的边沿检测触点（步序号 6）能工作，而步序号 0 和步序号 9 对应的 M2800 的脉冲触点不会动作。步序号 12 对应的 M2800 的触点是使用指令 LD 的普通触点，当 M2800 的线圈通电时，该触点闭合。

借助单操作标志可以用一个转换条件实现多次转换。图 4-45c 中，当 X000 的常开触

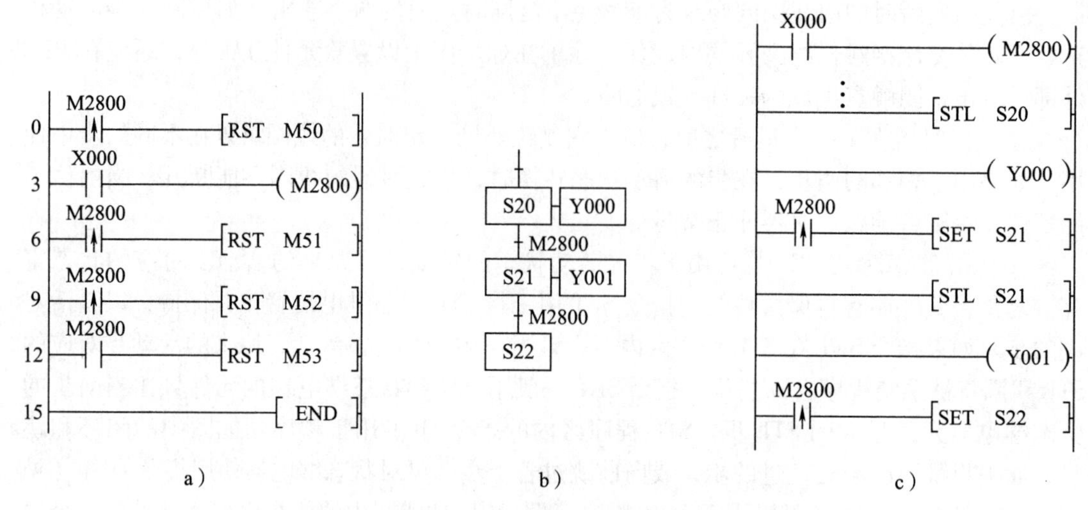

图4-45 单操作标志及应用

a）单操作标志 b）顺序功能图 c）梯形图

点闭合时，M2800的线圈通电。若S20为活动步，且M2800的第一个上升沿使M2800触点闭合一个扫描周期，则能实现步S20到步S21的转换。X000的常开触点再次由断开变为接通时，因为S20是不活动步，所以没有执行图中的第一条指令LDP M2800，而S21的STL触点之后的触点是M2800线圈之后遇到的它的第一个上升沿检测触点，所以该触点闭合一个扫描周期，系统由步S21转换到步S22。

任务实施

1. 将3个模拟按钮的常开触点分别接到PLC的X0、X3、X4（见图4-40的输入部分），连接好其他线路和电源，检查线路正确性，确保无误。

2. 输入图4-42b和图4-42c所示的梯形图和指令表，进行程序调试。调试时要注意动作顺序，先按下SB1和SQ1（模拟启动），再依次按下SQ2、SQ1，每次操作都要监控观察各输出（Y0、Y1）和相关定时器（T0）的变化，检查是否完成了旋转工作台所要求的功能。

任务8 组合钻床控制

学习目标

1. 掌握用步进顺控指令实现的选择序列的编程方法。

2. 掌握用步进顺控指令实现的并行序列的编程方法。

3. 能根据工艺要求绘制用状态继电器表示步的选择序列、并行序列的顺序功能图，并改绘为梯形图，应用于组合钻床控制。

任务引入

某组合钻床用来加工圆盘状零件上均匀分布的 6 个孔，如图 4-46 所示。在组合钻床进入自动运行之前，大、小两个钻头应在最上面，上限位开关 X3 和 X5 为 ON，系统处于初始状态，计数器复位，计数器当前值清零。操作人员放好工件后，按下启动按钮，Y0 使工件夹紧，夹紧后压力继电器 X1 为 ON，Y1 和 Y3 使两个钻头同时开始向下进给。大钻头钻到由限位开关 X2 设定的深度时，Y2 使它上升，升到由限位开关 X3 设定的起始位置时停止上行。小钻头钻到由限位开关 X4 设定的深度时，Y4 使它上升，升到由限位开关 X5 设定的起始位置时停止上行，同时设定值为 3 的计数器的当前值加 1。两个钻头都回到起始位置后，Y5 使工件旋转 120°，旋转结束后开始钻第二对孔。3 对孔都钻完后，计数器的当前值等于设定值 3，转换条件满足，将工件松开，松开到位后，系统返回初始状态。

本任务利用 PLC 控制组合钻床，用顺序功能图编程。

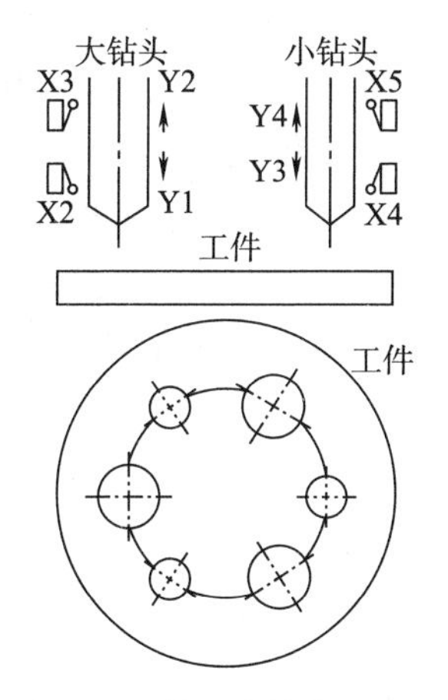

图 4-46 某组合钻床示意图

任务分析

为了用 PLC 来完成任务，PLC 需要 8 个输入器件、6 个输出器件，输入/输出地址分配表见表 4-9。

表 4-9　输入/输出地址分配表

输入		输出	
继电器	说明	继电器	说明
X0	启动按钮	Y0	工件夹紧
X1	夹紧压力继电器	Y1	大钻头下进给
X2	大钻头下限位开关	Y2	大钻头退回
X3	大钻头上限位开关	Y3	小钻头下进给
X4	小钻头下限位开关	Y4	小钻头退回
X5	小钻头上限位开关	Y5	工件旋转
X6	工件旋转限位开关		
X7	工件松开到位限位开关		

组合钻床控制顺序功能图如图 4-47 所示，用状态继电器 S 来代表各步，顺序功能图中包含了选择序列和并行序列。在步 S21 之后，有一个选择序列的合并，还有一个并行序列的分支。在步 S29 之前，有一个并行序列的合并，还有一个选择序列的分支。在并行序列中，两个子序列中的第一步 S22 和 S25 是同时变为活动步的，两个子序列中的最后一步 S24 和 S27 是同时变为不活动步的。因为两个钻头上升到位有先有后，故设置了步 S24 和步 S27 作为等待步，它们用来同时结束两个并行序列。当两个钻头均上升到位，限位开关 X3 和 X5 均为 ON，大、小钻头两个子系统均进入两个等待步时，并行序列将会立即结束。每钻 1 对孔计数器 C0 的当前值加 1，未钻完 3 对孔时 C0 的当前值小于设定值，其常闭触点闭合，转换条件 C0 不满足，将从步 S24 和 S27 转换到步 S28。如果已钻完 3 对孔，C0 的当前值等于设定值，其常开触点闭合，转换条件 C0 满足，将从步 S24 和 S27 转换到步 S29。

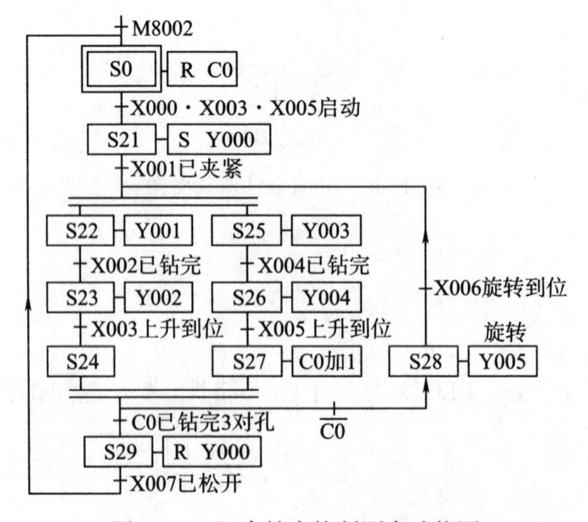

图 4-47　组合钻床控制顺序功能图

相关知识

步进顺控指令实现复杂的控制系统的关键是对选择序列和并行序列编程时的分支与合并的处理。

一、用步进顺控指令实现的选择序列的编程方法

1. 选择序列分支的编程方法

图 4-47 中的步 S24 和 S27 有一个选择序列的分支。当步 S24 和 S27 是活动步（S24 为 ON，S27 为 ON）时，如果转换条件 C0 不满足（未完成 3 对孔），将转换到步 S28；如果转换条件 C0 满足，将进入步 S29。如果在某一步的后面有 *N* 条选择序列的分支，则该步的 STL 触点开始的回路块中应有 *N* 条分别指明各转换条件和转换目标的并联结构。例如，步 S24（S27）之后有两条支路，按两个不同的转换条件进入步 S29 或步 S28。如图 4-48 所示，S24（S27）的 STL 触点开始的回路块中（42、43 步）有两条并联支路（44、47 步）。STL 触点对于选择序列分支对应的程序结构是很方便的，用指令 STL 设计复杂系统的梯形图时更能体现其优越性。

2. 选择序列合并的编程方法

图 4-47 中的步 S22（S25）之前有一个由两条支路组成的选择序列的合并，当步 S21 为活动步且转换条件 X001 得到满足，或者当步 S28 为活动步且转换条件 X006 得到满足时，都将使步 S22（S25）变为活动步，同时系统程序将步 S21 或步 S28 复位为不活动步。在图 4-48 所示的梯形图中，由 S21 和 S28 的 STL 触点驱动的回路块中均有转换目标 S22（S25），对它们的后续步 S22（S25）的置位（将它们变为活动步）是用指令 SET 实现的，对相应前级步的复位（将它变为不活动步）是由系统程序自动完成的。其实在设计梯形图时，没有必要特别留意如何处理选择序列的合并，只要正确地确定每一步的转换条件和转换目标，就能自然地实现选择序列的合并。

二、用步进顺控指令实现的并行序列的编程方法

1. 并行序列分支的编程方法

在图 4-47 所示的顺序功能图中，分别由 S22~S24 和 S25~S27 组成的两个单序列是并行工作的，设计梯形图时应保证这两个序列同时开始工作和同时结束，即两个序列的第一步 S22 和 S25 应同时变为活动步，两个序列的最后一步 S24 和 S27 应同时变为不活动步。并行序列分支的处理很简单，图 4-47 中，当步 S21 是活动步，并且转换条件 X001 为 ON 时，步 S22 和 S25 同时变为活动步，两个序列同时开始工作。图 4-48 所示的梯形图中，用 S21 的 STL 触点和 X001 的常开触点组成的串联程序结构来控制指令 SET 对 S22 和 S25 同时置位，系统程序将前级步 S21 变为不活动步。

2. 并行序列合并的编程方法

图 4-47 所示的顺序功能图中，并行序列合并处的转换有两个前级步 S24 和 S27，根据

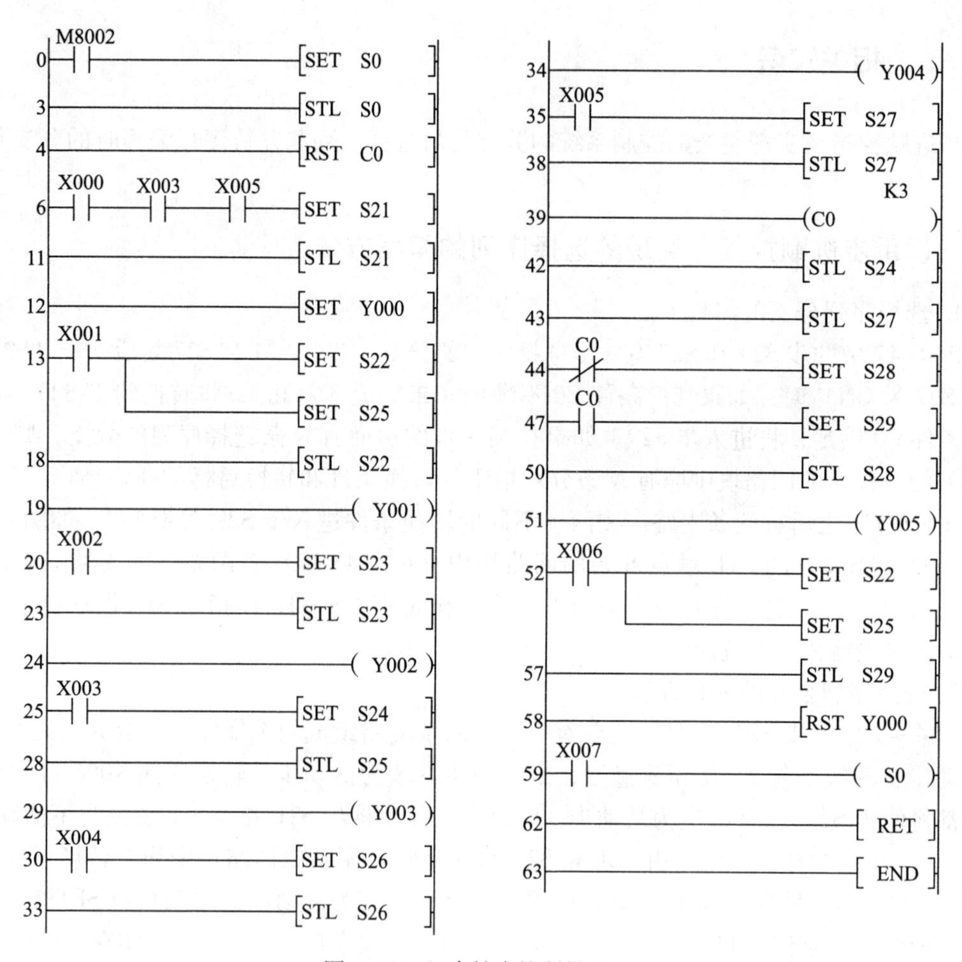

图 4-48　组合钻床控制梯形图

转换实现的基本规则，当它们均为活动步并且转换条件 C0 满足时，将实现并行序列的合并。当钻头未钻完 3 对孔时，C0 的常闭触点闭合，转换条件 C0 不满足，将转换到步 S28，即该转换的后续步 S28 变为活动步（S28 被置位），系统程序自动地将该转换的前级步 S24 和 S27 同时变为不活动步。图 4-48 所示的梯形图中，用 S24、S27 的 STL 触点（均对应指令 STL）和 C0 的常闭触点组成的串联程序结构使 S28 置位。S27 的 STL 触点出现了两次（38、43 步），如果不涉及并行序列的合并，同一状态继电器的 STL 触点只能在梯形图中使用一次。连续的 STL 触点的个数不能超过 8 个，即一个并行序列中的序列数不能超过 8 个。当钻头钻完 3 对孔时，C0 的常开触点闭合，转换条件 C0 满足，将转换到步 S29。

任务实施

1. 将 8 个模拟按钮的常开触点分别接到 PLC 的 X0～X7，连接好其他线路和电源，检查线路正确性，确保无误。

2. 输入图 4-48 所示的梯形图，进行程序调试，调试时要注意动作顺序。

（1）先接通 X0、X3 和 X5（模拟启动），观察各输出继电器（Y0～Y5）和计数器（C0）的状态。

（2）再接通 X1（模拟夹紧），观察各输出继电器（Y0～Y5）和计数器（C0）的状态。

（3）模拟钻孔，依次接通 X2→X3→X4→X5，或者 X2→X4→X3→X5，或者 X2→X4→X5→X3，或者 X4→X2→X3→X5，或者 X4→X5→X2→X3，或者 X4→X2→X5→X3，每次操作都要观察各输出（Y0～Y5）和计数器（C0）的变化。

（4）根据 Y5 或 Y0 的状态接通 X6 或 X7。

（5）重复第（3）步、第（4）步两次。

任务 9　大小球分选系统控制

学习目标

1. 熟悉状态初始化指令和初始化程序。
2. 熟悉手动程序、自动返回原点程序和自动程序。
3. 掌握将状态初始化指令用于工作方式选择的输入继电器元件号的处理方法。
4. 熟悉由状态初始化指令自动控制的特殊辅助继电器。
5. 熟悉由用户程序控制的特殊辅助继电器。
6. 能根据工艺要求绘制具有多种工作方式的顺序功能图，利用步进顺控指令和状态初始化指令等绘制完整的梯形图，应用于大小球分选系统控制。

任务引入

在实际生产中，许多工业设备设置有多种工作方式，如手动和自动工作方式，自动工作方式又包括连续、单周期、单步和回原点工作方式。

某机械手用来分选钢质大球和小球，其示意图如图 4-49 所示，控制面板如图 4-50 所示，输出继电器 Y4 为 ON 时钢球被电磁铁吸住，Y4 为 OFF 时钢球被释放。机械手的 5 种工作方式由工作方式选择开关进行选择，操作面板上设有 6 个手动按钮。“紧急停机”按钮是为了保证在紧急情况下（包括 PLC 发生故障时）能可靠地切断 PLC 的负载电源而设置的。

系统设有手动和自动两种工作方式。采用手动方式时，系统的每一个动作都要靠 6 个手动按钮控制，接到输入继电器的各限位开关都不起作用。自动工作方式具体如下。

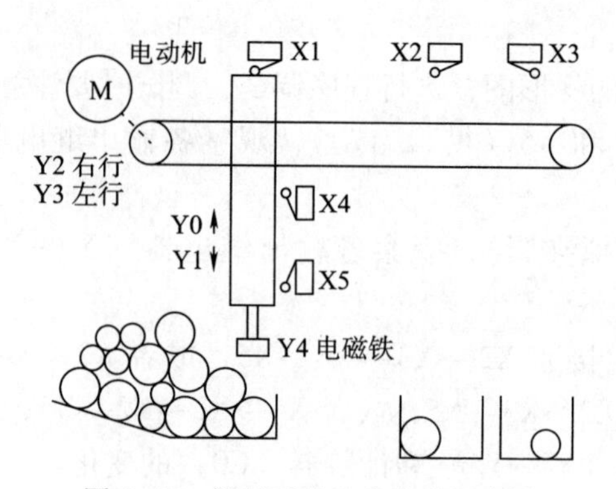

图 4-49　机械手分选大小球示意图

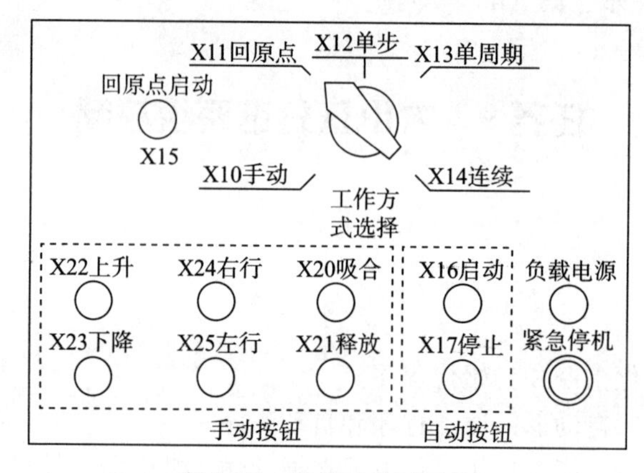

图 4-50　机械手控制面板

1. 单周期工作方式

按下自动启动按钮 X16 后，从初始步开始，机械手按规定完成一个周期的工作后，返回并停留在初始步。

2. 连续工作方式

在初始状态按下启动按钮后，机械手从初始步开始一个周期一个周期地连续反复工作，按下停止按钮，机械手并不是马上停止工作，而是完成最后一个周期的工作后，系统才返回并停留在初始步。

3. 单步工作方式

从初始步开始，按一下启动按钮，系统转换到下一步，完成该步的任务后，自动停止工作并停留在该步，再按一下启动按钮，才转换到下一步。单步工作方式常用于系统的调试。

4. 回原点工作方式

在选择单周期、连续和单步工作方式之前，系统应处于原点状态，如果不满足这一条件，可选择回原点工作方式。

机械手在最上面、最左边且电磁铁线圈断电时，称系统处于原点状态（初始状态）。

本任务利用 PLC 实现具有多种工作方式的大小球分选系统控制，用顺序功能图编程。

任务分析

为了用 PLC 来完成任务，PLC 需要 19 个输入器件、5 个输出器件，输入/输出地址分配表见表 4-10。

表 4-10　输入/输出地址分配表

输入		输出	
继电器	说明	继电器	说明
X1	左限位开关	Y0	机械手上升
X2	大球右限位开关	Y1	机械手下降
X3	小球右限位开关	Y2	机械手右行
X4	上限位开关	Y3	机械手左行
X5	下限位开关	Y4	电磁铁吸合
X10	手动开关		
X11	回原点开关		
X12	单步开关		
X13	单周期开关		
X14	连续开关		
X15	回原点启动按钮		
X16	自动启动按钮		
X17	自动停止按钮		
X20	手动吸合按钮		
X21	手动释放按钮		
X22	手动上升按钮		
X23	手动下降按钮		
X24	手动右行按钮		
X25	手动左行按钮		

根据输入/输出地址分配表绘制大小球分选系统 PLC 控制电路图，如图 4-51 所示，自动工作方式的顺序功能图如图 4-52 所示。

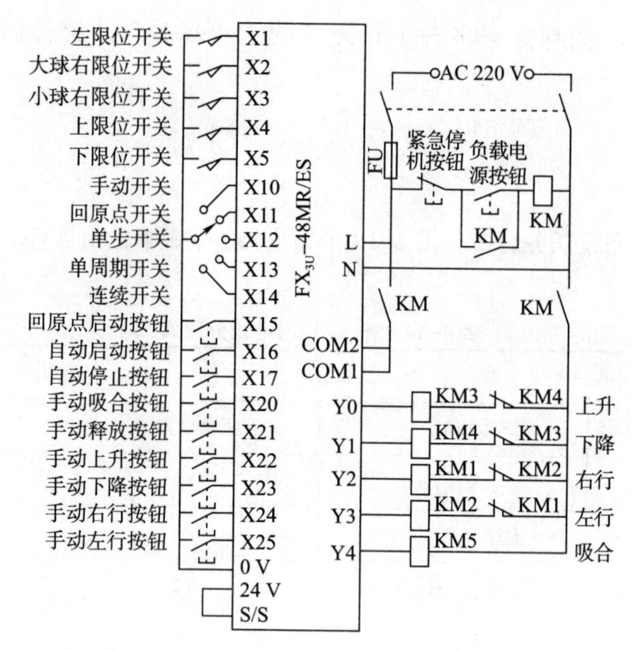

图 4-51　大小球分选系统 PLC 控制电路图

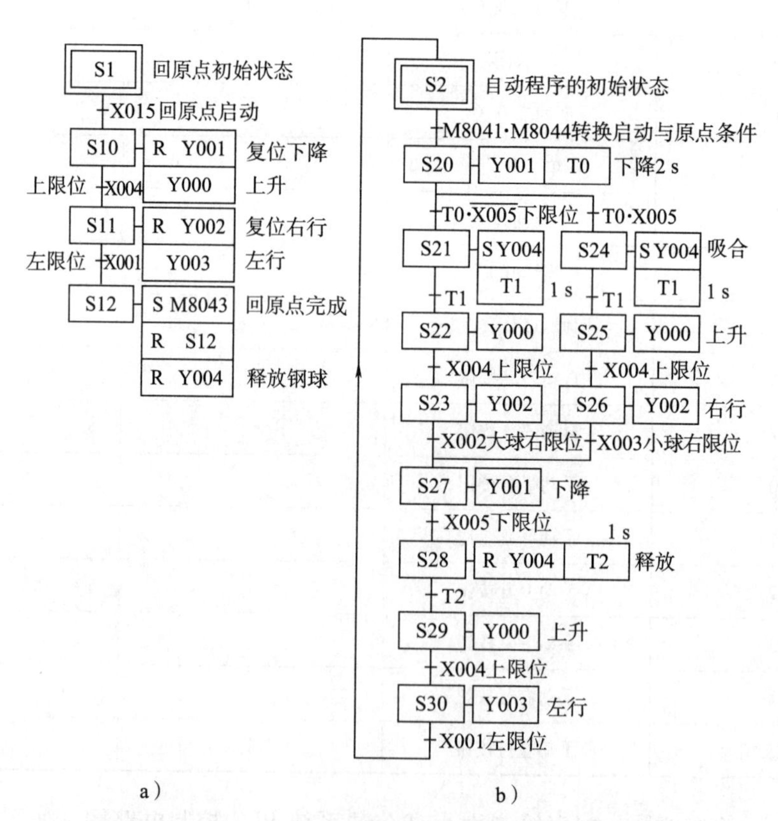

图 4-52　大小球分选系统控制顺序功能图（自动工作方式）

a）回原点　b）连续、单步、单周期

如何将多种工作方式的功能融合到一个程序中，是梯形图设计的难点之一。FX_{3U} 系列 PLC 专门提供了状态初始化指令（IST），以将多种工作方式的功能融合到一个程序中，由此设计的具有多种工作方式的大小球分选系统控制梯形图如图 4-53 所示。

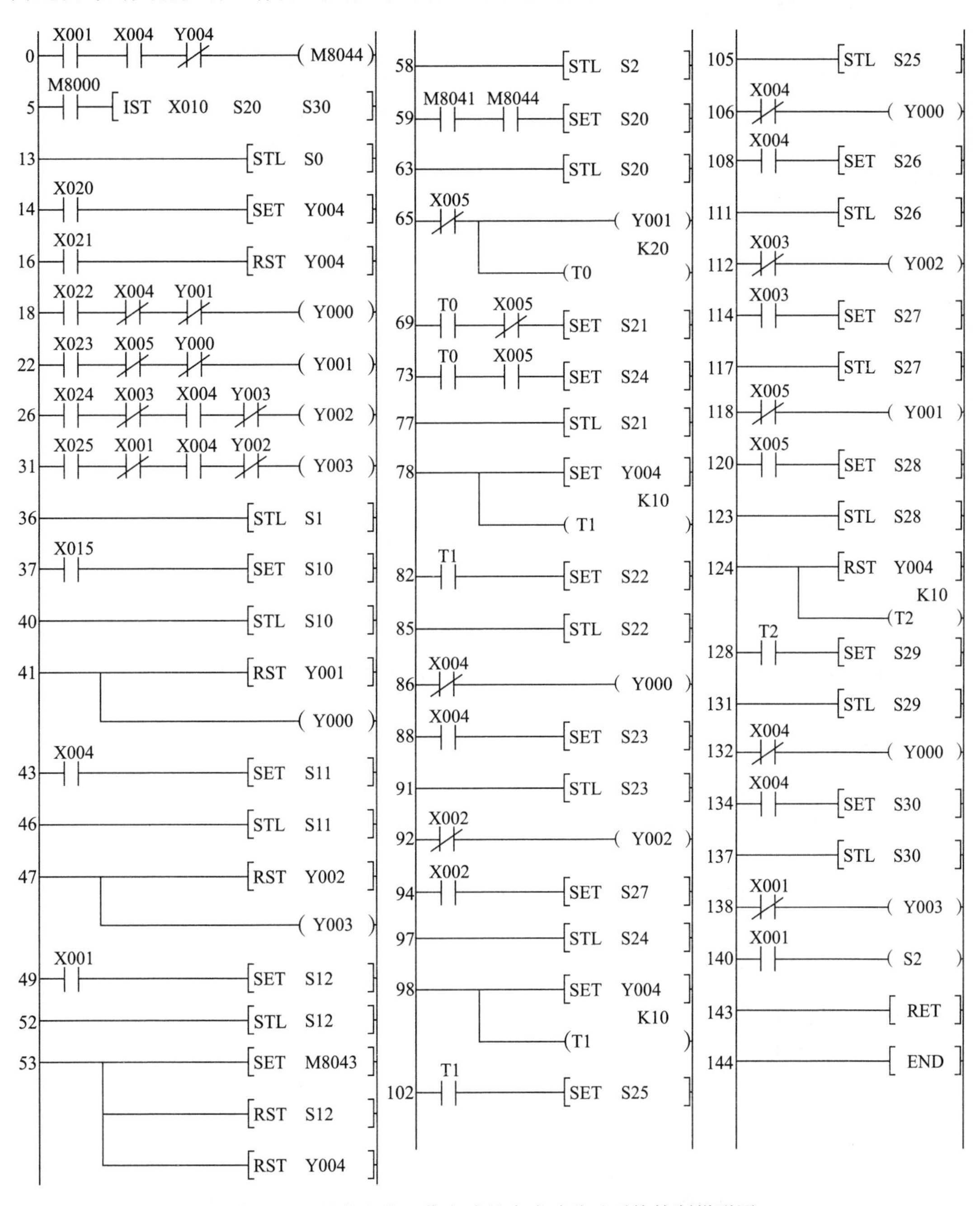

图 4-53　具有多种工作方式的大小球分选系统控制梯形图

相关知识

一、状态初始化指令和初始化程序

FX_{3U} 系列 PLC 的状态初始化指令 IST 与 STL 一起使用，专门用来设置具有多种工作方式的控制系统的初始状态和设置有关特殊辅助继电器的状态，可以大大简化复杂的顺序控制程序的设计工作。IST 只能使用一次，它应放在程序开始位置，被它控制的 STL 程序应放在它的后面。

大小球分选系统的初始化程序用来设置初始状态和原点位置条件。IST 中的 S20 和 S30 用来指定自动操作中用到的最低和最高的状态继电器元件号，IST 中的源操作数可取 X、Y 和 M。图 4-53 中 IST 的源操作数 X010 用来指定与工作方式有关的输入继电器的首元件，它实际上指定从 X010 开始的 8 个输入继电器具有以下的意义。

X010：手动

X011：回原点

X012：单步运行

X013：单周期运行（半自动）

X014：连续运行（全自动）

X015：回原点启动

X016：自动启动

X017：自动停止

X010～X014 中同一时刻只能有 1 个开关处于接通状态，必须使用选择开关，以保证这 5 个开关输入中不可能有两个同时为 ON。

当 IST 的执行条件满足时，初始状态继电器 S0～S2 和特殊辅助继电器被自动指定为以下功能，以后即使 IST 的执行条件变为 OFF，这些元件的功能仍保持不变。

M8040：禁止转换

M8041：转换启动

M8042：启动脉冲

M8043：回原点完成

M8044：原点条件

M8045：禁止所有输出复位

M8047：STL 监控有效

S0：手动操作初始状态继电器

S1：回原点初始状态继电器

S2：自动操作初始状态继电器

如果改变了当前选择的工作方式，在“回原点完成”标志 M8043 变为 ON 之前，所有的输出继电器将变为 OFF。

二、手动程序

手动程序用初始状态继电器 S0 控制，因为手动程序、自动程序（单步、单周期、连续）和回原点程序均用 STL 触点驱动，这 3 部分程序不会同时被驱动，所以用指令 STL 和 IST 编程时，手动程序、自动程序和回原点程序的每一步对应一小段程序，每一步与其他步是完全隔离开的。只要根据控制要求将这些程序段按一定的顺序组合在一起，就可以完成控制任务，既节约了编程的时间，又减少了编程错误。

三、自动返回原点程序

自动返回原点的顺序功能图如图 4-52a 所示，当原点条件满足时，特殊辅助继电器 M8044（原点条件）为 ON（见图 4-53 中的初始化程序）。自动返回原点结束后，用指令 SET 将 M8043（回原点完成）置为 ON，并用 RST 将回原点顺序功能图中的最后一步 S12 复位。返回原点的顺序功能图中的步应使用 S10~S19。

四、自动程序

用指令 STL 设计的自动程序的顺序功能图如图 4-52b 所示，特殊辅助继电器 M8041（转换启动）和 M8044（原点条件）是从自动程序的初始步 S2 转换到下一步 S20 的转换条件。使用 IST 后，系统的手动、单周期、单步、连续和回原点这几种工作方式的切换是系统程序自动完成的，但是，必须按照前述的规定，安排 IST 中指定的控制工作方式用的输入继电器 X010~X017 的元件号顺序。工作方式的切换是通过特殊辅助继电器 M8040~M8042 实现的，IST 自动驱动 M8040~M8042。

五、将状态初始化指令用于工作方式选择的输入继电器元件号的处理

IST 可以使用元件号不连续的输入继电器（见图 4-54b），也可以只使用前述的部分工作方式（见图 4-54c）。图 4-54 中的特殊辅助继电器 M8000 在 RUN（运行）状态时为 ON，其常闭触点一直处于断开状态。图 4-54c 所示梯形图中只有回原点和连续两种工作方式，其余的工作方式是被禁止的，自动启动与回原点启动功能合用一个按钮 X032。

六、由状态初始化指令自动控制的特殊辅助继电器

1. 禁止转换标志 M8040

M8040 的线圈通电时，禁止所有的状态转换。

手动工作方式时 M8040 一直为 ON，即禁止在手动工作时转换步的活动状态。

在回原点工作方式和单周期工作方式中，从按下停止按钮到按下启动按钮之间 M8040 起作用。如果在运行过程中按下停止按钮，M8040 变为 ON 并自保持，转换被禁止，在完成当前步的工作后，系统停在当前步。按下启动按钮时，M8040 变为 OFF，允许转换，系统才能转换到下一步，继续完成剩下的工作。

在单步工作方式中，M8040 只有在按下启动按钮时才不起作用，允许转换。

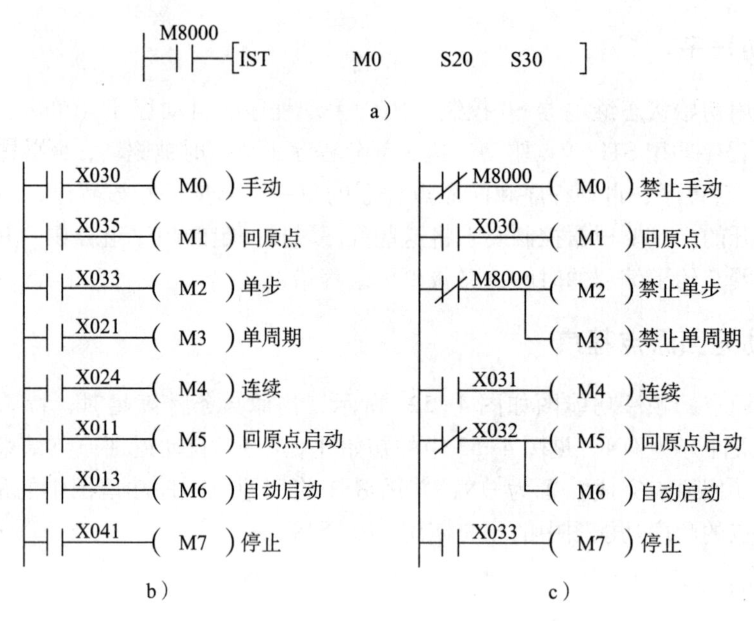

图 4-54 IST 输入软元件号的处理

a）IST 示例 b）IST 使用元件号不连续的输入继电器 c）IST 只使用部分工作方式

在连续工作方式中，当发生 STOP→RUN 的转换时，初始化脉冲 M8002 第一个扫描周期为 ON，M8040 变为 ON 并自保持，禁止转换；按下启动按钮时，M8040 变为 OFF，允许转换。

2. 转换启动标志 M8041

M8041 是自动程序中的初始步 S2 到下一步的转换条件之一，在手动工作方式和回原点工作方式中不起作用；在单步工作方式和单周期工作方式中，只在按下启动按钮时起作用（无保持功能）；在连续工作方式中，按下启动按钮时 M8041 变为 ON 并自保持，按下停止按钮时 M8041 变为 OFF，保证了系统的连续运行。

3. 启动脉冲标志 M8042

在非手动工作方式中按下启动按钮和回原点按钮，它在一个扫描周期中为 ON。

4. STL 监控有效标志 M8047

M8047 的线圈通电时，当前的活动步对应的状态继电器的元件号按从大到小的顺序排列，存放在特殊数据寄存器 D8040～D8047 中，由此可以监控 8 点活动步对应的状态继电器的元件号。此外，若有任何一个状态继电器为 ON，特殊辅助继电器 M8047 将为 ON。

七、由用户程序控制的特殊辅助继电器

1. 回原点完成标志 M8043

在回原点工作方式中，当系统自动返回原点时，通过用户程序使用指令 SET 将 M8043 置位。

2. 原点条件标志 M8044

M8044 在系统满足初始条件（原点条件）时为 ON。

3. 禁止所有输出复位标志 M8045

系统在不同工作方式间切换后，若机械手不在原点位置，则所有输出和动作状态被复位，但若先驱动了 M8045，则仅动作状态被复位。

任务实施

1. 将 19 个模拟各输入器件的开关或按钮的常开触点分别接到 PLC 的 X1～X5、X10～X17、X20～X25（见图 4-51 的输入部分），连接好其他线路和电源，检查线路正确性，确保无误。

2. 输入图 4-53 所示的梯形图，进行程序调试。

（1）手动工作方式调试

将工作方式选择开关旋到手动位置，按照机械手和电磁铁的位置确定 X20～X25 的操作，观察各输出继电器（Y0～Y4）的状态变化。

（2）回原点工作方式调试

将工作方式选择开关旋到回原点位置，按下回原点启动按钮 X15，观察机械手的工作状态。

（3）连续工作方式调试

机械手在原点的状态下，将工作方式选择开关旋到连续位置，按下自动启动按钮 X16，2 s 后依次接通 X5→X4→X3，模拟机械手分选小球的工作，观察各输出继电器（Y0～Y4）的状态变化，可重复操作多次；也可以依次接通 X5→X4→X2，模拟机械手分选大球的工作，观察各输出继电器（Y0～Y4）的状态变化，可重复操作多次，直到按下自动停止按钮 X17。

（4）单周期工作方式调试

单周期工作方式的调试过程类似于连续工作方式，不同之处一是将工作方式选择开关旋到单周期位置，二是完成一次大小球分选后机械手回到原点位置，要重新按下自动启动按钮 X16，才能进行下一次的分选。

（5）单步工作方式调试

单步工作方式的调试过程类似于连续工作方式，不同之处一是将工作方式选择开关旋到单步位置，二是机械手每完成一个动作，要重新按下自动启动按钮 X16，才能进入下一次的动作。

课题五　数据处理类应用指令

可编程序控制器的基本指令主要用于逻辑处理，是基于继电器、定时器、计数器等软元件的指令。作为工业控制计算机，PLC 仅具有基本指令是远远不够的。现代工业控制在许多场合需要数据处理和通信，所以 PLC 制造商在 PLC 中引入了应用指令，主要用于提供数据的传送、运算、变换及程序控制等功能。这使得可编程序控制器成了真正意义上的计算机。特别是近年来，应用指令又向综合性方向迈进了一大步，许多指令能独自实现以往需大段程序才能实现的功能，如 PID 功能、表功能等。实际上这类指令本身就是一个功能完整的子程序，从而大大提高了 PLC 的实用价值和普及率。

任务 1　电动机启动控制

学习目标

1. 熟悉位元件、字元件和位组合元件。
2. 熟悉应用指令的格式。
3. 熟悉传送类指令，能利用传送类指令编写梯形图程序，应用于电动机启动控制。

任务引入

在课题三中采用经验设计法，利用 PLC 的基本指令实现了电动机的星-三角启动控制，本任务将利用传送类指令实现电动机的星-三角启动控制。任务要求如下。

按电动机星-三角启动控制要求，通电时电动机绕组接成星形启动；当转速上升到一定程度时，电动机绕组接成三角形运行。此外，电动机启动过程中的每个状态间应具有一定的时间间隔。

任务分析

为了实现任务要求，启动按钮 SB1 接 X0，停止按钮 SB2 接 X1；电路主接触器 KM1 接

Y0，电动机星形启动接触器 KM2 接 Y1，电动机三角形运行接触器 KM3 接 Y2。电动机 PLC 控制电路图如图 5-1 所示，输入/输出地址分配表见表 5-1。

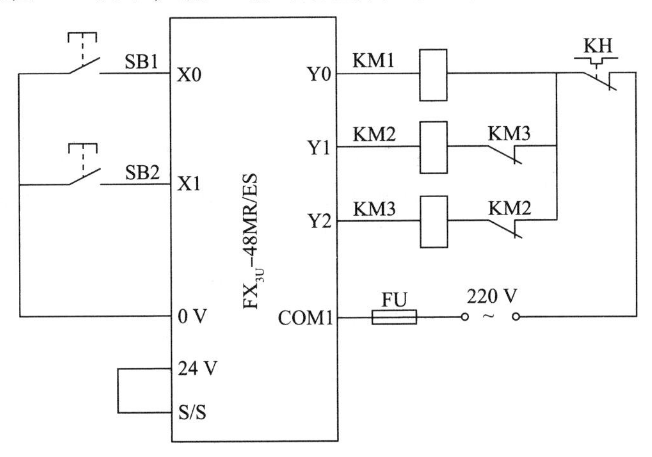

图 5-1　电动机 PLC 控制电路图

表 5-1　输入/输出地址分配表

输入		输出	
继电器	说明	继电器	说明
X0	启动按钮	Y0	电路主接触器
X1	停止按钮	Y1	电动机星形启动接触器
		Y2	电动机三角形运行接触器

按照电动机启动控制要求，通电时 Y0、Y1 应为 ON（传送常数为 1+2=3），电动机星形启动；当转速上升到一定程度时，断开 Y0、Y1，接通 Y2（传送常数为 4）；然后接通 Y0、Y2（传送常数为 1+4=5），电动机三角形运行；停止时，各输出均为 OFF（传送常数为 0）。此外，启动过程中的每个状态间应有时间间隔，时间间隔由电动机启动特性决定，这里假设启动时间为 8 s，转换时间为 2 s，由此设计出的用 PLC 应用指令实现电动机启动的梯形图如图 5-2 所示。

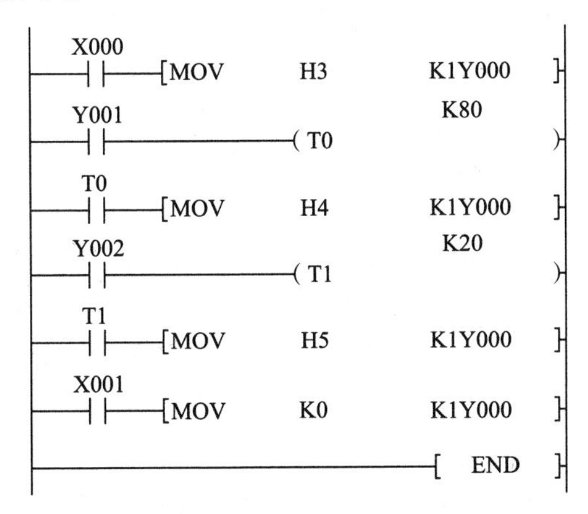

图 5-2　用 PLC 应用指令实现电动机启动的梯形图

相关知识

一、位元件和字元件

在前面的课题中，已经介绍了输入继电器 X、输出继电器 Y、辅助继电器 M、状态继电器 S 等编程元件。这些软元件在可编程序控制器内部反映的是位的变化，主要用于开关量信息的传递、变换及逻辑处理，称为位元件。而在 PLC 内部，由于应用指令的引入，需处理大量的数据信息，设置大量的用于存储数值数据的软元件，如各种数据存储器。此外，一定量的位元件组合在一起也可用于存储数据，定时器 T、计数器 C 的当前值寄存器也可用于存储数据。上述这些能处理数值数据的元件统称为字元件。

二、位组合元件

位组合元件是一种字元件。在可编程序控制器中，人们常希望能直接使用十进制数据。FX_{3U} 系列 PLC 中使用 4 位 BCD 码表示 1 位十进制数据，由此产生了位组合元件，它将 4 位位元件成组使用。位组合元件在输入继电器、输出继电器、辅助继电器及状态继电器中都有使用。位组合元件表达为 KnX、KnY、KnM、KnS 等形式，式中 Kn 指有 n 组这样的数据，如 KnX0 表示位组合元件是由从 X000 开始的 n 组位元件组合而成的。若 n 为 1，则 K1X0 是指 X003、X002、X001、X000 4 位输入继电器的组合；若 n 为 2，则 K2X0 是指 X000～X007 8 位输入继电器的组合；若 n 为 4，则 K4X0 是指 X010～X017、X000～X007 16 位输入继电器的组合。

三、应用指令的格式

与基本指令不同，应用指令不表达梯形图符号间的相互关系，而是直接表达本指令的功能。FX_{3U} 系列 PLC 在梯形图中使用功能框表示应用指令，图 5-3a 所示为应用指令的梯形图示例。图中，M8002 的常开触点是应用指令的执行条件，其后的虚线框即为功能框。功能框中分栏表示指令的助记符、相关数据和数据的存储地址，这种表达方式的优点是直观、易懂。图 5-3a 中指令的功能：当 M8002 接通时，十进制常数 123 将被送到辅助继电器 M0～M7 中。用基本指令实现该程序的梯形图如图 5-3b 所示。可见，完成同样任务的情况下，用应用指令编写的程序要简练得多。

1. 编号

应用指令用编号 FNC00～FNC294 表示，并给出对应的助记符。例如，FNC12 的助记符是 MOV（传送），FNC45 的助记符是 MEAN（平均）。使用简易编程器时应输入编号，如 FNC12、FNC45 等；使用编程软件时可输入助记符，如 MOV、MEAN 等。目前，简易编程器已基本停止使用。

2. 助记符

指令名称用助记符表示，应用指令的助记符是该指令的英文缩写词。如传送指令

MOVE 简写为 MOV，加法指令 ADDITION 简写为 ADD，交替输出指令 ALTERNATE OUTPUT 简写为 ALT，采用这种方式容易了解指令的功能。图 5-4 所示梯形图中的助记符为 MOV、DMOVP，DMOVP 中的“D”表示数据长度，“P”表示执行形式。

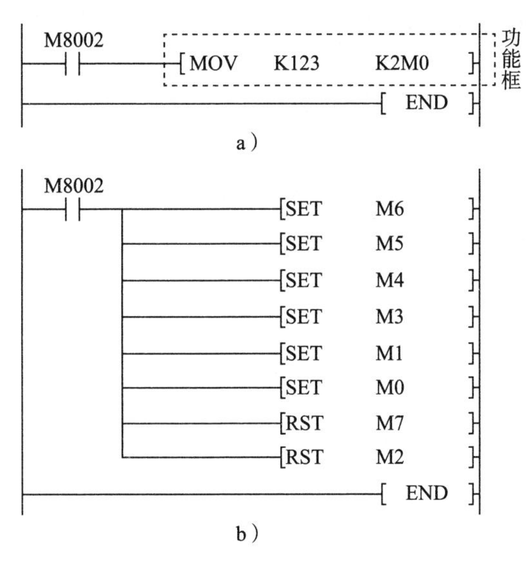

图 5-3 用应用指令与基本指令实现同样任务的梯形图比较

a）用应用指令实现 b）用基本指令实现

```
X000
─┤├──[MOV     K10     K2Y000]
X001
─┤├──[DMOVP   H98FC   K8M0  ]
─────────────────────[END   ]
```

图 5-4 梯形图

应用指令按处理数据的长度分为 16 位指令和 32 位指令。其中，32 位指令在助记符前加“D”，助记符前无“D”的为 16 位指令。例如，MOV 是 16 位指令，DMOV 是 32 位指令。

应用指令有脉冲执行型和连续执行型。指令助记符后标有“P”的为脉冲执行型，无“P”的为连续执行型。例如，MOV 是连续执行型 16 位指令，MOVP 是脉冲执行型 16 位指令，而 DMOVP 是脉冲执行型 32 位指令。脉冲执行型指令在执行条件满足时仅执行一个扫描周期，这对数据处理有很重要的意义。例如，一条加法指令，在脉冲执行时只做一次加法运算，而连续执行型加法指令在执行条件满足时，每一个扫描周期都要执行一次加法运算。

3. 操作数

操作数是指应用指令涉及或产生的数据。有的应用指令没有操作数，大多数应用指令有 1~4 个操作数。操作数分为源操作数、目标操作数及其他操作数。源操作数是指令执行后不改变其内容的操作数，用［S］表示。目标操作数是指令执行后将改变其内容的操作数，用［D］表示。M、n 表示其他操作数。其他操作数常用来表示常数或者对源操作数和目标操作数做出补充说明，表示常数时，K 为十进制常数，H 为十六进制常数。某种操作数为多个时，可用数字区别，如［S1］和［S2］。

从根本上来说，操作数是参加运算的数据的地址，每个地址依元件的类型分布在存储区中。由于不同指令对参与操作的元件类型有一定限制，因此，操作数的取值有一定的范围。正确地选取操作数的类型，对正确使用指令有很重要的意义。

应用指令的格式如图 5-5 所示。

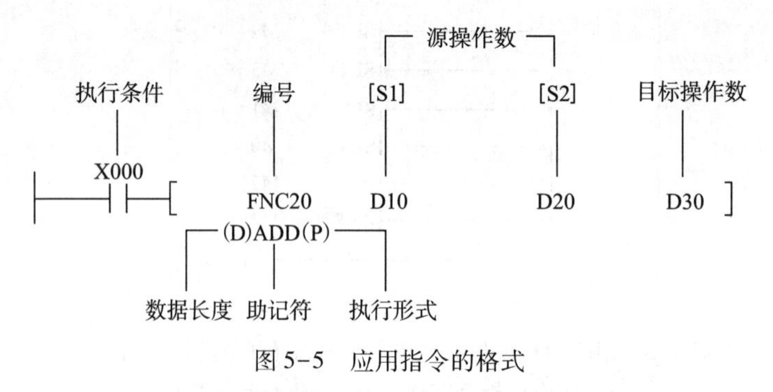

图 5-5　应用指令的格式

四、传送指令

传送指令（MOV）的功能是将源数据传送到指定的目标。图 5-4 中，当 X000 为 ON 时，将源数据十进制数 K10 传送到目标操作元件 K2Y000，即 Y007~Y000 分别输出 0、0、0、0、1、0、1、0。当执行指令时，常数 K10 会自动转换成二进制数。当 X000 为 OFF 时，不执行 MOV，数据保持不变。当 X001 为 ON 时，将源数据十六进制数 H98FC 传送到目标操作元件 K8M0，即 M31~M0 分别为 0000、0000、0000、0000、1001、1000、1111、1100。同样，当执行指令时，常数 H98FC 会自动转换成二进制数。当 X001 为 OFF 时，不执行 DMOVP，数据保持不变。

使用 MOV 的注意事项如下。

（1）源操作数可取所有数据类型，目标操作数可以是 KnY、KnM、KnS、T、C、D、V、Z。

（2）16 位运算占 5 个程序步，32 位运算占 9 个程序步。

任务实施

1. 按图 5-1 连接 PLC 与输入按钮，连接好其他线路和电源，检查线路正确性，确保无误。

2. 输入图 5-2 所示的梯形图，检查无误后运行程序。

3. 按下 SB1，模拟启动信号，仔细观察输出继电器（Y0～Y2）的状态变化是否符合启动要求。

4. 按下 SB2，模拟停机信号，仔细观察输出继电器（Y0～Y2）的状态变化是否符合停机要求。

任务 2　闪光信号灯闪光频率控制

学习目标

1. 掌握数据寄存器和变址寄存器的相关知识。

2. 能利用数据寄存器、变址寄存器及传送类指令编写梯形图程序，应用于闪光信号灯闪光频率控制。

任务引入

本任务利用 PLC 应用指令设计一个闪光信号灯闪光频率控制电路，通过改变输入口所接拨码开关，以改变闪光频率。

任务分析

将 1 个拨码开关接于 X3～X0（X3 为高位），X10 为启停开关，选用带自锁的按钮，信号灯接于 Y0。输入/输出地址分配表见表 5-2，由此设计出的 PLC 控制电路图如图 5-6a 所示，其梯形图如图 5-6b 所示。输入口设定的开关数据读入 D0 作为信号灯的闪光时间（即频率）控制。如果要信号灯闪得慢一些，可以使用变址寄存器，其梯形图如图 5-6c 所示。梯形图中第一行实现变址寄存器清零，通电时完成，第二行实现从输入口读入设定开关数据，变址综合后送到定时器 T0 的设定值寄存器 D0，并和第三行配合产生 D0 时间间隔的脉冲。

表 5-2　输入/输出地址分配表

输入		输出	
继电器	说明	继电器	说明
X3～X0	拨码开关	Y0	信号灯
X10	启停开关		

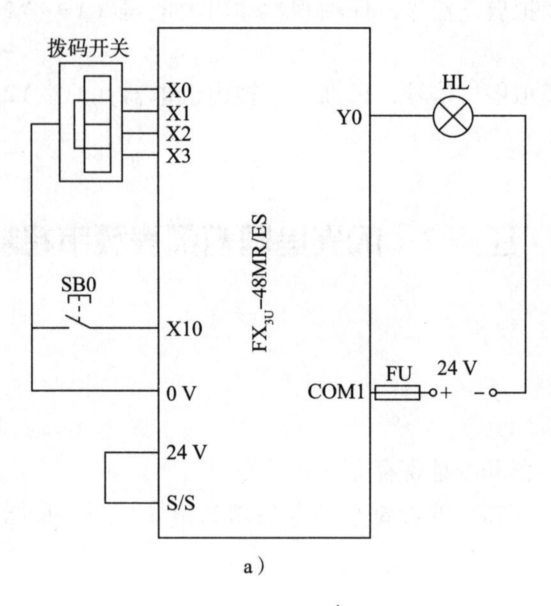

a）

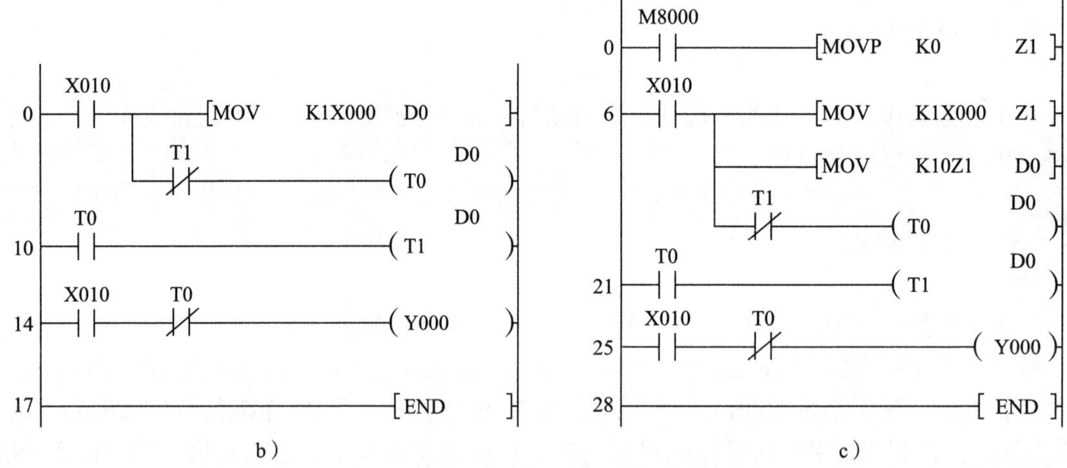

b） c）

图 5-6 闪光信号灯闪光频率控制

a）PLC 控制电路图 b）梯形图 1 c）梯形图 2（使用变址寄存器）

相关知识

一、数据寄存器

数据寄存器（D）是用于存储数值数据的字元件，其数值可通过应用指令、数据存取单元（显示器）及编程装置读出与写入。这些寄存器可存储 16 位的数值数据（最高位为符号位，可处理数值范围为-32 768~32 767），如将 2 个相邻数据寄存器组合，可存储 32 位的数值数据（最高位为符号位，可处理数值范围为-2 147 483 648~2 147 483 647）。数据寄存器（D）也可作位元件使用。作位元件使用时，使用字元件编号和位编号（16 进制数）进行设定，如 D0 的 16 位可分别写成 D0. 0、D0. 1、…、D0. 15，其他依此类推）。数据寄存器有以下几类。

1. 通用数据寄存器（D0～D199）

通用数据寄存器一旦写入数据，只要不再写入其他数据，其内容就不会变化。但是，PLC 从运行到停止或停电时，所有数据将被清零（如果驱动特殊辅助继电器 M8033，则可以保持）。

2. 断电保持数据寄存器（D200～D7999）

只要不进行改写，无论 PLC 是从运行到停止，还是停电时，断电保持数据寄存器将保持原有数据。

如采用并联通信功能，当从主站到从站时，D490～D499 被作为通信占用；当从从站到主站时，D500～D509 被作为通信占用。

以上的设定范围是出厂时的设定值。数据寄存器的断电保持功能也可通过外围设备设定，实现通用与断电保持之间的调整和转换。

3. 特殊数据寄存器（D8000～D8511）

特殊数据寄存器用于监控机内元件的运行方式。当接通电源时，利用系统只读存储器写入初始值。例如，D8000 中存有监视定时器的时间设定值，它的初始值由系统只读存储器在通电时写入，若要改变，可利用传送指令写入，如图 5-7 所示。

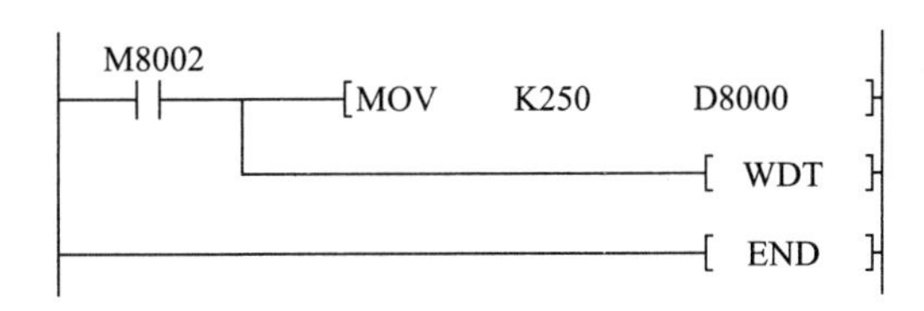

图 5-7　特殊数据寄存器数据的写入

特殊数据寄存器的种类和功能可查阅相关技术手册。必须注意的是，未定义的特殊数据寄存器不要使用。

4. 文件寄存器（D1000～D7999）

文件寄存器以 500 点为单位，可被外围设备存取。文件寄存器实际上被设置为 PLC 的参数区，它与断电保持数据寄存器是重叠的，保证数据不丢失。

二、变址寄存器

变址寄存器 V、Z 和通用数据寄存器类似，是进行数值数据读、写的 16 位数据寄存器，主要用于修改运算操作数的地址。FX_{3U} 的 V 和 Z 各 8 点，分别为 V0～V7、Z0～Z7。进行 32 位数据运算时，将两者结合使用，指定 Z 为低位，组合成为（V，Z），如图 5-8 所示。如果直接向 V 写入较大的数据，容易出现运算误差。

根据 V 与 Z 的内容修改元件地址号，称为元件的变址。可以用变址寄存器进行变址的元件是 X、Y、M、S、P、T、C、D、K、H、KnX、KnY、KnM 和 KnS。

例如，如果 V1=6，则 K20V1 为 K26（20+6=26）；如果 V3=7，则 K20V3 为 K27（20+7=27）；如果 V4=12，则 D10V4 为 D22（10+12=22）。但是，变址寄存器不能修改 V 与 Z 本身或位数指定用的 Kn 参数。例如，K4M0Z2 有效，而 K4Z2M0 无效。变址寄存器的应用如图 5-9 所示，执行该程序时，若 X000 为 ON，则 D15 和 D26 的数据都为 K20。

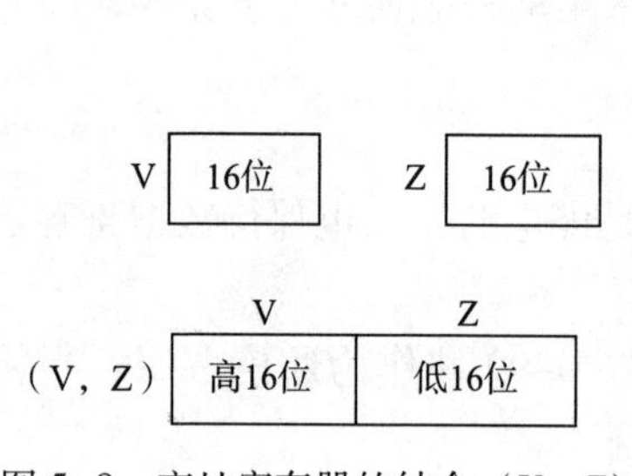

图 5-8　变址寄存器的结合（V，Z）

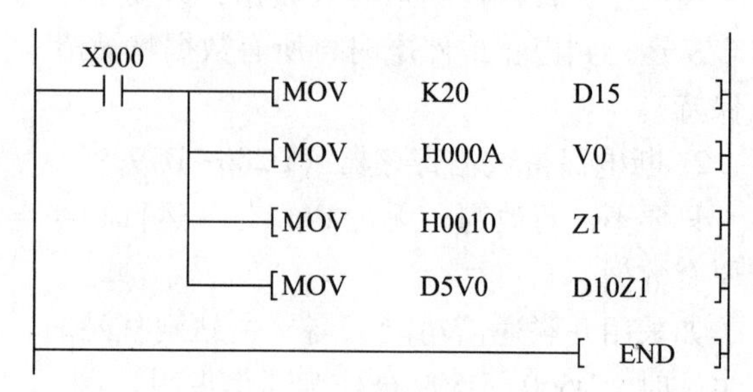

图 5-9　变址寄存器的应用

任务实施

1. 按图 5-6a 连接 PLC 与拨码开关、信号灯，连接 PLC 的电源，确保接线无误。
2. 分别输入图 5-6b 和图 5-6c 所示的梯形图，检查无误后运行程序。
3. 运行程序时分别设置拨码开关（也可以用 4 个按钮代替）的值为 0~9，仔细观察输出继电器（Y0）的状态变化是否符合闪光信号灯闪光频率控制的要求。

任务 3　密码锁控制

学习目标

1. 熟悉比较指令和区间复位指令。
2. 了解传送比较指令的基本用途。
3. 能利用传送比较指令编写梯形图程序，应用于密码锁控制。

任务引入

本任务利用 PLC 实现密码锁控制。密码锁有 3 个拨码开关，分别代表 3 个十进制数，如所拨数值与密码锁设定值相符，则 3 s 后密码锁打开，20 s 后重新上锁。

任务分析

用比较指令实现密码锁的控制。拨码开关有 12 条输出线，分别接入 X3 ~ X0、X7 ~ X4、X13~X10，其中 X3 ~ X0 代表第 1 个十进制数，X7 ~ X4 代表第 2 个十进制数，X13~X10 代表第 3 个十进制数，密码锁的控制信号从 Y0 输出。输入/输出地址分配表见表 5-3。

表 5-3　输入/输出地址分配表

输入		输出	
继电器	说明	继电器	说明
X3 ~ X0	密码个位	Y0	密码锁控制信号
X7 ~ X4	密码十位		
X13 ~ X10	密码百位		

密码锁的密码由程序设定，假定为 H283，如要解锁，则从 K3X000 上送入的数据应和它相等，可以用比较指令实现判断。密码锁的开启由 Y0 的输出控制。密码锁控制梯形图如图 5-10 所示。

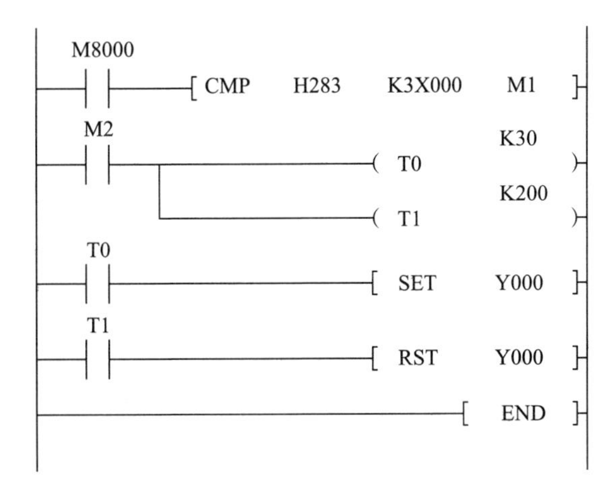

图 5-10　密码锁控制梯形图

相关知识

一、比较指令（CMP）

CMP 用于比较两个源操作数［S1］和［S2］的代数值大小，将结果送到目标操作数［D］~［D+2］中。CMP 的说明如图 5-11 所示。

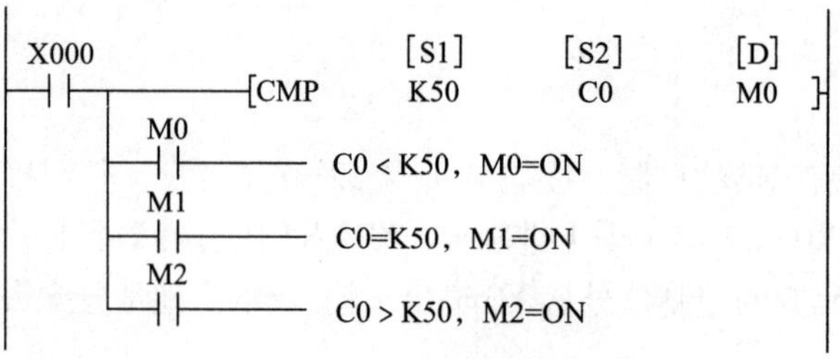

X000 [CMP [S1] K50 [S2] C0 [D] M0]

M0 — C0 < K50，M0=ON

M1 — C0=K50，M1=ON

M2 — C0 > K50，M2=ON

图 5-11　CMP 的说明

数据比较是进行代数值大小的比较（即带符号比较），所有的源数据均按二进制处理。图 5-11 中，当 X000 断开，即不执行 CMP 时，M0～M2 保持 X000 断开前的状态。当 X000 接通时，若 C0 的当前值小于十进制数 K50，M0 为 ON；若 C0 的当前值等于十进制数 K50，M1 为 ON；若 C0 的当前值大于十进制数 K50，M2 为 ON。

使用 CMP 的注意事项如下。

（1）CMP 中的［S1］和［S2］可以是所有字元件，［D］为 Y、M、S。

（2）当 CMP 的操作数不完整（若只指定一个或两个操作数），或者指定的操作数不符合要求（例如，把 X、D、T、C 指定为目标操作数），或者指定的操作数的元件号超出了允许范围时，用 CMP 就会出错。

（3）如要清除比较结果，要采用复位指令 RST 或区间复位指令 ZRST，如图 5-12 所示。

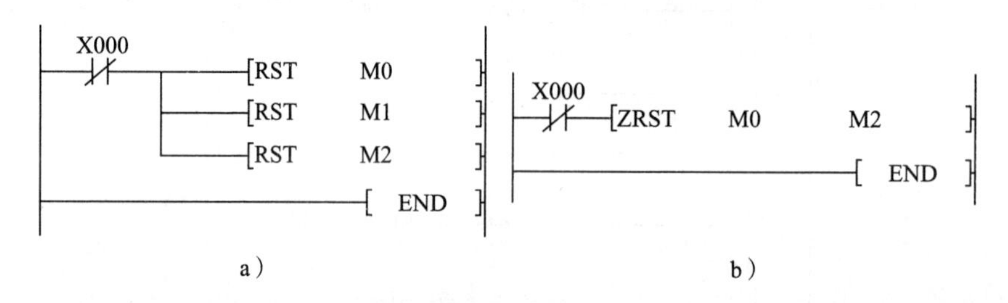

a）　b）

图 5-12　清除比较结果

a）采用复位指令　b）采用区间复位指令

二、区间复位指令（ZRST）

ZRST 可将［D1］和［D2］指定的元件号范围内的同类元件成批复位，目标操作数可取 T、C 和 D（字元件）或 Y、M、S（位元件）。［D1］和［D2］指定的应为同一类元件，［D1］的元件号应小于［D2］的元件号。如果［D1］的元件号大于［D2］的元件号，则只有［D1］指定的元件被复位。

虽然 ZRST 是 16 位处理指令，但［D1］和［D2］也可以指定 32 位计数器。

如图 5-13 所示，此梯形图的功能是将 M0～M100 共 101 位全部清零。

```
 M8002              [D1]  [D2]
──┤ ├──────[ZRST  M0   M100]
─────────────────[  END   ]
```

图 5-13　ZRST 的说明

三、传送比较指令的基本用途

前述的指令 MOV、CMP 及后面要介绍的指令 SMOV、CML、BMOV、FMOV、XCH、BCD、BIN 和 ZCP 统称为传送比较指令，它们是应用指令中使用最频繁的指令，其基本用途如下。

1. 获得程序的初始工作数据

一个控制程序总是需要初始数据，这些数据可以从输入端口上连接的外部器件获得，然后通过传送指令读取这些器件上的数据并送到内部单元。初始数据也可以用程序设置，即向内部单元传送立即数。此外，某些运算数据存储在机内的某个地方，等程序开始运行时通过初始化程序传送到工作单元。

2. 进行机内数据的存取管理

在数据运算过程中，机内的数据传送是不可缺少的。因为数据运算可能要涉及不同的工作单元，数据需要在它们之间传送；同时，运算还可能产生一些中间数据，这些数据也需要传送到适当的地方暂时存放；此外，有时机内的数据需要备份保存，需要适当的地方把这些数据存储妥当。总之，对于一个涉及数据运算的程序，数据管理是很重要的。

3. 向输出端口传送运算处理结果

运算处理结果总是要通过输出实现对执行器件的控制。对于与输出端口连接的离散执行器件，可成组处理后看作整体的数据单元，按各输出端口的目标状态送入相应的数据，以实现对这些器件的控制。

4. 用比较指令建立控制点

控制现场常有将某个物理量的量值或变化区间作为控制点的情况，如温度低于某设定值时打开电热器，速度高于或低于某设定值时报警等，作为一个控制“阀门”，比较指令常出现在工业控制程序中。

任务实施

1. 将 12 个带自锁功能的按钮分别连接到 PLC 的 X3 ~ X0、X7 ~ X4、X13 ~ X10，输出用指示灯代替，连接 PLC 的电源，确保接线无误。

2. 输入图 5-10 所示的梯形图，检查无误后运行程序。

3. 先不操作拨码开关，观察输出继电器（Y0）的状态有无变化。

4. 设置拨码开关的值为十六进制数 H283（也可以用 12 个按钮代替），仔细观察输出继电器（Y0）的状态变化是否符合密码锁的控制要求。

5. 设置拨码开关的值为除十六进制数 H283 以外的任何数，然后观察输出继电器（Y0）的状态变化是否符合密码锁的控制要求。

任务4　简易定时报时器控制

学习目标

1. 熟悉区间比较指令和触点型比较指令。
2. 能利用传送比较指令编写梯形图程序，应用于简易定时报时器控制。

任务引入

本任务利用计数器与比较指令，设计 24 h 可设定定时时间的住宅控制器的控制程序（每 15 min 为一设定单位，即 24 h 共有 96 个设定单位），要求实现如下控制。

（1）6:30，闹钟每秒响一次，10 s 后自动停止。

（2）9:00—17:00，启动住宅报警系统。

（3）18:00 打开住宅照明。

（4）22:00 关闭住宅照明。

任务分析

用 PLC 实现相应的控制功能，X0 接启停开关，X1 接 15 min 快速调整与试验开关，X2 接格数设定的快速调整与试验开关，时间设定值为钟点数×4。使用时，在 0:00 启动定时器。输入/输出地址分配表见表 5-4。

表 5-4　输入/输出地址分配表

输入		输出	
继电器	说明	继电器	说明
X0	启停开关	Y0	闹钟
X1	15 min 快速调整与试验开关	Y1	住宅报警监控
X2	格数设定的快速调整与试验开关	Y2	住宅照明

由此设计出的简易定时报时器控制梯形图如图 5-14 所示。图中，C0 为 15 min 计数器，当按下启停开关时，C0 的当前值每过 1 s 加 1，当 C0 的当前值等于设定值 K900 时，即为 15 min。C1 为 96 格计数器，它的当前值每过 15 min 加 1，当 C1 的当前值等于设定值 K96 时，即为 24 h。另外，十进制常数 K26、K36、K68、K72、K88 分别为 6:30、9:00、17:00、18:00 和 22:00 的时间点。梯形图中 X001 接 15 min 快速调整与试验开关，它每过

10 ms 加 1（M8011）；X002 接格数设定的快速调整与试验开关，它每过 100 ms 加 1（M8012）。

```
X000  M8013
─┤├──┤├──┬──────────────( C0      K900 )
X001  M8011 │
─┤├──┤├──┘
X002  M8012
─┤├──┤├──┬──────────────( C1      K96 )
C0          │
─┤├────────┘
C0
─┤├──────────────────────[ RST     C0 ]
C1
─┤├──────────────────────[ RST     C1 ]
M8000
─┤├──┬──────────[ CMP   C1   K26   M1 ]
      ├──────────[ CMP   C1   K72   M4 ]
      ├──────────[ CMP   C1   K88   M7 ]
      └──────[ ZCP  K36   K68   C1  M10 ]
M2
─┤├──┬──────────────────( T0      K100 )
      │  T0  M8013
      └─┤/├──┤├─────────────( Y000 )
M5
─┤├──────────────────────[ SET   Y002 ]
M8
─┤├──────────────────────[ RST   Y002 ]
M11
─┤├─────────────────────────( Y001 )
─────────────────────────────[ END ]
```

图 5-14　简易定时报时器控制梯形图

相关知识

一、区间比较指令（ZCP）

ZCP 将一个数据［S］与两个源数据［S1］和［S2］间的数据进行代数比较，将比较结果送到目标操作数［D］~［D+2］中。ZCP 的说明如图 5-15 所示。

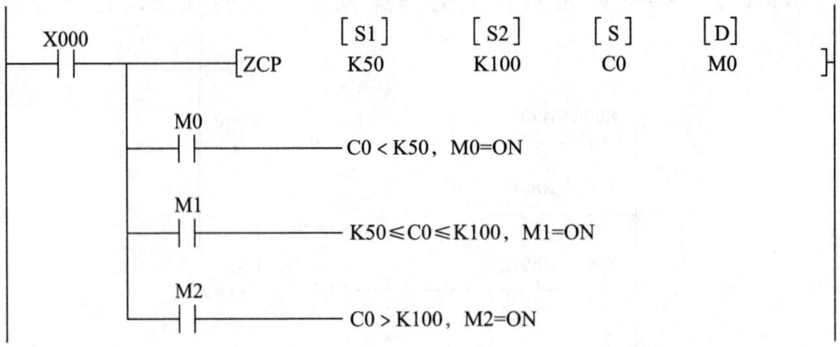

图 5-15　ZCP 的说明

与指令 CMP 相同，ZCP 的数据比较是进行代数值大小比较（即带符号比较），所有的源数据均按二进制数处理。图 5-15 中，当 X000 断开时，不执行 ZCP，M0~M2 保持 X000 断开前的状态。当 X000 接通时，若 C0 的当前值小于十进制数 K50，M0 为 ON；若 C0 的当前值小于或等于十进制数 K100 且大于或等于十进制数 K50，M1 为 ON；若 C0 的当前值大于十进制数 K100，M2 为 ON。

使用 ZCP 的注意事项如下。

（1）ZCP 中的［S1］和［S2］可以是所有字元件，［D］为 Y、M、S。

（2）源数据［S1］比源数据［S2］要小，如果［S1］比［S2］大，则［S2］被视为与［S1］一样大。

（3）如要清除比较结果，要采用复位指令 RST 或区间复位指令 ZRST。当不执行指令且需清除比较结果时，也要用 RST 或 ZRST。

二、触点型比较指令

FX 系列比较类指令除了前面使用的 CMP、ZCP 外，还有触点型比较指令。触点型比较指令相当于一个触点，执行时比较源操作数［S1］和［S2］，满足比较条件则触点闭合。源操作数［S1］和［S2］可以取所有的数据类型。以 LD 开始的触点型比较指令接在左侧母线上，以 AND 开始的触点型比较指令应与其他触点或回路块串联，以 OR 开始的触点型比较指令应与其他触点或回路块并联，各种触点型比较指令见表 5-5。

表 5-5　各种触点型比较指令

助记符	说明	助记符	说明
LD=	［S1］=［S2］时，运算开始的触点接通	AND<>	［S1］≠［S2］时，串联触点接通
LD>	［S1］>［S2］时，运算开始的触点接通	AND<=	［S1］≤［S2］时，串联触点接通
LD<	［S1］<［S2］时，运算开始的触点接通	AND>=	［S1］≥［S2］时，串联触点接通
LD<>	［S1］≠［S2］时，运算开始的触点接通	OR=	［S1］=［S2］时，并联触点接通
LD<=	［S1］≤［S2］时，运算开始的触点接通	OR>	［S1］>［S2］时，并联触点接通
LD>=	［S1］≥［S2］时，运算开始的触点接通	OR<	［S1］<［S2］时，并联触点接通

续表

助记符	说明	助记符	说明
AND=	[S1] = [S2] 时，串联触点接通	OR<>	[S1] ≠ [S2] 时，并联触点接通
AND>	[S1] > [S2] 时，串联触点接通	OR<=	[S1] ≤ [S2] 时，并联触点接通
AND<	[S1] < [S2] 时，串联触点接通	OR>=	[S1] ≥ [S2] 时，并联触点接通

触点型比较指令的说明如图 5-16 所示。图 5-16a 中，当 C10 的当前值等于十进制数 K20 时，Y000 被驱动；当 D200 的值大于十进制数 K-30 且 X000 为 ON 时，Y001 被指令 SET 置位。图 5-16b 中，当 X010 为 ON 且 D100 的值大于十进制数 K58 时，Y000 被指令 RST 复位；当 X001 为 ON 或十进制数 K10 大于 C0 的当前值时，Y001 被驱动。

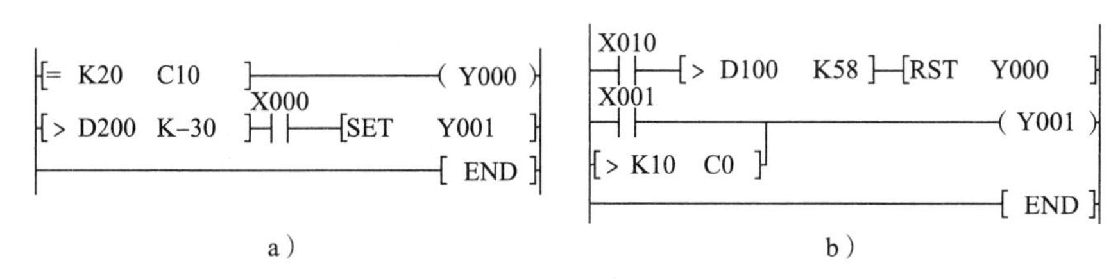

图 5-16　触点型比较指令的说明
a）LD 型　b）AND、OR 型

任务实施

1. 将 PLC 的 X0～X2 外接 3 个自锁按钮，输出继电器 Y0～Y2 的驱动设备用 3 个指示灯代替，连接 PLC 的电源，确保接线无误。

2. 输入图 5-14 所示的梯形图，检查无误后运行程序。

3. 按下格数设定的快速调整与试验开关，观察输出继电器 Y0～Y2 的状态变化情况。再按下格数设定的快速调整与试验开关，停止格数设定的快速调整与试验。

4. 按下 15 min 快速调整与试验开关，观察输出继电器 Y0～Y2 的状态变化情况。再按下 15 min 快速调整与试验开关，停止 15 min 快速调整与试验。

5. 在 0:00 按下启停开关，启动定时报时器。

任务 5　外置数计数器设计

学习目标

1. 熟悉二进制数与 BCD 码变换指令、数据交换指令、块传送指令、多点传送指令、移位传送指令和取反传送指令。

2. 能利用传送比较指令编写梯形图程序，应用于外置数计数器。

任务引入

在前面编写的各个程序中，计数器的设定值都是由程序设定的，要改变设定值就要改变程序。但在一些工业控制场合，需要在程序外由现场操作人员根据工艺要求临时设定计数器的值，这就要用到外置数计数器，本任务就是设计这样一种外置数计数器。

任务分析

输入/输出地址分配表见表 5-6，拨码开关接于 X7~X0，通过它可以自由设定数值在 99 以下的计数值；X10 接脉冲发生器；X11 接启停开关。Y0 接计数器 C0 的控制对象，当计数器 C0 的当前值与由拨码开关设定的计数器值相同时，Y0 被驱动。

表 5-6　输入/输出地址分配表

输入		输出	
继电器	说明	继电器	说明
X3~X0	拨码开关	Y0	控制对象
X7~X4			
X10	脉冲发生器		
X11	启停开关		

由此设计出的外置数计数器梯形图如图 5-17 所示。其中，C0 的计数值是否与外部拨码开关的设定值一致，是借助比较指令判断的。需要注意的是，拨码开关送入的值为 BCD 码，要用二进制转换指令进行数制的变换，因为比较操作只对二进制数有效。

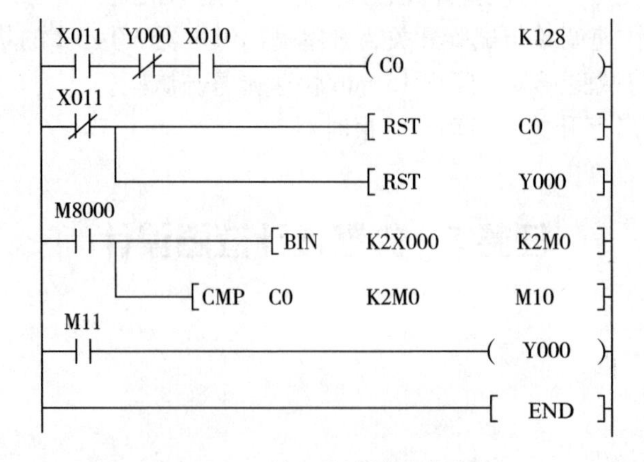

图 5-17　外置数计数器梯形图

相关知识

一、二进制数与 BCD 码变换指令

1. BCD 码到二进制数变换指令（BIN）

BCD 码到二进制数变换指令的作用是将源元件中的 BCD 码转换成二进制数并送到目标元件中。其数值范围：16 位操作数为 0~9 999；32 位操作数为 0~99 999 999。BIN 的使用方法如图 5-18a 所示。当 X000 为 ON 时，将源元件 K2X000 中的 BCD 码转换成二进制数送到目标元件 D10 中。

BIN 的使用注意事项如下。

（1）如果源数据不是 BCD 码，M8067 为 ON（运算错误），M8068（运算错误锁存）不工作，为 OFF。

（2）由于常数 K 自动进行二进制变换处理，因此不可作为该指令的操作数。

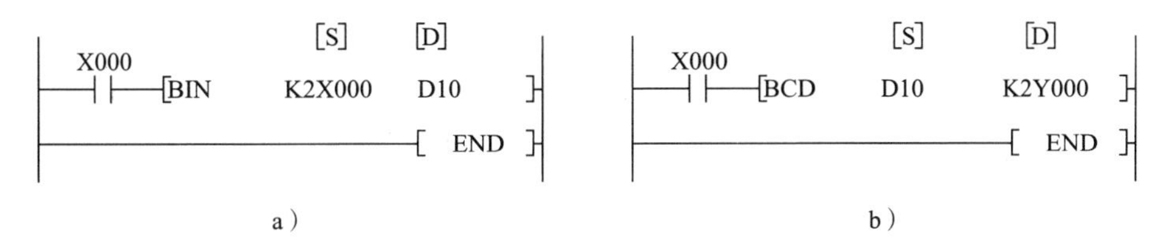

图 5-18　二进制数与 BCD 码变换指令的说明
a）BIN 的使用方法　b）BCD 的使用方法

2. 二进制数到 BCD 码变换指令（BCD）

二进制数到 BCD 码变换指令的作用是将源元件中的二进制数转换成 BCD 码并送到目标元件中。BCD 的使用方法如图 5-18b 所示。当 X000 为 ON 时，源元件 D10 中的二进制数转换成 BCD 码送到目标元件 Y007~Y000 中。

BCD 的使用注意事项如下。

（1）在 16 位操作中，变换结果超出 0~9 999，将会导致错误；在 32 位操作中，变换结果超出 0~99 999 999，同样会导致错误。

（2）BCD 可用于将 PLC 内的二进制数据变为七段显示等所需的 BCD 码。

二、数据交换指令（XCH）

XCH 是指在指定的目标软元件间进行数据交换。数据交换指令的说明如图 5-19 所示。当 X000 为 ON 时，将十进制数 K20 传送给 D0，十进制数 K30 传送给 D1，所以 D0 和 D1 中的数据分别为 20 和 30；当 X001 为 ON 时，执行数据交换指令，目标元件 D0 和 D1 中的数据分别为 30 和 20，即 D0 和 D1 中的数据进行了交换。

使用 XCH 时应注意，XCH 一般要采用脉冲执行方式，否则在每一个扫描周期都要交换一次数据。

```
X000
──┤ ├──┬──[MOVP   K20    D0  ]
       └──[MOVP   K30    D1  ]
X001
──┤ ├─────[XCHP   D0     D1  ]
                  [D1]   [D0]
──────────────────────[ END  ]
```

图 5-19　数据交换指令的说明

三、块传送指令（BMOV）

BMOV 是指将源操作数指定的软元件开始的 *n* 点数据传送到指定的目标操作数开始的 *n* 点软元件中。如果元件号超出允许的元件号范围，数据仅传送到允许的范围内。块传送指令的说明如图 5-20 所示。如果执行块传送指令前 D0～D2 中的数据分别为 100、200、300，则当 X000 为 ON 时，执行块传送指令，目标元件 D10～D12 中的数据也变为 100、200、300，即将 D0～D2 中的数据传送给了 D10～D12。

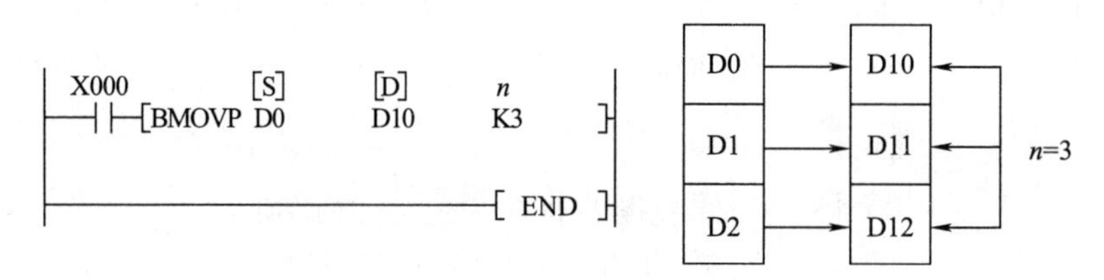

图 5-20　块传送指令的说明

BMOV 的使用注意事项如下。

（1）BMOV 中的源操作数与目标操作数是位组合元件时，源操作数与目标操作数要采用相同的位数，如图 5-21a 所示。

（2）在传送的源操作数与目标操作数的地址号范围重叠的场合，为了防止输送源数据没传送就被改写，PLC 会自动确定传送顺序，如图 5-21b 中①～③的顺序。

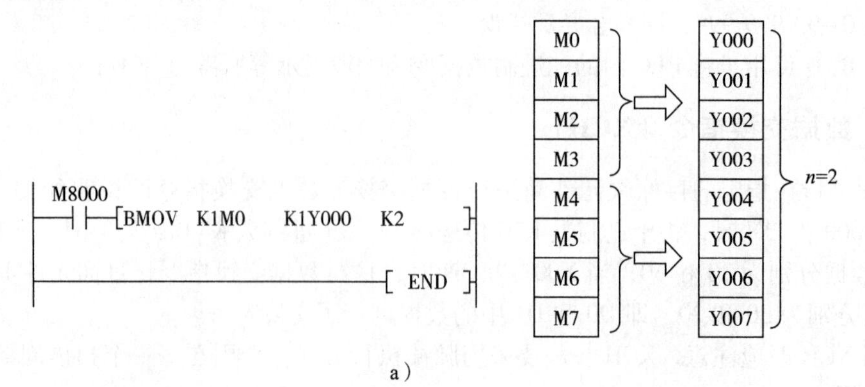

a）

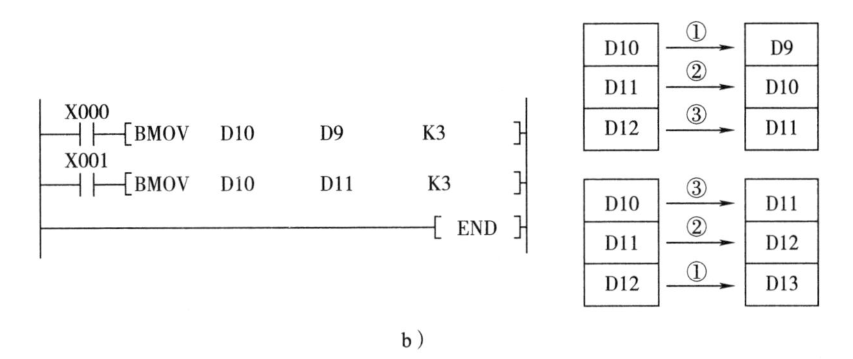

b）

图 5-21　块传送指令的使用注意事项

a）传送位组合元件　b）PLC 自动排序

（3）利用 BMOV 可以读出文件寄存器（D1000～D7999）中的数据。

四、多点传送指令（FMOV）

FMOV 是将源操作数指定的软元件的内容向以目标操作数指定的软元件开始的 n 点软元件传送。如图 5-22a 所示，FMOV 的作用是将 D0～D99 共 100 个软元件的内容全部置为 0。

如果元件号超出允许的元件号范围，数据将仅传送到允许的范围内。

五、移位传送指令（SMOV）

SMOV 是将 4 位十进制源操作数［S］中指定位数的数据传送到 4 位十进制目标操作数中指定的位置。如图 5-22b 所示，源数据（二进制数）D1 中是 4 位 BCD 码变换值，将第 4 位（m_1=4）、第 3 位（m_2=2）共 2 位向目标 D2 传送，以 D2 的第 3 位（n=3）为开头，即将 D1 中的第 4 位和第 3 位传送到 D2 中的第 3 位和第 2 位。假设执行 SMOV 前，D1 中的内容为 0011100001110110，D2 中的内容为 1001000100100100，则当 X000 为 ON 时，执行 SMOV，将 D1 中的第 4 位 0011 和第 3 位 1000 向目标 D2 的第 3 位和第 2 位传送，所以 D2 的内容变为 1001001110000100 并将其变为二进制数。

六、取反传送指令（CML）

CML 是将源操作数［S］中的数据逐位取反（1→0，0→1）并传送到指定目标［D］。如图 5-22c 所示，若 D0 中的数据在执行 CML 前为 1001000100100100，则当 X000 为 ON 时，Y003～Y000 的数据变为 1011。

```
X000        [S]      [D]      n
──┤├──[FMOV  K0       D0       K100 ]
──────────────────────────[ END ]
```

a）

```
X000              [S]  m1  m2  [D]  n
──┤├──────[SMOV D1   K4  K2  D2   K3 ]
──────────────────────────[ END ]
```

b）

```
X000              [S]       [D]
──┤├──────[CML     D0        K1Y000 ]
──────────────────────────[ END ]
```

c）

图 5-22　FMOV、SMOV、CML 的说明

a）FMOV　b）SMOV　c）CML

任务实施

1. 按图 5-23 连接 PLC 控制电路，检查线路正确性，确保无误。

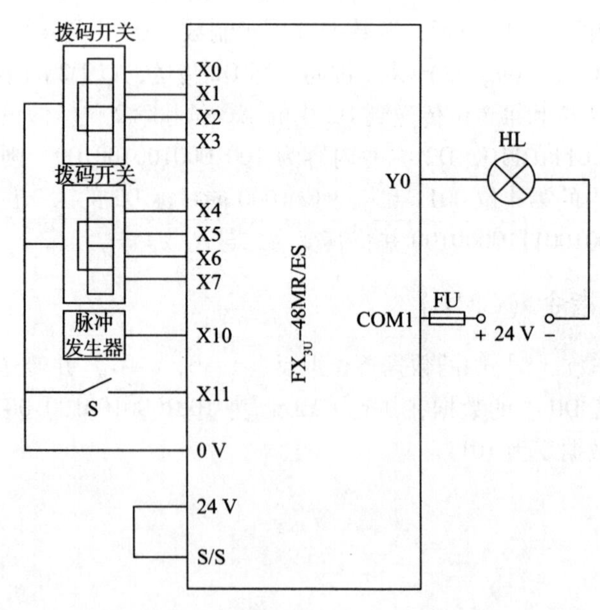

图 5-23　外置数计数器 PLC 控制电路图

2. 输入图 5-17 所示的梯形图，检查无误后运行程序。

3. 先不操作拨码开关和输入按钮，观察输出继电器 Y0 的状态。

4. 按下启停开关，分别设置拨码开关的值为 10 和 90（转换为 BCD 码），仔细观察输出继电器 Y0 的状态变化，体会外置数计数器设定值对输出继电器的影响。

任务 6　四则运算应用

学习目标

1. 熟悉二进制加、减、乘、除法指令。

2. 能利用算术运算指令编写梯形图程序，应用于四则运算。

任务引入

四则运算是计算机的基本功能，可编程序控制器也应具备四则运算的功能，如某控制程序中要进行以下算式的运算。

$$Y=\frac{36X}{20}+2$$

本任务要求用 PLC 完成四则运算。

任务分析

本任务中“X”代表输入，输入端 X0～X7 送入二进制数，运算结果送到输出端 Y0～Y7，X20 接启停开关。输入/输出地址分配表见表 5-7。

表 5-7　输入/输出地址分配表

输入		输出	
继电器	说明	继电器	说明
X7～X0	输入二进制数	Y7～Y0	运算结果
X20	启停开关		

由此设计出的四则运算梯形图如图 5-24 所示。

```
  X020
──┤├──┬──────────[MOVP   K2X000   D0     ]
      ├──────────[MOVP   K36      D1     ]
      ├──────────[MOVP   K20      D2     ]
      ├──────────[MOVP   K2       D3     ]
      ├─[MULP    D0      D1       D4     ]
      ├─[DIVP    D4      D2       D6     ]
      └─[ADDP    D6      D3       K2Y000 ]
──────────────────────────────[ END      ]
```

图 5-24　四则运算梯形图

相关知识

四则运算指令及逻辑运算指令是基本运算指令。

可编程序控制器中有两种四则运算：整数四则运算和实数四则运算。前者指令较简单，参加运算的数据只能是整数。非整数参加运算需先取整，除法运算的结果分为商和余数。而实数四则运算是浮点运算，是一种高准确度的运算。

一、二进制加法指令（ADD）

ADD 是将指定的源元件中的二进制数相加，将结果送到指定的目标元件中。如图 5-25 所示，当执行条件 X000 为 ON 时，[D10]+[D12]→[D14]。图 5-24 中的 ADDP 表示将 D6 和 D3 中的数据相加后传送到 Y007～Y000。

ADD 的使用注意事项如下。

（1）ADD 有 3 个常用标志。M8020 为零标志，M8021 为借位标志，M8022 为进位标志。

```
  X000              [S1]     [S2]     [D]
──┤├───[ADD         D10      D12      D14  ]
  X001
──┤├──────────[DSUBP   D0    K119     D0   ]
───────────────────────────────[ END       ]
```

图 5-25　二进制加法、减法指令的说明

如果运算结果为 0，则零标志 M8020 置 1；如果运算结果超过 32 767（16 位）或 2 147 483 647（32 位），则进位标志 M8022 置 1；如果运算结果小于-32 767（16 位）或-2 147 483 647（32 位），则借位标志 M8021 置 1。

（2）在 32 位运算中，被指定的字元件是低 16 位元件，而下一个元件为高 16 位元件。源元件和目标元件可以用相同的元件号。

（3）若源元件和目标元件的元件号相同而采用连续执行的 ADD、（D）ADD 时，加法的结果在每个扫描周期都会改变，此时一般采用脉冲执行型。

（4）四则运算都是代数运算。

二、二进制减法指令（SUB）

SUB 是将指定的源元件中的二进制数相减，将结果送到指定的目标元件中。图 5-25 中，当执行条件 X001 由 OFF→ON 时，[D0]-K119→[D0]。

二进制减法指令的各种标志的动作、32 位运算中软元件的指定方法、连续执行型和脉冲执行型的差异等均与二进制加法指令相同。

三、二进制乘法指令（MUL）

MUL 是将指定的源元件中的二进制数相乘，将结果送到指定的目标元件中。MUL 分 16 位和 32 位两种情况。

如图 5-26 所示，16 位运算中，当执行条件 X000 由 OFF→ON 时，[D0]×[D2]→[D5，D4]。源操作数是 16 位，目标操作数是 32 位。当 [D0]=8，[D2]=9 时，[D5，D4]=72。最高位为符号位，0 为正，1 为负。

32 位运算中，当执行条件 X000 由 OFF→ON 时，[D1，D0]×[D3，D2]→[D7，D6，D5，D4]。源操作数是 32 位，目标操作数是 64 位。当 [D1，D0]=238，[D3,D2]=189 时，[D7，D6，D5，D4]=44 982。最高位为符号位，0 为正，1 为负。

将位组合元件用于目标操作数时，限于 n 的取值，只能得到低位 32 位的结果，不能得到高位 32 位的结果，这时应将数据移入字元件再进行计算。用字元件时，不能监视 64 位数据，只能监视高 32 位和低 32 位数据。V 和 Z 不能用在 [D] 中。

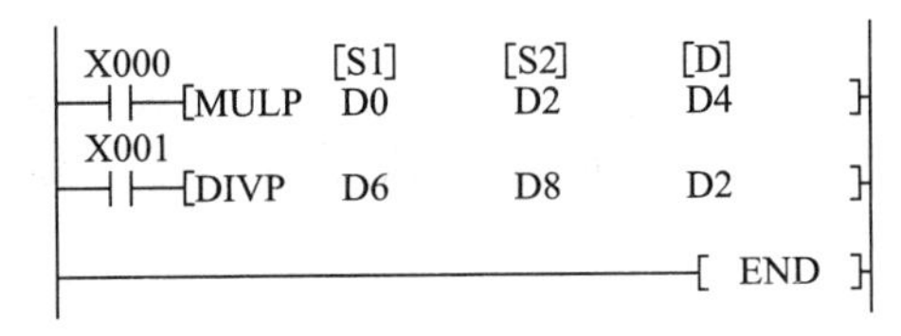

图 5-26　二进制乘法、除法指令的说明

四、二进制除法指令（DIV）

DIV 是将指定的源元件中的二进制数相除，[S1] 为被除数，[S2] 为除数，将商送到指定的目标元件 [D] 中，余数送到 [D] 的下一个目标元件 [D+1] 中。DIV 的说明如图 5-26 所示，它也分 16 位和 32 位两种情况。

16 位运算中，当执行条件 X001 由 OFF→ON 时，执行运算 [D6]÷[D8]，商在 [D2]，余数在 [D3]。当 [D6]=19，[D8]=3 时，[D2]=6，[D3]=1。

32 位运算中，当执行条件 X001 由 OFF→ON 时，执行运算［D7，D6］÷［D9，D8］，商在［D3，D2］，余数在［D5，D4］。

除数为 0 时，有运算错误，不执行指令。若［D］为指定位元件，则得不到余数。V 和 Z 不能用在［D］中。

任务实施

1. 将代表输入置数的 8 个按钮连接到 PLC 的 X7～X0，启停开关连接到 X20，输出用指示灯代替，然后连接 PLC 的电源，确保接线无误。

2. 输入图 5-24 所示的梯形图，检查无误后运行程序。

3. 输入置数先设置为 0，按下启停开关开始算术运算，观察输出继电器 Y0～Y7 的状态，检验是否实现了算术运算功能，再按下启停开关停止。

4. 改变输入置数，重复第 3 步，观察算术运算的结果。

任务 7　彩灯电路控制

学习目标

1. 熟悉加 1、减 1，逻辑字“与”“或”“异或”和求补等指令。

2. 能利用逻辑运算指令编写梯形图程序，应用于彩灯电路控制。

任务引入

生活中经常可以看到许多广告灯光、舞台灯光以各种方式闪烁，例如，12 个彩灯正序逐个点亮至全亮、反序逐个熄灭至全熄，然后再循环。本任务就是利用 PLC 控制灯光闪烁。

任务分析

12 个彩灯分别由 Y13～Y10、Y7～Y0 输出，X0 接彩灯控制的启停开关。输入/输出地址分配表见表 5-8。

表 5-8　输入/输出地址分配表

输入		输出	
继电器	说明	继电器	说明
X0	启停开关	Y13～Y10、Y7～Y0	彩灯输出

本功能可用加 1、减 1 指令及变址寄存器实现，彩灯状态变化的时间单元为 1 s，用 M8013 实现。由此设计出的彩灯电路控制梯形图如图 5-27 所示。

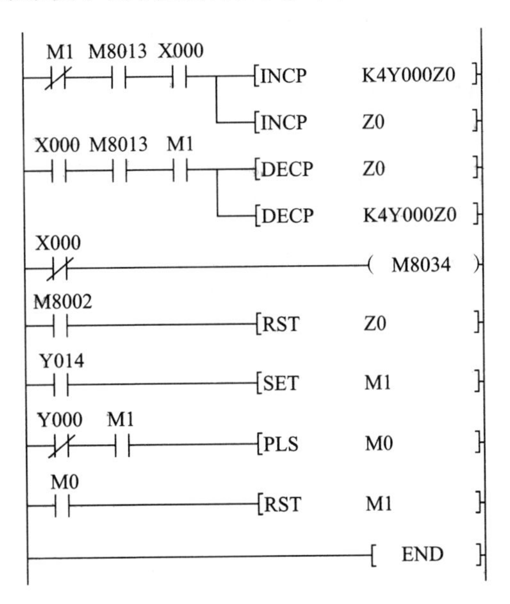

图 5-27　彩灯电路控制梯形图

相关知识

一、加 1 指令（INC）

INC 的说明如图 5-28a 所示。当 X000 由 OFF→ON 时，由［D］指定的元件 D10 中的二进制数自动加 1。若用连续指令，则每个扫描周期均加 1。

16 位运算中，+32 767 加 1 就变为-32 768，但标志不置位。同样，32 位运算中，+2 147 483 647 加 1 就变为-2 147 483 648，标志也不置位。

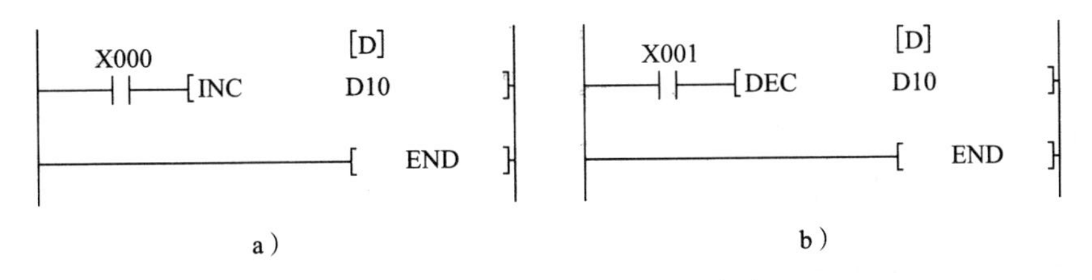

图 5-28　加 1、减 1 指令的说明
a）INC　b）DEC

二、减 1 指令（DEC）

DEC 的说明如图 5-28b 所示。当 X001 由 OFF→ON 时，由［D］指定的元件 D10 中

的二进制数自动减 1。若用连续指令，则每个扫描周期均减 1。

16 位运算中，-32 768 减 1 就变为+32 767，但标志不置位。同样，32 位运算中，-2 147 483 648 减 1 就变为+2 147 483 647，标志也不置位。

三、逻辑字“与”指令（WAND）

WAND 的说明如图 5-29a 所示。当 X000 为 ON 时，［S1］指定的 D10 和［S2］指定的 D12 内数据按位对应，进行逻辑字“与”运算，结果存于由［D］指定的元件 D14 中。

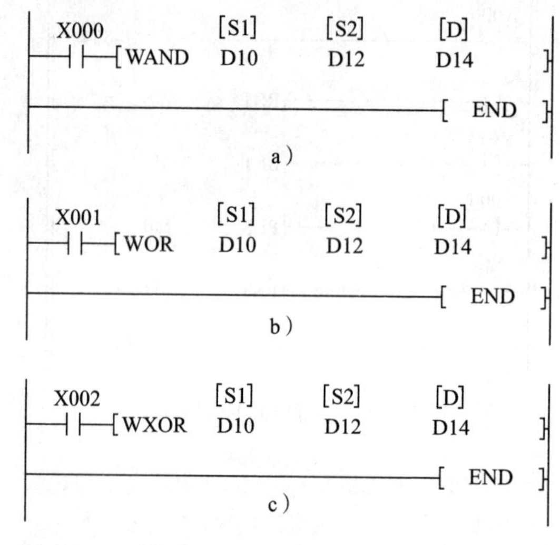

图 5-29　逻辑字“与”“或”“异或”指令的说明
a）WAND　b）WOR　c）WXOR

四、逻辑字“或”指令（WOR）

WOR 的说明如图 5-29b 所示。当 X001 为 ON 时，［S1］指定的 D10 和［S2］指定的 D12 内数据按位对应，进行逻辑字“或”运算，结果存于由［D］指定的元件 D14 中。

五、逻辑字“异或”指令（WXOR）

WXOR 的说明如图 5-29c 所示。当 X002 为 ON 时，［S1］指定的 D10 和［S2］指定的 D12 内数据按位对应，进行逻辑字“异或”运算，结果存于由［D］指定的元件 D14 中。

六、求补指令（NEG）

求补指令只有目标操作数，其说明如图 5-30 所示。它将［D］指定的数的每一位取反后再加 1，结果存于同一元件中。求补指令实际上是绝对值不变的变号操作。

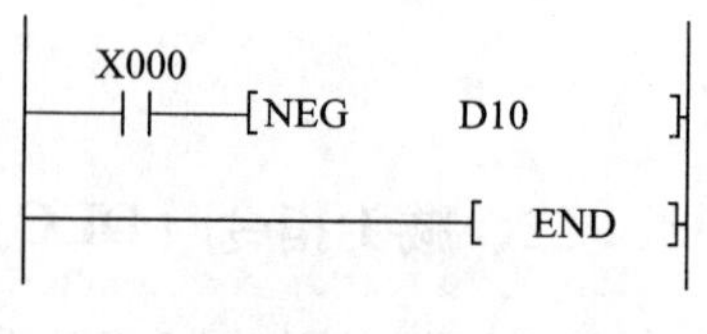

图 5-30　求补指令的说明

FX 系列 PLC 的负数用 2 的补码的形式来表示，最高位为符号位，0 为正，1 为负，将负数求补后得到它的绝对值。

任务实施

1. 将1个带自锁功能的按钮连接到PLC的X0，将12个彩灯连接到PLC的Y13~Y10、Y7~Y0，然后连接PLC的电源，确保接线无误。

2. 输入图5-27所示的梯形图，检查无误后运行程序。

3. 先不按下输入按钮，观察彩灯是否有变化，体会M8034的作用。

4. 按下输入按钮，观察彩灯的点亮情况是否符合彩灯的控制要求。

任务8　流水灯光控制

学习目标

1. 熟悉循环移位指令ROR、ROL、RCR、RCL。

2. 熟悉移位指令SFTR、SFTL、WSFR、WSFL、SFWR、SFRD。

3. 能利用循环移位指令和移位指令编写梯形图程序，应用于流水灯光控制。

任务引入

本任务利用PLC实现流水灯光控制。某灯光招牌有L1~L8共8个灯接于Y0~Y7，要求当X0为ON时，灯先以正序每隔1 s轮流点亮，Y7点亮后，停3 s，然后以反序每隔1 s轮流点亮，Y0再次点亮后，停3 s，重复上述过程；当X1为ON时，停止工作。

任务分析

由提出的任务可知，流水灯光控制需要2个输入器件、8个输出器件。输入/输出地址分配表见表5-9。

表5-9　输入/输出地址分配表

输入		输出	
继电器	说明	继电器	说明
X0	启动按钮	Y7~Y0	外接L8~L1
X1	停止按钮		

本任务可用循环移位指令实现，由此设计出的流水灯光控制梯形图如图5-31所示。

第三行到第五行的“启-保-停”程序用来设置正序轮流点亮条件：启动或反序轮流点亮完成均可作为正序轮流点亮的“启”条件，停止或反序轮流点亮开始均可作为正序轮流点亮的“停”条件；正序轮流点亮和反序轮流点亮中的间隔 1 s 由 M8013 控制。

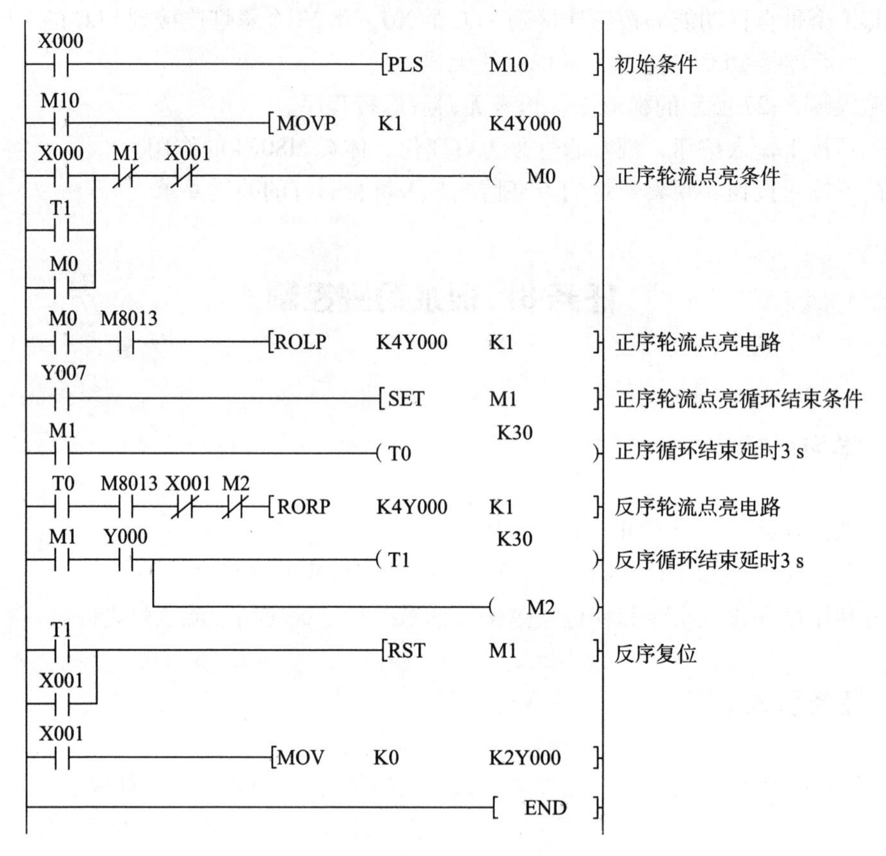

图 5-31　流水灯光控制梯形图

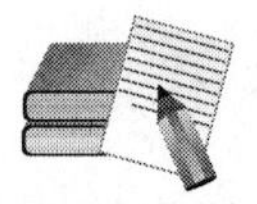

相关知识

一、循环移位指令

循环移位是指数据在本字节或双字节内的移位，是一种环形移动。而非循环移位是线性的移位，数据移出部分会丢失，移入部分从其他数据获得。移位指令可用于数据的 2 倍乘处理，可以形成新数据或某种控制开关。

1. 循环右移指令（ROR）

ROR 能使 16 位数据、32 位数据向右循环移位。如图 5-32a 所示，当 X004 由 OFF→ON 时，［D］内各位数据向右移 *n* 位，最后一次从最低位移出的状态存于进位标志 M8022 中。若用连续指令，循环移位操作每个周期执行一次。若［D］为指定位软元件，则只有 K4（16 位指令）或 K8（32 位指令）有效，如图 5-31 中的 K4Y000。

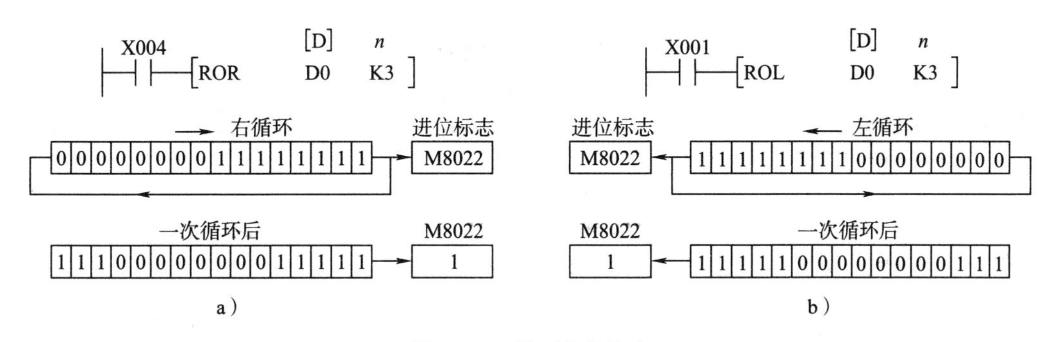

图 5-32　循环移位指令

a）循环右移　b）循环左移

2. 循环左移指令（ROL）

ROL 能使 16 位数据、32 位数据向左循环移位。如图 5-32b 所示，当 X001 由 OFF→ON 时，[D] 内各位数据向左移 n 位，最后一次从最高位移出的状态存于进位标志 M8022 中。若用连续指令，循环移位操作每个周期执行一次。若 [D] 为指定位软元件，则只有 K4（16 位指令）或 K8（32 位指令）有效。

3. 带进位的右循环移位指令（RCR）

RCR 的操作数和 n 的取值范围与 ROR、ROL 相同。如图 5-33a 所示，执行 RCR 时，各位的数据与进位位 M8022 一起（当为 16 位指令时一共 17 位数字参与循环）向右循环移动 n 位。在循环中移出的位送入进位标志，后者又被送回目标操作数的另一端。

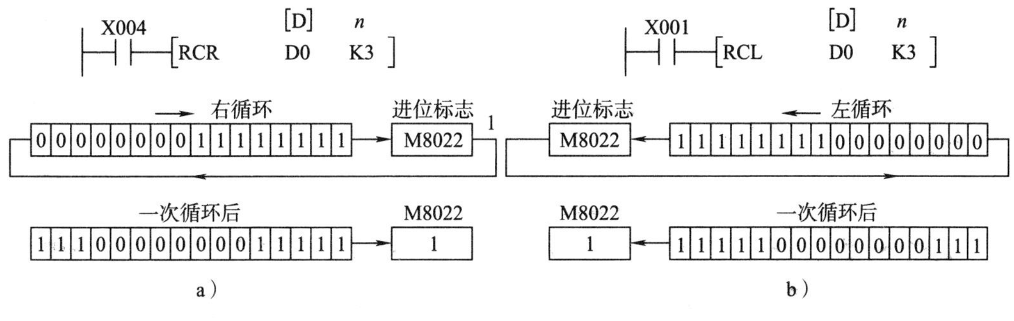

图 5-33　带进位的循环移位指令

a）RCR　b）RCL

4. 带进位的左循环移位指令（RCL）

RCL 的操作数和 n 的取值范围与 ROR、ROL 相同。如图 5-33b 所示，执行 RCL 时，各位的数据与进位位 M8022 一起（当为 16 位指令时一共 17 位数字参与循环）向左循环移动 n 位。在循环中移出的位送入进位标志，后者又被送回目标操作数的另一端。

二、移位指令

1. 位右移指令（SFTR）

SFTR 是把 n_1 位 [D] 所指定位元件和 n_2 位 [S] 所指定位元件的位进行右移的指

令，要求 $n_2 \leqslant n_1 \leqslant 1\ 024$。如图 5-34 所示，当 X010 由 OFF→ON 时，［D］内（M0～M15）各位数据连同［S］内（X000～X003）4 位数据向右移 4 位，即（M3～M0）→溢出，（M7～M4）→（M3～M0），（M11～M8）→（M7～M4），（M15～M12）→（M11～M8），（X003～X000）→（M15～M12）。

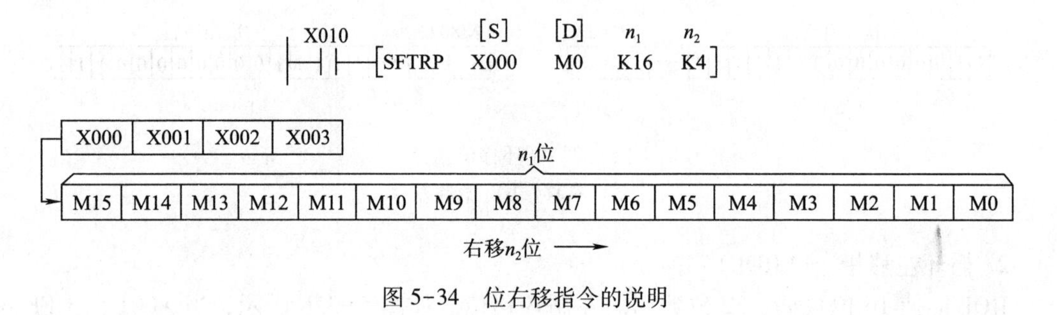

图 5-34　位右移指令的说明

2. 位左移指令（SFTL）

SFTL 是把 n_1 位［D］所指定位元件和 n_2 位［S］所指定位元件的位进行左移的指令，要求 $n_2 \leqslant n_1 \leqslant 1\ 024$。如图 5-35 所示，当 X010 由 OFF→ON 时，［D］内（M0～M15）各位数据连同［S］内（X000～X003）4 位数据向左移 4 位。

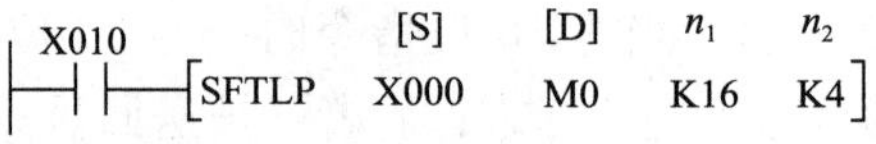

X010　[S]　[D]　n_1　n_2

SFTLP　X000　M0　K16　K4

图 5-35　位左移指令的说明

说明：位右移或左移指令用脉冲执行型指令时，指令在 X010 由 OFF→ON 变化时执行；若用连续指令，移位操作在每个扫描周期执行一次。

3. 字右移指令（WSFR）

WSFR 是把［D］所指定 n_1 个字长的字元件与［S］所指定 n_2 个字长的字元件进行右移的指令，要求 $n_2 \leqslant n_1 \leqslant 512$。如图 5-36 所示，当 X000 由 OFF→ON 时，［D］内（D10～D25）16 个字数据连同［S］内（D0～D3）4 个字数据向右移 4 位，即（D13～D10）→溢出，（D17～D14）→（D13～D10），（D21～D18）→（D17～D14），（D25～D22）→（D21～D18），（D3～D0）→（D25～D22）。

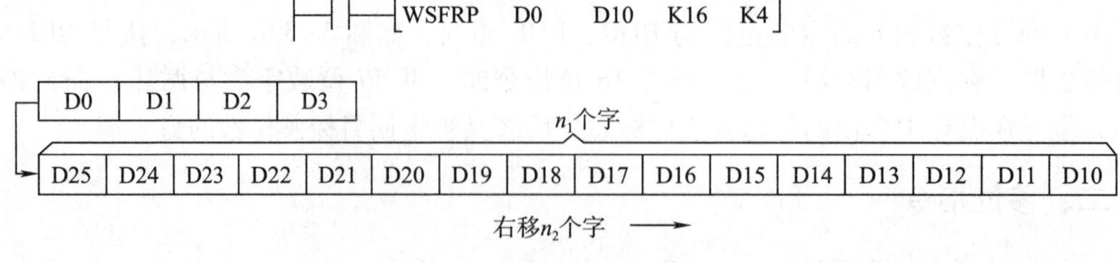

图 5-36　字右移指令的说明

4. 字左移指令（WSFL）

WSFL 是把［D］所指定 n_1 个字长的字元件与［S］所指定 n_2 个字长的字元件进行左移的指令，要求 $n_2 \leqslant n_1 \leqslant 512$。如图 5-37 所示，当 X000 由 OFF→ON 时，［D］内（D10~D25）16 个字数据连同［S］内（D0~D3）4 个字数据向左移 4 位。

X000 [S] [D] n_1 n_2
[WSFLP D0 D10 K16 K4]

图 5-37 字左移指令的说明

说明：字右移或左移指令用脉冲执行型指令时，指令在 X000 由 OFF→ON 变化时执行；若用连续指令，移位操作在每个扫描周期执行一次。

5. 移位寄存器写入指令（SFWR）

移位寄存器又称 FIFO（先进先出）堆栈，堆栈的长度范围为 2~512 字。SFWR 是先进先出控制的数据写入指令。如图 5-38 所示，当 X000 由 OFF→ON 时，将［S］所指定的 D0 的数据存储在 D2 中，［D］所指定的指针 D1 的内容变为 1。若改变了 D0 的数据，当 X000 再次由 OFF→ON 时，又将 D0 的数据存储在 D3 中，D1 的内容变为 2，依此类推。D1 内的数为数据存储点数，如超过 $n-1$，则变为无法处理，这时进位标志 M8022 动作。

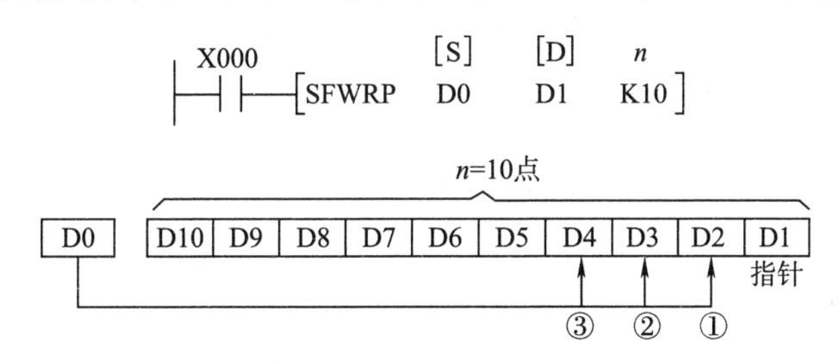

图 5-38 移位寄存器写入指令的说明

若用连续指令，移位寄存器写入操作在每个扫描周期按顺序执行一次。

6. 移位寄存器读出指令（SFRD）

SFRD 是先进先出控制的数据读出指令。如图 5-39 所示，当 X000 由 OFF→ON 时，将 D2 的数据传送到 D20 内，与此同时，指针 D1 的内容减 1，D3~D10 的数据向右移。当 X000 再次由 OFF→ON 时，原 D3 中的数据传送到 D20 内，D1 的内容再减 1，依此类推。当 D1 的内容为 0 时，上述操作不再执行，零标志 M8020 动作。

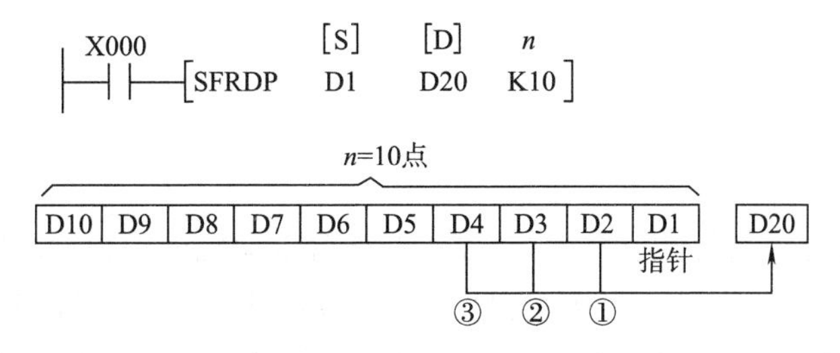

图 5-39 移位寄存器读出指令的说明

若用连续指令，移位寄存器读出操作在每个扫描周期按顺序执行一次。

任务实施

1. 按图 5-40 将 PLC 与输入开关、输出指示灯相连，然后连接 PLC 的电源，确保接线无误。

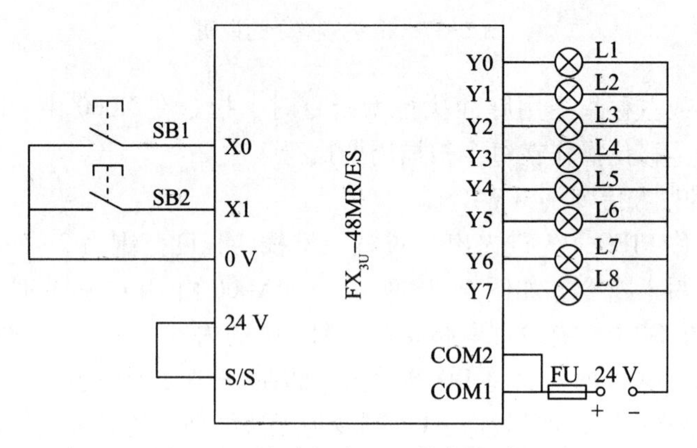

图 5-40　流水灯光 PLC 控制电路图

2. 输入图 5-31 所示的梯形图，检查无误后运行程序。
3. 按下启动按钮，观察 L1～L8 的状态变化。
4. 按下停止按钮，结束程序运行。

任务 9　用单按钮实现五台电动机的启停控制

学习目标

1. 熟悉译码、编码指令。
2. 能利用译码、编码指令编写梯形图程序，应用于用单按钮实现五台电动机的启停控制。

任务引入

本任务用单按钮控制五台电动机的启停。对五台电动机进行编号，按下按钮一次（保持 1 s 以上），1 号电动机启动，再按按钮，1 号电动机停止；按下按钮两次（第二次保持 1 s 以上），2 号电动机启动，再按按钮，2 号电动机停止……按下按钮五次（最后一次保持 1 s 以上)，5 号电动机启动，再按按钮，5 号电动机停止。利用 PLC 实现该功能。

任务分析

将启停按钮接到 X0，五台电动机接到 Y0～Y4。输入/输出地址分配表见表 5-10。

由此设计出的单按钮控制五台电动机梯形图如图 5-41 所示。输入电动机编号的按钮接于 X0，电动机编号使用加 1 指令记录在 K1M10 中。指令 DECOP 则将 K1M10 中的数据译码并令 M0～M7 中元件编号和 K1M10 中数据相同的位元件置 1。M9 及 T0 用于输入数字确认及停止复位控制。

表 5-10　输入/输出地址分配表

输入		输出	
继电器	说明	继电器	说明
X0	启停按钮	Y0	控制 1 号电动机
		Y1	控制 2 号电动机
		Y2	控制 3 号电动机
		Y3	控制 4 号电动机
		Y4	控制 5 号电动机

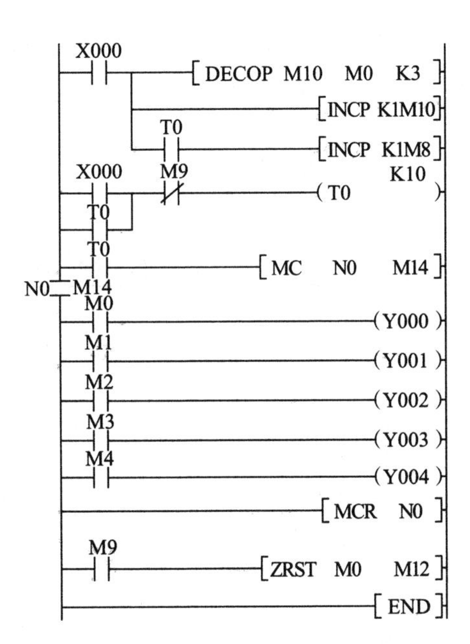

图 5-41　单按钮控制五台电动机梯形图

相关知识

一、译码指令（DECO）

DECO 的功能相当于数字电路中的译码电路。DECO 有两种使用方法，如图 5-42 所示。

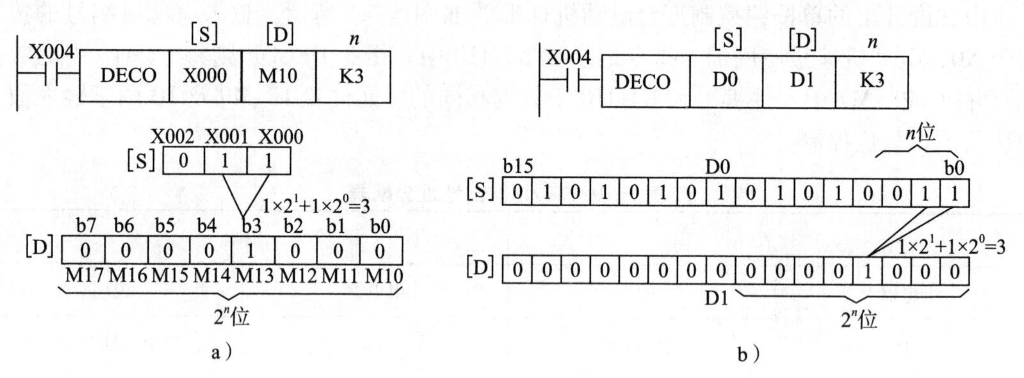

图 5-42　DECO 的使用方法

a）［D］为位元件时　b）［D］为字元件时

1. 当［D］为位元件时，如图 5-42a 所示，若以［S］为首地址的 n 位连续的位元件所表示的十进制码值为 n，则 DECO 把以［D］为首地址目标元件的第 n 位（不含目标元件位本身）置 1，其他位置 0。

图 5-42a 中的源数据与译码值的对应关系见表 5-11。源数据 $n=1+2=3$，则从 M10 开始的第 3 位 M13 为 1。当源数据 $n=0$ 时，第 0 位（即 M10）为 1。

当 $n=0$ 时，程序不执行；当 n 是 0~8 之外的数据时，出现运算错误。若 $n=8$，［D］位数为 $2^8=256$。当驱动输入 X004 为 OFF 时，不执行指令，上一次译码输出置 1 的位保持不变。

表 5-11　图 5-42a 中的源数据与译码值的对应关系

［S］			［D］							
X002	X001	X000	M17	M16	M15	M14	M13	M12	M11	M10
0	0	0	0	0	0	0	0	0	0	1
0	0	1	0	0	0	0	0	0	1	0
0	1	0	0	0	0	0	0	1	0	0
0	1	1	0	0	0	0	1	0	0	0
1	0	0	0	0	0	1	0	0	0	0
1	0	1	0	0	1	0	0	0	0	0
1	1	0	0	1	0	0	0	0	0	0
1	1	1	1	0	0	0	0	0	0	0

2. 当［D］为字元件时，若以［S］指定字元件的低 n 位所表示的十进制码值为 n，则 DECO 把以［D］所指定目标字元件的第 n 位（不含最低位）置 1，其他位置 0。如图 5-42b 所示，当源数据 $n=1+2=3$ 时，D1 的第 3 位为 1。当源数据为 0 时，D1 的第 0 位为 1。若 $n=0$，程序不执行；当 n 是 0~4 之外的数据时，出现运算错误。若 $n=4$，［D］位数为$2^4=16$。当驱动输入 X004 为 OFF 时，不执行指令，上一次译码输出置 1 的位保持不变。

注意，若指令是连续执行型，则在每个扫描周期都会执行一次。

二、编码指令（ENCO）

ENCO 的功能相当于数字电路中的编码电路。与 DECO 相同，ENCO 也有两种使用方法，如图 5-43 所示。

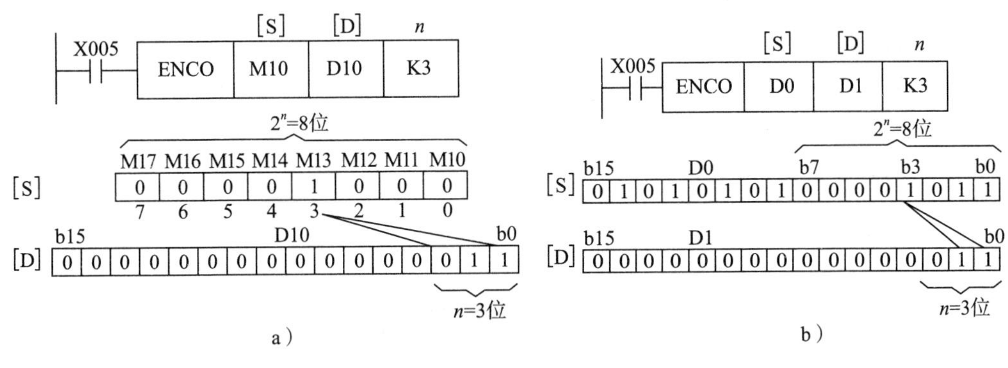

图 5-43　ENCO 的使用方法

a）［S］为位元件时　b）［S］为字元件时

1. 当［S］为位元件时，在以［S］为首地址、长度为 2^n 的位元件中，最高置 1 的位被存放到目标［D］所指定的元件中，［D］中数值的范围由 n 确定。图 5-43a 中，源元件的长度为 $2^n=8$ 位（M10~M17），其最高置 1 位是 M13，即第 3 位。将 3 进行二进制转换，则 D10 的低 3 位为 011。

若源数据的第一个（即第 0 位）位元件为 1，则［D］中存放 0。若源数据中无 1，则出现运算错误。

当 $n=0$ 时，程序不执行；当 n 是 0~8 之外的数据时，出现运算错误。若 $n=8$，［S］的位数为 $2^8=256$。当驱动输入 X005 为 OFF 时，不执行指令，上次编码输出保持不变。

2. 当［S］为字元件时，可做同样的分析，如图 5-43b 所示。

注意，［S］内的多个位为 1 时，可忽略不计低位。若指令是连续执行型，则在每个扫描周期都会执行一次。

任务实施

1. 将输入连接到 PLC 的 X0，输出用指示灯代替，连接 PLC 的电源，确保接线无误。

2. 输入图 5-41 所示的梯形图，检查无误后运行程序。

3. 按下一次启停按钮，观察各输出继电器 Y0~Y4 的状态，注意按压时间。再按一次启停按钮，观察各输出继电器 Y0~Y4 的状态。

4. 按下两次启停按钮，观察各输出继电器 Y0~Y4 的状态，注意按压时间。再按一次启停按钮，观察各输出继电器 Y0~Y4 的状态。

5. 按下三次启停按钮，观察各输出继电器 Y0~Y4 的状态，注意按压时间。再按一次启停按钮，观察各输出继电器 Y0~Y4 的状态。

6. 按下四次启停按钮，观察各输出继电器 Y0~Y4 的状态，注意按压时间。再按一次启停按钮，观察各输出继电器 Y0~Y4 的状态。

7. 按下五次启停按钮，观察各输出继电器 Y0~Y4 的状态，注意按压时间。再按一次启停按钮，观察各输出继电器 Y0~Y4 的状态。

注意，启动时最后一次按下启停按钮的时间要保持 1 s 以上，才能满足主控指令的触发条件。例如，要启动 1 号电动机，第一次按压时间就要保持 1 s 以上，没有达到 1 s 时，启动不了 1 号电动机，这时程序在等待第二次按压，如果第二次按压时间保持 1 s 以上，就变成了启动 2 号电动机，依此类推。如果五次按压时间都没有达到 1 s，仔细观察程序会怎样?

任务 10　外部故障诊断电路设计

学习目标

1. 熟悉报警器置位、复位指令。
2. 了解编程的技巧。
3. 能利用报警器置位、复位指令编写梯形图程序，应用于外部故障诊断电路。

任务引入

在生活与生产实际中，经常需要用到一些监测手段来提示异常信息。例如，某生产机械发出向前运行的命令后，若检测装置在一定时间（如 1 s）内检测不到向前运动，就会报警；又如，当要求机械在某个区间内运行，但上、下限位开关在一定时间（如 2 s）内均未动作，就会报警。本任务就是设计这样一种外部故障诊断电路。

任务分析

本任务需设置 6 个输入器件、3 个输出器件。输入/输出地址分配表见表 5-12。

表 5-12　输入/输出地址分配表

输入		输出	
继电器	说明	继电器	说明
X0	向前运行检测端	Y0	向前运行驱动
X1	向上运行检测端	Y1	上、下运行驱动
X2	向下运行检测端	Y10	故障指示
X3	向前运行开关		
X4	上、下运行开关		
X5	报警复位按钮		

由此设计出的外部故障诊断电路梯形图如图 5-44 所示。状态标志 S900～S999 是信号报警器，在报警器置位指令 ANS 和报警器复位指令 ANR 中使用，作为外部故障诊断的输出。特殊辅助继电器 M8049 是报警器有效指示，若将其驱动，则表示监视有效。PLC 将 S900～S999 中的动作状态的最小地址号存储在特殊数据寄存器 D8049 内。特殊辅助继电器 M8048 是报警器接通指示，若 M8049 被驱动，则状态标志 S900～S999 中任何一个动作都会使 M8048 动作。

若图 5-44 中 M8000 的常开触点一直接通，则 M8049 的线圈通电，特殊数据寄存器 D8049 的监视功能有效。当按下向前运行开关时，Y0 为 ON，驱动机械前进，驱动机械前进后的 1 s 内，若向前运行检测端 X0 不工作，则表示机械没有向前运动，S900 动作，指示故障。若指令 ANS 的输入电路断开，则定时器 T0 复位，而 S900 仍保持为 ON。当按下上、下运行开关时，Y1 为 ON，驱动机械上、下运行，驱动机械上、下运行后的 2 s 内，若上、下运行检测端 X1 和 X2 均不工作，则表示机械没有上、下运动，S901 动作，指示故障。

若 S900～S999 中的某一个接通，则 M8048 动作，故障指示 Y10 工作。可用报警复位按钮将外部故障诊断程序所造成的动作状态置为 OFF。每次将 X5 接通，新地址号的动作状态都会按顺序复位。

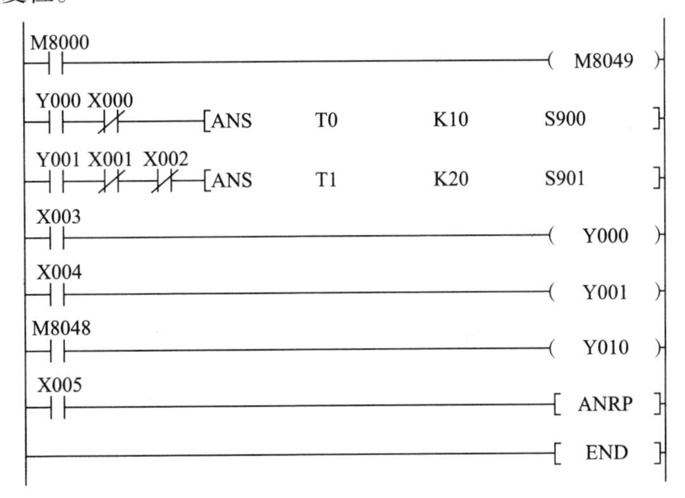

图 5-44　外部故障诊断电路梯形图

相关知识

一、报警器置位指令（ANS）

ANS 的源操作数［S］为 T0～T199，目标操作数［D］为 S900～S999，定时器的设定值 m=1～32 767（以 100 ms 为单位）。如图 5-45a 所示，若 X000 与 X001 同时接通 1 s 以上，则 S900 被置位，以后即使 X000 或 X001 为 OFF，只是将定时器复位，S900 仍然继续动作；若接通不满 1 s，X000 与 X001 为 OFF，则定时器复位，S900 不动作。

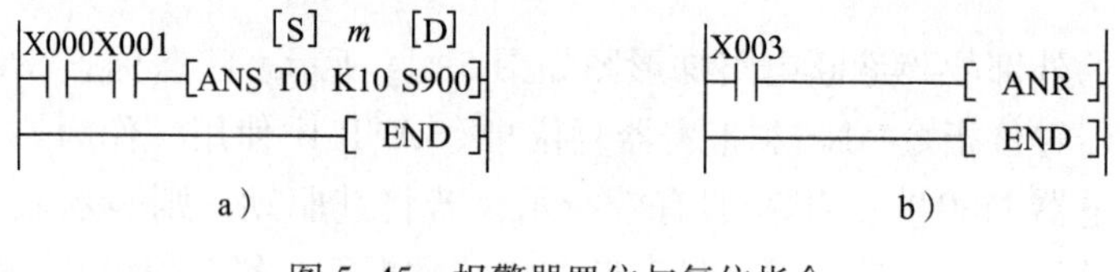

图 5-45　报警器置位与复位指令
a）ANS　b）ANR

二、报警器复位指令（ANR）

ANR 无操作数，如图 5-45b 所示。若 X003 接通，则信号报警器 S900～S999 中正在动作的信号报警器复位。如果多个信号报警器动作，则将新地址号的状态复位。若将 X003 再次接通，则下一地址号的信号报警器复位。

若指令是连续执行型，则在各运算周期中按顺序将故障报警器复位；若指令是脉冲执行型，则每按一次复位按钮 X003，按元件号递增的顺序将一个故障报警器状态复位。

发生某一故障时，其对应的报警器状态将为 ON，如果同时发生多个故障，则 D8049 中是 S900～S999 中地址最低的被置位的报警器的元件号。将它复位后，D8049 中将是下一个地址最低的被置位的报警器的元件号。

三、编程技巧

1. 数据计算与转换

PLC 控制中有不少场合要进行数值的计算与转换，如模拟量和数字量的处理、四则运算、函数运算、PID 处理等。设计这类程序时，先根据控制要求拟定好运算式，然后用相关指令逐步完成运算，编制程序时要注意中间运算结果的存储。

2. 以某个数据作为控制条件

许多控制场合以数字量为控制条件，如温度或压力达到了一定的数值则启动下一个操作。这类程序离不开传送比较，通常用比较指令的比较结果元件作为下一道工序的开关。

3. 使用数据作为逻辑控制

设计梯形图的目的是要得到符合控制要求的输出。在基本指令完成的逻辑控制任务中，把输出看成独立的，分别设计每个输出的梯形图支路。而在应用指令程序中，要把PLC的输出口看作字元件，把某时刻输出口的状态看作一个数据。

4. 使用应用指令形成某种规律

工业控制中有不少的控制对象要按一定的方式循环动作，如步进电动机需要有一定规律的脉冲、彩灯按一定的规律形成流水灯等，这就要求机内器件能形成所需的规律，这类程序离不开移位、编码、译码。编程时应先从单周期的控制要求寻找合适的指令，再考虑循环的实现。

5. 数据管理

当控制中有较多中间数据、备查数据或历史数据时，需进行数据的科学管理。例如，将数据送入堆栈、将数据制成表格并进行查找等，这时编程就可以使用堆栈指令、表应用指令等指令。

6. 初始化及数据寄存单元的复位处理

编程离不开程序的初始化及数据寄存单元的复位处理。这些功能通常在主体功能实现后，通过在程序中增加相关程序段来实现。其中，循环功能的实现常借助加1指令、减1指令、复位指令及变址寄存器。

任务实施

1. 将6个输入按钮分别连接到PLC的X0～X5，输出用指示灯代替，连接PLC的电源，确保接线无误。

2. 输入图5-44所示的梯形图，检查无误后运行程序。

3. 接通X3，不接通X0，观察报警情况；报警后接通X0，观察报警情况。

4. 接通X4，X1、X2均不接通，观察报警情况；报警后接通X1或X2，观察报警情况。

5. 接通X5，观察报警复位。重复一次。

6. 接通X3后，1 s内再接通X0，观察报警情况。

7. 接通X4后，2 s内再接通X1或X2，观察报警情况。

课题六　程序控制类应用指令

任务1　跳转程序的应用

学习目标

1. 熟悉跳转指针和跳转指令。
2. 能利用跳转指针和跳转指令编程，实现多种工作方式的切换。

任务引入

为了提高设备的可靠性，工业控制中许多设备要建立自动及手动两种工作方式。这就要在控制程序中编写两段程序，一段用于手动控制，另一段用于自动控制，然后设立一个自动/手动切换开关，以对程序段进行选择。

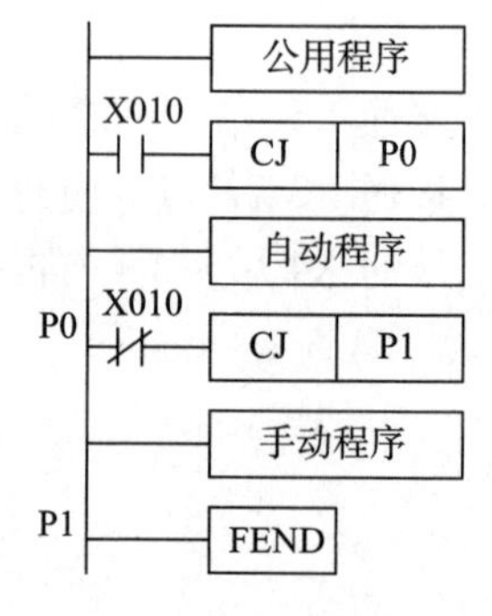

图 6-1　自动/手动切换梯形图结构

此类程序的梯形图一般采用如图 6-1 所示的结构。X010 是自动/手动切换开关，当它为 ON 时系统将跳过自动程序，执行手动程序。当 X010 为 OFF 时系统将跳过手动程序，执行自动程序。公用程序用于自动程序和手动程序相互切换的处理，自动程序和手动程序都需要完成的任务也可以由公用程序来处理。

本任务研究跳转程序的应用。

任务分析

跳转指令（CJ）可用来选择执行指定的程序段，跳过暂且不执行的程序段。如图 6-2

所示，若 X000 接通，则程序跳转到指针 P8 处执行；若 X000 断开，则不执行跳转指令 CJ P8，顺序往下执行。

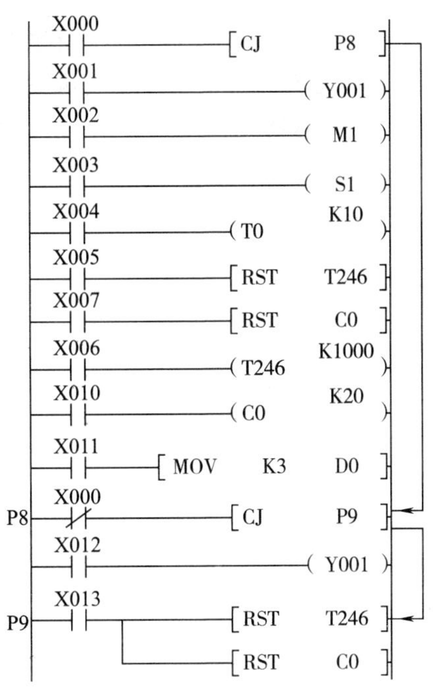

图 6-2　跳转程序梯形图

表 6-1 给出了图 6-2 中跳转发生前后相关元件状态的变化。

表 6-1　跳转发生前后相关元件状态的变化

元件	跳转前触点状态	跳转后触点状态	跳转后线圈状态
Y，M，S	X001，X002，X003：OFF	X001，X002，X003：ON	Y001，M1，S1：OFF
	X001，X002，X003：ON	X001，X002，X003：OFF	Y001，M1，S1：ON
100 ms 定时器	X004：OFF	X004：ON	定时器不动作
	X004：ON	X004：OFF	定时器停止，X000 为 OFF 时继续定时
1 ms 定时器	X005：OFF，X006：OFF	X006：ON	定时器不动作
	X005：OFF，X006：ON	X006：OFF	定时器停止，X000 为 OFF 时继续定时
计数器	X007：OFF，X010：OFF	X010：ON	计数器不动作
	X007：OFF，X010：ON	X010：OFF	计数器停止，X000 为 OFF 时继续计数
应用指令	X011：OFF	X011：ON	不执行除 FNC52～FNC59 之外的其他应用指令
	X011：ON	X011：OFF	

1. 由于系统不再执行被跳过的程序段，即使梯形图中涉及的工作条件发生变化，被跳过程序段中的输出继电器 Y、辅助继电器 M、状态继电器 S 的工作状态也将保持跳转发生前的状态不变。

2. 无论被跳过的程序段中的定时器及计数器是否具有断电保持功能，跳转发生后其定时值、计数值都将保持不变，当跳转中止、程序继续执行时，定时、计数将继续进行。另外，定时器和计数器的复位指令具有优先权，即使复位指令位于被跳过的程序段中，当执行条件满足时，复位指令也将被执行。

相关知识

一、跳转指针（P）

FX_{3U} 系列 PLC 的跳转指针（P）有 128 点（P0~P127），用于分支和跳转程序。

使用跳转指针时有以下注意事项。

（1）在梯形图中，跳转指针放在左侧母线的左边，一个跳转指针只能出现一次，如果出现两次或两次以上，就会出错。

（2）多条跳转指令可以使用相同的跳转指针。

（3）P63 是 END 所在的步序，在程序中不需要设置 P63。

（4）跳转指针可以出现在相应的跳转指令之前，但是，如果反复跳转的时间超过监控定时器的设定时间，会导致监控定时器出错。

二、跳转指令（CJ）

当 CJ 被执行时，如果跳转条件满足，PLC 将不再扫描执行跳转指令与跳转指针之间的程序，即跳到以跳转指针为入口的程序段中继续执行，直到跳转的条件不再满足，跳转才会停止。图 6-2 中，当 X000 置 1 时，跳转指令 CJ P8 的执行条件满足，程序将从 CJ P8 处跳至指针 P8 处，仅执行该梯形图中指针 P8 之后的程序。

使用跳转指令时有以下注意事项。

（1）跳转指令具有选择程序段的功能。在同一程序中，位于不同程序段的程序不会被同时执行，所以不同程序段中的同一线圈不能视为双线圈。

（2）可以有多条跳转指令使用同一跳转指针。图 6-3 中，如果 X020 接通，第一条跳转指令生效，程序将从第一条跳转指令处跳到指针 P9。如果 X020 断开，而 X021 接通，则第二条跳转指令生效，程序将从第二条跳转指令处跳到指针 P9。但是，不允许一条跳转指令对应两个跳转指针的情况。

（3）跳转指针一般设在相关的跳转指令之后，也可以设在跳转指令之前。但要注意，从程序执行顺序来看，如果由于跳转指针在前造成该程序的执行时间超过了警戒时钟设定值，程序就会出错。

（4）使用跳转指令时，跳转只执行一个扫描周期，但若用辅助继电器 M8000 作为跳转指令的工作条件，跳转就会成为无条件跳转。

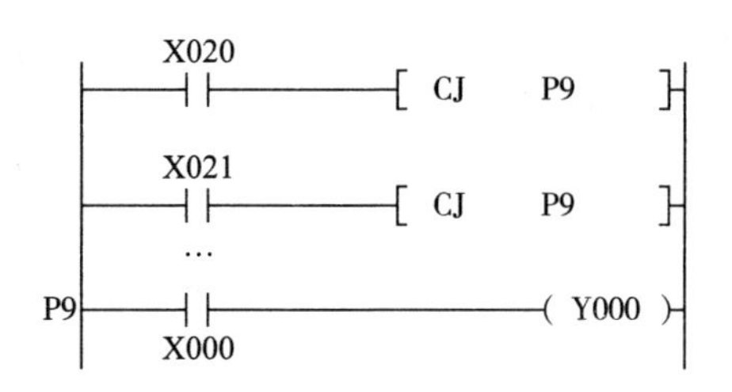

图 6-3 两条跳转指令使用同一跳转指针

（5）跳转与主控区的关系如图 6-4 所示。

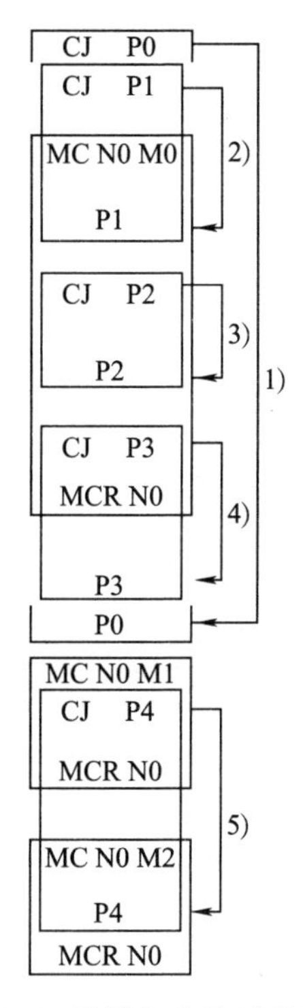

图 6-4 跳转与主控区的关系

1）跳过整个主控区（MC～MCR）的跳转不受限制。

2）从主控区外跳到主控区内，跳转独立于主控操作。当执行 CJ P1 时，无论 M0 状态如何，均作 ON 处理。

3）在主控区内跳转时，若 M0 为 OFF，则跳转不可能执行。

4）从主控区内跳到主控区外，当 M0 为 OFF 时，跳转不可能执行；当 M0 为 ON 时，若跳转条件满足则可以跳转，这时 MCR N0 无效，但不会出错。

5）从一个主控区内跳到另一个主控区内，当 M1 为 ON 时，可以跳转。执行跳转时，无论 M2 的实际状态如何，均看作 ON。MCR N0 无效。

（6）在编写跳转程序的指令表时，跳转指针需占一行，如图 6-5 所示。

梯形图	指令表
X000 ─┤├─ [CJ P1]	LD X000
	CJ P1
X001 ─┤├─ (Y000)	LD X001
─ (Y002)	OUT Y000
	OUT Y002
P1 X000 ─┤├─ (Y001)	P1
─ (Y003)	LD X000
	OUT Y001
[END]	OUT Y003
	END

图 6-5　指令表中跳转指针占一行

任务实施

1. 将两个带自锁功能的按钮分别连接到 PLC 的 X0、X1，输出用指示灯代替，连接 PLC 的电源，确保接线无误。

2. 输入图 6-5 所示的梯形图，检查无误后运行程序。

3. 按下 X0 的输入按钮，观察输出继电器 Y0~Y3 的状态有无变化，理解跳转指令。

4. 按下 X1 的输入按钮，观察输出继电器 Y0~Y3 的状态有无变化，理解跳转指令。

任务 2　子程序的应用

学习目标

1. 熟悉子程序调用指令、子程序返回指令和主程序结束指令。

2. 能分析程序结构，读懂带子程序结构的程序，编写简单的子程序。

任务引入

化工企业经常要完成多种液体物料的混合工作，这就需要对物料的投入比例、混合物的送出以及混合炉的温度进行控制。物料的投入比例和混合物的送出可通过特定的运算结果来控制相关阀门的开度实现。温度控制则可以使用加热及降温设备，使温度维持在一个区间内。

在利用 PLC 实现控制时，常常把以运算为主的程序内容作为主程序，把加热及降温等逻辑控制为主的程序作为子程序。

本任务研究子程序的应用。

任务分析

主程序和子程序的结构如图 6-6 所示，其中 X001 代表上限位温度传感器，X002 代表下限位温度传感器。当 X001 为 ON 时，调用降温控制子程序；当 X002 为 ON 时，调用升温控制子程序。

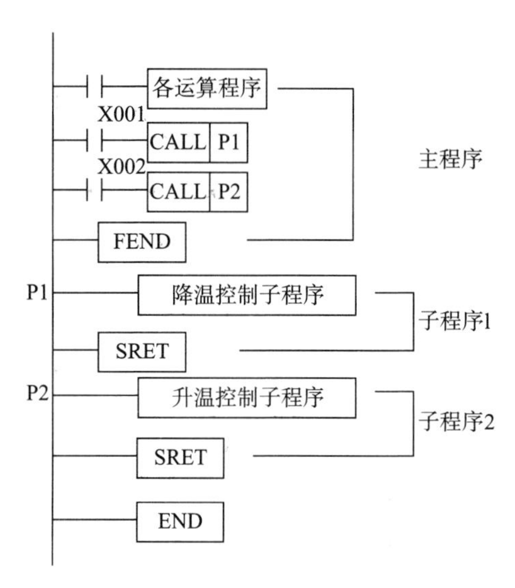

图 6-6　主程序和子程序的结构

相关知识

一、子程序调用指令（CALL）

子程序是为一些特定控制目的编制的相对独立的程序。为了区别于主程序，规定在程序编排时，将主程序写在前面，以指令 FEND 结束主程序，子程序写在指令 FEND 之后。当主程序带有多个子程序时，子程序可依次列在指令 FEND 之后。子程序调用指令（CALL）安排在主程序段中。图 6-6 中，X001、X002 分别是两个子程序（指针分别为 P1 和 P2）执行的控制开关，当 X001 为 ON 时，指针为 P1 的子程序得以执行；当 X002 为 ON 时，指针为 P2 的子程序得以执行。

二、子程序返回指令（SRET）

SRET 是不需要驱动触点的单独指令。子程序的范围从它的指针标号开始，到指令 SRET 结束。每当程序执行到指令 CALL 时，都转去执行相应的子程序，当遇到指令 SRET 时则返回原断点继续执行原程序。

子程序可以实现五级嵌套，图 6-7 所示是子程序一级嵌套结构。子程序 1 是脉冲执行方式，即 X001 接通一次，子程序 1 执行一次。当子程序 1 开始执行且 X002 接通时，程序流程将转至子程序 2 继续执行，在子程序 2 中执行到指令 SRET，又回到子程序 1 原断点处继续执行子程序 1，在子程序 1 中执行到指令 SRET，则返回主程序原断点处继续执行主程序。

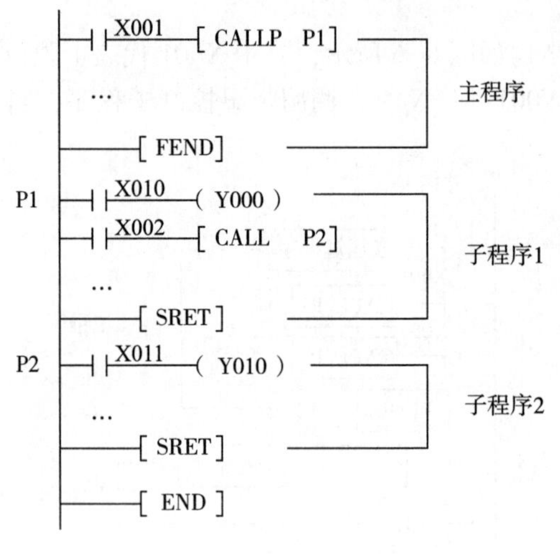

图 6-7　子程序一级嵌套结构

三、主程序结束指令（FEND）

FEND 的使用方法与 END 相同，在编写子程序和中断程序时需要使用该指令。

任务实施

1. 将两个带自锁功能的按钮分别连接到 PLC 的 X1、X2，输出用指示灯代替，连接 PLC 的电源，确保接线无误。

2. 输入图 6-8 所示的子程序实施梯形图，检查无误后运行程序。

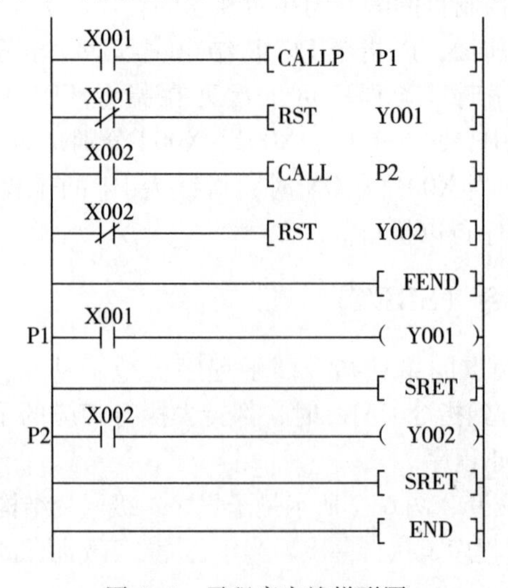

图 6-8　子程序实施梯形图

3. 按下 X1 的输入按钮，观察输出继电器 Y1 和 Y2 的状态有无变化，理解子程序。
4. 按下 X2 的输入按钮，观察输出继电器 Y1 和 Y2 的状态有无变化，理解子程序。

任务 3　循环程序的应用

学习目标

1. 熟悉循环指令 FOR 和 NEXT。
2. 能分析程序结构，读懂带循环结构的程序，编写简单的循环程序。

任务引入

在进行数据处理时，经常要求从某一批数据中找出一些有特征值的数据，例如，找出存储在 D0~D9 中数据的最大值，存储到 D10，这就要用到循环指令。

本任务研究循环程序的应用。

任务分析

本任务将用循环指令实现，由此设计出的求最大值梯形图如图 6-9 所示。

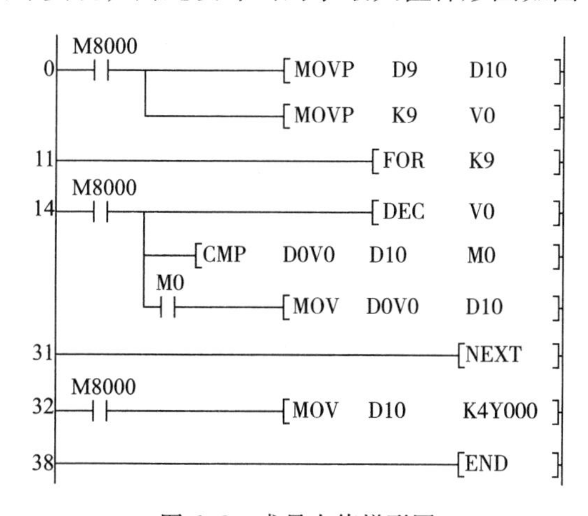

图 6-9　求最大值梯形图

相关知识

循环指令由指令 FOR 和 NEXT 构成，FOR 和 NEXT 总是成对出现的。在梯形图中，相距最近的 FOR 和 NEXT 是一对，其次是距离稍远一些的，再次是距离更远一些的。图 6-10 所示是循环指令的说明，图中的指令为三级循环嵌套，每一对 FOR 和 NEXT 间的程序是执行过程中需按一定的次数进行循环的部分。循环的次数由 FOR 后的源数据给出。

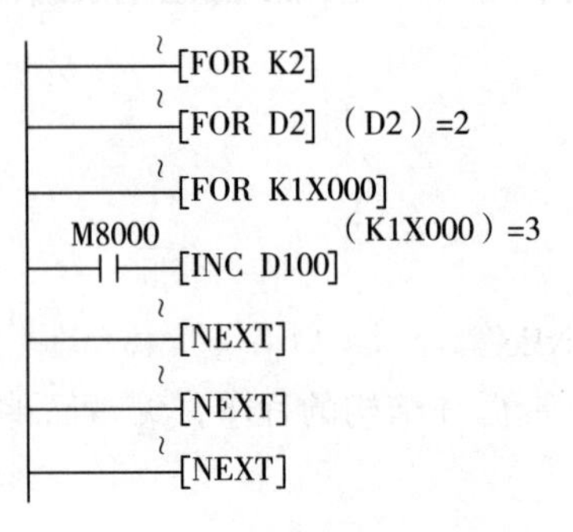

图 6-10　循环指令的说明

循环可以有 5 层嵌套，循环嵌套时循环次数的计算说明如图 6-11 所示。外层循环 A 嵌套了内层循环 B，循环 A 执行 5 次，每执行 1 次循环 A，就要执行 10 次循环 B，因此循环 B 一共要执行 5×10 次 = 50 次。图 6-10 中，程序最中心的循环内容为向数据寄存器 D100 中加 1，它一共执行了 2×2×3 次 = 12 次。

利用跳转指令 CJ 可以跳出 FOR、NEXT 之间的循环区。在某些操作需反复进行的场合，使用循环程序可以使程序结构简单，提高程序性能。如对某一取样数据做一定次数的加权运算，控制输出口按一定的规律做反复的输出动作，或利用反复的加减运算完成一定量的增加或减少，又或是利用反复的乘除运算完成一定量的数据移位等。

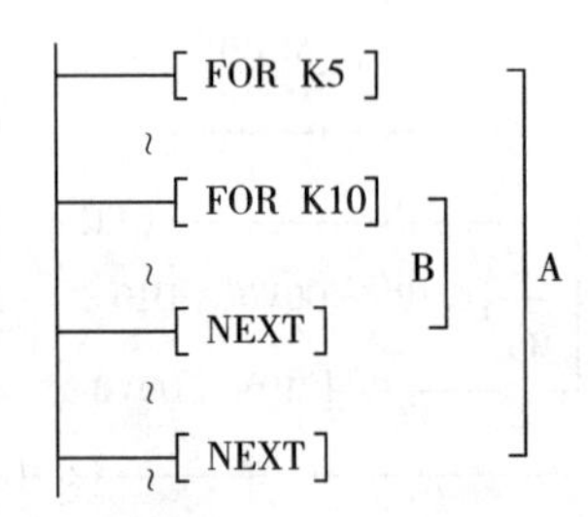

图 6-11　循环嵌套时循环次数的计算说明

任务实施

1. 连接 PLC 的电源，确保无误。输入图 6-9 所示的梯形图，检查无误。

2. 设置 D0 ~ D9 的值分别为 K10、K5、K100、K40、K30、K20、K318、K9、K123、K56，运行程序，观察 Y15 ~ Y0 的指示是否为 0000000100111110（即 K318）。

3. 改变 D0~D9 的设置值，再调试程序。

4. 修改程序，将它变为求最小值的程序并调试。

任务 4　外部中断子程序的应用

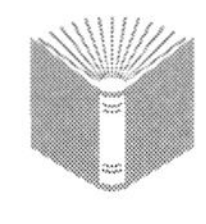

学习目标

1. 熟悉中断指针和与中断有关的指令（EI、DI 和 IRET）。

2. 能分析程序结构，读懂带外部中断子程序结构的程序，编写简单的外部中断子程序。

任务引入

在日常生活和工作中经常碰到这种情况，正在做某项工作时，有一件更重要的事情要马上处理，这时必须暂停正在做的工作去处理这一紧急事务，等处理完这一紧急事务后，再继续完成刚才暂停的工作，PLC 也有这样的工作方式，称为中断。中断是指在主程序的执行过程中，停止主程序去执行中断子程序，执行完中断子程序后再回到刚才被中断的主程序处继续执行，中断不受 PLC 扫描工作方式的影响，以使 PLC 能迅速响应中断事件。与子程序相同，中断子程序也是为某些特定的控制功能而设定的。与普通子程序不同的是，这些特定的控制功能都有一个共同的特点，即要求响应时间小于机器的扫描周期。因而，中断子程序都不能由程序内设定的条件引出。能引起中断的信号称为中断源，FX 系列可编程序控制器有三类中断源：外部中断、定时器中断和高速计数器中断。本任务研究外部中断子程序的应用。

任务分析

图 6-12 所示是一个带有外部中断子程序的梯形图。在主程序段中，当特殊辅助继电器 M8050 为 0 时，标号为 I001 的中断子程序允许执行。该中断在输入端 X0 送入上升沿信号时执行，上升沿信号出现一次则该中断执行一次，执行完毕即返回主程序。本中断子程序是由 M8013 驱动 Y011 工作的。作为执行结果的 Y011 的状态，取决于 X0 端出现上升沿时 M8013 秒时钟脉冲的状态，即 M8013 置 1 则 Y011 置 1，M8013 置 0 则 Y011 置 0。

外部中断常用来引入发生频率高于机器扫描频率的外部控制信号，或用于处理需快速响应的信号。例如，在可控整流装置的控制中，取自同步变压器的触发同步信号可经专用输入端子引入可编程序控制器作为中断源，并以此信号作为移相角的计算起点。

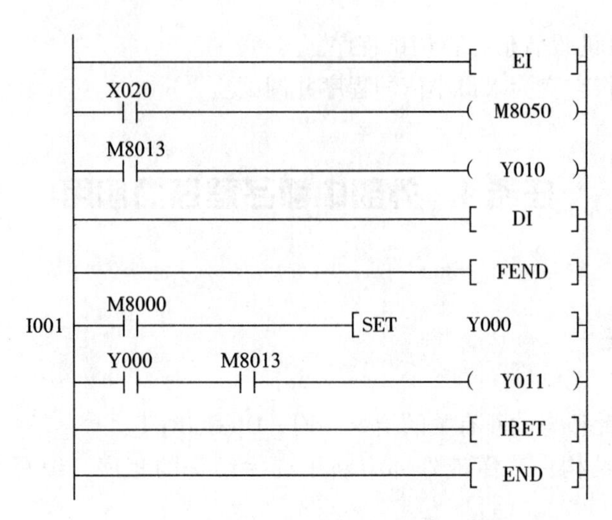

图 6-12　带有外部中断子程序的梯形图

相关知识

一、中断指针（I）

中断指针（I）用来指明某一中断源的中断程序入口，当执行到指令 IRET（中断返回）时返回主程序。中断指针应在指令 FEND 之后使用。

外部输入中断是指从输入端子送入，用于机外突发随机事件引起的中断。图 6-13 所示是外部输入中断指针编号的含义。输入中断指针为 I□0□，最高位与 X000～X005 的元件号相对应，即输入号分别为 0～5；最低位为中断信号的形式，为 0 时表示下降沿中断，为 1 时表示上升沿中断。例如，中断指针 I001 之后的中断程序在输入信号 X000 的上升沿时执行。

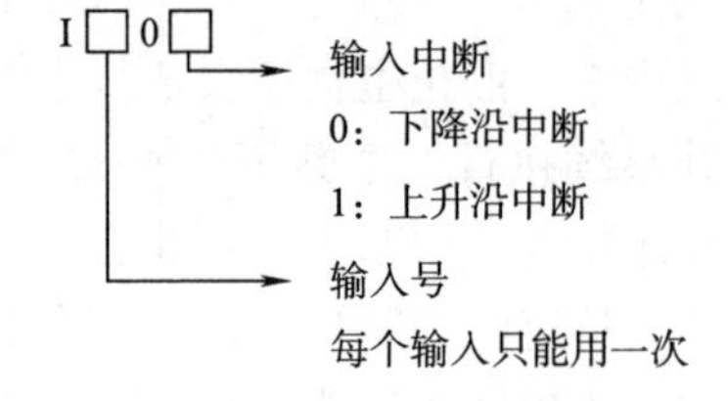

图 6-13　外部输入中断指针编号的含义

同一个输入中断源只能使用上升沿中断或下降沿中断，例如，不能同时使用中断指针 I000 和 I001。用于中断的输入点不能与已经用于高速计数器的输入点冲突。

二、与中断有关的指令

与中断有关的指令有允许中断指令（EI）、禁止中断指令（DI）和中断返回指令（IRET），这三条指令都无操作数，其使用注意事项如下。

（1）PLC 通常处于禁止中断的状态，指令 EI 和 DI 之间的程序段为允许中断的区间，当程序执行到该区间时，如果中断源产生中断，CPU 将停止执行当前的程序，转去执行相应的中断子程序，执行到中断子程序中的指令 IRET 时，返回原断点，继续执行原来的程序。

（2）中断程序从它唯一的中断指针开始，到第一条 IRET 结束。中断程序应放在 FEND 之后。IRET 只能在中断程序中使用，中断程序的结构如图 6-14 所示。当特殊辅助继电器M805△（△取0~8）为ON时，禁止执行相应的中断I△□□（□□是与中断有关的数字）。例如，当M8050为ON时，禁止执行相应的中断I000和I001。当M8059为ON时，关闭所有的计数器中断。

（3）由于中断的控制是脱离于程序的扫描执行机制的，因此，当多个突发事件同时出现时必须有一个处理秩序，这就是中断优先权。中断优先权由中断号的大小决定。号数小的中断优先权高。由于外部中断号整体上小于定时器的中断号，因此，外部中断的优先权较高。

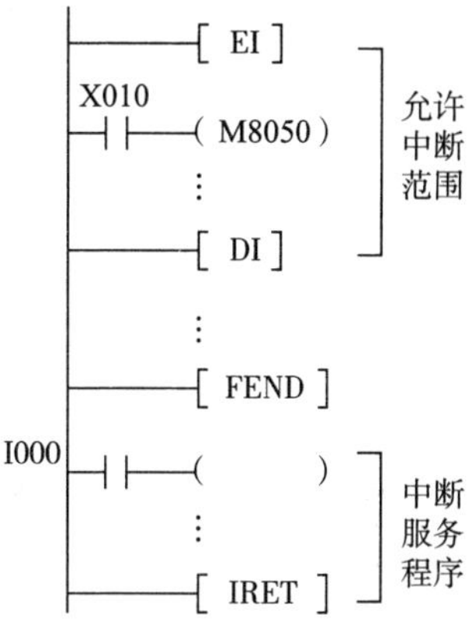

（4）当执行一个中断子程序时，其他中断被禁止。在中断子程序中编入EI和DI，可实现双重中断。子程序中只允许两级中断嵌套。一次中断请求，中断程序一般仅能执行一次。

图6-14　中断程序的结构

（5）如果中断信号在禁止中断区间出现，该中断信号被储存，并在指令EI之后响应该中断。不需要关闭中断时，可只使用EI，不使用DI。

（6）中断输入信号的脉冲宽度应大于200 μs，选择了输入中断后，其硬件输入滤波器会自动复位为50 μs（通常为10 ms）。

（7）直接高速输入可用于捕获窄脉冲信号。FX系列PLC需要用指令EI来激活X000~X005的脉冲捕获功能，捕获的脉冲状态存放在M8170~M8175中。PLC接收到脉冲信号后，相应的特殊辅助继电器M会变为ON，此时可用捕获的脉冲来触发某些操作。如果输入元件已用于其他高速功能，则脉冲捕获功能将被禁止。

任务实施

1. 将一个按钮接到X0端（模拟外部中断信号），将另一个带自锁功能的按钮接到X20端（模拟外部中断禁止信号），输出用指示灯代替，连接PLC的电源，确保接线无误。

2. 输入图6-12所示的梯形图，检查无误后运行程序。

3. 先接通X20，再接通X0，观察输出继电器Y10、Y11的状态有无变化，判断有无中断。

4. 接通X20，解除M8050的禁止中断后，再接通X0，观察输出继电器Y10、Y11的状态有无变化，判断有无中断。

任务5　定时中断子程序的应用

学习目标

1. 熟悉定时中断入口。

2. 熟悉监控定时器指令和斜坡指令。

3. 了解常用的程序结构。

4. 能分析程序结构，读懂带定时中断子程序结构的程序，编写简单的定时中断子程序。

任务引入

在电动机等设备的软启动控制中经常要用到斜坡信号，FX 系列可编程序控制器的斜坡输出指令是用于产生线性变化的模拟量输出的指令，使用定时中断实现。定时中断在工业控制中还常用于快速采样处理和定时快速采集外界变化的信号等方面。

本任务研究定时中断子程序的应用。

任务分析

斜坡信号发生电路的梯形图如图 6-15 所示，其中指针 I610 是定时中断入口地址，RAMP 为斜坡输出指令。RAMP 源操作数 D1 为初始值，D2 为最终值，D3 为当前值，辅助操作数 K1000 为从初始值到最终值需经过的指令操作次数。该指令如不采取中断控制方式，从初始值到最终值的时间及变化速率就会受到扫描周期的影响。但在图 6-15 中，由于使用了指针为 I610 的定时中断程序，所以 D3 数值的变化时间及变化的线性就得到了保障。

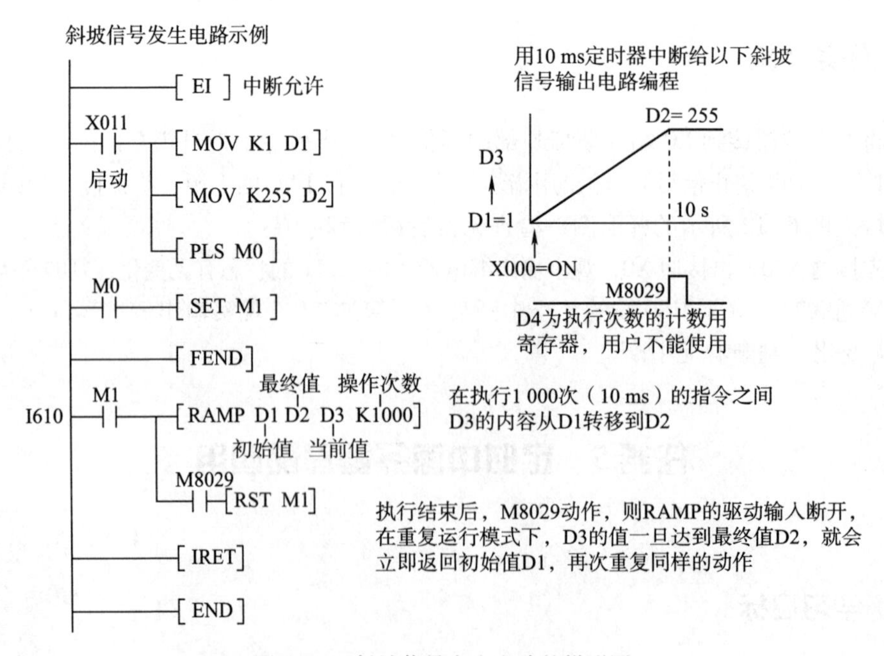

图 6-15　斜坡信号发生电路的梯形图

相关知识

一、定时中断入口

FX_{3U} 系列 PLC 有 3 点定时中断，定时中断指针如图 6-16 所示。定时中断指针为 I6□□~I8□□，低两位是以 ms 为单位的定时时间。定时中断使 PLC 以指定的周期定时执行中断子程序，循环处理某些任务，处理时间不受 PLC 扫描周期的影响。定时中断是机内中断，使用定时器引出，多用于周期性工作的场合。

用特殊辅助继电器 M8056~M8058 来实现中断的选择，当这些辅助继电器通过控制信号被置 1 时，其对应的中断就会被封锁。

在图 6-17 所示的定时中断子程序中，中断指针 I610 是中断号为 6、时间为 10 ms 的定时器中断。从梯形图的内容来看，每执行一次中断程序，数据寄存器 D0 中的数据加 1，当加到 1000 时 Y002 置 1。为了验证中断程序执行的正确性，在主程序段中设有定时器 T0，设定值为 100，并用此定时器控制输出口 Y001，这样当 X020 由 ON 至 OFF 并经历 10 s 后，Y001 及 Y002 会同时置 1。

I□□□

定时器中断
10~99 ms

定时器中断号（6~8）
每个定时器只能用一次

图 6-16　定时中断指针

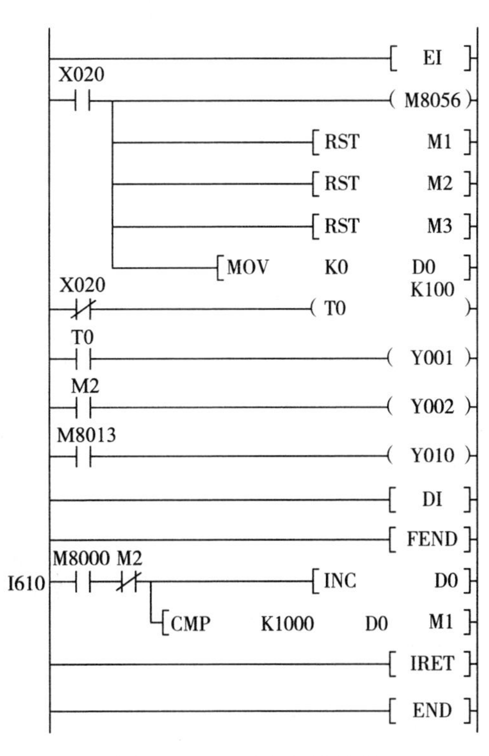

图 6-17　定时中断子程序

二、监控定时器指令（WDT）

WDT 无操作数。当执行指令 FEND 和 END 时，监控定时器被刷新（复位），PLC 正常工作时扫描周期（从 0 步到 FEND 或 END 的执行时间）小于它的定时时间。如果强烈的外部干扰使 PLC 偏离正常的程序执行路线，那么，监控定时器不再被复位，定时时间到时，PLC 将停止运行，它上面的 CPU-E 发光二极管亮。监控定时器定时时间的默认值为 200 ms，可通过修改 D8000 来设定它的定时时间。如果扫描周期大于它的定时时间，可将指令 WDT 插入合适的程序步中刷新监控定时器。如图 6-18 所示，将 240 ms 的程序一分为二并在它们中间加入 WDT，则前半部分和后半部分都在 200 ms 以下。如果 FOR-NEXT 循环程序的执行时间超过监控定时器的定时时间，可将 WDT 插入循环程序。若跳转指令 CJ 在它对应的跳转指针之后（即程序往回跳），可能因连续反复跳转使它们之间的程序被反复执行，这样总的执行时间可能超过监控定时器的定时时间。为了避免出现这样的情况，可在 CJ 和对应的跳转指针之间插入 WDT。

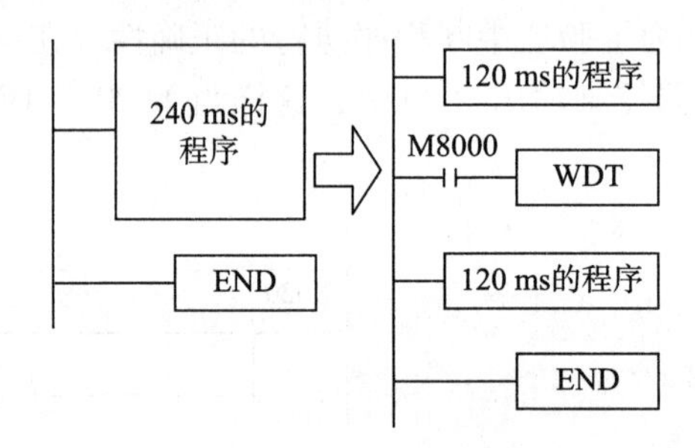

图 6-18　将 WDT 插入程序步中

三、斜坡指令（RAMP）

RAMP 的说明如图 6-19 所示。预先把设定的初始值与最终值写入 D1、D2，当 X000 为 ON 时，D3 的内容将从 D1 的值通过 *n* 次移动到达 D2 的值，D4（用户不能使用）用来存入扫描次数。RAMP 形成的斜坡信号如图 6-20 所示。

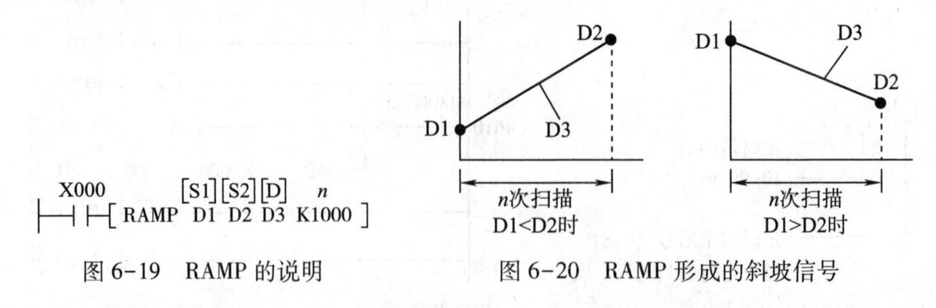

图 6-19　RAMP 的说明　　　图 6-20　RAMP 形成的斜坡信号

如果把所定的扫描时间（稍长于程序实际扫描时间）写入 D8039，并驱动 M8039，可编程序控制器就变为恒定扫描运行模式。例如，当所定的扫描时间为 20 ms 时，D3 的值将经过 1 000×20 ms＝20 s 的时间从 D1 变化到 D2。

RAMP 模式标志位 M8026 作斜坡指令保持方式用，它的作用如图 6-21 所示。

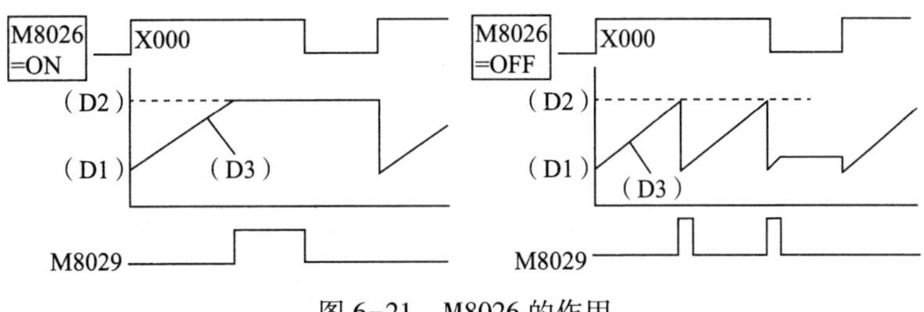

图 6-21　M8026 的作用

当 M8026 为 ON 时，若驱动条件 X000 为 ON，则斜坡信号 D3 的值由初始值 D1 向最终值 D2 变化，最终保持为 D2，即使 X000 变为 OFF，斜坡信号 D3 的值仍然保持为 D2，除非再次将 X000 置为 ON，斜坡信号再从初始值开始变化。

当 M8026 为 OFF 时，若驱动条件 X000 为 ON，则斜坡信号 D3 的值由初始值 D1 向最终值 D2 变化，达到最终值后，若 X000 仍为 ON，则 D3 的值回到初始值 D1，然后向最终值 D2 变化，若变化过程中 X000 复位为 OFF，则变化中止，直到再次将 X000 置为 ON，斜坡信号又从初始值开始向最终值变化。

传送完毕，指令执行结束标志位 M8029 置 ON。

将斜坡指令与模拟输出进行组合，可以输出软启动/停止指令。另外，当 X000 为 ON 时，D4 应预先被清除。

四、程序结构

常用的程序结构有以下几种类型。

1. 简单结构

简单结构也称为线性结构，即指令按照顺序写下来，执行时也是按照顺序运行，程序中会有分段。简单结构的特点是每个扫描周期中每一条指令都要被扫描。

2. 有跳转及循环的简单结构

按照控制要求，程序需要有选择地执行时要用到跳转指令，如自动、手动程序段的选择及初始化程序段、工作程序段的选择。这时在某个扫描周期中就不一定扫描全部指令，被跳过的指令不被扫描。循环可以视为相反方向的选择，当多次执行某段程序时，其他程序就相当于被跳过。

3. 组织模块式结构

有跳转及循环的简单程序从程序结构来说仍然是纵向结构，而组织模块式结构的程序则存在并列结构。组织模块式程序可分为组织块、功能块和数据块。组织块专门解决程序流程问题，常作为主程序。功能块则独立地解决局部的、单一的问题，相当于一个个子程序。数据块则是程序所需的各种数据的集合。这里多个功能块和多个数据块相对于组织块来说是并列的回路块。子程序指令及中断程序指令常用来编制组织模块式结构的程序。

组织模块式结构为编程提供了清晰的思路。组织块主要解决程序的入口控制，子程序完成单一的功能，程序的编制无疑得到了简化。当然，作为组织块的主程序和作为功能块的子程序，也还是简单结构的程序，不过并不是将简单结构的程序简单地堆积而不用考虑指令排列的次序。PLC 的串行工作方式使得程序的执行顺序和执行结果有十分密切的联系，这在编程中是需要高度重视的。

4. 结构化编程结构

结构化编程结构特别适合具有许多同类控制对象的庞大控制系统，这些同类控制对象具有相同的控制方式及不同的控制参数。编程时，先针对某种控制对象编出通用的控制方式程序，在程序的不同程序段中调用这些控制方式程序时再赋予所需的参数值。结构化编程有利于多人协作的程序组织，有利于程序的调试。

任务实施

1. 将输入按钮连接到 X0，连接 PLC 的电源，确保接线无误。
2. 输入图 6-15 所示的梯形图，检查无误后运行程序。
3. 按下输入按钮，观察 D1～D4 中数值的变化，尤其是 D3 中数值的变化。

任务 6　高速计数器的应用

学习目标

1. 熟悉高速计数器的分类、频率总和、使用方式和高速计数器指令。
2. 了解高速计数器中断入口。
3. 能分析程序结构，读懂带高速计数器中断子程序结构的程序，编写简单的高速计数器中断子程序。

任务引入

普通计数器的工作受扫描频率的限制，只能对低于扫描频率的信号计数，这无法满足许多工业控制场合的要求。

在工业控制中，许多物理量都可以转变为脉冲信号。例如，用光电编码器可以将转速变换为脉冲信号，速度越高，单位时间内脉冲数就越多。用压敏器件可以将电压变为脉冲信号，然后用计数器统计每秒接收到的脉冲数，再经过一定的当量运算就可以求出对应的电压值。这种由其他物理量转换成脉冲信号的频率一般高于扫描频率，能达到数千赫兹，普通计数器无法胜任这种计数工作，高速计数器便应运而生。

本任务研究高速计数器的应用。

任务分析

图 6-22a 所示为用高速计数器控制电动机启动、高速运行、低速运行和停止运行的时序图，图 6-22b 所示为实现此控制的梯形图。电动机启动前，应使 Y010～Y012 和 C251 复位，因为高速计数器区间比较指令 HSZ 是在计数脉冲输入时进行驱动比较后输出结果的，所以即使 C251 的当前值为 0，启动时 Y010 也会变为 OFF。因此，为使 Y010 启动时为 ON，应使用区间比较指令 ZCP，当启动脉冲为 ON 时，通过比较 C251 的当前值和 K1000、K1200 来驱动 Y010，这利用了即使指令 ZCP 为 OFF，比较结果仍被保留这一特点。

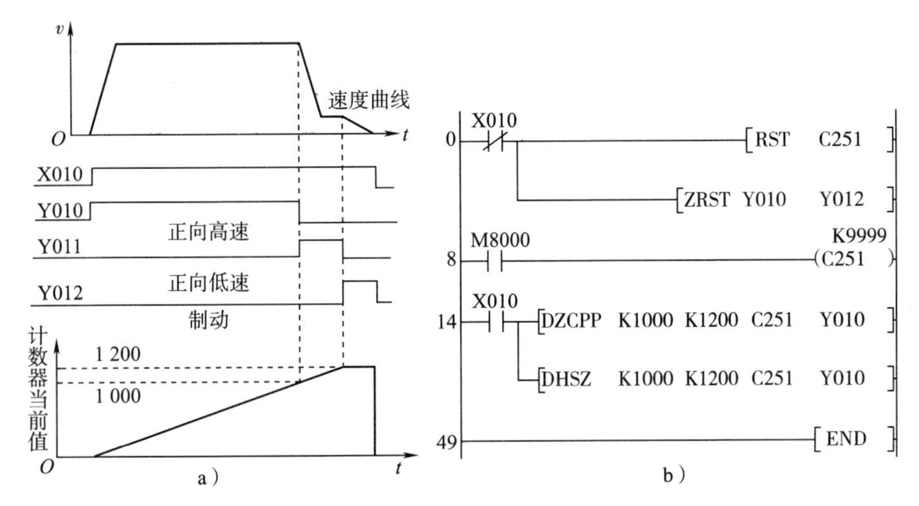

图 6-22　用高速计数器控制电动机启动、高速运行、低速运行和停止运行
a）时序图　b）梯形图

相关知识

一、高速计数器的分类

FX_{3U} 系列 PLC 设有 C235～C255 共 21 点高速计数器，它们共享 8 个高速计数器输入端（X0～X7）。使用某个高速计数器时可能要同时使用多个输入端，而这些输入端又不能被多个高速计数器重复使用。在实际应用中，最多只能有 6 个高速计数器同时工作。这样设置是为了使高速计数器能具有多种工作方式，以方便在各种控制工程中选用。FX_{3U} 系列 PLC 的高速计数器可分为一相无启动/复位端子型、一相带启动/复位端子型、一相双输入型和二相 A-B 相型高速计数器。

高速计数器均为 32 位增减计数器。表 6-2 列出了 FX_{3U} 系列 PLC 高速计数器和各输入端之间的对应关系。

表 6-2　FX_{3U} 系列 PLC 高速计数器和各输入端之间的对应关系

输入端	一相无启动/复位端子型高速计数器						一相带启动/复位端子型高速计数器					一相双输入型高速计数器					二相 A-B 相型高速计数器				
	C235	C236	C237	C238	C239	C240	C241	C242	C243	C244	C245	C246	C247	C248	C249	C250	C251	C252	C253	C254	C255
X0	U/D						U/D			U/D		U	U		U		A	A		A	
X1		U/D					R			R		D	D		D		B	B		B	
X2			U/D					U/D			U/D		R		R			R		R	
X3				U/D				R			R			U		U			A		A
X4					U/D				U/D					D		D			B		B
X5						U/D			R					R		R			R		R
X6										S					S					S	
X7											S					S					S

注：U 表示增计数输入，D 表示减计数输入，A 表示 A 相输入，B 表示 B 相输入，R 表示复位输入，S 表示启动输入。

1. 一相无启动/复位端子型高速计数器

一相无启动/复位端子型高速计数器为C235～C240，共6点。它们的计数方式及触点动作与普通32位计数器相同。增计数时，若计数值达到设定值则触点动作并保持；减计数时，若计数值达到设定值则复位。其计数方向取决于计数方向标志继电器M8235～M8240。M8□□□后三位为对应的高速计数器号。

图6-23所示为一相无启动/复位端子型高速计数器的信号连接情况和工作梯形图，这类计数器只有一个脉冲输入端。图中计数器为C235，其输入端为X0。梯形图中，X012为C235的启动信号，这是由程序安排的启动信号。X010为由程序安排的计数方向选择信号，接通时为减计数，断开时为增计数（程序中无辅助继电器M8235相关程序时，机器默认为增计数）。X011为复位信号，接通时执行复位。Y010为计数器C235的控制对象。

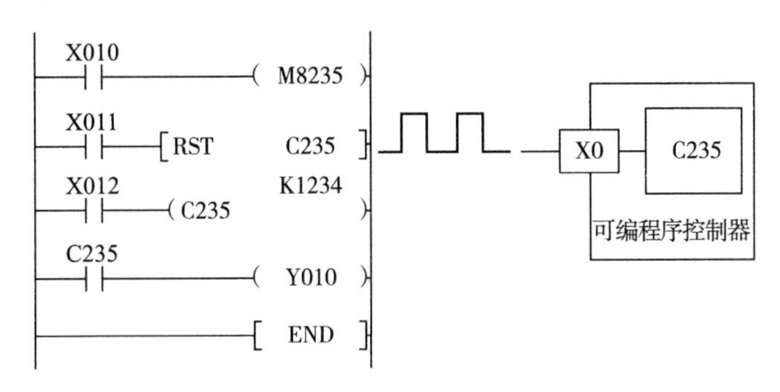

图6-23　一相无启动/复位端子型高速计数器的信号连接情况和工作梯形图

2. 一相带启动/复位端子型高速计数器

一相带启动/复位端子型高速计数器为C241～C245，共5点。这些计数器较一相无启动/复位端子型高速计数器增加了外部启动和外部复位控制端子，它们的梯形图结构是相同的，如图6-24所示。需要注意的是，X7端子上送入的外部启动信号只有在X015接通且计数器C245被选中时才有效。而系统复位信号（X3端子）及用户程序复位信号两个复位信号则并行有效。

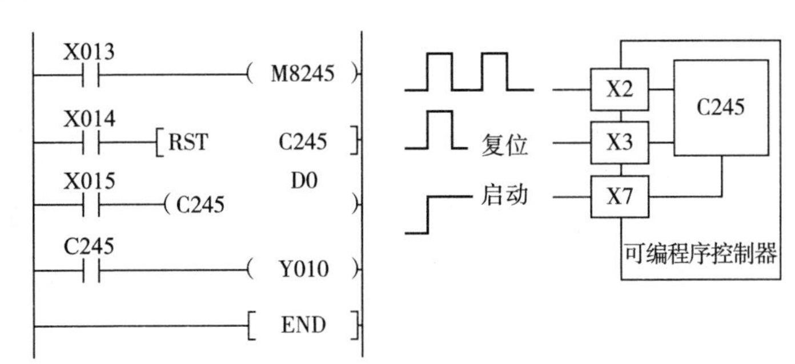

图6-24　一相带启动/复位端子型高速计数器的信号连接情况和工作梯形图

3. 一相双输入型高速计数器

一相双输入型高速计数器为C246～C250，共5点。一相双输入型高速计数器有两个外部计数输入端子，一个端子送入的计数脉冲为增计数，另一个端子送入的计数脉冲为减计数。图 6-25 所示为高速计数器 C246 的信号连接情况和工作梯形图，其中 X0 及 X1 分别为 C246 的增计数输入端及减计数输入端。C246 是通过程序安排启动及复位条件的，如梯形图中的 X011 及 X010。也有部分一相双输入型高速计数器还带有外部复位及外部启动端，如高速计数器 C250。图 6-26 所示为高速计数器 C250 的信号连接情况和工作梯形图，图中 X5 及 X7 分别为外部复位及外部启动端。它们的工作情况和一相带启动/复位端子型高速计数器的相应端子相同。

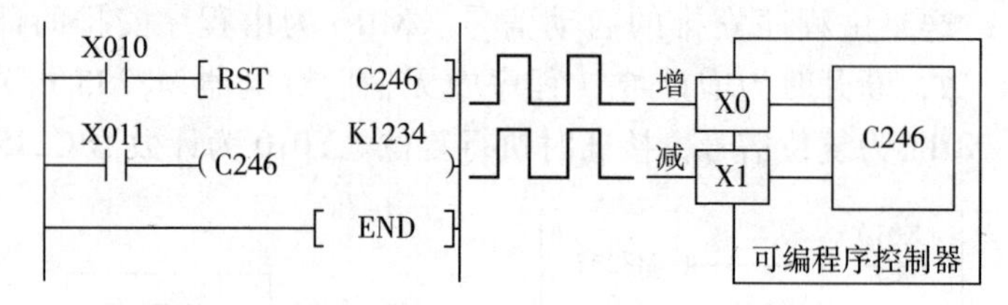

图 6-25　高速计数器 C246 的信号连接情况和工作梯形图

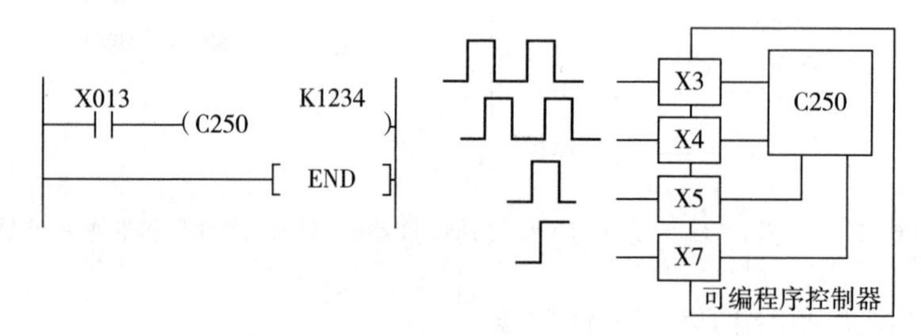

图 6-26　高速计数器 C250 的信号连接情况和工作梯形图

4. 二相 A-B 相型高速计数器

二相 A-B 相型高速计数器为 C251～C255，共 5 点。二相 A-B 相型高速计数器的两个脉冲输入端子是同时工作的，外计数方向控制方式由两相脉冲间的相位决定。如图 6-27 所示，当 A 相信号为 1 且 B 相信号为上升沿时为增计数，B 相信号为下降沿时为减计数。其余功能与一相双输入型高速计数器相同。

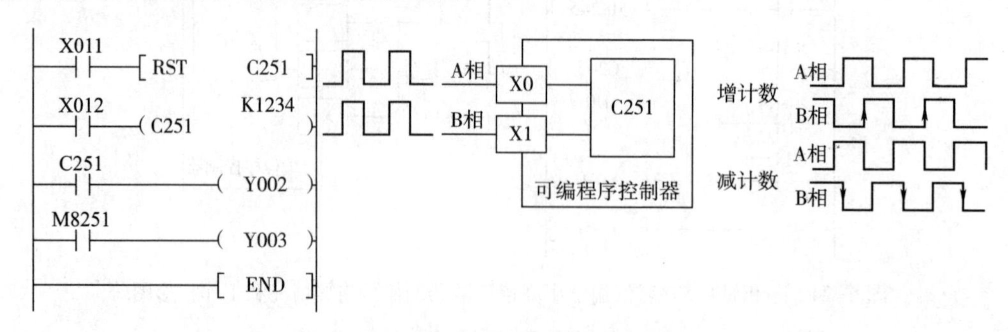

图 6-27　二相 A-B 相型高速计数器的信号连接情况和工作梯形图

需要说明的是，带有外计数方向控制端的高速计数器也配有与编号相对应的特殊辅助继电器，只是它们没有控制功能，只有指示功能。当采取外部计数方向控制方式工作增计数时，相应的特殊辅助继电器的状态会随着计数方向的变化而变化。高速计数器设定值的设定方法和普通计数器相同，也有直接设定和间接设定两种。此外，也可以使用传送指令修改高速计数器的设定值及当前值。

二、高速计数器的频率总和

高速计数器的频率总和是指同时在 PLC 输入端口上出现的所有信号的最大频率之和。高速计数器采取中断方式工作，它受机器中断处理能力的限制。使用高速计数器，特别是一次使用多个高速计数器时，要注意高速计数器的频率总和。

以 FX_{3U} 系列 PLC 为例，其最大频率总和不得超过 20 kHz。安排高速计数器的工作频率时需考虑以下两个问题。

一是各输入端的响应速度。受硬件限制，只使用一个高速计数器时，输入端 X0、X2、X3 的最高响应频率为 10 kHz，输入端 X1、X4、X5 的最高响应频率为 7 kHz。

二是被选用的高速计数器及其工作方式。一相型高速计数器无论是增计数还是减计数，都只需一个输入端送入脉冲信号。一相双输入型高速计数器在工作时，如已确定为增计数或减计数，则情况和一相型类似。如增计数脉冲和减计数脉冲同时存在，则同一高速计数器所占用的工作频率应为两相信号频率之和。二相 A-B 相型高速计数器工作时不但要接收两路脉冲信号，而且需同时完成对两路脉冲的解码工作，其每相的计数频率不得高于 2 kHz，且在计算总的频率时，要将它们的工作频率乘以 4。

三、高速计数器的使用方式

高速计数器是一种用于实现数值控制的设备，使用的目的是通过高速计数器的计数值控制其他器件的工作状态。高速计数器通常有以下两种使用方式。

一是和普通计数器相同，通过高速计数器本身的触点在高速计数器达到设定值时动作并完成控制任务。如图 6-24 所示，利用 C245 触点控制 Y010 线圈，这种工作方式要受扫描周期的影响。从高速计数器计数值达到设定值至输出动作的时间有可能大于一个扫描周期，这显然会影响高速计数器的计数准确性。

二是直接使用高速计数器工作指令。这种指令以中断方式工作，在高速计数器达到设定值时立即驱动相关器件动作。

四、高速计数器指令

1. 高速计数器置位指令（HSCS）

高速计数器置位指令的说明如图 6-28 所示。图 6-28a 中，当 C255 的当前值由 99 变为 100 或由 101 变为 100 时，Y010 立即变为 ON（即置位）。图 6-28b 中，当 C255 的当前值由 99 变为 100 或由 101 变为 100 时，Y010 也变为 ON，但它会受到扫描周期的影响。

使用高速计数器置位指令时，梯形图应含有高速计数器设置内容，以明确某个高速计

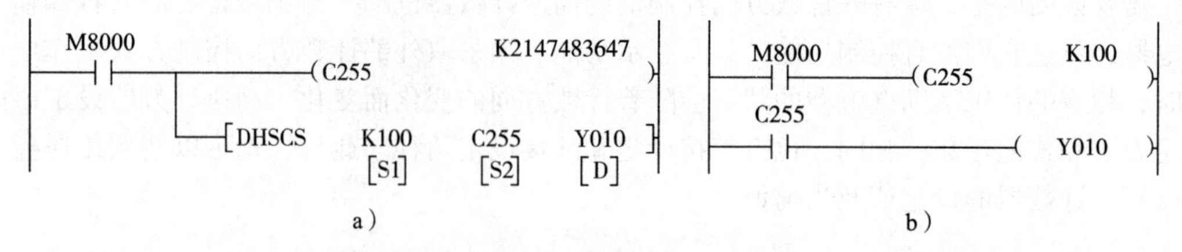

图 6-28　高速计数器置位指令的说明

a）使用高速计数器置位指令　b）使用计数器触点控制线圈

数器被选用。当不涉及高速计数器触点控制时，高速计数器的设定值可设为高速计数器计数最大值或任意高于控制数值的数据，如图 6-28a 中 C255 的设定值为 K2147483647。

2. 高速计数器复位指令（HSCR）

高速计数器复位指令的用法之一如图 6-29a 所示，当 C255 的当前值由 99 变为 100 或由 101 变为 100 时，Y010 立即变为 OFF（复位）。

图 6-29b 所示是高速计数器复位指令的另一种用法，高速计数器复位的对象是高速计数器本身。它采用计数器触点控制方式和中断控制方式相结合的方法，使高速计数器的触点按一定的时间要求接通或复位，以形成工作脉冲波形。

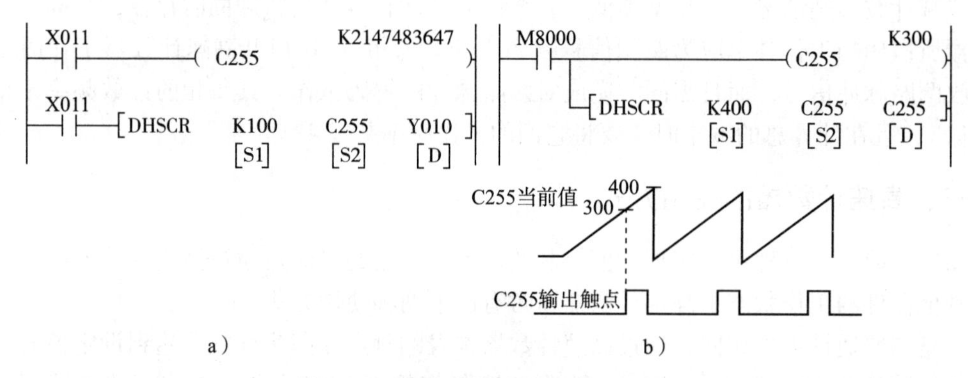

图 6-29　高速计数器复位指令的说明

a）用法 1　b）用法 2

特殊辅助继电器 M8025 为高速计数器指令的外部复位标志。当 M8025 置 1 且高速计数器的外部复位端送入复位脉冲时，高速计数器复位指令指定的高速计数器立即复位。因此，高速计数器的外部复位端在 M8025 置 1 且使用高速计数器复位指令时，可用于高速计数器的计数起始控制。图 6-30 所示为 M8025 在实际控制中的应用。

如图 6-30b 所示，当 M8025 置 1 且高速计数器复位指令的设定值为 0 时，外部复位端 X1 的复位脉冲可以使指令的控制对象立即动作，从而通过外部复位端使 Y010 复位。

3. 高速计数器区间比较指令（HSZ）

高速计数器区间比较指令的说明如图 6-31 所示。当高速计数器 C251 的当前值小于 1 000 时，Y000 置 1；大于或等于 1 000 且小于或等于 2 000 时，Y001 置 1；大于 2 000 时，Y002 置 1。

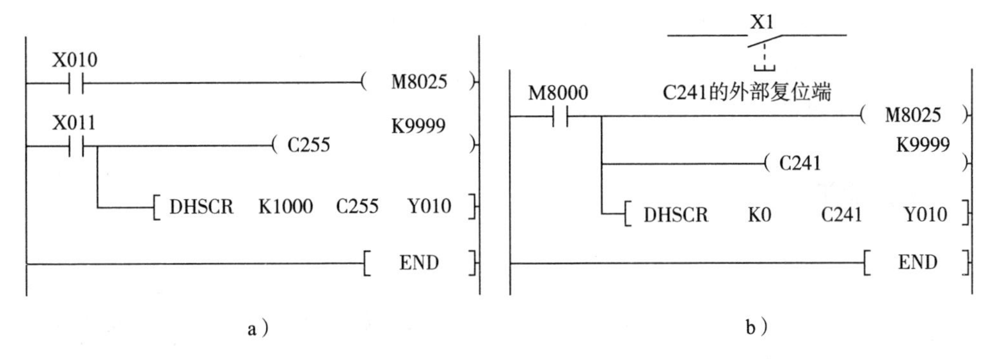

图 6-30　M8025 在实际控制中的应用

a）使用复位指令　b）复位指令设定值为 0

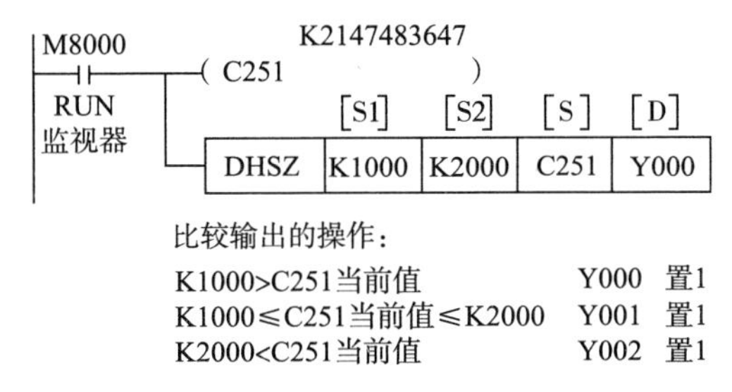

图 6-31　高速计数器区间比较指令的说明

五、高速计数器中断入口

FX_{3U} 系列 PLC 有 6 点计数器中断，中断指针为 I0□0（□取 1~6）。通过计数器中断与高速计数器指令的配合使高速计数器有中断工作方式，可根据高速计数器的计数当前值与计数设定值的关系来确定是否执行相应的中断程序。

如图 6-32 所示，当 C255 的当前值由 99 变为 100 或由 101 变为 100 时，中断指针

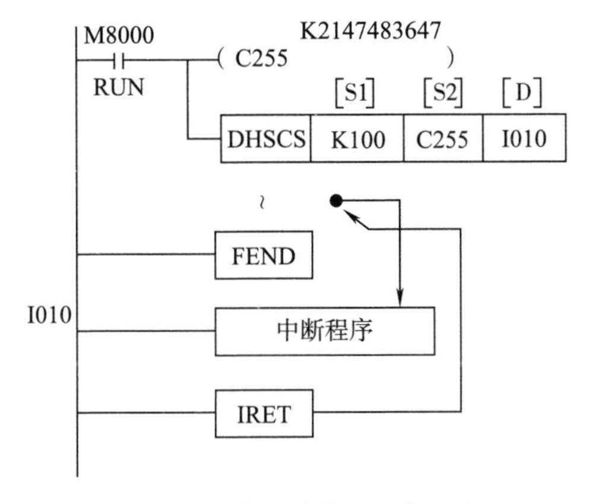

图 6-32　高速计数器中断程序

I010 立即置位，转入中断程序运行，中断程序运行完毕，又回到主程序断点处运行。在同一程序中如多处使用高速计数器控制指令，则其控制对象输出继电器的编号的高位应相同，以便在同一中断处理过程中完成控制。

任务实施

1. 以图 6-23 所示的梯形图为例进行高速计数器调试，利用信号发生器输出 5 kHz 的方波，连接到 PLC 的 X0，再将 3 个按钮连接到 PLC 的 X10～X12，输出用指示灯代替，然后连接 PLC 的电源，确保接线无误。

2. 输入图 6-23 所示的梯形图，检查无误后运行程序，观察输出继电器 Y10 的状态有无变化。

3. 用以上方法调试本任务中的相关程序。

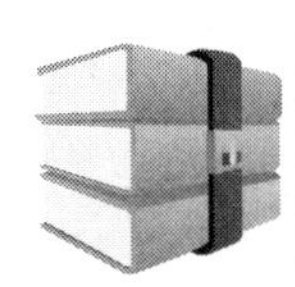

课题七　PLC 与外围设备的综合应用

任务 1　用触摸屏和按钮实现电动机的两地控制

学习目标

1. 进一步熟悉 PLC 的工作原理和编程设计。
2. 掌握触摸屏组态的使用方法和模拟运行、联机运行方法。
3. 能使用触摸屏和按钮实现电动机的两地控制。

任务引入

在课题三和课题五中都介绍了电动机的星-三角启动，本任务将使用触摸屏实现电动机的星-三角启动控制，与之前介绍的外接按钮控制结合形成两地控制。具体要求如下。

按电动机星-三角启动控制要求，通电时电动机绕组接成星形启动；5 s 后，电动机绕组接成三角形运行。

任务分析

这里说的两地控制，分别是指外接按钮控制和触摸屏控制。启动按钮接 X0，停止按钮接 X1；用触摸屏（人机界面）给出主控信号时，启动用 M0 控制，停止用 M1 控制，5 s 用 D0 在触摸屏上设置。输出口 Y0 控制电路主电源交流接触器 KM1，Y1 控制电动机星形启动交流接触器 KM2，Y2 控制电动机三角形运行交流接触器 KM3。资源分配表见表 7-1，PLC 控制电路图如图 7-1 所示，梯形图和触摸屏组态分别如图 7-2 和图 7-3 所示。

表 7-1　资源分配表

输入		输出	
继电器与内部资源	说明	继电器与内部资源	说明
X0	启动按钮	Y0	主电源交流接触器
X1	停止按钮	Y1	电动机星形启动交流接触器
M0	触摸屏上的启动按钮	Y2	电动机三角形运行交流接触器
M1	触摸屏上的停止按钮	T0	5 s 定时器
D0	时间设置		

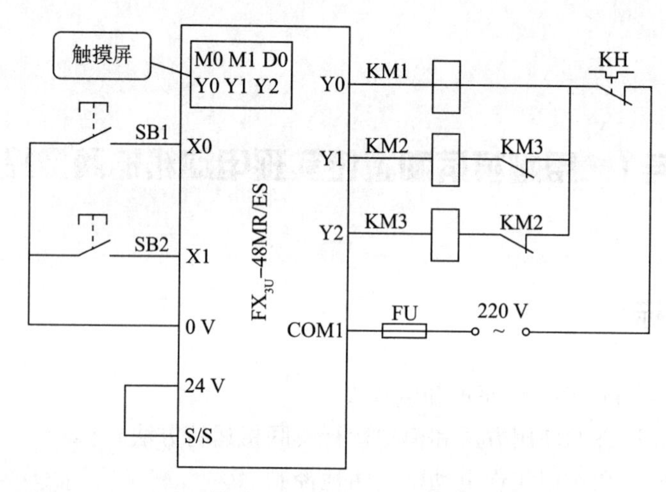

图 7-1　PLC 控制电路图

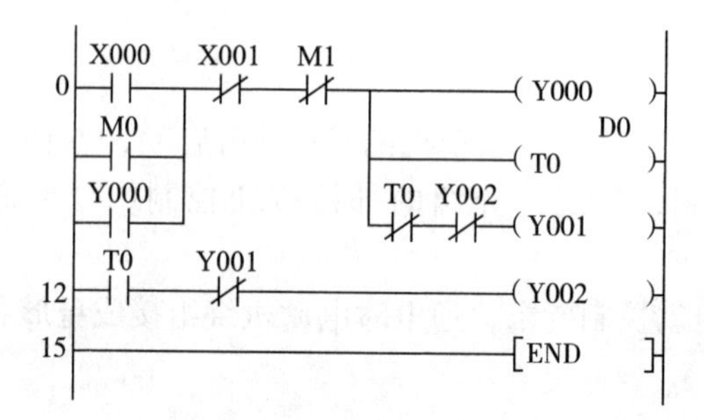

图 7-2　梯形图

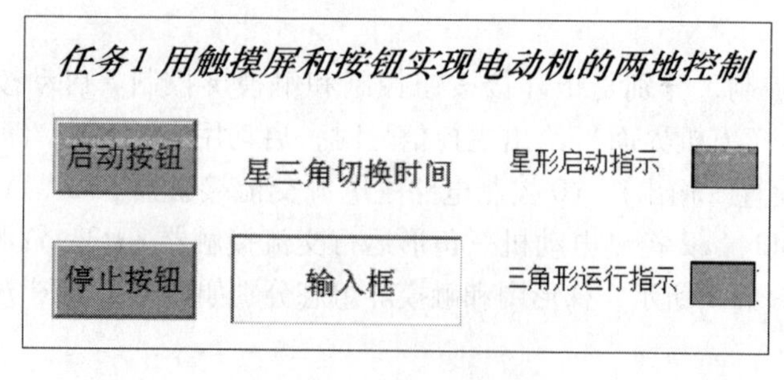

图 7-3　触摸屏组态

相关知识

人机界面是人与机器进行信息交流的设备。利用人机界面，一方面用户可以设置控制参数，向控制系统发送各种控制命令；另一方面用户也可以利用人机界面对控制系统进行监控，了解系统的运行情况和设备的工作状态。本课题中的人机界面都采用昆仑通态TPC7062Ti触摸屏（型号在该触摸屏的背面）。

一、触摸屏组态

利用与昆仑通态触摸屏配套的组态软件MCGS设计触摸屏组态界面的方法如下。

1. 新建工程项目

双击打开MCGS组态软件，单击“文件”，选择“新建工程”，弹出“新建工程设置”对话框，如图7-4所示。在“类型”右侧的下拉列表中选择“TPC7062Ti”，其他选项可以采用默认值，单击“确定”按钮，完成新建工程项目，弹出新建工程窗口，如图7-5a所示。

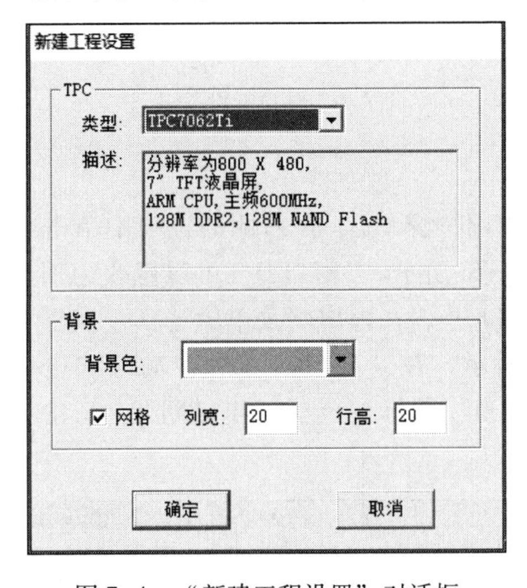

图7-4　“新建工程设置”对话框

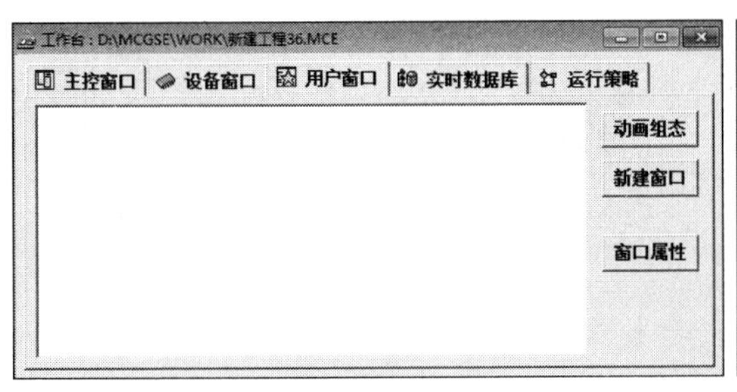

a）

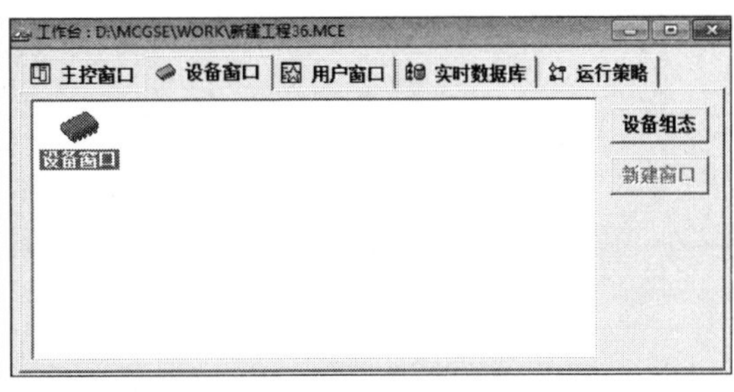

b）

图7-5　触摸屏设备管理窗口

a）新建工程窗口　b）“设备窗口”图标

2. 设备组态

在新建工程窗口单击“设备窗口”，出现“设备窗口”图标，如图 7-5b 所示，双击“设备窗口”图标，进入设备管理的空白窗口，在窗口空白处右击，在弹出的菜单中选择“设备工具箱”，弹出“设备工具箱”窗口，查找到“通用串口父设备”后双击，完成添加“通用串口父设备”。在“设备工具箱”窗口中查找到“三菱_FX 系列编程口”后双击，弹出“是否使用‘三菱_FX 系列编程口’驱动的默认通讯参数设置串口父设备参数?”对话框，单击“是”按钮，将“三菱_FX 系列编程口”挂接在“通用串口父设备”之下，如图 7-6 所示。单击窗口右上角的“关闭”按钮，弹出“‘设备窗口’已改变，存盘否?”对话框，单击“是”按钮，存盘后退出设备窗口，回到新建工程窗口。

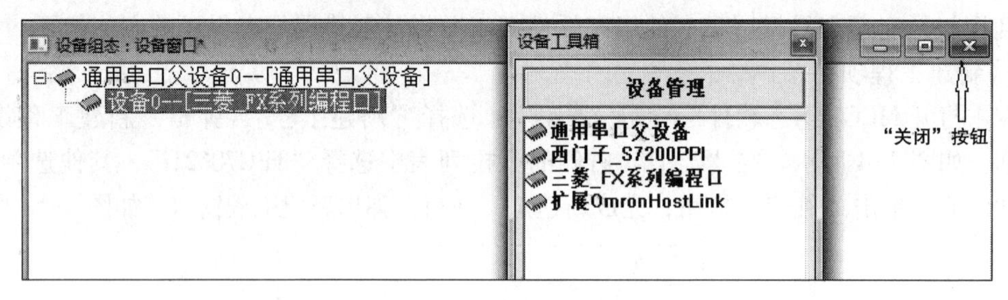

图 7-6　触摸屏设备组态

3. 用户组态

在新建工程窗口单击“用户窗口”，在右侧的选项中单击“新建窗口”，出现用户窗口“窗口 0”图标，如图 7-7a 所示。“窗口 0”可以修改为项目名称，如“电动机星-三角工作”。方法：右击“窗口 0”，在弹出的菜单中选择“属性”，弹出“用户窗口属性设置”对话框，如图 7-7b 所示，在“窗口名称”中输入“电动机星-三角工作”，单击“确认”按钮，此时“窗口 0”图标变成了“电动机星-三角工作”图标。双击该图标，进入用户组态界面。

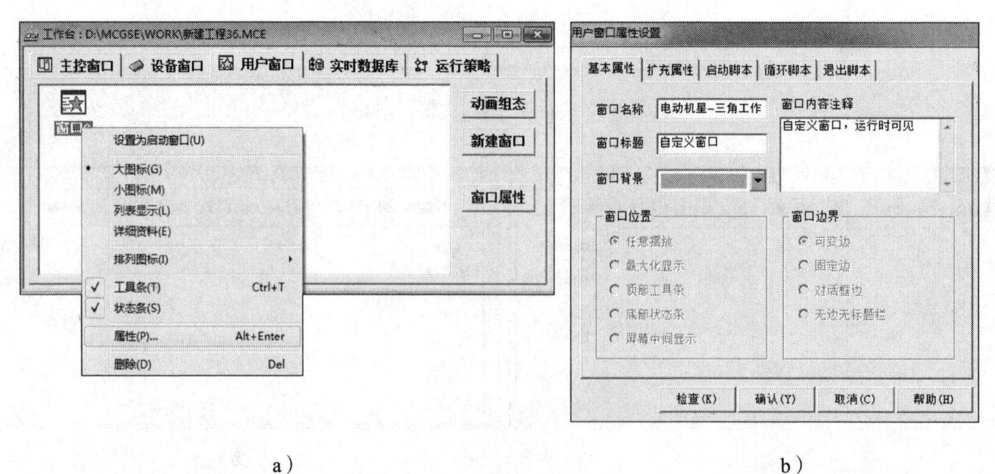

a）　　　　　　　　　　　　b）

图 7-7　触摸屏用户窗口

a）新建用户窗口　b）“用户窗口属性设置”对话框

（1）组态标签

单击工具箱中的文字标签A，输入文字“任务 1　用触摸屏和按钮实现电动机的两地控制”，右击该文字框，在弹出的菜单中选择“属性”，弹出“标签动画组态属性设置”窗口，可设置标签属性，单击A可设置字体属性。

用同样的方法输入“星三角切换时间”“星形启动指示”“三角形运行指示”，如图 7-8 所示。

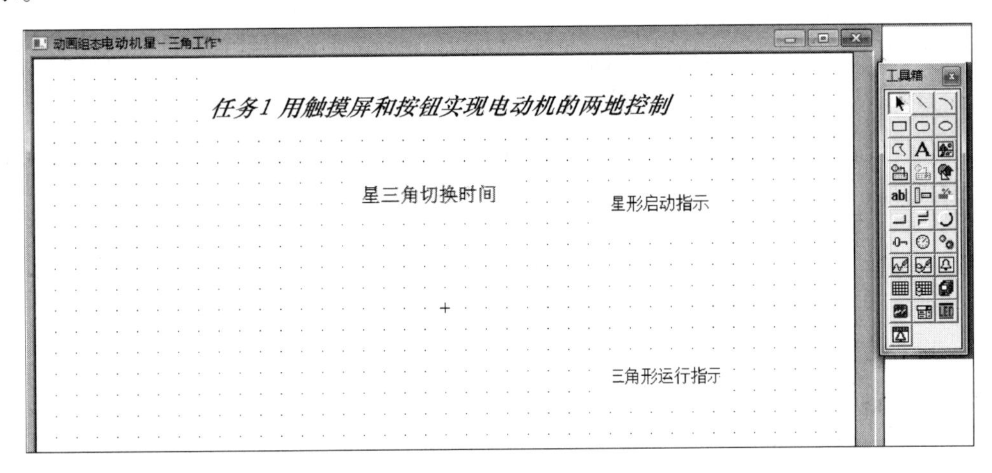

图 7-8　组态标签

（2）组态按钮

单击工具箱中的标准按钮，在用户组态界面上单击并拖动，出现一个按钮，双击该按钮，弹出“标准按钮构件属性设置”对话框，在“基本属性”选项卡中的“文本”输入框中输入“启动按钮”，并设置按钮的背景色和文字颜色等，也可直接使用默认颜色（见图 7-9a）；在“操作属性”选项卡中勾选“数据对象值操作”，选择“按 1 松 0”（见图 7-9b），单击右侧的“?”，弹出如图 7-10 所示的“变量选择”对话框，进行数据关联。选择“根据采集信息生成”，“通道类型”选择“M 辅助寄存器”，“通道地址”输入“0”，“读写类型”选择“读写”，单击“确认”按钮退出，在之前的“?”处出现设置的启动变量“设备 0_读写 M0000”，单击“确认”按钮完成触摸屏上的启动按钮的设置。

用同样的方法组态停止按钮，注意“通道地址”输入“1”。

（3）组态星三角切换时间

单击工具箱中的输入框abl，在用户组态界面的文字“星三角切换时间”下单击并拖动出现一个输入框，双击该输入框，弹出“输入框构件属性设置”对话框，如图 7-11a 所示。在“操作属性”选项卡中单击“?”，在弹出的“变量选择”对话框中进行数据关联，选择“根据采集信息生成”，“通道类型”选择“D 数据寄存器”，“数据类型”选择“16 位无符号二进制数”，“通道地址”输入“0”，“读写类型”选择“读写”，单击“确认”按钮退出，在之前的“?”处出现设置的输入框变量“设备 0_读写 DWUB0000”，如图 7-11b 所示，单击“确认”按钮完成触摸屏上的“星三角切换时间”的设置。

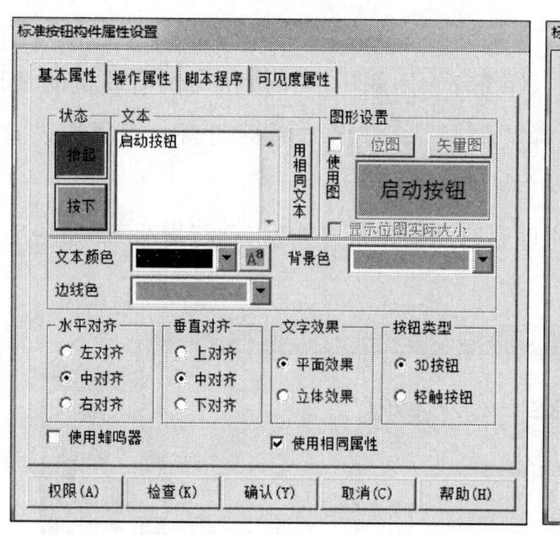

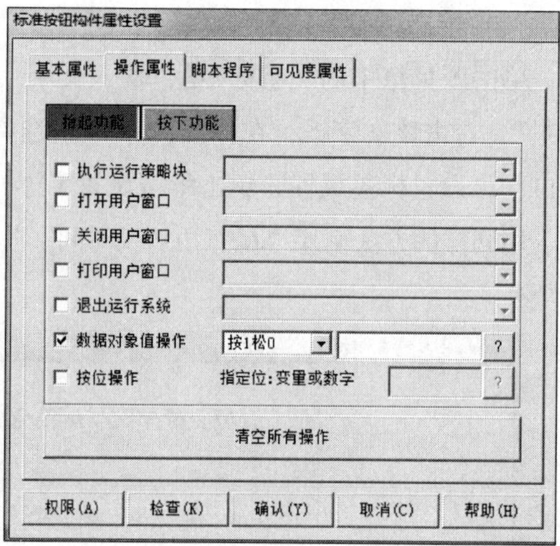

a）　　　　b）

图 7-9　“标准按钮构件属性设置”对话框

a）基本属性　b）操作属性

变量选择

变量选择方式

从数据中心选择|自定义　　根据采集信息生成　　确认　　退出

根据设备信息连接

选择通讯端口　通用串口父设备0[通用串口父设备]　通道类型　M辅助寄存器　数据类型

选择采集设备　设备0[三菱_FX系列编程口]　通道地址　0　读写类型　读写

从数据中心选择

选择变量　数值型　开关型　字符型　事件型　组对象　内部对象

图 7-10　“变量选择”对话框

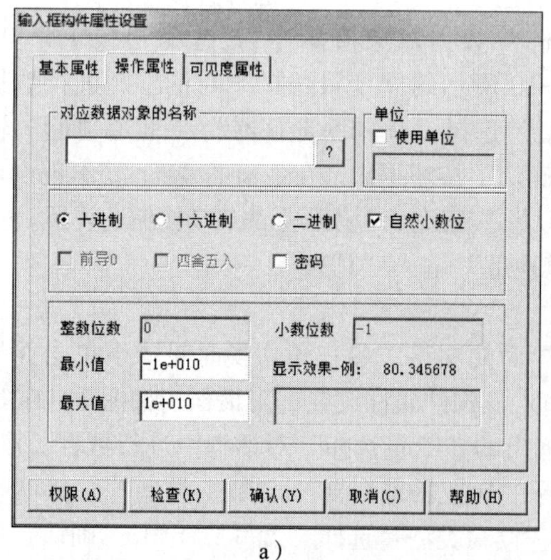

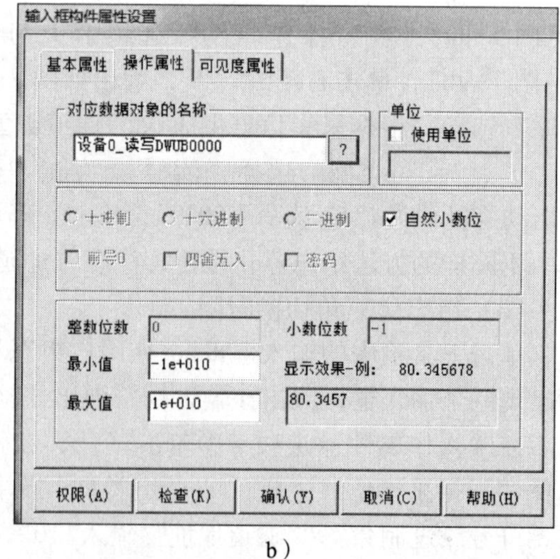

a）　　　　b）

图 7-11　“输入框构件属性设置”对话框

a）操作属性设置前　b）操作属性设置后

（4）组态指示灯

单击工具箱中的矩形□，在用户组态界面的文字“星形启动指示”右侧单击并拖动出现一个矩形框，再复制粘贴一个矩形框，将它与前一个矩形框重叠。双击矩形框，弹出“动画组态属性设置”对话框，如图 7-12 所示，在“属性设置”选项卡的“颜色动画连接”项中勾选“填充颜色”，出现“填充颜色”选项卡，在“填充颜色”选项卡中单击“?”，如图 7-12b 所示，在弹出的“变量选择”对话框中进行数据关联，选择“根据采集信息生成”，“通道类型”选择“Y 输出寄存器”，“通道地址”输入“1”，“读写类型”选择“读写”，单击“确认”按钮退出，在之前的“?”处出现设置的表达式变量“设备0_读写 Y0001”。当变量值为 0 时，对应颜色为红色；当变量值为 1 时，对应颜色为绿色，单击对应的颜色，可以更改指示灯颜色。单击“确认”按钮完成触摸屏上“星形启动指示”的设置。

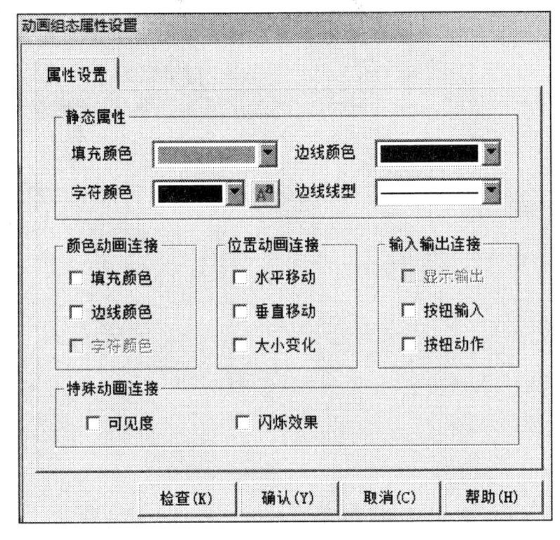

a）

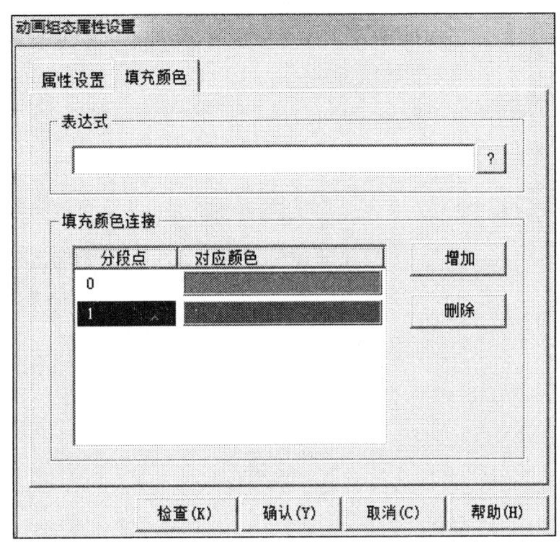

b）

图 7-12 “动画组态属性设置”对话框

a）动画组态属性设置 b）动画组态填充颜色

用同样的方法组态“三角形运行指示”，“通道地址”输入“2”。

组态完成后单击窗口右上角的“关闭”按钮，弹出“‘电动机星-三角工作’已改变，存盘否?”对话框，单击“是”按钮，存盘后退出用户窗口，回到新建工程窗口，完成组态。

二、调试方法一：模拟运行

模拟运行时，组态计算机当触摸屏使用，具体方法如下。

1. 设置串口

在 PLC 编程窗口左侧的工程导航栏单击“连接目标”，双击当前连接目标 Connection1，弹出“连接目标设置”对话框，如图 7-13a 所示，查看 COM 连接口，这里是 COM9。

进入 MCGS 组态窗口，单击“设备窗口”，再双击“设备窗口”图标，进入设备组态，右击“通用串口父设备”，在弹出的菜单中选择“属性”，弹出“通用串口设备属性编辑”对话框，如图 7-13b 所示，串口端口号设置为与 PLC 编程同一个端口号，因为 PLC 的 COM 连接口是 COM9，因此这里也要选择 COM9，单击“确认”按钮。

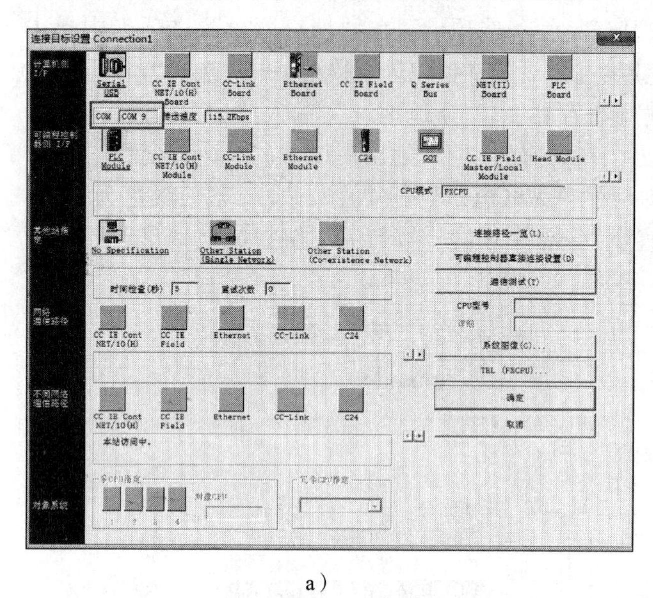

a）

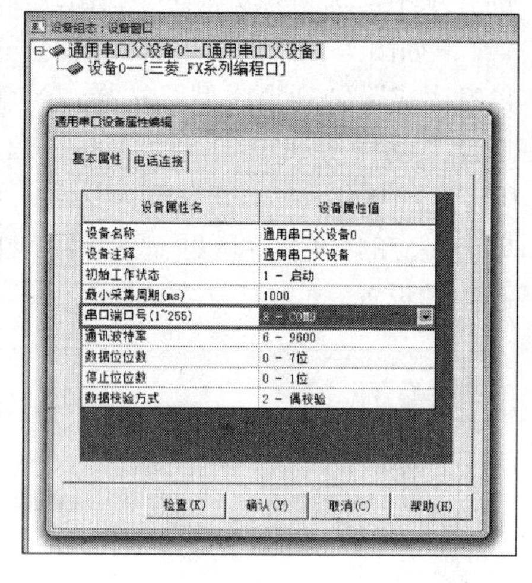

b）

图 7-13　设置串口

a）“连接目标设置”对话框　b）设备组态串口

2. 模拟运行

单击 MCGS“工具”菜单，在其下拉菜单中选择“下载配置”，弹出“下载配置”对话框，如图 7-14a 所示。在“下载配置”对话框中先单击“模拟运行”按钮，再单击“工程下载”按钮，待工程下载成功，单击计算机下方工作状态栏出现的图标，在模拟运行窗口左下角单击，组态就出现在模拟运行窗口中（图 7-14b）。

3. 调试运行

在模拟运行窗口中，输入框中的 0 表示现在的 D0＝0，单击输入框，输入 50（即 5 s），单击“确定”按钮。单击“启动按钮”启动运行，单击“停止按钮”停止运行。

三、调试方法二：联机运行

具体方法如下。

（1）组态计算机与触摸屏通过 USB 接口连接。

（2）将组态下载到触摸屏。执行“工具”→“下载配置”命令，弹出“下载配置”对话框，如图 7-14a 所示，“连接方式”选择“USB 通讯”，单击“联机运行”→“工程下载”，待工程下载完成，组态就下载到了触摸屏。

（3）连接 PLC 和触摸屏，连接线如图 7-15 所示，调试运行。

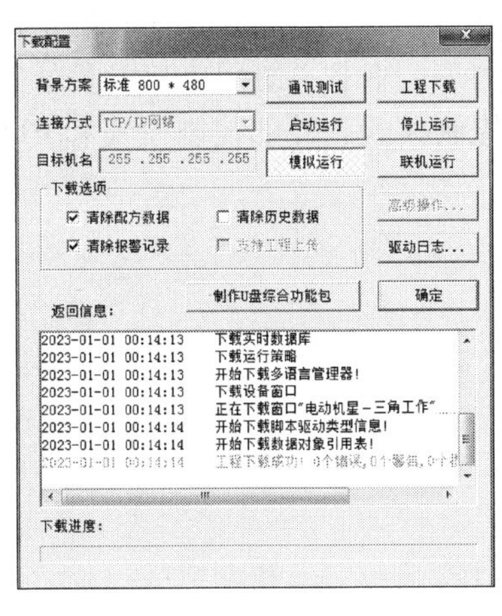

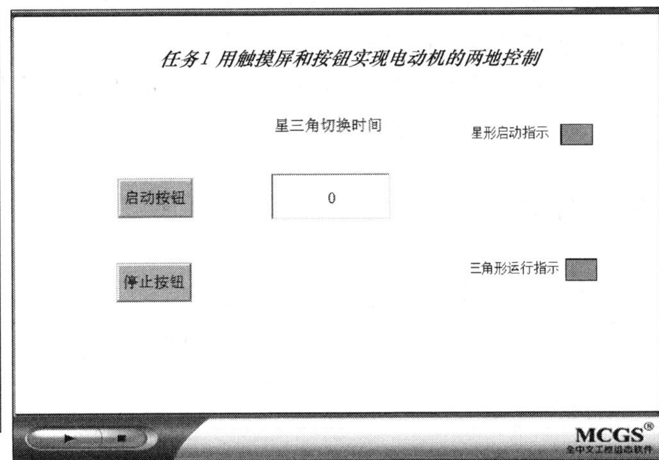

a）　　　　　　　　　　b）

图 7-14　组态下载

a）“下载配置”对话框　b）模拟运行窗口

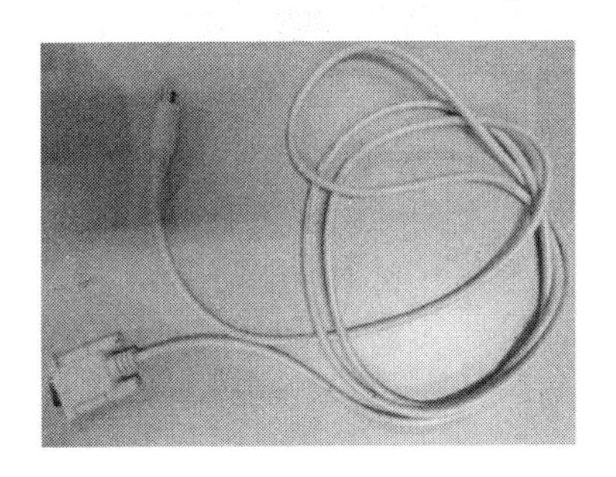

图 7-15　PLC 与触摸屏连接线

任务实施

1. 按图 7-1 连接电路，输入梯形图（可按图 7-2，也可自行设计）。
2. 按步骤完成触摸屏组态并进行模拟调试和联机运行。

任务 2　用 PLC 和变频器控制电动机多段速运行

学习目标

1. 进一步熟悉触摸屏组态的使用方法，建立实时数据库。

2. 熟悉变频器的主电路、控制电路和参数设置方法。

3. 掌握用变频器控制电动机工作的多段速方法。

4. 能利用变频器的 PU 面板控制模式、PU/EXT 组合控制模式、外部控制模式和 PLC 控制等方法实现电动机多段速运行。

任务引入

三相异步电动机的转速计算公式如下。

$$n=\frac{60f}{p}(1-s)$$

由计算公式可知，电动机的调速有变频（f）、变磁极对数（p）、变转差率（s）三种，本任务是利用 PLC 和变频器实现对三相异步电动机的多段速控制，变频器选用三菱 FR-E740 型，其外形如图 7-16 所示，PU 面板如图 7-17 所示。

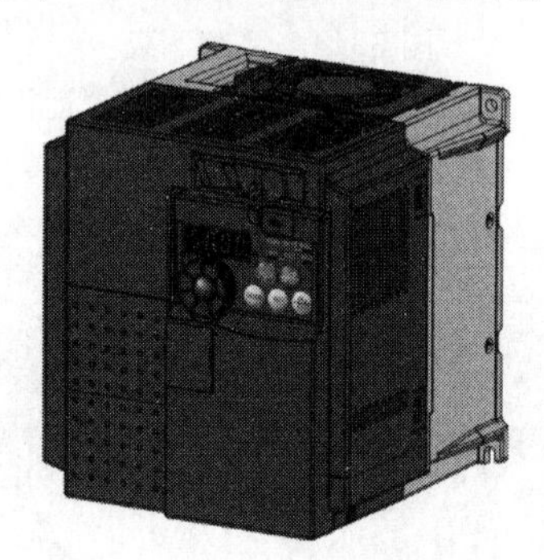

图 7-16　三菱 FR-E740 型变频器外形

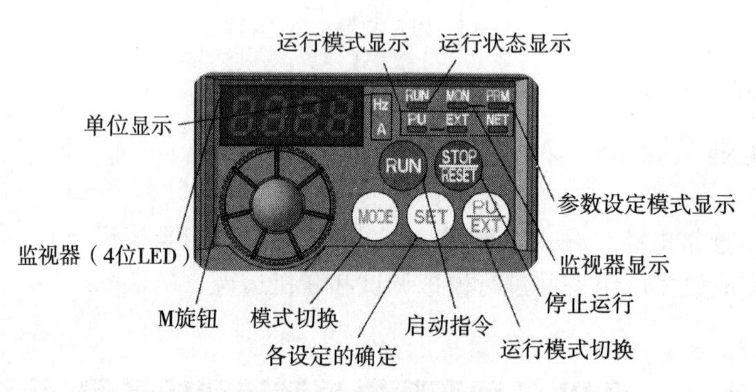

图 7-17　三菱 FR-E740 型变频器 PU 面板

任务分析

利用变频器可以实现对三相异步电动机多种方法的调速控制，这里先学习多段速调速。

一、变频器的参数清零和参数设置

变频器的工作很多是通过设置参数完成的，可以查阅变频器手册获取相关参数值，这里做简单介绍。清除变频器参数的操作步骤如图 7-18 所示，设置变频器参数的操作步骤如图 7-19 所示（以设置参数 Pr1=50 为例）。

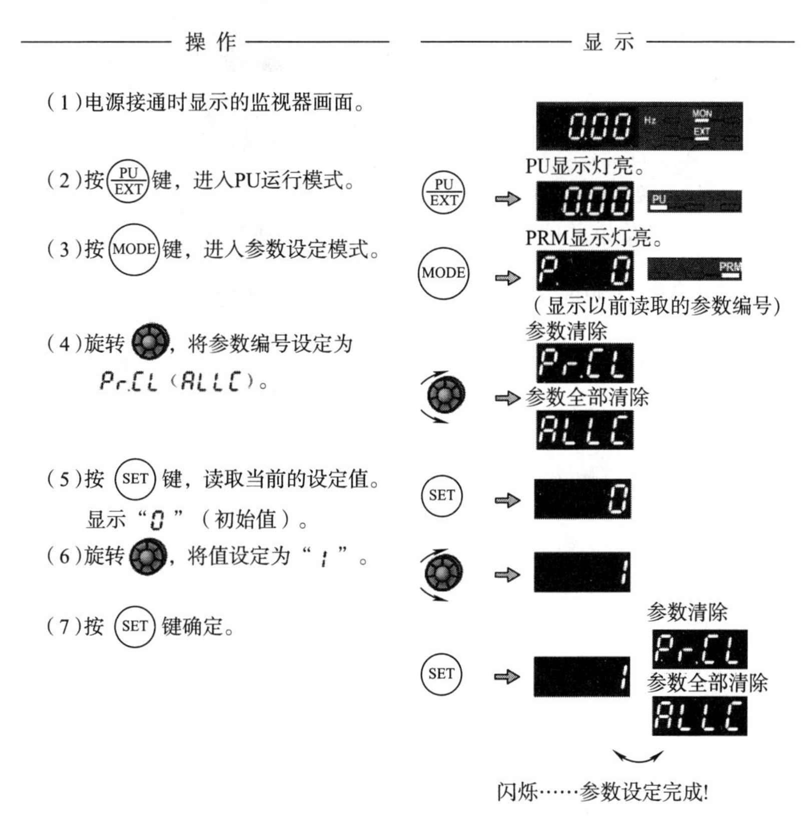

图 7-18　清除变频器参数的操作步骤

二、变频器 PU 面板控制模式

采用 PU 面板控制模式时，电动机的频率设置与启动/停止都在 PU 面板上实现，变频器与电动机的连接示意图如图 7-20 所示。

具体操作步骤如下。

（1）清除变频器参数

按图 7-18 所示操作步骤清除变频器参数。

（2）设置 PU 面板模式

按PU/EXT键，使 PU 指示灯亮。设置电动机运行频率。按MODE键进行模式切换，使单位显示为 Hz，再旋转旋钮，观察显示值，显示值显示 30 Hz，表示电动机的运行频率为 30 Hz。

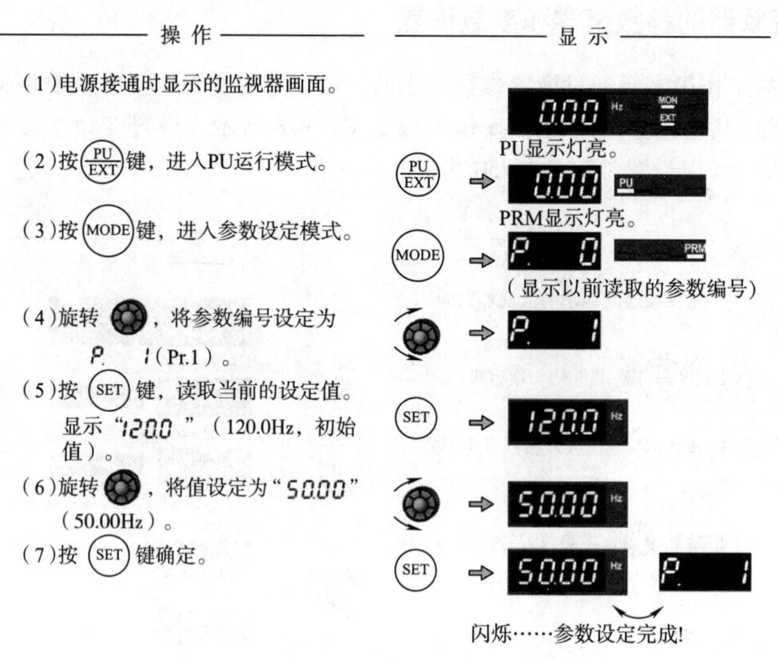

图 7-19　设置变频器参数的操作步骤

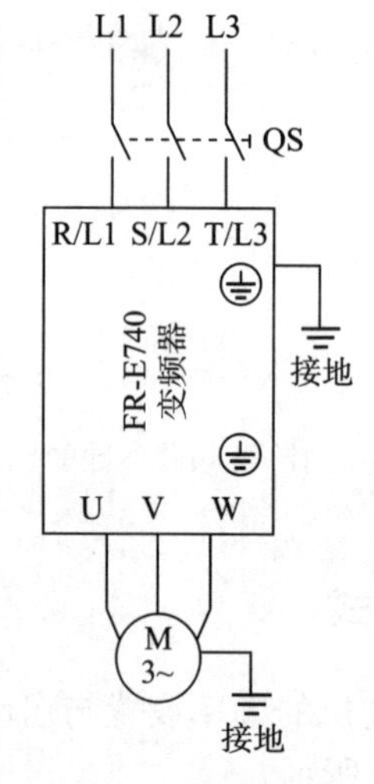

图 7-20　变频器与电动机的连接示意图（PU 面板控制模式）

（3）启动电动机

按(RUN)键，电动机按设定的频率 30 Hz 运行。

（4）停止电动机

按(STOP/RESET)键，电动机停止运行。

三、变频器PU/EXT组合控制模式

采用PU/EXT组合控制模式时，电动机的频率设置在PU面板上实现，启动/停止使用外接按钮。变频器与电动机的连接示意图如图7-21所示，按钮接到STF端子，电动机正转；按钮接到STR端子，电动机反转。通过变频器的PU面板设置频率，用外接按钮SB启动/停止电动机。合上变频器电源后，具体操作步骤如下。

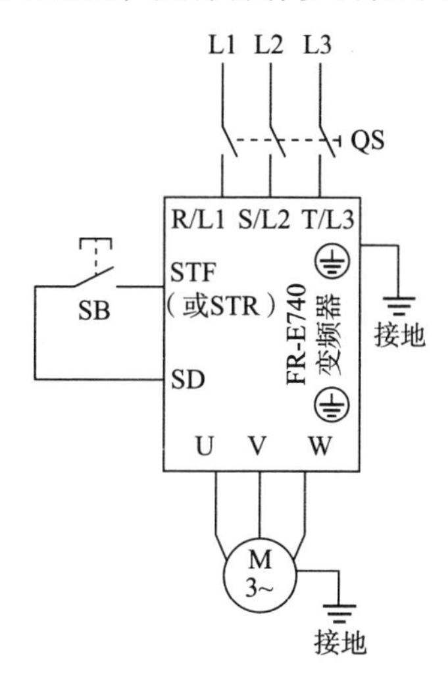

图7-21　变频器与电动机的连接示意图（PU/EXT组合控制模式）

（1）清除参数

清除变频器参数。

（2）设置PU/EXT组合模式

按图7-19所示步骤设置变频器参数Pr79=3，也可按图7-22所示步骤快捷设置Pr79的参数。

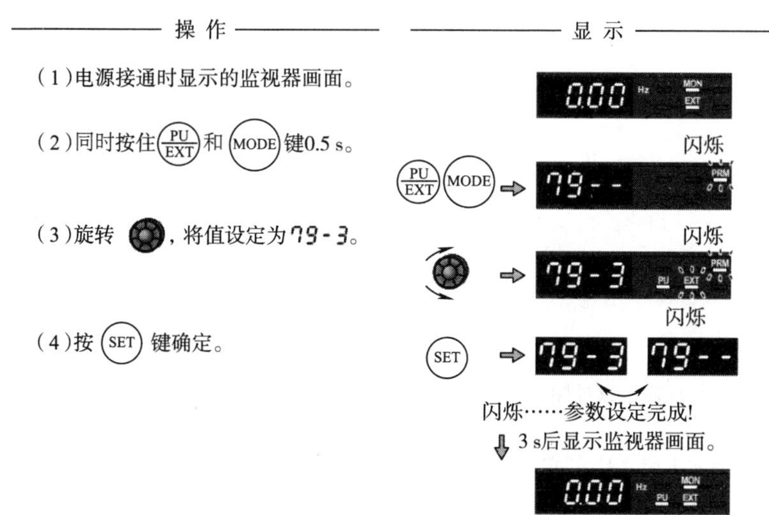

图7-22　快捷设置变频器Pr79参数的操作步骤

（3）设置电动机运行频率

按 MODE 键进行模式切换，使单位显示为 Hz，再旋转旋钮，观察显示值，显示值显示 20 Hz，表示电动机的运行频率为 20 Hz。

（4）启动电动机

按住 SB 按钮，电动机按设定的频率 20 Hz 运行。

（5）停止电动机

松开 SB 按钮，电动机停止运行。

四、电动机的多段速调速

PLC、触摸屏、变频器和电动机的连接方框图如图 7-23a 所示，电动机 3 段速、7 段速运行的连接电路如图 7-23b 所示。多段速运行的控制信号如图 7-24 所示。先实现 3 段速运行。要求：按下启动按钮 SB1（或触摸屏的启动按钮 M0），电动机以 10 Hz 的频率转动，10 s 后电动机以 30 Hz 的频率转动，再过 10 s 电动机以 50 Hz 的频率转动，再过 10 s 重复以上过程。按下停止按钮 SB2（或触摸屏的停止按钮 M1），电动机停止工作。3 段速资源分配表见表 7-2，3 段速触摸屏组态如图 7-25 所示，梯形图如图 7-26 所示。

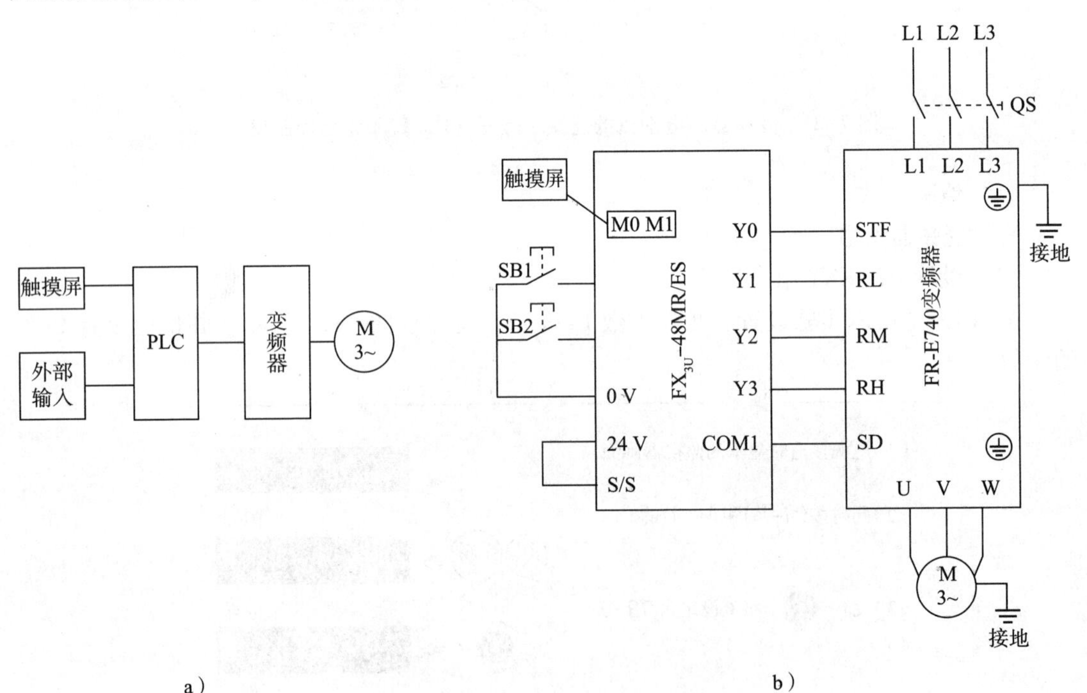

图 7-23　变频器外部控制模式

a）连接方框图　b）电动机 3 段速、7 段速运行的连接电路

变频器的参数：Pr3 = Pr4 = 50，Pr5 = 30，Pr6 = 10，Pr79 = 2，Pr180 = 0，Pr181 = 1，Pr182 = 2。

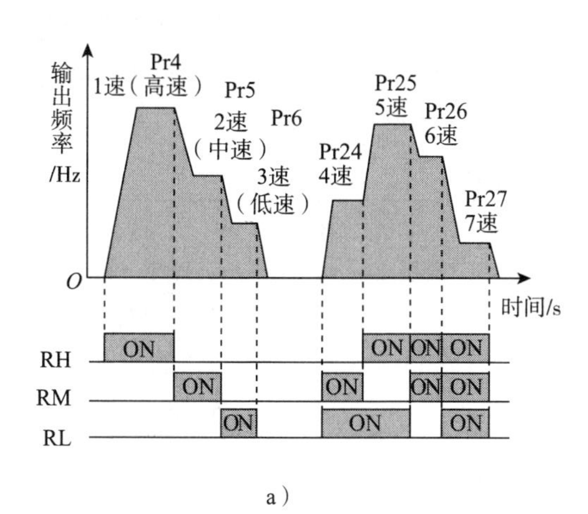

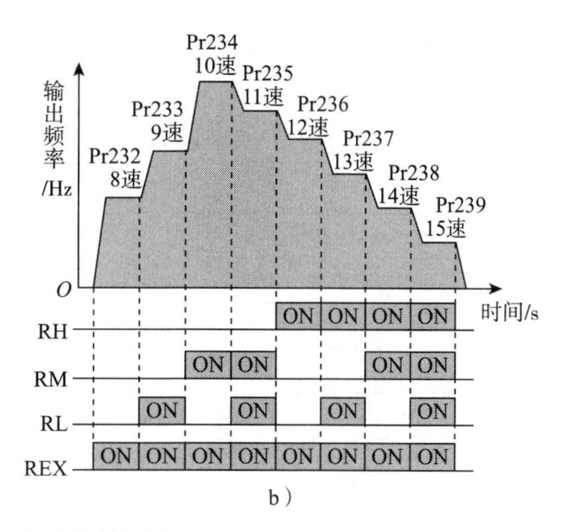

图 7-24　多段速运行的控制信号

a）电动机 3 段速、7 段速运行　b）电动机 15 段速运行

表 7-2　3 段速资源分配表

输入		输出	
继电器与内部资源	说明	继电器与内部资源	说明
X0	启动按钮	Y0	电动机正转信号
X1	停止按钮	Y1	低速信号
M0	触摸屏上的启动按钮	Y2	中速信号
M1	触摸屏上的停止按钮	Y3	高速信号
		T0、T1、T2	三个 10 s 定时器
		D10	运行频率

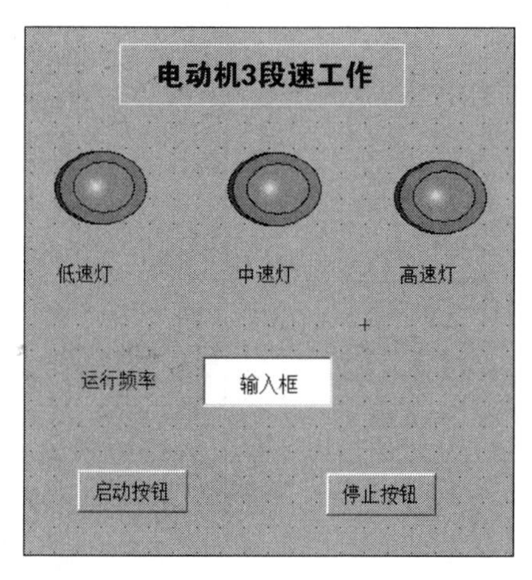

图 7-25　3 段速触摸屏组态

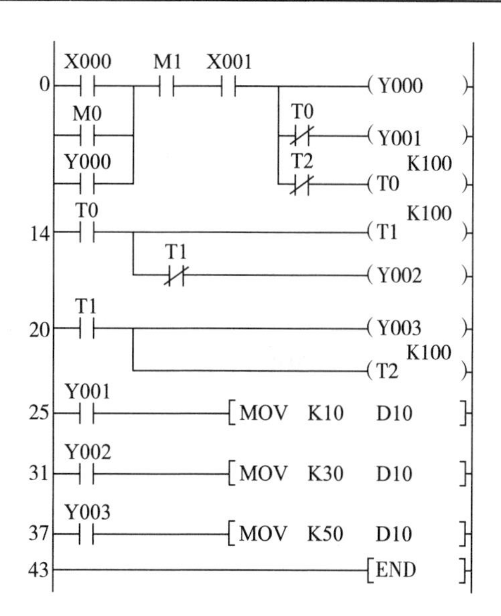

图 7-26　梯形图（3 段速）

如果在变频器的参数 Pr24～Pr27 中设置 4～7 段的速度（频率），可以实现 7 段速运行，7 段速资源分配表见表 7-3，梯形图如图 7-27 所示，梯形图功能是每 5 s 改变一次电动机速度（频率），7 个频率设置在变频器参数 Pr4～Pr6 和 Pr24～Pr27 中。

表 7-3　7 段速资源分配表

输入		输出	
继电器与内部资源	说明	继电器与内部资源	说明
X0	启动按钮	Y0	电动机正转信号
X1	停止按钮	Y1、Y2、Y3	速度信号
M0	触摸屏上的启动按钮	T0	5 s 定时器
M1	触摸屏上的停止按钮	D0	触摸屏上第几段速指示

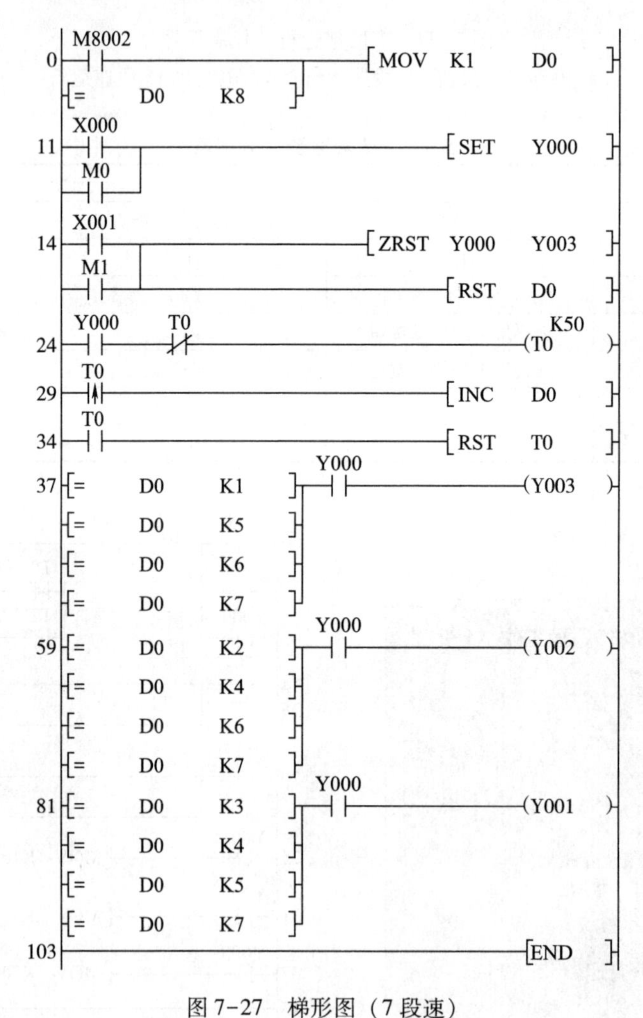

图 7-27　梯形图（7 段速）

相关知识

一、触摸屏组态

在上个任务中，“变量选择方式”选择的是“根据采集信息生成”，如图 7-10 所示。这个任务的“变量选择方式”选择“从数据中心选择 | 自定义”，为此，先建立一个实时数据库。

1. 建立实时数据库

新建工程项目后单击“实时数据库”，再单击右侧的“新增对象”，如图 7-28a 所示，双击新建的新增对象，选择“基本属性”选项卡，“对象名称”输入“启动按钮”，“对象类型”选择“开关”，单击“确认”按钮，如图 7-28b 所示。用同样的方法新增停止按钮、低速灯、中速灯、高速灯、运行频率，其中运行频率的“类型”选择“数值型”，其他都为开关型，如图 7-29 所示。

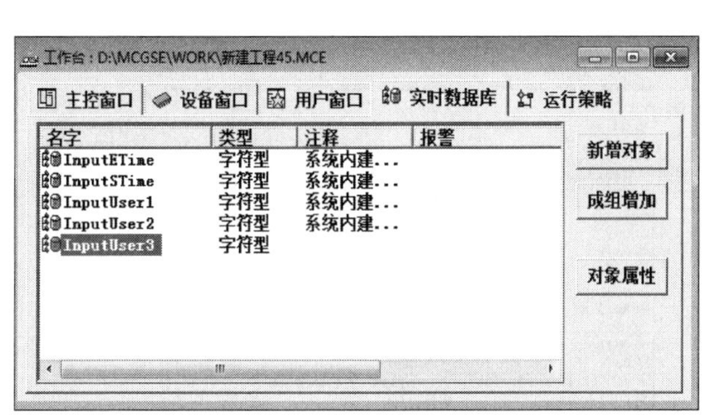

a）

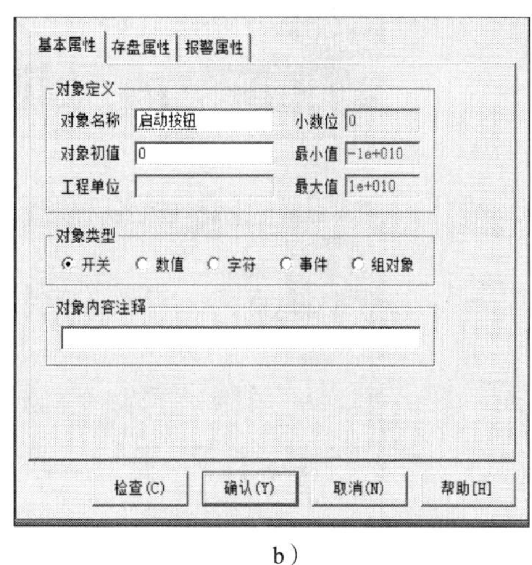

b）

图 7-28　新建实时数据库

a）实时数据库窗口　b）设置实时数据库变量属性

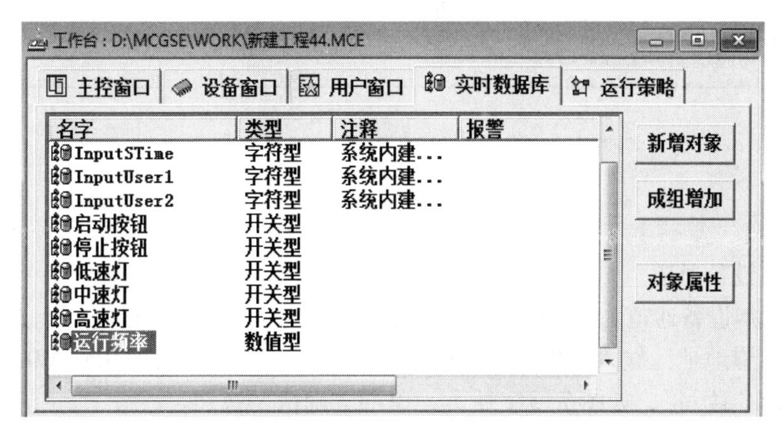

图 7-29　建立的实时数据库

2. 设备组态

将“三菱_FX 系列编程口”挂接在“通用串口父设备”之下，双击“三菱_FX 系列编程口”，进入设备编辑窗口，如图 7-30a 所示。

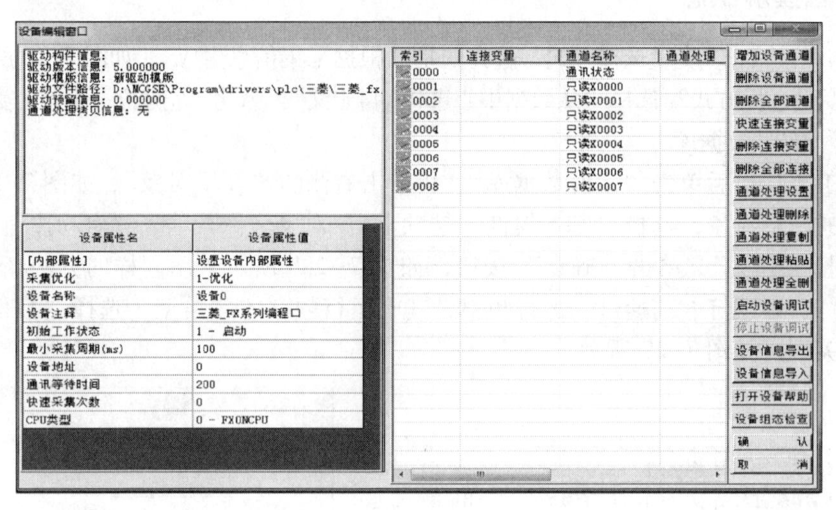

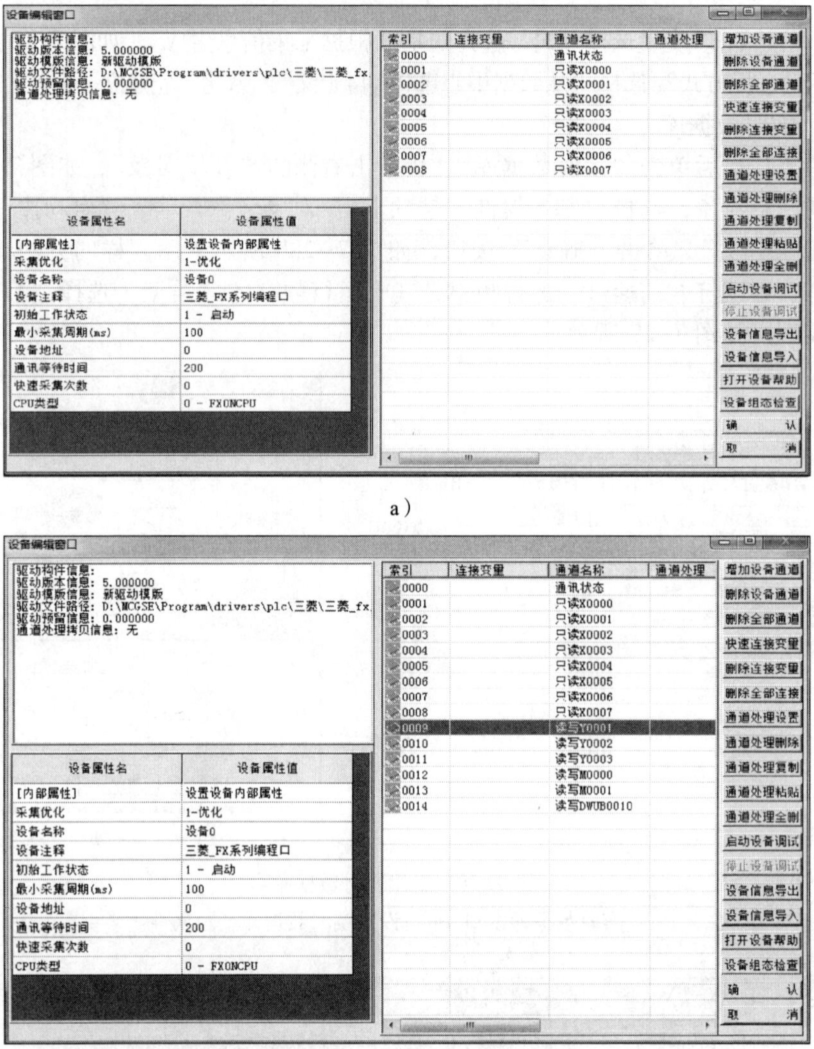

a）

b）

图 7-30 设备编辑窗口

a）增加设备通道前 b）增加设备通道后

（1）增加设备通道

单击“增加设备通道”，弹出“添加设备通道”对话框，“通道类型”选择“M 辅助寄存器”，“通道地址”输入“0”，“通道个数”输入“2”（因为要用到 M0 和 M1），“读写方式”选择“读写”，如图 7-31a 所示，单击“确认”按钮。

用同样的方法增加设备通道 Y1～Y3，D10，如图 7-31b 和图 7-31c 所示。

这样就增加了 6 个设备通道，如图 7-30b 所示。

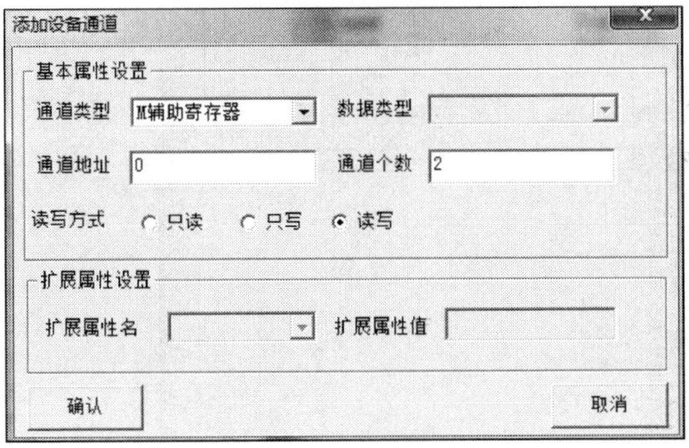

a）

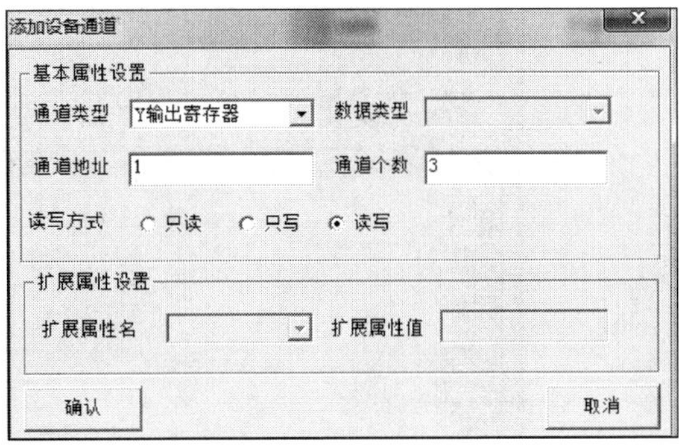

b）

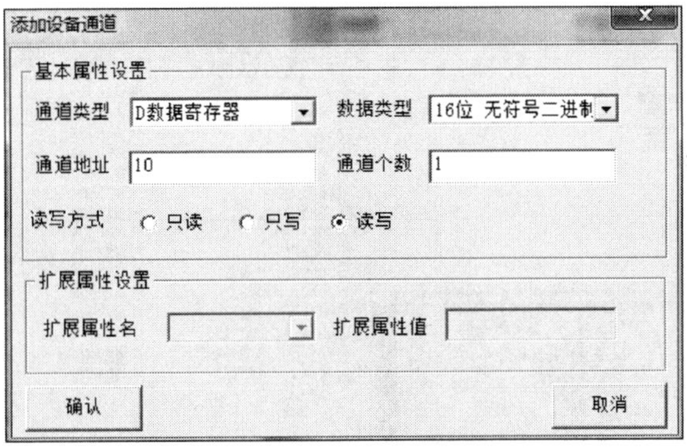

c）

图 7-31　增加设备通道

a）M 类型　b）Y 类型　c）D 类型

（2）连接变量

双击增加的设备通道“读写 Y0001”前面的空白处（“连接变量”栏下），弹出如图 7-32a 所示的“变量选择”对话框，实时数据库中建立的变量全部在对话框下方，单击“对象名”下的“低速灯”，再单击“确认”按钮，则低速灯连接到了 Y1。

用同样的方法连接中速灯到 Y2、高速灯到 Y3、启动按钮到 M0、停止按钮到 M1、运行频率到 D10，如图 7-32b 所示。单击“确认”按钮，出现如图 7-6 所示的窗口界面，单击窗口右上角的“关闭”按钮，弹出“‘设备窗口’已改变，存盘否?”对话框，单击“是”按钮，存盘后退出设备窗口，回到新建工程窗口。

3. 用户组态

按图 7-25 逐步建立用户组态，先按任务 1 的方法组态标签，再组态按钮、运行频率和指示灯。

变量选择
变量选择方式
从数据中心选择|自定义　根据采集信息生成　确认　退出
根据设备信息连接
选择通讯端口　通道类型　数据类型
选择采集设备　通道地址　读写类型
从数据中心选择
选择变量 低速灯　数值型　开关型　字符型　事件型　组对象　内部对象

对象名	对象类型
$Day	数值型
$Hour	数值型
$Minute	数值型
$Month	数值型
$PageNum	数值型
$RunTime	数值型
$Second	数值型
$Timer	数值型
$Week	数值型
$Year	数值型
低速灯	开关型
高速灯	开关型
启动按钮	开关型
停止按钮	开关型
运行频率	数值型
中速灯	开关型

a）

b）

图 7-32　连接变量

a）连接变量前　b）连接变量后

（1）组态按钮

组态启动按钮：如任务 1 组态按钮基本属性，再单击“操作属性”选项卡，在“操作属性”选项卡中勾选“数据对象值操作”，选择“按 1 松 0”，单击右侧的“？”，弹出如图 7-33a 所示的“变量选择”对话框，选择“从数据中心选择 | 自定义”，单击“启动按钮”→“确认”，在之前的“？”处出现启动按钮，如图 7-33b 所示，单击“确认”按钮完成触摸屏上启动按钮的设置。

用同样的方法组态停止按钮。

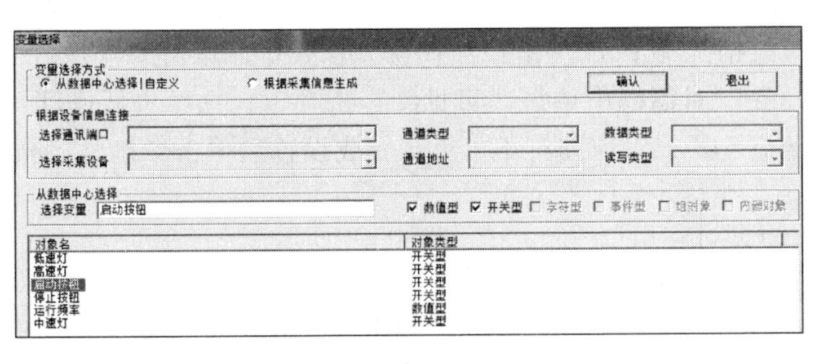

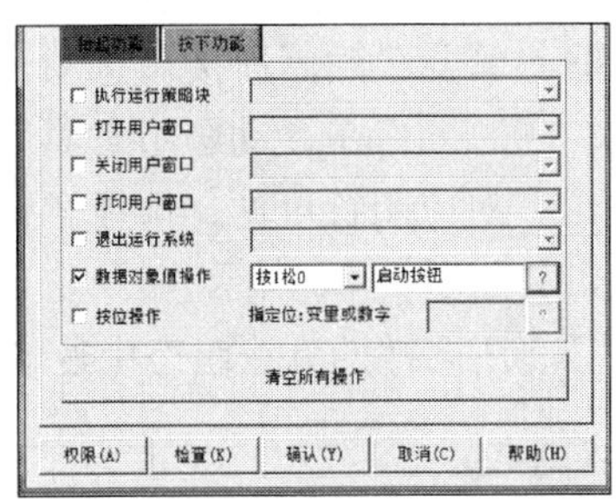

a）　　　　b）

图 7-33　组态启动按钮
a）“变量选择”对话框　b）操作属性设置后

（2）组态运行频率

单击工具箱中的输入框 abl，在用户组态界面的相应位置单击并拖动出一个输入框，双击该输入框，弹出“输入框构件属性设置”对话框，单击“操作属性”选项卡，在“操作属性”选项卡中单击“?”，在弹出的“变量选择”对话框中进行数据关联，选择“从数据中心选择 | 自定义”，单击“运行频率”→“确认”，在之前的“?”处出现运行频率，单击“确认”按钮完成触摸屏上运行频率的设置。

（3）组态指示灯

组态低速灯：单击工具箱中的插入元件，在“对象元件库管理”对话框中找到指示灯，单击指示灯列表选择指示灯，单击“确定”按钮，如图 7-34 所示。在用户窗口拖动指示灯到合适的位置，右击，在弹出的菜单中选择“属性”，弹出“单元属性设置”对话框，如图 7-35 所示，在“数据对象”选项卡中单击“@ 开关量”，单击右侧出现的

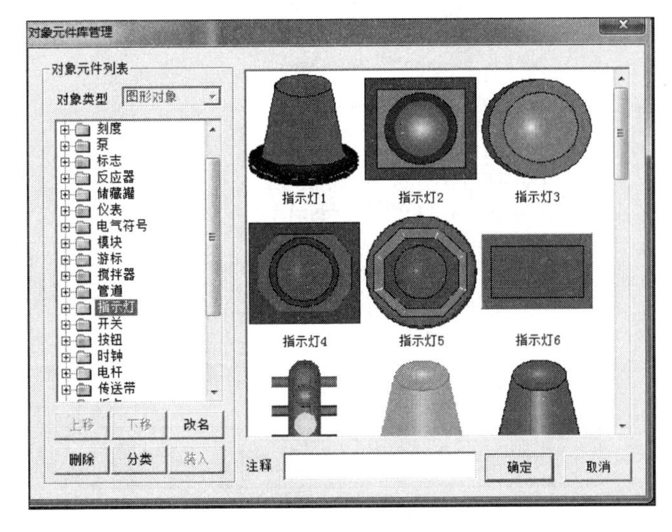

图 7-34　选择指示灯

“?”，在变量选择中选择“低速灯”，单击“确认”按钮。回到“单元属性设置”对话框，单击“动画连接”选项卡，此时“低速灯”出现在连接表达式中。单击“低速灯”右侧的 >，在“动画组态属性设置”对话框中单击“可见度”选项卡，选择“低速灯=1”，对应图符可见；选择“低速灯=0”，对应图符不可见，完成设置后单击“确认”按钮，如图 7-36 所示。

用同样的方法组态中速灯和高速灯。

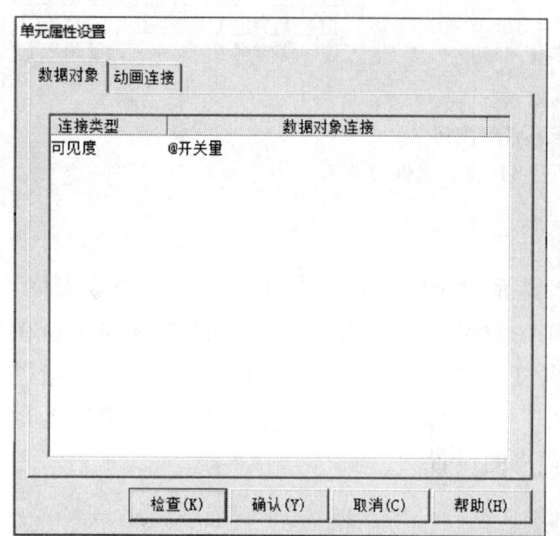

a）

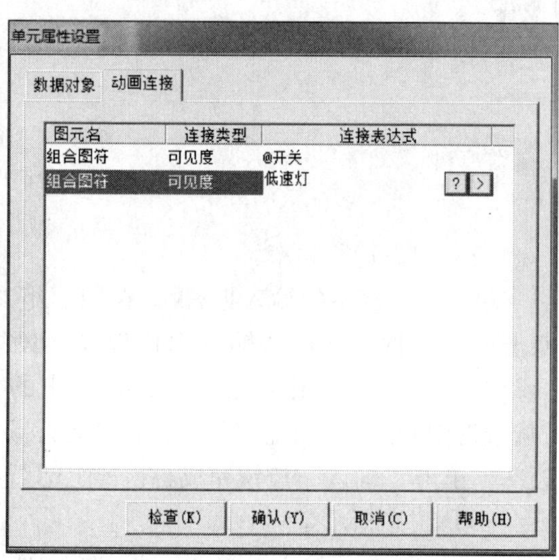

b）

图 7-35 “单元属性设置”对话框

a）“数据对象”选项卡 b）“动画连接”选项卡

图 7-36 动画组态属性设置

二、变频器

三相异步电动机的变频调速往往通过变频器实现，选用变频器时要注意额定电压和功率，额定电压和功率一般在变频器的型号上，如图 7-37 所示。使用变频器时要连接主电路和控制电路，其中主电路是必须连接的，控制电路按照实际需要进行连接。

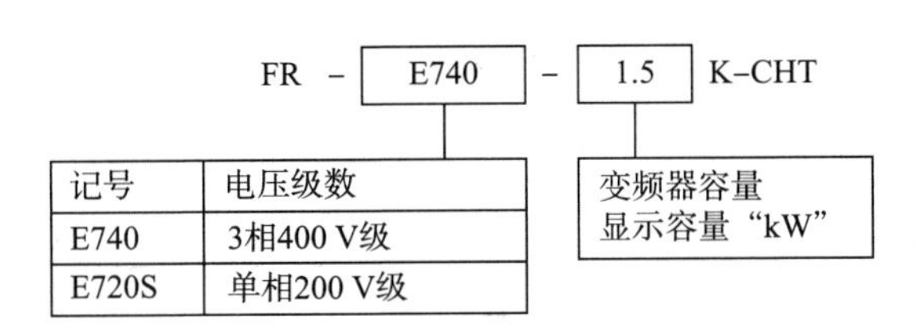

图 7-37 变频器型号

1. 变频器的主电路

变频器的主电路如图 7-38 所示，其中输入端子 R/L1、S/L2 和 T/L3 接三相交流电源，⏚为接地端子；输出端子 U、V 和 W 连接三相笼型异步电动机，这些端子是必须连接的。P1、+、PR 和-这四个端子按实际使用需要进行连接。本课题中都只连接了电源和电动机，如图 7-20、图 7-21 和图 7-23 所示。注意，变频器的 U、V 和 W 是连接到电动机的，不要与电源接反了。

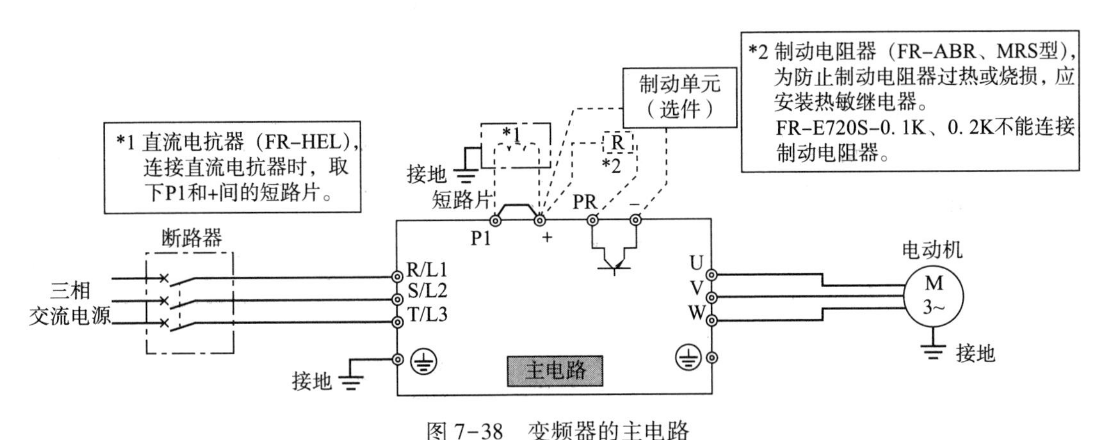

图 7-38 变频器的主电路

2. 变频器的控制电路

变频器的控制电路如图 7-39 所示，控制端子分为输入端子、输出端子和通信端子三类，输入端子又有开关量输入和模拟量输入，本任务中使用到的 STF、STR、RH、RM、RL 和 SD 都是开关量输入端子，如图 7-21 和图 7-23 所示。各端子默认的功能如下。

STF：正转启动，STF 信号为 ON 时电动机正转，为 OFF 时停止。

STR：反转启动，STR 信号为 ON 时电动机反转，为 OFF 时停止。

若 STF 和 STR 信号同时为 ON 时变为停止信号，电动机停止。

RH、RM、RL：RH、RM 和 RL 的组合可以实现电动机的多段速调速。

SD：开关量输入的公共端子。

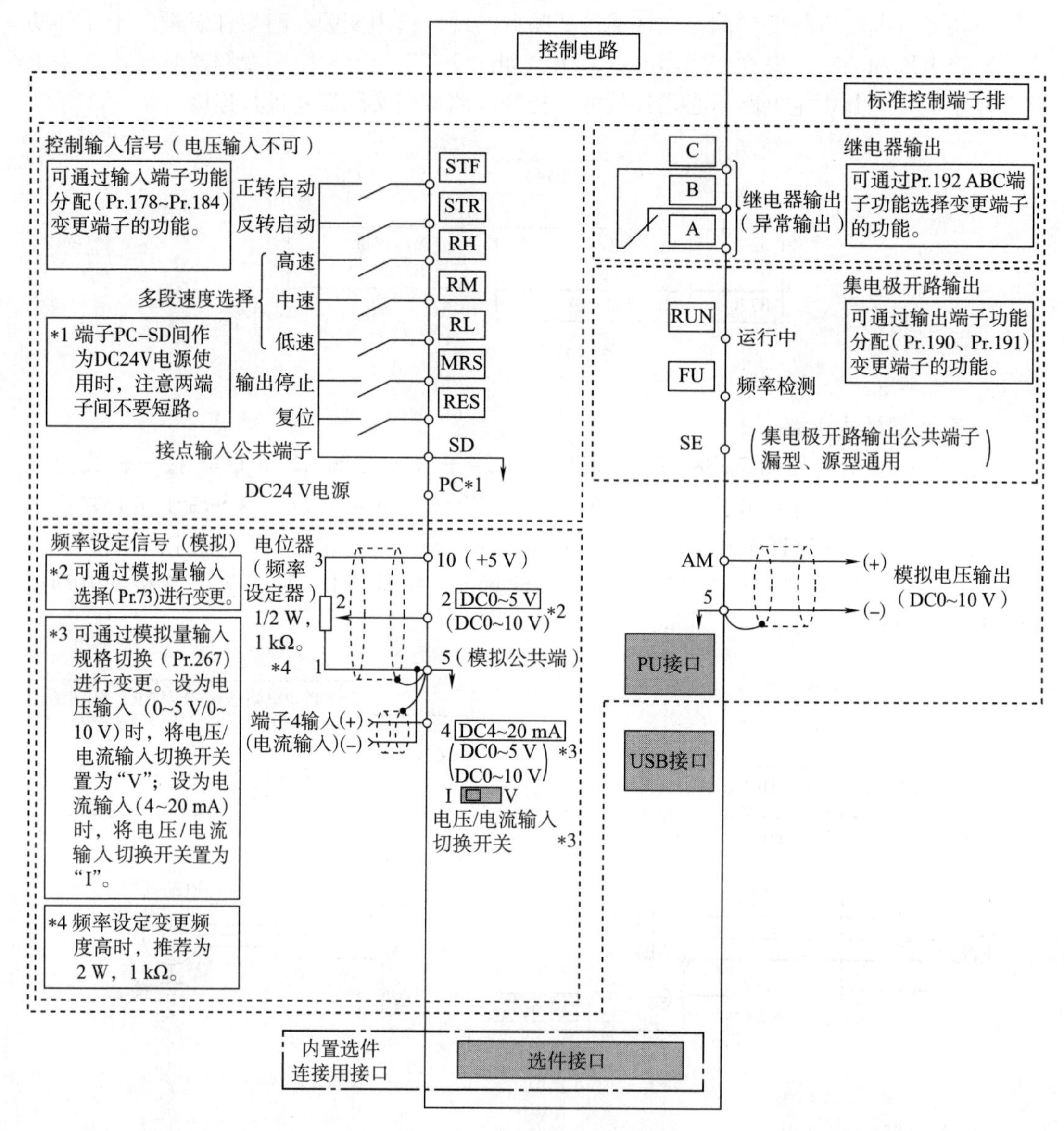

图 7-39　变频器的控制电路

3. 变频器的参数设置

变频器的应用很多是通过设置参数完成的，Pr79 是运行模式选择参数，出厂默认的初始值为 0，通过改变 Pr79 的值可更改运行模式，见表 7-4。

Pr79=1，频率设置与电动机启动/停止都用 PU 面板实现，见任务分析“二、变频器 PU 面板控制模式”。

表 7-4 Pr79 参数设置

操作面板显示	运行方法	
	启动指令	频率指令
79-1 PU PRM 闪烁 闪烁	RUN	◉
79-2 EXT PRM 闪烁 闪烁	外部（STF、STR）	模拟电压输入
79-3 PU EXT PRM 闪烁 闪烁	外部（STF、STR）	◉
79-4 PU EXT PRM 闪烁 闪烁	RUN	模拟电压输入

Pr79=3 和 Pr79=4 都是 PU 面板和输入端子结合的方式，其中，Pr79=3 频率设置用 PU 面板，电动机启动/停止用输入端子设置，见任务分析“三、变频器 PU/EXT 组合控制模式”。而 Pr79=4 刚好相反，电动机启动/停止用 PU 面板，频率设置用输入端子。

任务分析“四、电动机的多段速调速”中，Pr79=2，频率设置与电动机启动/停止都用输入端子外部控制实现。在电动机的多段速调速中，除了 Pr79，其他的参数全部采用默认的初始值，Pr3 是基准频率，Pr4 是高速频率，Pr5 是中速频率，Pr6 是低速频率。3 段速的三个频率也可以通过参数设置改变。如果是 7 段速调速，还要设置 Pr24～Pr27 四个参数；如果是 15 段速调速，再增加设置 Pr232～Pr239 八个参数。

注意，频率设置时不要超过设置的上、下限频率（Pr1、Pr2）。

如图 7-39 所示的各端子功能都是默认的初始值时的功能，变频器控制端子的功能也可以通过参数设置而改变。STF、STR、RL、RM、RH、MRS 和 RES 这七个端子依次对应着 Pr178～Pr184 七个参数。如 15 段速调速有 REX 端子，如图 7-24b 所示，但图 7-39 中没有 REX 端子，解决办法是将 MRS 端子配置为其默认的初始值（24），以实现输出停止功能，并设置 Pr183=8，就把 MRS 端子作 REX 用了。变频器参数的使用要多查阅变频器手册。

任务实施

1. 按图 7-20 连接电路，按变频器 PU 面板控制模式的操作步骤完成电动机控制。

2. 按图 7-21 连接电路，按变频器 PU/EXT 组合控制模式的操作步骤完成电动机控制，注意变频器的参数 Pr79=3。

3. 按图 7-23b 连接电路，按图 7-25 进行触摸屏组态，按图 7-26 编写梯形图程序，注意变频器的参数 Pr79=2，完成电动机的 3 段速调速（尽量自行设计组态和梯形图程序）。

任务3　用 PLC、模拟量特殊适配器模块和变频器控制电动机运行

学习目标

1. 熟悉变频器的模拟量控制。
2. 了解常见的模拟量控制模块。
3. 熟悉 PLC 模拟量特殊适配器模块的连接方式和输入/输出特性。
4. 熟悉模拟量特殊适配器模块 FX_{3U}-3A-ADP 与 PLC 基本单元 FX_{3U}-48MR 的连接应用。
5. 能使用 PLC、模拟量特殊适配器模块和变频器控制电动机运行。

任务引入

电动机的变频运行除了多段速工作，还有连续调速的要求，因此要求变频器能够设定连续的频率。

本任务研究用 PLC、模拟量特殊适配器模块和变频器控制电动机运行。

任务分析

FR-E740 变频器具有模拟量输入端子，变频器的模拟量输入端子用于连续变化的频率设定，实现对三相笼型异步电动机的连续调速控制。频率设定可以简单地外接电位器实现，也可以用 PLC 搭配模拟量特殊适配器模块实现。变频器控制模式有启停与频率都由外部控制的 EXT 控制模式、启停面板控制与频率外部控制的 PU/EXT 组合控制模式。

一、变频器 EXT 控制模式

变频器与电动机的连接示意图如图 7-40 所示，变频器的频率通过外加的模拟电压设置，用外接按钮 SB 来启动/停止电动机。合上变频器电源后，具体操作步骤如下。

（1）清除变频器参数。

（2）设置 EXT 控制模式。设置变频器参数 Pr79=2。

（3）设置电动机运行频率。用模拟电压设置频率，调节可调电阻改变频率。

（4）启动/停止电动机。按住 SB 按钮，电动机运行；松开 SB 按钮，电动机停止运行。

需要注意，频率的多段速输入端 RH、RM 和 RL 比模拟量输入端 2、4 和 5 优先，因此，使用模拟量输入端时，多段速输入端 RH、RM 和 RL 应断开。

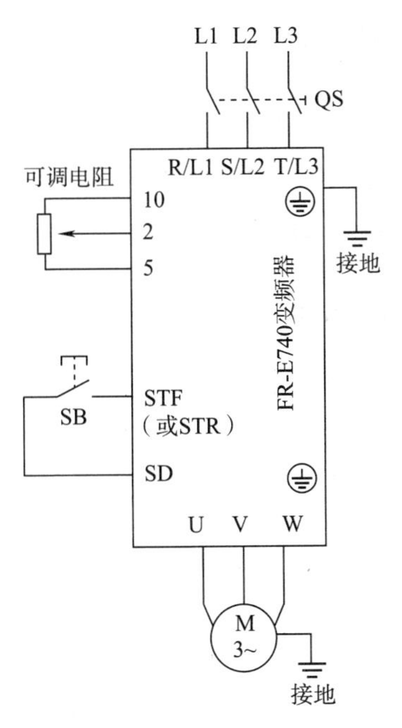

图 7-40　变频器与电动机的连接示意图

二、用 PLC 模拟量模块控制电动机调速

1. 变频器 PU/EXT 组合控制模式（Pr79=4）

变频器 PU/EXT 组合控制模式的连接示意图如图 7-41 所示，变频器的频率通过 PLC

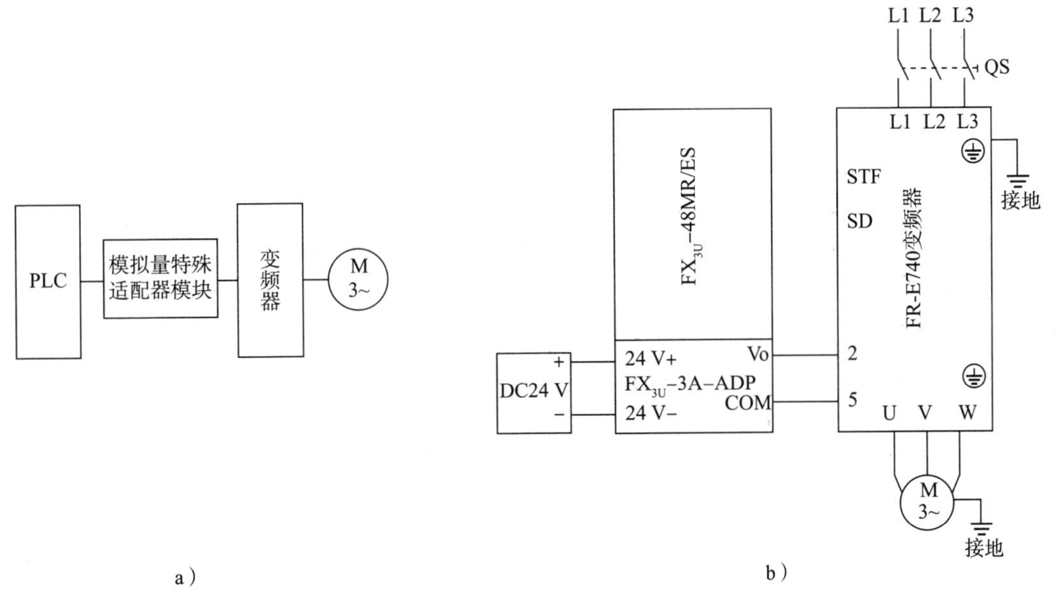

图 7-41　变频器 PU/EXT 组合控制模式的连接示意图（Pr79=4）

a）方框图　b）电路图

的模拟量特殊适配器模块 FX_{3U}-3A-ADP 设置，FX_{3U}-3A-ADP 模拟量控制梯形图如图 7-42 所示，用变频器 PU 面板启停电动机。合上变频器电源后，具体操作步骤如下。

（1）清除变频器参数。

（2）设置 PU/EXT 组合控制模式。设置变频器参数 Pr79=4。

（3）按 PU 面板(RUN)键启动电动机。

（4）按 PU 面板(STOP/RESET)键停止电动机。

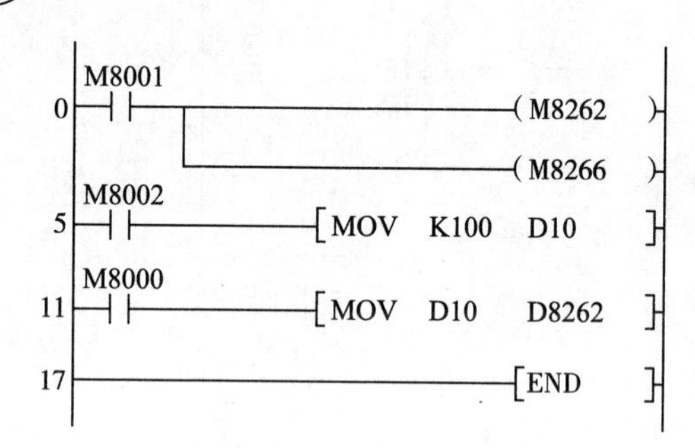

图 7-42 FX_{3U}-3A-ADP 模拟量控制梯形图（Pr79=4）

2. 变频器 EXT 控制模式（Pr79=2）

变频器 EXT 控制模式的连接示意图如图 7-43 所示，变频器的参数 Pr79=2。资源分配表见表 7-5，频率固定模拟量控制梯形图如图 7-44 所示，频率变化模拟量控制梯形图如图 7-45 所示，自行设计触摸屏组态。

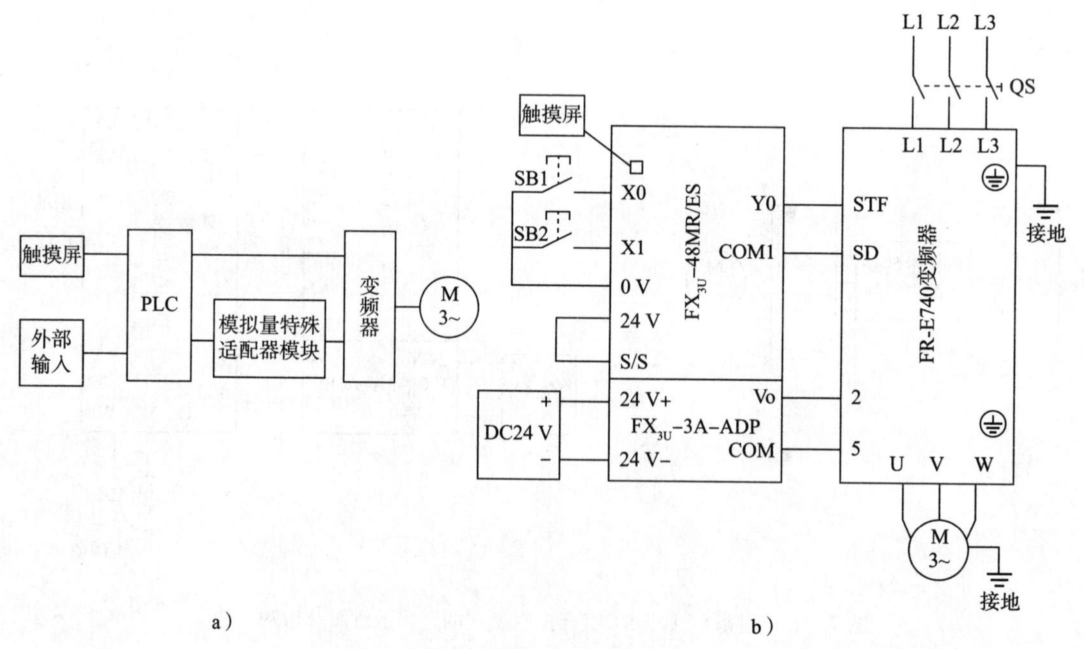

图 7-43 变频器 EXT 控制模式的连接示意图（Pr79=2）

a）方框图 b）电路图

表 7-5　资源分配表

输入		输出	
继电器与内部资源	说明	继电器与内部资源	说明
X0	启动按钮	Y0	电动机正转信号
X1	停止按钮	T0	5 s 定时器
M0	触摸屏上的启动按钮	D10	频率设置
M1	触摸屏上的停止按钮		

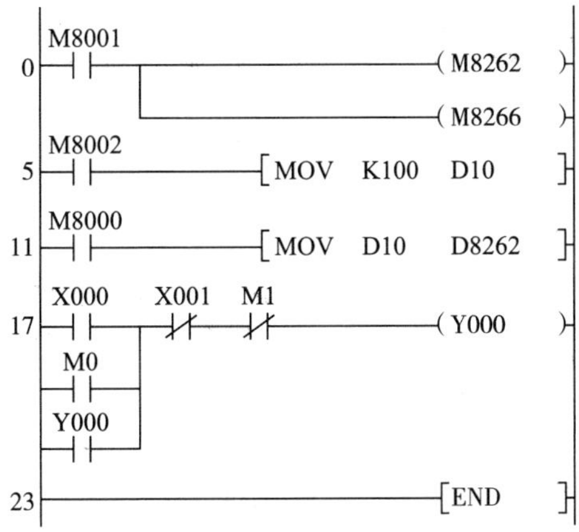

图 7-44　频率固定模拟量控制梯形图（Pr79=2）

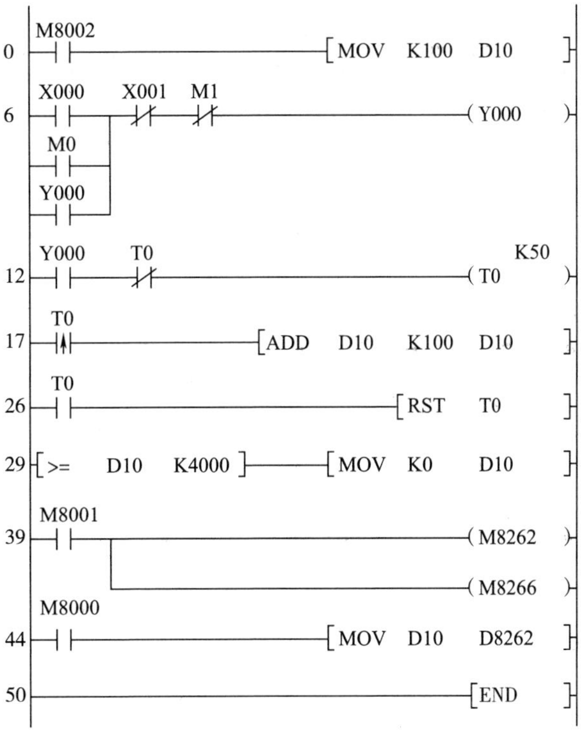

图 7-45　频率变化模拟量控制梯形图（Pr79=2）

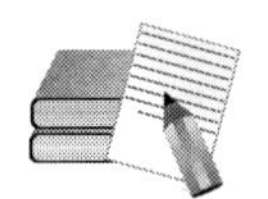

相关知识

一、变频器的模拟量控制

变频器输入端子除了上个任务使用的开关量输入端子外，还有模拟量输入端子，如图 7-40、图 7-41 和图 7-43 所示的变频器控制电路，都使用了模拟量的电压输入端子 2，其工作状态参数 Pr73 可设置为 0、1、10 和 11，其中：

Pr73=0：端子 2 输入电压为 0~10 V，电动机不可逆运行。

Pr73=1：端子 2 输入电压为 0~5 V，电动机不可逆运行。

Pr73=10：端子 2 输入电压为 0~10 V，电动机可逆运行。

Pr73=11：端子 2 输入电压为 0~5 V，电动机可逆运行。

Pr73 的默认初始值为 1，这里设置 Pr73=0。

二、模拟量控制模块

三菱的模拟量控制模块有很多，包括模拟量输入模块、模拟量输出模块和模拟量输入/输出混合模块，模拟量控制有电压/电流输入、电压/电流输出和温度传感器输入三种，如图 7-46 所示。例如，FX_{3U}-4AD 是 4 通道模拟量输入模块（AD 是模-数转换）、FX_{3U}-4DA 是 4 通道模拟量输出模块（DA 是数-模转换）、FX_{3U}-3A-ADP 是 3 通道模拟量输入/输出混合模块（A 指混合模块）。另外，模块名称后面没带 ADP 的是特殊功能模块，使用时安装在 PLC 基本单元的右侧；模块名称后面带 ADP 的是特殊适配器模块，使用时安装在 PLC 基本单元的左侧。FX_{3U} 系列 PLC 最多可连接 4 台模拟量特殊适配器模块、8 台特殊功能模块。FX_{3U} 系列 PLC 与模拟量特殊适配器模块的连接示意图如图 7-47 所示。FX_{3U} 系列 PLC 连接特殊适配器模块时，需要功能扩展板，使用高速输入/输出特殊适配器时，模拟量特殊适配器模块安装在高速输入/输出特殊适配器的左侧。

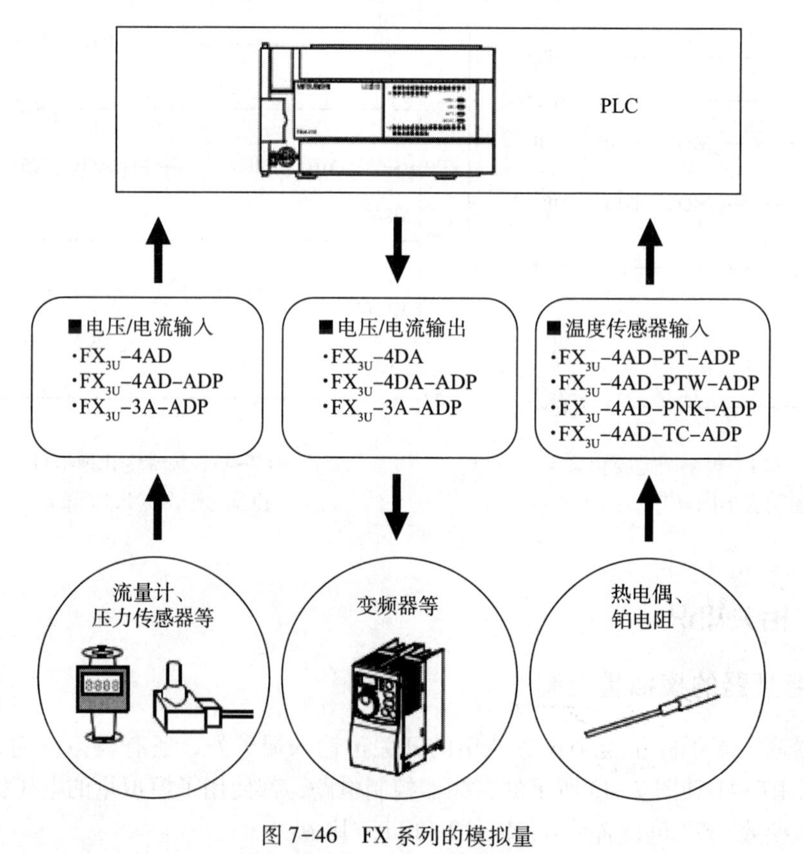

图 7-46　FX 系列的模拟量

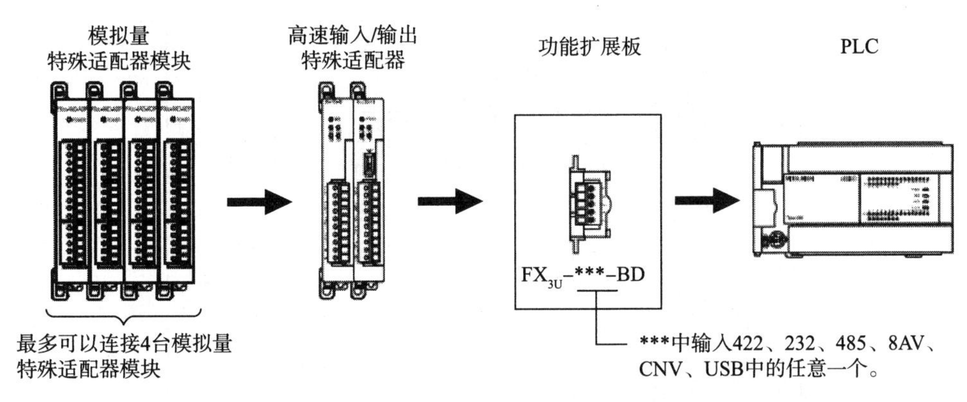

图 7-47　FX_{3U} 系列 PLC 与模拟量特殊适配器模块的连接示意图

三、模拟量特殊适配器模块 FX_{3U}-3A-ADP

FX_{3U}-3A-ADP 是 3 通道模拟量输入/输出混合模块，其端子说明如图 7-48 所示，包括 2 个模拟量输入通道，1 个模拟量输出通道，不论是输入还是输出，都有电压信号模式和电流信号模式，输入通道的连接方式如图 7-49 所示，输出通道的连接方式如图 7-50 所示。

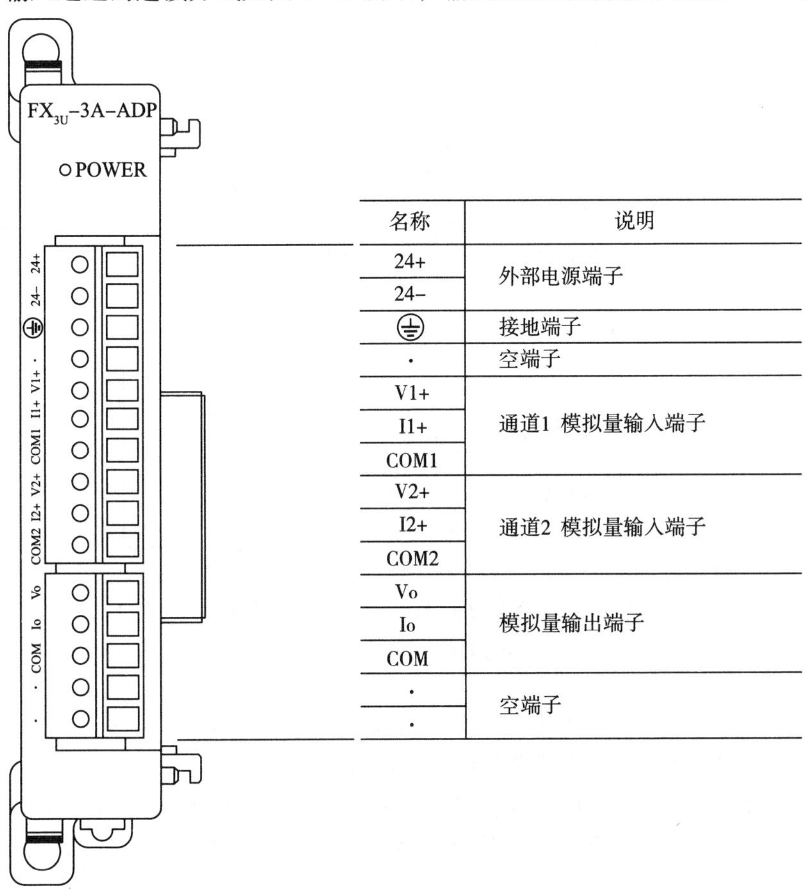

名称	说明
24+	外部电源端子
24-	
⏚	接地端子
·	空端子
V1+	通道1 模拟量输入端子
I1+	
COM1	
V2+	通道2 模拟量输入端子
I2+	
COM2	
Vo	模拟量输出端子
Io	
COM	
·	空端子
·	

图 7-48　FX_{3U}-3A-ADP 端子说明

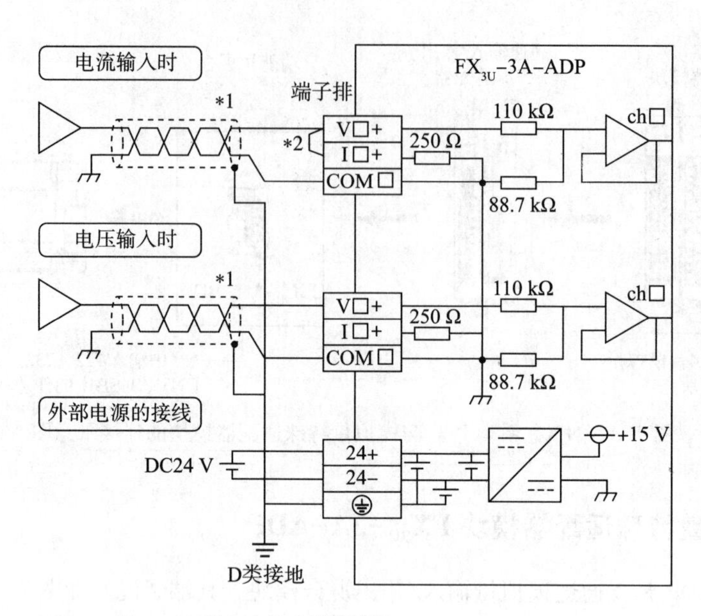

V□+、I□+、ch□的□中输入通道编号。

*1 模拟量的输入线使用2芯的屏蔽双绞电缆，与其他动力线或者易于受感应的线分开布线。
*2 电流输入时，务必将V □+端子和I □+端子短接。

图 7-49　FX$_{3U}$-3A-ADP 输入通道的连接方式

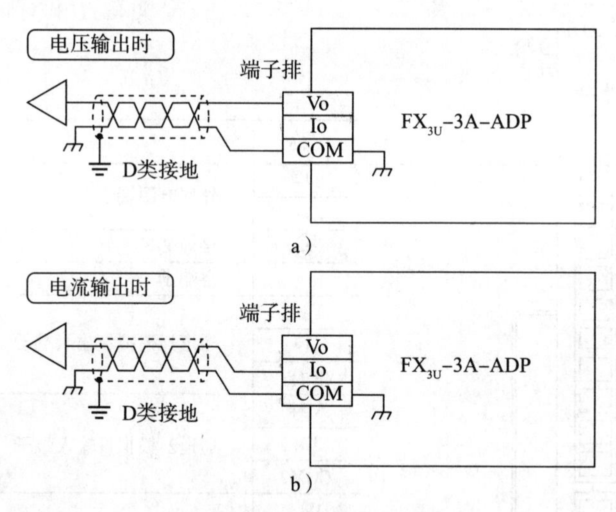

图 7-50　FX$_{3U}$-3A-ADP 输出通道的连接方式
a）电压输出　b）电流输出

本任务中使用了 FX$_{3U}$-3A-ADP 电压输出通道，如图 7-50a、图 7-41b 和图 7-43b 所示。FX$_{3U}$-3A-ADP 的输入/输出特性如图 7-51 所示。其中：

输入通道：模拟电压输入 0~10 V，对应数字量输出 0~4 000，分辨率为 2.5 mV（10 V×1/4 000）；模拟电流输入 4~20 mA，对应数字量输出 0~3 200，分辨率为 5 μA（16 mA×1/3 200）。

输出通道：数字量输入 0~4 000，对应模拟电压输出 0~10 V，分辨率为 2.5 mV（10 V×1/4 000）；数字量输入 0~4 000，对应模拟电流输出 4~20 mA，分辨率为 4 μA（16 mA×1/4 000）。

数字量的输入/输出都是 12 位二进制数。

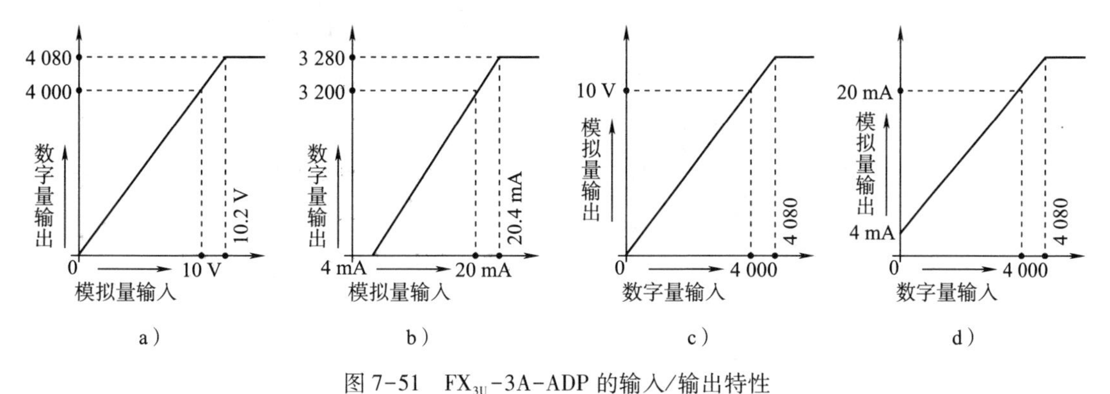

图 7-51　FX_{3U}-3A-ADP 的输入/输出特性

a）电压输入　b）电流输入　c）电压输出　d）电流输出

四、FX_{3U}-3A-ADP 与 FX_{3U}-48MR 的连接应用

FX_{3U}-3A-ADP 是模拟量特殊适配器模块，使用时安装在 PLC 基本单元 FX_{3U}-48MR 的左侧，FX_{3U} 系列 PLC 最多可连接 4 台 FX_{3U}-3A-ADP，最靠近 FX_{3U}-48MR 基本单元的是第 1 台，再依次为第 2、3 和 4 台，如图 7-52 所示，在确定第几台时，高速输入/输出和通信特殊适配器不包含在内，特殊软元件见表 7-6。

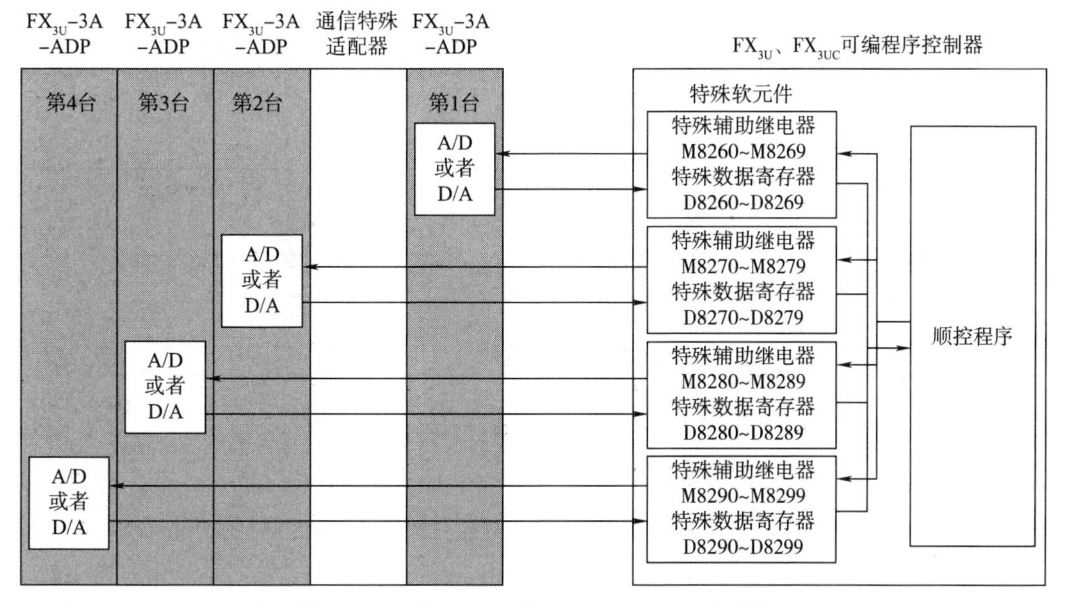

图 7-52　FX_{3U}-48MR 与 FX_{3U}-3A-ADP 的连接

表 7-6　特殊软元件

特殊软元件	软元件编号				内容	属性
	第 1 台	第 2 台	第 3 台	第 4 台		
特殊辅助继电器	M8260	M8270	M8280	M8290	通道 1 输入模式切换	R/W
	M8261	M8271	M8281	M8291	通道 2 输入模式切换	R/W
	M8262	M8272	M8282	M8292	输出模式切换	R/W
	M8263	M8273	M8283	M8293	未使用（不要使用）	—
	M8264	M8274	M8284	M8294		
	M8265	M8275	M8285	M8295		
	M8266	M8276	M8286	M8296	输出保持解除设定	R/W
	M8267	M8277	M8287	M8297	设定输入通道 1 是否使用	R/W
	M8268	M8278	M8288	M8298	设定输入通道 2 是否使用	R/W
	M8269	M8279	M8289	M8299	设定输出通道是否使用	R/W
特殊数据寄存器	D8260	D8270	D8280	D8290	通道 1 输入数据	R
	D8261	D8271	D8281	D8291	通道 2 输入数据	R
	D8262	D8272	D8282	D8292	输出设定数据	R/W
	D8263	D8273	D8283	D8293	未使用（不要使用）	—
	D8264	D8274	D8284	D8294	通道 1 平均次数（设定范围：1~4 095）	R/W
	D8265	D8275	D8285	D8295	通道 2 平均次数（设定范围：1~4 095）	R/W
	D8266	D8276	D8286	D8296	未使用（不要使用）	—
	D8267	D8277	D8287	D8297		
	D8268	D8278	D8288	D8298	错误状态	R/W
	D8269	D8279	D8289	D8299	机型代码 = 50	R

通过将特殊辅助继电器设置为 ON 或 OFF，可以设定输入/输出的信号是电压还是电流。模式切换中使用的特殊辅助继电器见表 7-7。设定第 1 台的输入通道 1 是电压输入，输入通道 2 是电流输入，输出通道是电压输出且为输出保持，梯形图如图 7-53 所示。

表 7-7　模式切换中使用的特殊辅助继电器

特殊辅助继电器				内容	
第 1 台	第 2 台	第 3 台	第 4 台		
M8260	M8270	M8280	M8290	通道 1 输入模式切换	OFF：电压输入，ON：电流输入
M8261	M8271	M8281	M8291	通道 2 输入模式切换	OFF：电压输入，ON：电流输入
M8262	M8272	M8282	M8292	输出模式切换	OFF：电压输出，ON：电流输出

续表

特殊辅助继电器				内容	
第 1 台	第 2 台	第 3 台	第 4 台		
M8266	M8276	M8286	M8296	输出保持解除设定	OFF：PLC RUN→STOP 时保持之前的模拟量输出，ON：PLC STOP 时输出偏置值
M8267	M8277	M8287	M8297	设定输入通道 1 是否使用	OFF：使用通道，ON：不使用通道
M8268	M8278	M8288	M8298	设定输入通道 2 是否使用	OFF：使用通道，ON：不使用通道
M8269	M8279	M8289	M8299	设定输出通道是否使用	OFF：使用通道，ON：不使用通道

图 7-54 所示的梯形图是在图 7-53 的基础上，设置 2 个输入通道的平均采样次数都是 5 次，通道 1 的 A/D 转换得到的数字量存放在 D100 中，通道 2 的 A/D 转换得到的数字量存放在 D101 中，需要 D/A 转换的数字量存放在 D102 中。

本任务中只用了 1 台 FX_{3U}-3A-ADP 的输出通道，采用电压输出模式，输入/输出特性如图 7-51c 所示。数字量输入 0~4 000，对应模拟电压输出 0~10 V，分辨率为 10 V/4 000=2. 5 mV。

图 7-44 中，频率对应的电压为 100×2. 5 mV=250 mV。

图 7-45 中，初始频率对应的电压为 100×2. 5 mV=250 mV，而后每经 5 s 增加 250 mV，直到 10 V，再到 0 V，每经 5 s 增加 250 mV，循环往复。

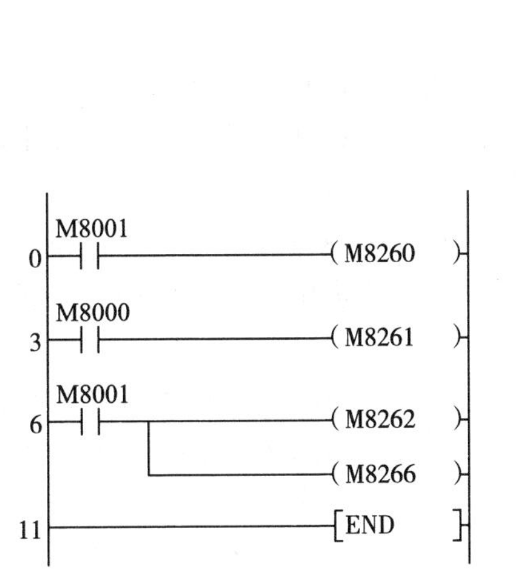

图 7-53　FX_{3U}-3A-ADP 输入/输出模式设定梯形图

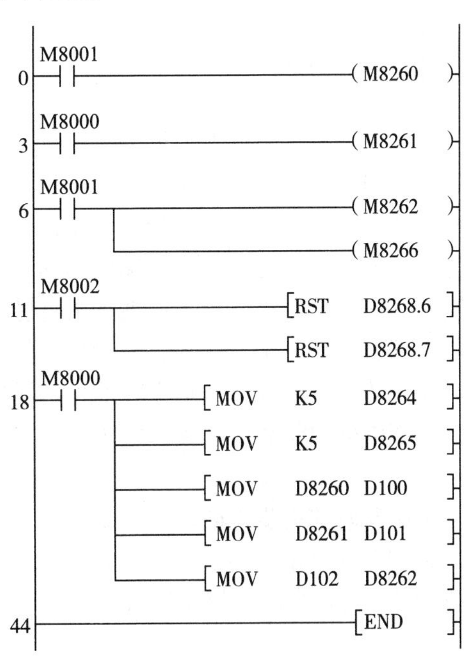

图 7-54　FX_{3U}-3A-ADP 数据采集与输出梯形图

任务实施

1. 按图 7-40 连接电路，按变频器 EXT 控制模式的操作步骤完成电动机控制。

2. 按图 7-41 连接电路，按图 7-42 编写梯形图程序，按变频器 PU/EXT 组合控制模式的操作步骤完成电动机控制，注意变频器的参数 Pr79=4。

3. 按图 7-43 连接电路，按图 7-44 编写梯形图程序，自行完成触摸屏组态，注意变频器的参数 Pr79=2，完成电动机的模拟盘调速（尽量自行设计梯形图程序）。

任务 4　基于 PLC 的步进电动机传送带简单位置控制

学习目标

1. 掌握步进电动机、步进驱动器的工作原理，能正确设置步进驱动器参数。
2. 掌握 PLC、步进电动机和步进驱动器的连接方法。
3. 掌握高速脉冲指令 PLSY 的使用方法。
4. 能实现基于 PLC 的步进电动机传送带简单位置控制。

任务引入

异步电动机、直流电动机等都是作为动力使用的，其主要任务是能量的转换。各种控制电动机的主要任务是转换和传递控制信号，能量的转换是次要的。常用的控制电动机有伺服电动机、测速电动机、步进电动机等。各种控制电动机有各自的控制任务：伺服电动机将电压信号转换为转矩和转速以驱动控制对象；测速电动机将转速转换为电压，并传递到输入端作为反馈信号；步进电动机将脉冲信号转换为角位移或线位移。对控制电动机的主要要求有动作灵敏、准确、质量轻、体积小、耗电少、运行可靠等。

在自动化生产线上经常需要通过传送带输送物料到加工位置和储存位置，位置的定位可以通过机械限位和电气控制实现，电气控制时一般使用步进电动机和伺服电动机进行位置控制。

本任务研究用步进电动机实现位置控制。按下启动按钮 SB1，传送带输送物料向左运行，到 ST1 处停止 2 s 再向右运行，到 ST2 处又停止 2 s 再向左运行，循环往复；按下停止按钮 SB2，传送带立即停止运行。

任务分析

基于 PLC 的步进驱动器与步进电动机连接电路如图 7-55 所示，输入/输出地址分配表见表 7-8，梯形图如图 7-56 所示，触摸屏组态自行设计。

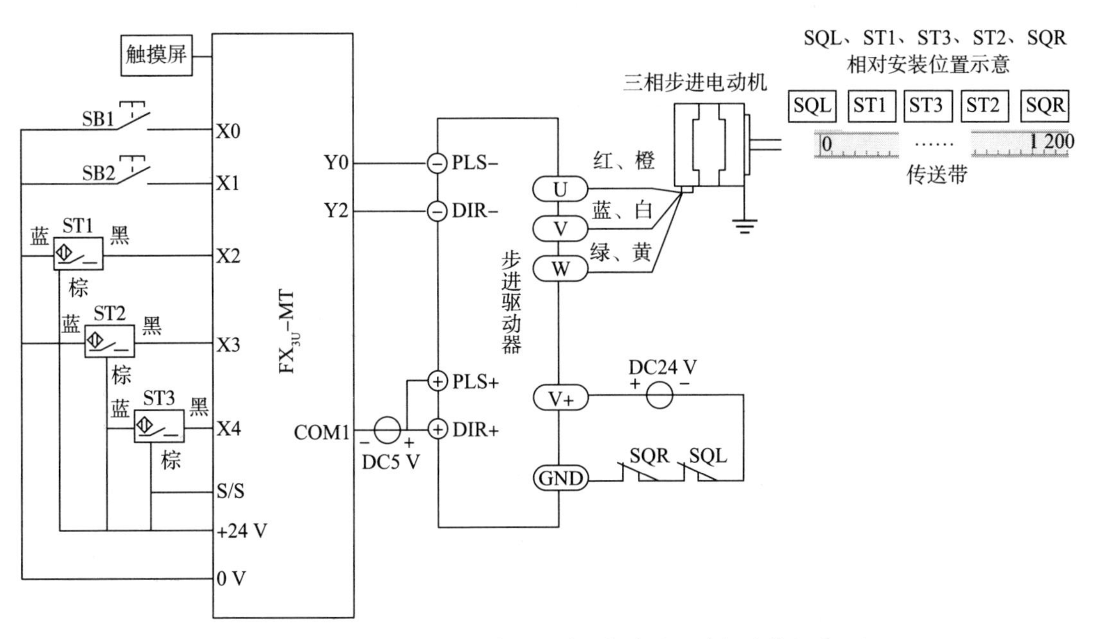

图 7-55　基于 PLC 的步进驱动器与步进电动机连接电路

表 7-8　输入/输出地址分配表

输入		输出	
继电器	说明	继电器	说明
X0	SB1 启动按钮	Y0	PLS-电动机脉冲信号
X1	SB2 停止按钮	Y2	DIR-电动机方向信号
X2	ST1 左限位开关		
X3	ST2 右限位开关		
X4	ST3 中限位开关		

```
     X000    X002  X001
0  ──┤ ├──┬──┤/├───┤/├──────────────────────( M0    )
     T1   │
   ──┤ ├──┤
     M0   │
   ──┤ ├──┘
     X002    T0    X001
6  ──┤ ├──┬──┤/├───┤/├───┬──────────────────( M1    )
     M1   │              │               K20
   ──┤ ├──┘              └──────────────────( T0    )
     T0      X003  X001
14 ──┤ ├──┬──┤/├───┤/├──────────────────────( M2    )
     M2   │
   ──┤ ├──┘
     X003    T1    X001
19 ──┤ ├──┬──┤/├───┤/├───┬──────────────────( M3    )
     M3   │              │               K20
   ──┤ ├──┘              └──────────────────( T1    )
     M0
27 ──┤ ├──┬──────────────[PLSY  K1000  K0   Y000    ]
     M2   │
   ──┤ ├──┘
     M2
36 ──┤ ├────────────────────────────────────( Y002  )
38 ─────────────────────────────────────────[END    ]
```

图 7-56　梯形图

相关知识

一、步进电动机

步进电动机是利用电磁铁的作用原理，将脉冲信号转换为线位移或角位移的电动机。每来一个电脉冲，步进电动机转动一定角度，带动机械移动一小段距离，即来一个脉冲，转一个步距角。它的旋转是以固定的角度一步一步进行的，可以通过控制脉冲个数来控制角位移量，从而达到准确定位的目的；可以通过控制脉冲频率来控制电动机转速；可以通过改变脉冲顺序来改变转动方向。由于步进电动机的这一运行机制正好符合数字控制系统的要求，因此，它在数控机床、钟表工业及自动记录仪等方面都有很广泛的应用。

步进电动机分为励磁式和反应式两种，区别在于励磁式步进电动机的转子上有励磁线圈，依靠电磁转矩工作，反应式步进电动机的转子上没有励磁线圈，依靠变化的磁阻生成磁阻转矩工作。

反应式步进电动机的应用最广泛，它有两相、三相、多相之分。这里以三相反应式步进电动机为例介绍步进电动机的结构和工作原理。

三相反应式步进电动机的结构如图 7-57 所示。

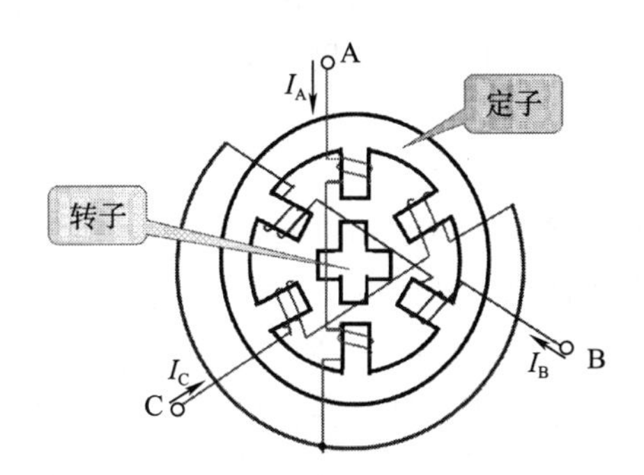

图 7-57　三相反应式步进电动机的结构

定子内圆周均匀分布着六个磁极，磁极上有励磁绕组，每两个相对的绕组组成一相，采用星形联结。转子有四个齿，由于磁力线总是要通过磁阻最小的路径闭合，因此会在磁力线扭曲时产生切向力，从而形成磁阻转矩，使转子转动。现以 A→B→C→A 的通电顺序，使三相绕组轮流通入直流电流，观察转子的运动情况。

1. 三相单三拍

“三相”指三相步进电动机；“单”指每次只能一相绕组通电；“三拍”指通电三次完成一个通电循环。A 相绕组通电，B、C 相绕组不通电。气隙产生以 A-A′为轴线的磁场，而磁力线总是力图从磁阻最小的路径通过，故电动机转子受到一个反应转矩，在此转矩的作用下，转子必然转到如图 7-58a 所示位置：1、3 齿与 A、A′磁极轴线对齐。同理，B 相通电时，转子会转过 30°角，2、4 齿和 B、B′磁极轴线对齐，如图 7-58b 所示；当 C 相通电时，转子再转过 30°角，1、3 齿和 C′、C 磁极轴线对齐，如图 7-58c 所示。

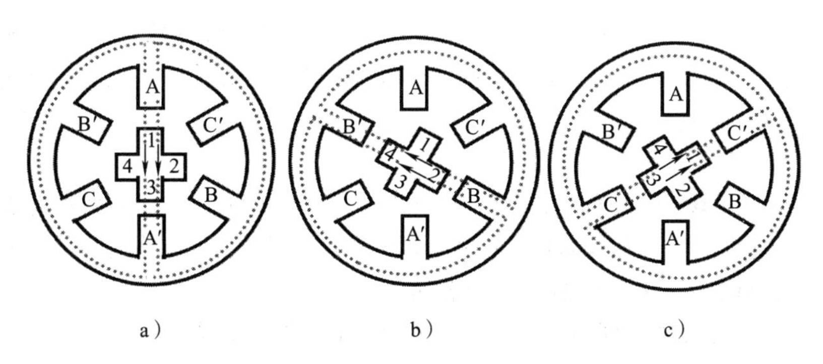

图 7-58　步进电动机三相单三拍工作

a）A 相通电　b）B 相通电　c）C 相通电

这种工作方式下，三个绕组依次通电一次为一个循环周期，一个循环周期包括三个工作脉冲，所以称为三相单三拍工作方式。按 A→B→C→A 的顺序给三相绕组轮流通电，转子便一步一步转动起来，每一拍转过 30°，每个通电循环周期磁场在空间旋转了 360°而转子转过 90°。转子每一拍转过的角度称为步距角，磁场在空间旋转一周（360°）称为通电循环周期，一个通电循环周期转子转过的角度称为一个齿距角。这里步距角是 30°，通电循环周期是三拍，齿距角是 90°。

2. 三相单双六拍

三相单双六拍按 A→AB→B→BC→C→CA 的顺序给三相绕组轮流通电，这种方式可以获得更精确的控制特性。A 相通电，转子 1、3 齿与 A、A′磁极轴线对齐，如图 7-59a 所示。AB 相同时通电，A、A′磁极拉住 1、3 齿，B、B′磁极拉住 2、4 齿，转子转过 15°，到达如图 7-59b 所示位置。B 相通电，转子 2、4 齿与 B、B′对齐，又转过 15°，BC 相同时通电，C′、C 磁极拉住 1、3 齿，B、B′磁极拉住 2、4 齿，转子再转过 15°。同理分析 C 相、CA 相通电。

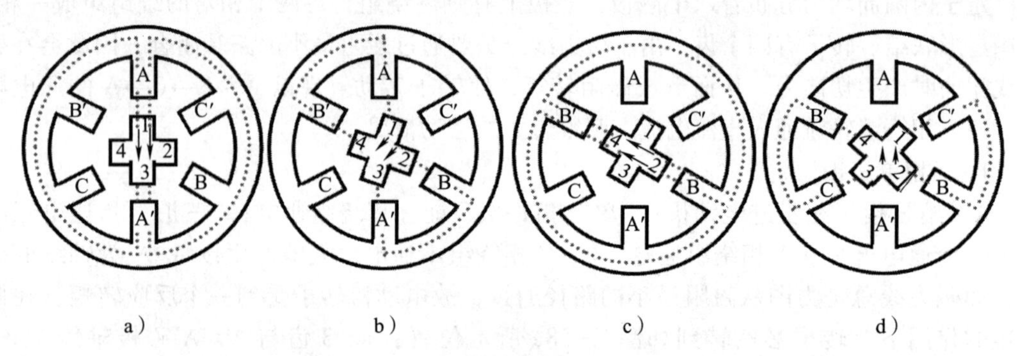

图 7-59　步进电动机三相单双六拍工作

a）A 相通电　b）AB 相通电　c）B 相通电　d）BC 相通电

三相反应式步进电动机的一个通电循环周期如下：A→AB→B→BC→C→CA，每个循环周期分为六拍，每拍转子转过 15°（步距角），一个通电循环周期（六拍）转子转过 90°（齿距角）。与单三拍相比，六拍驱动方式的步距角更小，更适用于需要精确定位的控制系统。

3. 三相双三拍

三相双三拍按 AB→BC→CA 的顺序给三相绕组轮流通电，每拍有两相绕组同时通电。与单三拍方式相似，双三拍驱动时每个通电循环周期也分为三拍，每拍转子转过 30°（步距角），一个通电循环周期（三拍）转子转过 90°（齿距角）。

从以上对步进电动机三种驱动方式的分析可得出步距角计算公式：

$$\theta=\frac{360°}{Z_r m}$$

式中　θ—步距角；

Z_r—转子齿数；

m—每个通电循环周期的拍数。

为了获得小步距角，实用步进电动机的定子、转子都做成多齿的，三相 40 个齿时的步进电动机：单三拍、双三拍的步距角为 3°，单双六拍的步距角为 1.5°，齿距角都是 9°。

二、步进驱动器

步进电动机不能直接接到工频交流或直流电源上工作，而必须使用专用的步进驱动器，它由脉冲发生控制单元、功率驱动单元、保护单元等组成。功率驱动单元与步进电动机直接耦合，也可理解成步进电动机微机控制器的功率接口。步进驱动器和步进电动机是一个有机的整体，步进电动机的运行性能是电动机和驱动器两者配合的综合效果。控制器、步进驱动器和步进电动机的方框图如图 7-60 所示。

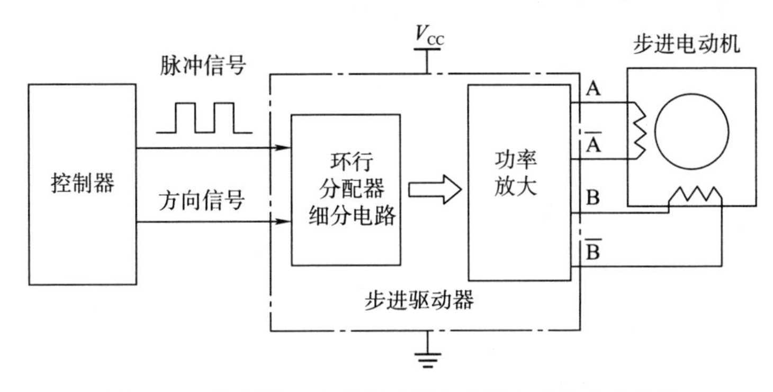

图 7-60　控制器、步进驱动器和步进电动机的方框图

步进电动机的相数是指电动机内部的定子线圈组数，目前常用的有二相、三相、四相、五相步进电动机。步进电动机相数不同，其步距角也不同。在没有细分驱动器时，用户主要靠选择不同相数的步进电动机来满足步距角的要求。如果使用细分驱动器，则相数将变得没有意义，用户只需在驱动器上改变细分数，就可以改变步距角。

三、步科三相步进电动机与步进驱动器

本任务选用 Kinco（步科）三相步进电动机 3S57Q-04079。不同的步进电动机的接线有所不同，3S57Q-04079 的接线图如图 7-61c 所示。步进电动机三相绕组的六根引出线，按头尾相连的原则连接成三角形，改变绕组的通电顺序就能改变步进电动机的转动方向。

步进驱动器采用 Kinco 三相微步型步进驱动器，其外形与接线如图 7-61 所示。在接线端子中间是一个红色的八位 DIP 功能设定开关（简称 DIP 开关），用来设定驱动器的工作方式和工作参数。DIP 开关的正视图如图 7-62 所示，其中 DIP1～DIP3 用于细分设置，具体见表 7-9；DIP4 用于静态电流设置，DIP4＝ON 表示静态电流全流，DIP4＝OFF 表示静态电流半流；DIP5～DIP8 用于电流设置，具体见表 7-10。

这里设置细分为 1 000PPR（每转的脉冲数），即每转 1 000 个脉冲，调节驱动器的最大输出电流为 5.8 A。

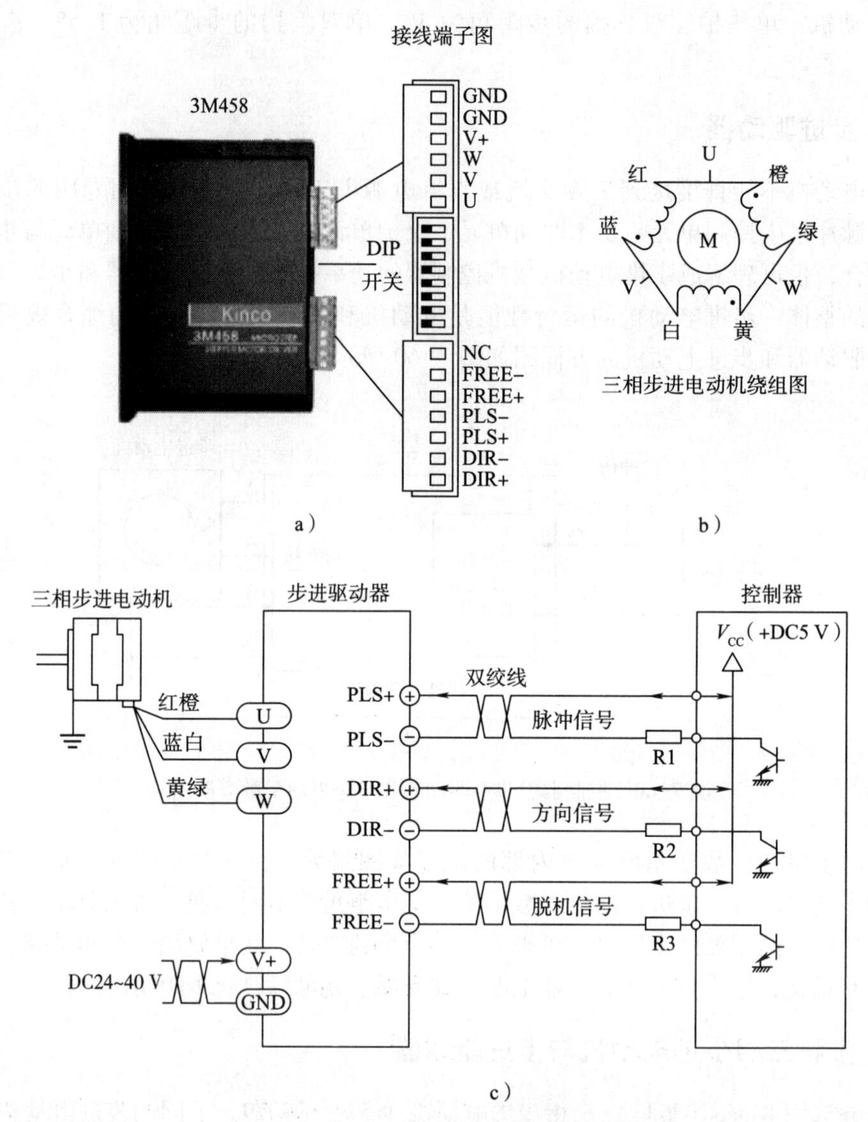

图 7-61　Kinco 步进驱动器外形与接线
a）步进驱动器外形与接线端子图　b）与步进驱动器相配的三相步进电动机绕组图
c）3S57Q-04079 的接线图

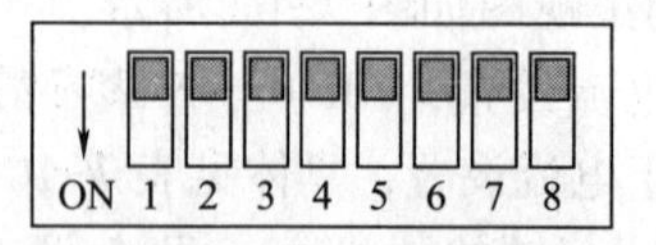

图 7-62　DIP 开关的正视图

表 7-9　DIP 细分设置（DIP1~DIP3）

DIP1	DIP2	DIP3	每转的脉冲数/个
ON	ON	ON	400
ON	ON	OFF	500
ON	OFF	ON	600
ON	OFF	OFF	1 000
OFF	ON	ON	2 000
OFF	ON	OFF	4 000
OFF	OFF	ON	5 000
OFF	OFF	OFF	10 000

表 7-10　DIP 电流设置（DIP5~DIP8）

DIP5	DIP6	DIP7	DIP8	电流/A
OFF	OFF	OFF	OFF	3. 0
OFF	OFF	OFF	ON	4. 0
OFF	OFF	ON	ON	4. 6
OFF	ON	ON	ON	5. 2
ON	ON	ON	ON	5. 8

四、高速脉冲指令（PLSY）

本任务中使用晶体管型输出的 PLC 控制步进电动机，从而对传送带的运行速度、距离及方向进行控制，使用高速脉冲指令 PLSY 对步进电动机进行简单控制。

PLSY 的功能是以指定的频率产生定量脉冲，格式如图 7-63 所示。

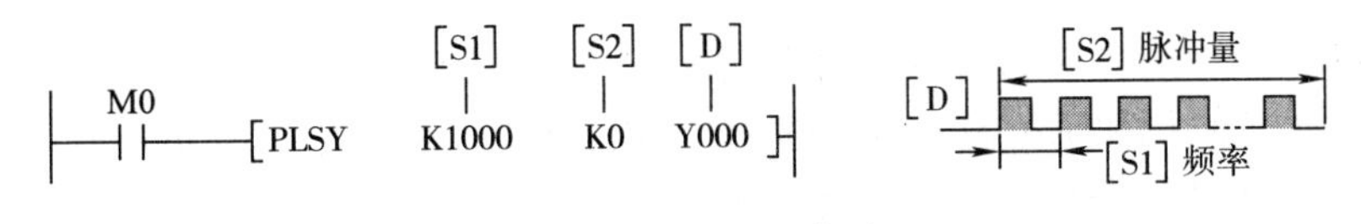

图 7-63　PLSY 的格式

其中，S1 用于指定频率，16 位时允许设定范围为 1~32 767 Hz；32 位时允许设定范围为 1~100 000 Hz。S2 用于指定产生脉冲的数量，16 位指令可设 1~32 767 个脉冲，32 位指令可设 1~2 147 483 647 个脉冲。若指定的脉冲数量为 0，则产生的脉冲个数不受限制，即只要 PLSY 的执行条件 M0 为 ON，则不断发送脉冲。D 用于指定脉冲输出的 Y 地址号，允许设定范围为 Y000~Y001。

PLSY 标志位如下。

M8029：PLSY 发完脉冲，M8029 闭合。

M8147：Y000 发脉冲时闭合，发完脉冲断开。

M8148：Y001 发脉冲时闭合，发完脉冲断开。

M8145：闭合时 Y000 停止输出脉冲。

M8146：闭合时 Y001 停止输出脉冲。

D8140：记录 Y000 发脉冲数，32 位。

D8142：记录 Y001 发脉冲数，32 位。

需要注意，PLSY 不能用于 STL-RET 顺控结构内。

任务实施

1. 设置步进驱动器的 DIP 开关 DIP1～DIP8 依次为 ON、OFF、OFF、OFF、ON、ON、ON、ON（实际操作时要按照现场所使用的具体设备进行设置）。

2. 按图 7-55 连接电路，按图 7-56 编写梯形图程序，完成步进电动机的试运行。

任务 5　基于 PLC 的步进电动机传送带编码器定位控制

学习目标

1. 熟悉旋转编码器的常见类型和工作原理。
2. 掌握脉冲当量的测量和计算方法。
3. 能实现基于 PLC 的步进电动机传送带编码器定位控制。

任务引入

本任务研究用步进电动机实现精准位置控制。按下启动按钮 SB1，电磁阀 1 接通，受电磁阀 1 控制的气缸把加工物料推到 ST1 处，等待 5 s，传送带以 10 mm/s 的速度快速向右输送物料到 ST3 处，停止 1 s 后执行机构动作，进行物料加工，加工过程中物料围绕 ST3 左右以 2 mm/s 的速度慢速移动 5 cm 三次（右移 5 cm，等待 0.5 s，左移 10 cm，等待 0.5 s，再右移到 ST3 为一次），每次之间停留 1 s，加工完物料后又以 10 mm/s 的速度快速向右运行到 ST2，等待 1 s，电磁阀 2 接通，受电磁阀 2 控制的气缸把加工物料推到储存位置，1 s 后进入下一件物料的加工过程。按下暂停按钮 SB2，执行机构完成正在加工的物料后停止。按下停止按钮 SB3，执行机构立即停止工作。

任务分析

基于 PLC 的步进驱动器与步进电动机连接电路如图 7-64 所示，输入/输出地址分配见表 7-11，顺序功能图如图 7-65 所示，梯形图如图 7-66 所示。

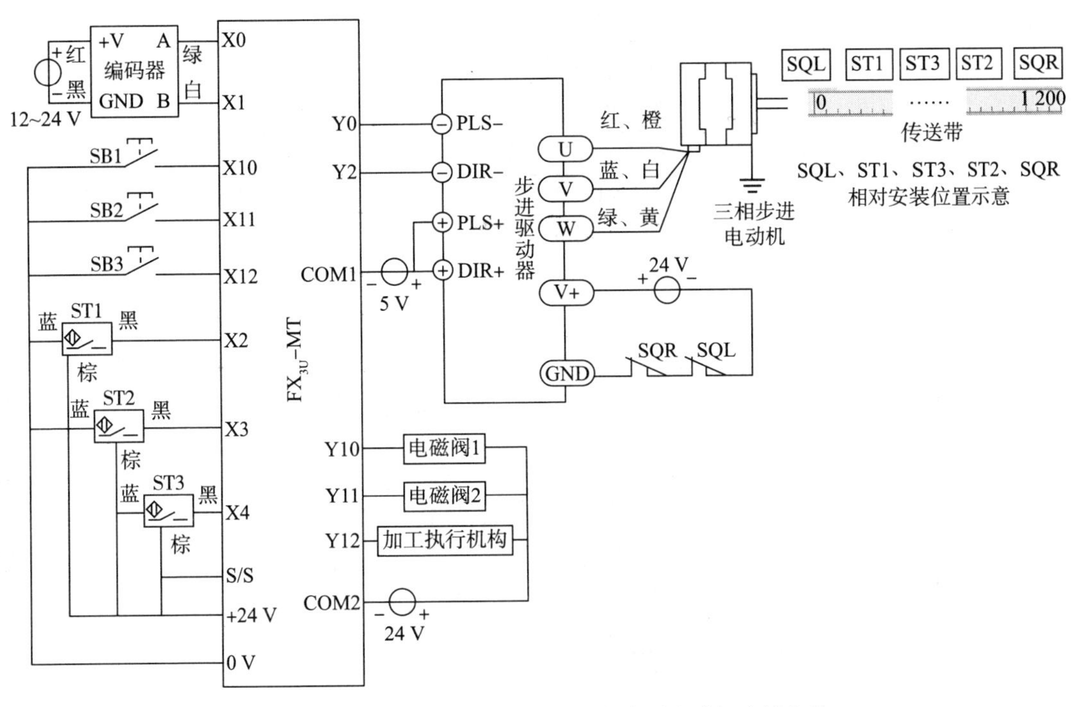

图 7-64 基于 PLC 的步进驱动器与步进电动机连接电路

表 7-11 输入/输出地址分配表

输入		输出	
继电器	说明	继电器	说明
X0	编码器 A 相	Y0	PLS-电动机脉冲信号
X1	编码器 B 相	Y2	DIR-电动机方向信号
X10	SB1 启动按钮	Y10	电磁阀 1
X11	SB2 暂停按钮	Y11	电磁阀 2
X12	SB3 停止按钮	Y12	加工执行机构
X2	ST1 左限位开关		
X3	ST2 右限位开关		
X4	ST3 中限位开关		

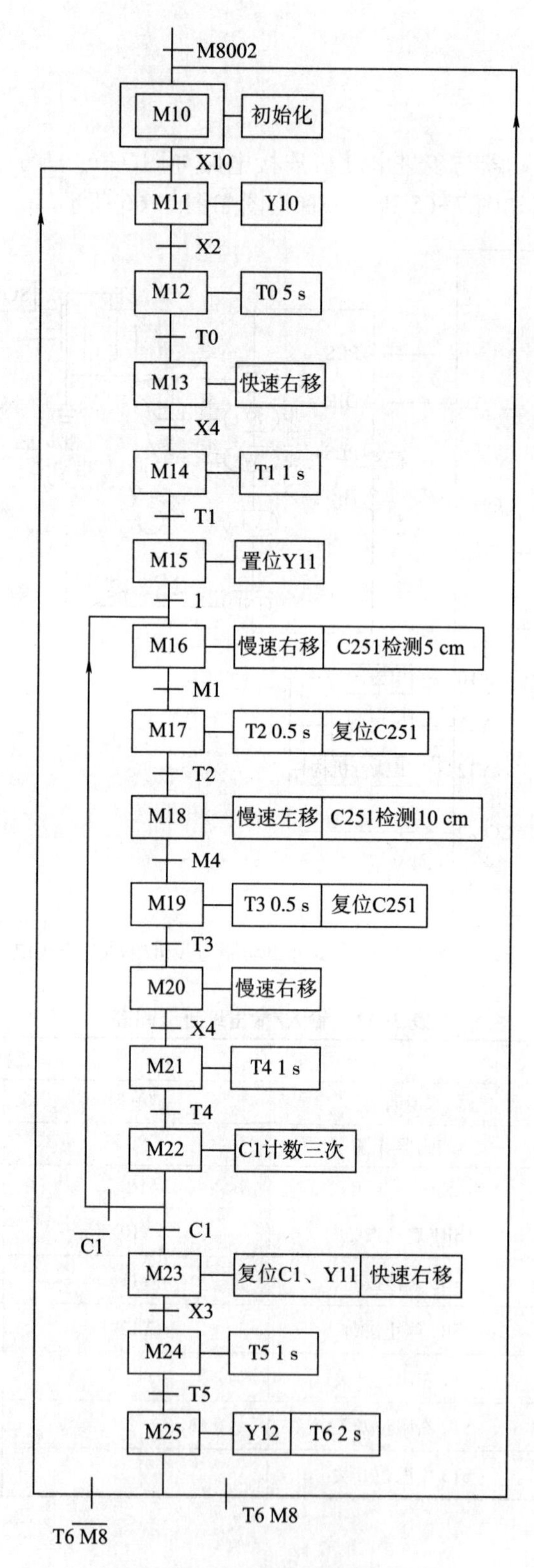

M8002
M10
初始化
X10
M11
Y10
X2
M12
T0 5 s
T0
M13
快速右移
X4
M14
T1 1 s
T1
M15
置位Y11
1
M16
慢速右移
C251检测5 cm
M1
M17
T2 0.5 s
复位C251
T2
M18
慢速左移
C251检测10 cm
M4
M19
T3 0.5 s
复位C251
T3
M20
慢速右移
X4
M21
T4 1 s
T4
M22
C1计数三次
C1
C1
M23
复位C1、Y11
快速右移
X3
M24
T5 1 s
T5
M25
Y12
T6 2 s
T6 M8
T6 M8

图 7-65　顺序功能图

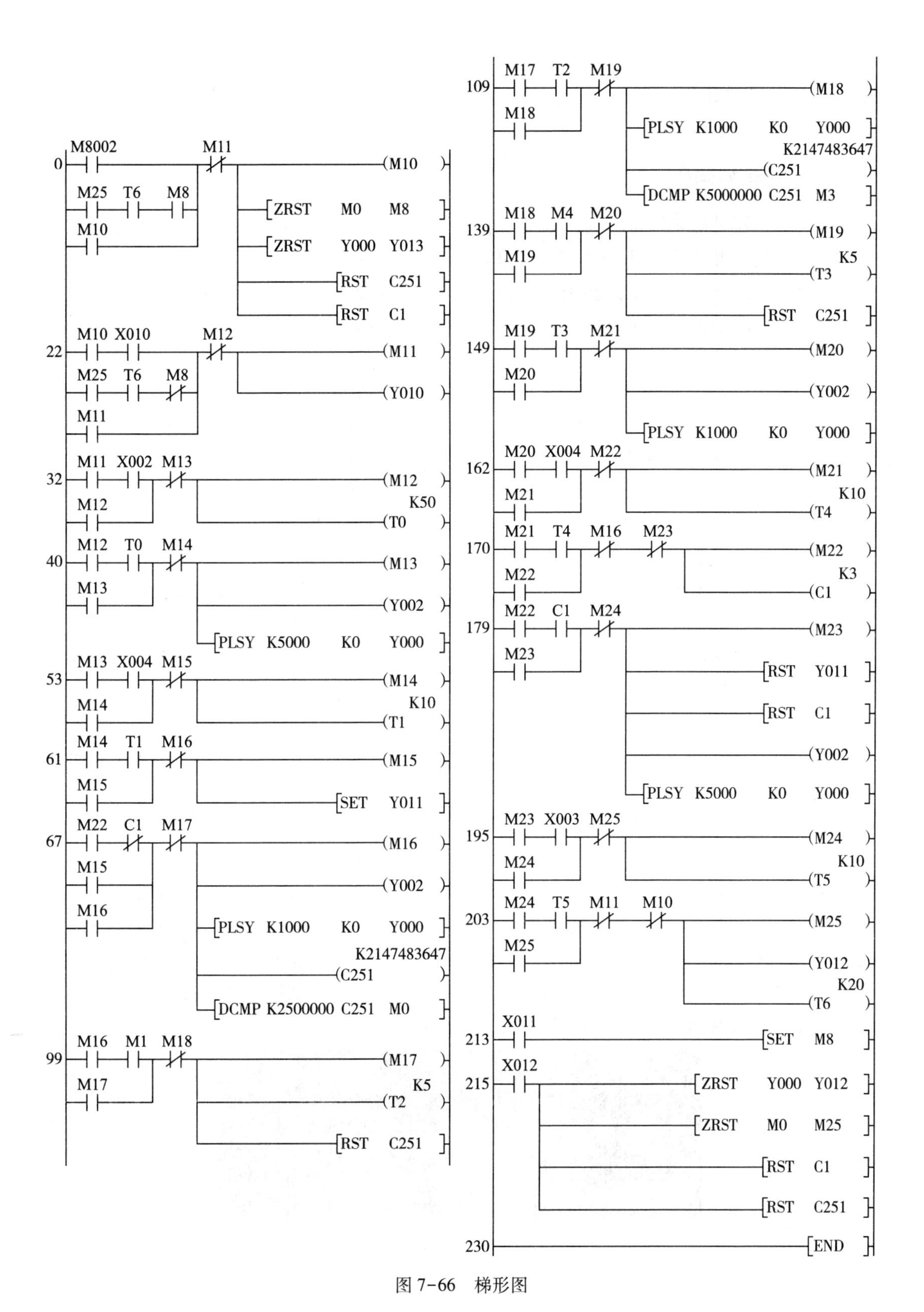
0 M8002 M11 (M10)
M25 T6 M8
M10
[ZRST M0 M8]
[ZRST Y000 Y013]
[RST C251]
[RST C1]
22 M10 X010 M12 (M11)
M25 T6 M8
M11
(Y010)
32 M11 X002 M13 (M12)
M12
K50 (T0)
40 M12 T0 M14 (M13)
M13
(Y002)
[PLSY K5000 K0 Y000]
53 M13 X004 M15 (M14)
M14
K10 (T1)
61 M14 T1 M16 (M15)
M15
[SET Y011]
67 M22 C1 M17 (M16)
M15
M16
(Y002)
[PLSY K1000 K0 Y000]
K2147483647 (C251)
[DCMP K2500000 C251 M0]
99 M16 M1 M18 (M17)
M17
K5 (T2)
[RST C251]
109 M17 T2 M19 (M18)
M18
[PLSY K1000 K0 Y000]
K2147483647 (C251)
[DCMP K5000000 C251 M3]
139 M18 M4 M20 (M19)
M19
K5 (T3)
[RST C251]
149 M19 T3 M21 (M20)
M20
(Y002)
[PLSY K1000 K0 Y000]
162 M20 X004 M22 (M21)
M21
K10 (T4)
170 M21 T4 M16 M23 (M22)
M22
K3 (C1)
179 M22 C1 M24 (M23)
M23
[RST Y011]
[RST C1]
(Y002)
[PLSY K5000 K0 Y000]
195 M23 X003 M25 (M24)
M24
K10 (T5)
203 M24 T5 M11 M10 (M25)
M25
(Y012)
K20 (T6)
213 X011 [SET M8]
215 X012 [ZRST Y000 Y012]
[ZRST M0 M25]
[RST C1]
[RST C251]
230 [END]

图 7-66 梯形图

相关知识

一、旋转编码器

旋转编码器是用来测量转速的装置，它分为单路输出和双路输出两种，技术参数主要有每转脉冲数（几十个到几千个都有）、输出方式和供电电压等。单路输出是指旋转编码器的输出是一组脉冲，而双路输出的旋转编码器输出两组相位差 90°的脉冲，通过这两组脉冲不仅可以测量转速，还可以判断旋转的方向。旋转编码器如以信号原理来分，有增量型编码器和绝对型编码器。

增量型编码器（旋转型）的工作原理主要基于光电转换，增量型编码器（旋转型）有一个带中心轴的光电码盘，光电码盘上有环形通、暗的刻线，当编码器旋转时，光电发射和接收器件读取这些刻线，获得四组正弦波信号，分别是 A、B、C、D，每组信号之间相差 90°相位差，将 C、D 信号反向并叠加在 A、B 两相上，可增强信号的稳定性，另外每转输出一个 Z 相脉冲以代表零位参考位。由于 A、B 两相相差 90°，可通过比较 A 相在前还是 B 相在前，以判别编码器的正转与反转。

绝对型编码器由机械位置决定的每个位置都是唯一的，它无须记忆，无须找参考点，而且不用一直计数，什么时候需要知道位置，就什么时候去读取它的位置，这样可大大提高编码器的抗干扰特性和数据的可靠性。绝对型编码器有单圈绝对值编码器、多圈绝对值编码器等，单圈绝对值编码器适用于旋转范围 360°以内的测量，反之则使用多圈绝对值编码器。

旋转编码器的分辨率是指编码器以每转 360°提供的通或暗刻线的数量，也称解析分度或直接称多少线，一般每转解析分度为 100~10 000 线。

旋转编码器的脉冲信号一般连接计数器、PLC、计算机，常用的连接方式有单相连接；A、B 两相连接；A、B、Z 三相连接；A、A-，B、B-，Z、Z-连接等，单相连接用于单方向计数、单方向测速；A、B 两相连接用于正反向计数、判断正反向和测速；A、B、Z 三相连接用于带参考位修正的位置测量；A、A-，B、B-，Z、Z-连接，由于带有对称负信号的连接，电流对于电缆贡献的电磁场为 0，衰减最小，抗干扰最佳，可传输较远的距离。

本任务采用增量型编码器（旋转型），其实物与连接方式如图 7-67 所示，采用 A、B 两相连接，将监测到的脉冲送高速计数器 C251 计数。

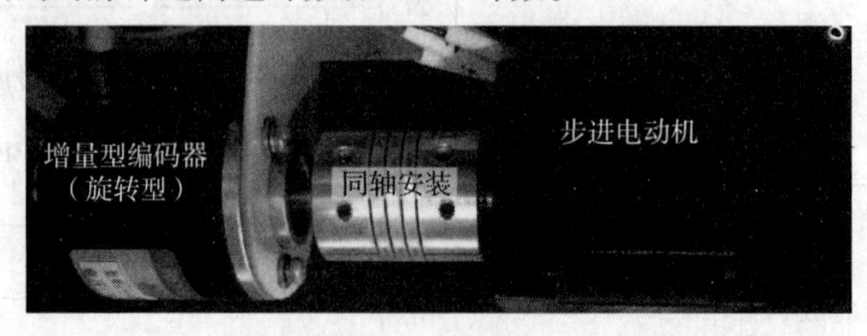

图 7-67　增量型编码器（旋转型）实物与连接方式

二、脉冲当量

脉冲当量是步进电动机每个脉冲带动传送带运行的距离。本任务中步进驱动器设置的细分为1 000 PPR，即每转1 000个脉冲，根据传动特点可计算1 000个脉冲传送带运行的距离L（mm），即可得到传送带运行的脉冲当量$\mu=L/1\,000$（单位为mm/P），进而可以根据需要运行的距离计算得到需要发送的脉冲数量。运行速度s与指令PLSY设定的脉冲频率f（源操作数S1）和脉冲当量μ有关，$s=\mu f$（单位为mm/s）。

利用编码器的反馈测量传送带运行的位置及速度，需要知道编码器的脉冲当量，测量脉冲当量的梯形图如图7-68所示。

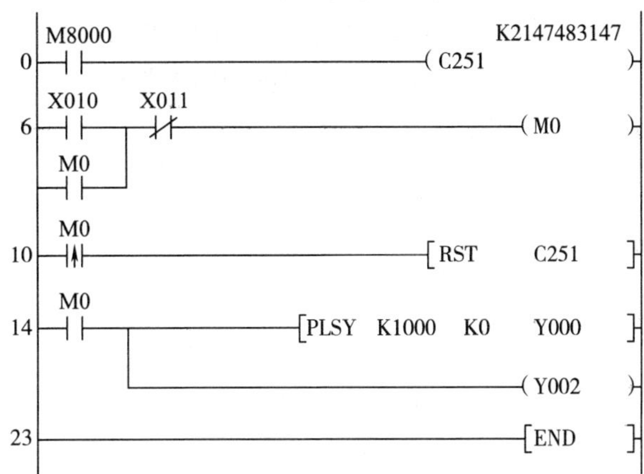

图7-68　测量脉冲当量的梯形图

在传送带初始位置处放入物料（可以是个小物件），采用监控方式运行梯形图，按下启动按钮启动运行。物料被传送一段较长的距离后，按下停止按钮停止运行。观察监控界面上C251的读数，记录脉冲数。然后在传送带上测量物料移动的距离，记录移动距离，脉冲当量=移动距离/脉冲数。为了减小误差，可以多次测量计算平均值。

这里经过测量计算得到脉冲当量为2 μm/P，所以5 cm需要5×10^6个/2=2 500 000个脉冲，10 cm需要10×10^6个/2=5 000 000个脉冲。当传送带速度为10 mm/s时，脉冲频率为10×10^3 Hz/2=5 000 Hz；当传送带速度为2 mm/s时，脉冲频率为2×10^3 Hz/2=1 000 Hz。

任务实施

1. 安装编码器和步进电动机，注意两者要同轴。

2. 设置步进驱动器的DIP开关DIP1～DIP8依次为ON、OFF、OFF、OFF、ON、ON、ON、ON（实际操作时要按照现场所使用的具体设备进行设置）。

3. 按图7-64连接电路，按图7-68编写梯形图程序，采用监控方式运行梯形图程序并测量脉冲数和移动距离，计算脉冲当量。

4. 按计算得到的脉冲当量μ，计算移动距离为L时需要的脉冲数量L/μ，传送带速度为s时需要的脉冲频率$f=s/\mu$，现场传送带分别移动5 cm和10 cm时需要的脉冲数量，传送带速度分别为2 mm/s和10 mm/s时的脉冲频率。

5. 按图7-65所示的顺序功能图，结合现场计算的脉冲数量和脉冲频率，参考图7-66编写梯形图程序，完成调试。

任务 6　基于 PLC 的伺服电动机传送带定位控制

学习目标

1. 掌握伺服电动机和伺服驱动器的工作原理。
2. 熟悉伺服电动机点动控制的操作步骤。
3. 能正确使用伺服电动机和伺服驱动器。
4. 熟悉脉冲当量的概念。
5. 能实现基于 PLC 的伺服电动机传送带定位控制。

任务引入

在自动化生产线上经常需要将卷材剪切成板材，剪切板材尺寸要求严格，可选用伺服电动机控制走板机构精确定位。本任务研究用伺服电动机实现传送带定位控制。

任务分析

一、伺服电动机点动控制

伺服驱动器与伺服电动机连接电路如图 7-69 所示，SQL 和 SQR 是传送带的左、右限位开关。按图 7-69 连接伺服驱动器与伺服电动机，以及伺服驱动器的电源，确保无误后，进行以下操作。

（1）接通电源，等待伺服驱动器显示 00000。

（2）按伺服驱动器操作面板上的“MODE”键，显示 P0-00。

（3）按“SHIFT”键，直到显示 P1-00、P2-00、P3-00、P4-00。

（4）按“△”键，直到显示 P4-05。

（5）按“SET”键，显示 5 个数字，按“△”或“▽”键，直到显示 00100。

（6）按“SET”键，显示-JOG-，表示点动。

（7）按住“△”键，电动机逆时针转动，松开“△”键或碰到右限位开关 SQR，电动机停止；按住“▽”键，电动机顺时针转动，松开“▽”键或碰到左限位开关 SQL，电动机停止。

二、用 PLC 控制伺服驱动器与伺服电动机

按下左行启动按钮 SB1，传送带输送物料向左运行，到 ST2 处向右运行，到 ST1 处又向左运行，循环往复；按下右行启动按钮 SB3，传送带输送物料向右运行，到 ST1 处向左

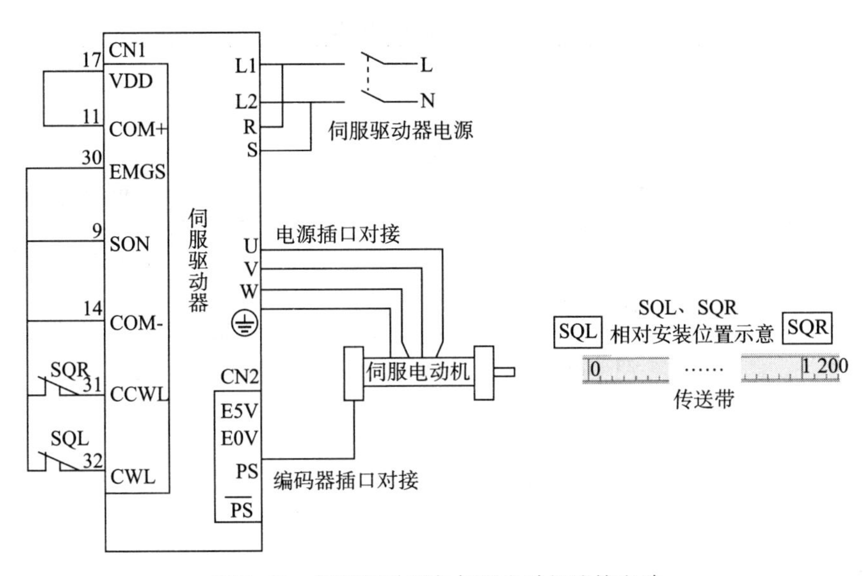

图 7-69 伺服驱动器与伺服电动机连接电路

运行，到 ST2 处又向右运行，循环往复；按下停止按钮 SB2，传送带立即停止运行。基于 PLC 的伺服驱动器与伺服电动机连接电路如图 7-70 所示，资源分配表见表 7-12，触摸屏组态自行设计，参数设置见表 7-13，梯形图如图 7-71 所示。

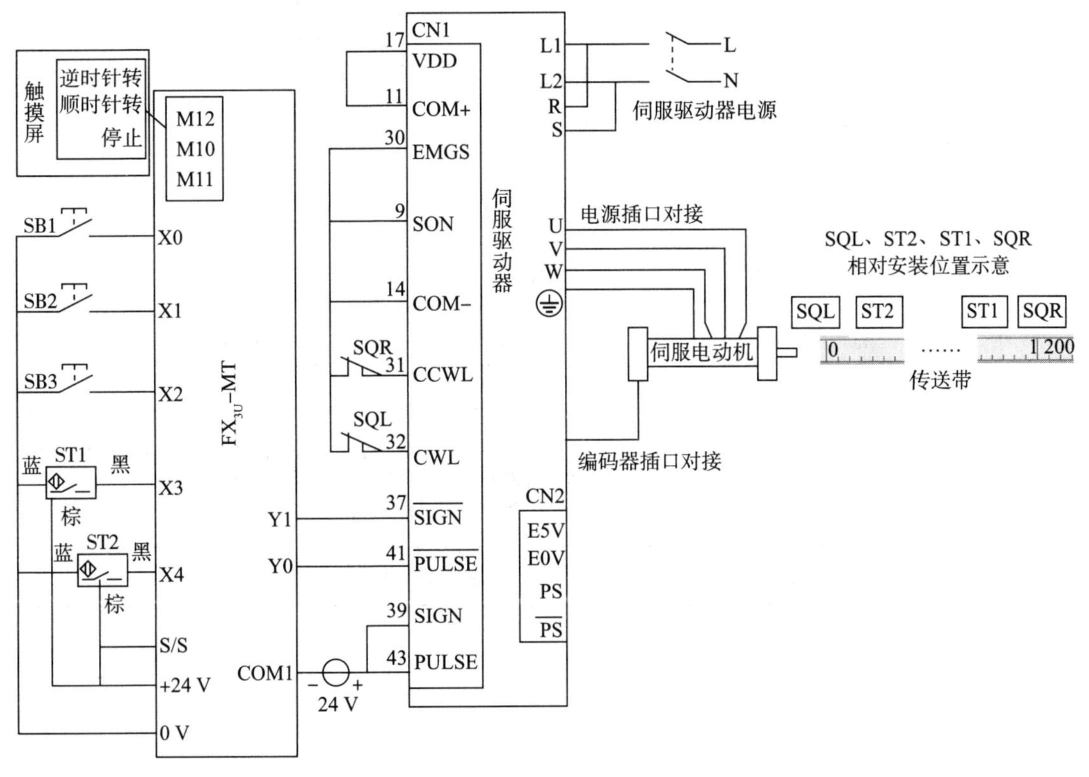

图 7-70 基于 PLC 的伺服驱动器与伺服电动机连接电路

表 7-12　资源分配表

输入		输出	
继电器与内部资源	说明	继电器与内部资源	说明
X0	SB1 左行启动按钮	Y0	$\overline{\text{PULSE}}$ 电动机脉冲信号
X1	SB2 停止按钮	Y1	$\overline{\text{SIGN}}$ 电动机方向信号
X2	SB3 右行启动按钮		
X3	ST1 右限位开关		
X4	ST2 左限位开关		
M10	触摸屏左行启动按钮		
M11	停止按钮		
M12	触摸屏右行启动按钮		

表 7-13　参数设置表

参数编号	参数名称	设置数值	功能和含义
P0-02	LED 初始状态	00	显示电动机反馈脉冲数
P1-00	外部脉冲列指令输入形式设定	2	2：脉冲列“+”
P1-01	控制模式及控制命令输入源设定	00	位置控制模式
P1-44	电子齿轮比分子（*N*）	1	指令脉冲输入比值设定
P1-45	电子齿轮比分母（*M*）	1	
P2-00	位置控制增益	35	加大位置控制增益值，可提升位置应答性能，缩小位置控制误差量，但若位置控制增益值设定太大，易产生振动和噪声
P2-02	位置控制前馈增益	5 000	位置控制命令平滑变动时，加大增益值可减小位置跟随误差值；位置控制命令不平滑变动时，降低增益值可减小机构的运转振动
P2-08	特殊参数输入	0	10：参数复位

```
    X000    M11   X001   X004   M1
0 ──┤├───┬──┤/├───┤/├───┤/├───┤/├──────────( M0    )
    M10   │
  ──┤├───┤
    X003  │
  ──┤├───┤
    M0    │
  ──┤├───┘
    X002    M11   X001   X003   M0
9 ──┤├───┬──┤/├───┤/├───┤/├───┤/├──────────( M1    )
    M12   │
  ──┤├───┤
    X004  │
  ──┤├───┤
    M1    │
  ──┤├───┘
    M0
18──┤├───┬──────────────[PLSY  K1000  K0  Y000 ]
    M1    │
  ──┤├───┘
    M1
27──┤├─────────────────────────────────────( Y001  )
29─────────────────────────────────────────[END    ]
```

图 7-71　梯形图

相关知识

一、伺服电动机

伺服电动机又称执行电动机，其功能是将输入的电压控制信号转换为轴上输出的角位移和角速度来驱动控制对象。伺服电动机可控性好，反应迅速，是自动控制系统和计算机外围设备中常用的执行元件。伺服电动机可分为交流伺服电动机和直流伺服电动机两类。

交流伺服电动机就是一台两相交流异步电动机。它的定子上装有空间互差 90°的两个绕组：励磁绕组和控制绕组，其结构如图 7-72 所示。

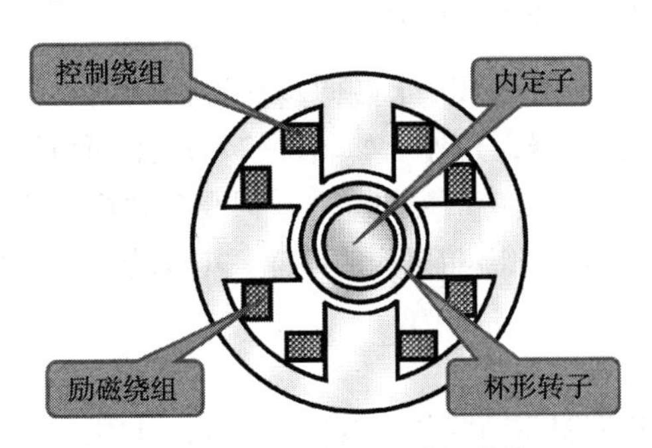

图 7-72　交流伺服电动机结构

图 7-73 所示是伺服电动机的工作原理图。励磁绕组串联电容 C，是为了产生两相旋转磁场。适当选择电容的大小，可使通入两个绕组的电流相位差接近 90°，从而产生所需的旋转磁场。控制电压 $\dot{U}_2$ 与电源电压 $\dot{U}$ 频率相同，相位相同或反相。伺服电动机的工作原理与单相异步电动机有相似之处。励磁绕组固定接在电源上，当控制电压为零时，电动机无启动转矩，转子不转。若有控制电压加在控制绕组上，且励磁绕组电流 $\dot{I}_1$ 和控制绕组电流 $\dot{I}_2$ 同相时，便产生两相旋转磁场，在旋转磁场的作用下，转子便转动起来。伺服电动机的特点是不仅要求它在静止状态下能服从控制信号的命令而转动，还要求在电动机运行时如果控制电压变为零，电动机能立即停转，即当电压信号为零时无自转现象。

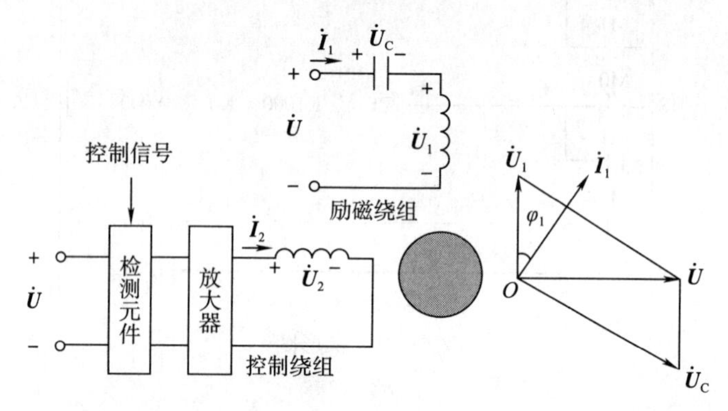

图 7-73　伺服电动机的工作原理图

二、伺服驱动器

伺服电动机能将电压信号转换为转速和转矩以控制生产对象，可精准控制位置、速度等，伺服电动机一般内置编码器。伺服驱动器也称伺服控制器，专用于伺服电动机控制。伺服驱动器一般是通过位置、速度和力矩三种方式对伺服电动机进行控制的，以实现对传动系统的高精度定位。

三、台达伺服电动机及伺服驱动器

本任务选用台达 ECMA-C20604PS 永磁同步交流伺服电动机及台达 ASD-B2-0421-B 全数字永磁同步交流伺服驱动器，其外形如图 7-74 所示。伺服电动机的额定电压及转速为220 V、3 000 r/min，额定输出功率为 400 W。伺服电动机内置增量式编码器，分辨率为 2 500 PPR。伺服驱动器的额定输出功率为 400 W，电源电压为 220 V，使用时要仔细查阅相关的说明书。

操作面板说明：

台达 ASD-B2-0421-B 伺服驱动器共有 187 个参数，其中，P0-××（监控参数）、P1-××（基本参数）、P2-××（扩充参数）、P3-××（通信参数）、P4-××（诊断参数）可以在驱动器的面板上进行设置，操作面板如图 7-75 所示，各个按钮的说明见表 7-14。

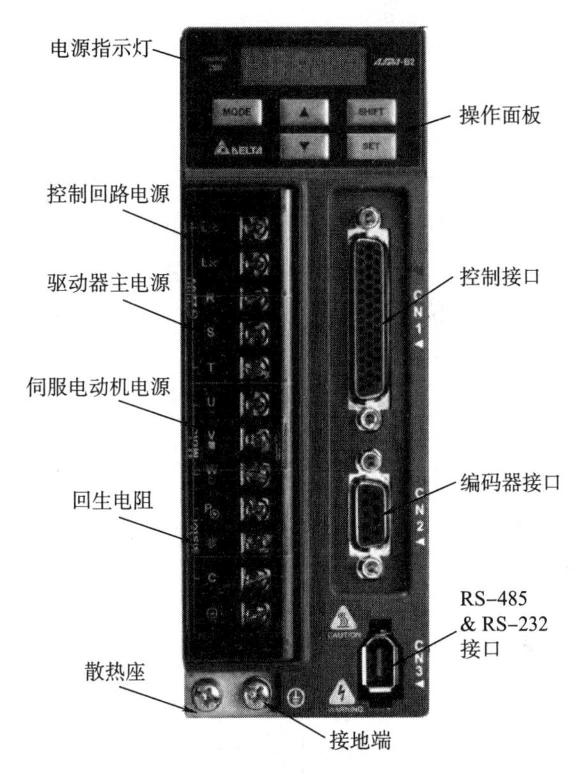

图 7-74　台达 ASD-B2-0421-B 全数字永磁同步交流伺服驱动器

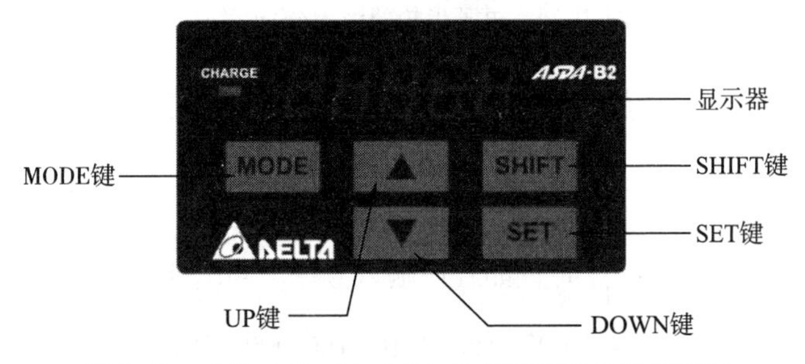

图 7-75　台达 ASD-B2-0421-B 伺服驱动器操作面板

表 7-14　台达 ASD-B2-0421-B 伺服驱动器操作面板各按钮的说明

名称	功能
MODE 键	切换监视模式/参数模式/异警模式，在编辑模式下按“MODE”键可返回参数模式
SHIFT 键	在参数模式下可改变群组码，在编辑模式下闪烁字符左移可用于修正较大的设定字符值，在监视模式下可切换高/低位数显示
UP 键	变更监视码、参数码或设定值
DOWN 键	变更监视码、参数码或设定值

续表

名称	功能
SET 键	显示及存储设定值。在监视模式下可切换 10/16 进制显示。在参数模式下按“SET”键可进入编辑模式

台达 ASD-B2-0421-B 伺服驱动器有 11 种操作模式，如单一的位置模式、速度模式、扭矩模式，混合的位置速度模式、位置扭矩模式、速度扭矩模式等，可以通过参数 P1-01 设置确定操作模式，本任务采用位置模式。设置参数时，先将 SON 与 COM-端子断开，设置好参数后再接上。

四、脉冲当量

用伺服电动机带动传送带运行时也要知道脉冲当量，测量方法与用步进电动机带动传送带时的测量方法相似，也有设备在使用手册中直接给出脉冲当量或与脉冲当量相关的数据。

本设备手册给出了脉冲当量的相关数据：伺服驱动器驱动电动机每转 1 圈所需脉冲数为 160 000 PPR，对应物料前进 4 mm，即 4 mm/r。

通过简单的计算可得到脉冲当量为 0. 025 μm/P。

在编程时还要考虑电子齿轮的因素。电子齿轮的输入/输出关系如图 7-76 所示。

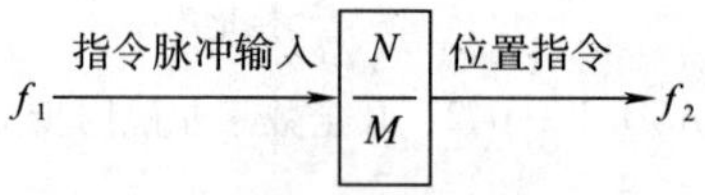

$$f_1 \xrightarrow{\text{指令脉冲输入}} \boxed{\frac{N}{M}} \xrightarrow{\text{位置指令}} f_2$$

图 7-76　电子齿轮的输入/输出关系

程序输入频率 f_1 与伺服电动机转 1 圈所需脉冲数 f_2 的关系如下。

$$f_2 = f_1 \times \frac{N}{M}$$

当电子齿轮比设置为 $\frac{N}{M} = \frac{160}{1}$ 时，如程序输入频率 $f_1 = 1\ 000$ Hz，则

$$f_2 = 1\ 000 \times 160\ \text{PPR} = 160\ 000\ \text{PPR}$$

即指令 PLSY 中频率为 1 000 Hz 时，伺服电动机转 1 圈，对应物料前进 4 mm。

所以，指令 PLSY K1000 K3000 Y000 表示以频率 1 000 Hz 发 3 000 个脉冲到 Y000，物料前进了 12 mm。

任务实施

1. 按表 7-13 设置伺服驱动器参数，注意设置参数时，先将 SON 与 COM-端子断开，设置好参数后再接上。

2. 按图 7-70 连接电路，按图 7-71 编写梯形图程序，完成调试。

3. 把表 7-13 中的 P1-44 设置为 160，再调试，观察有何不同。

任务 7　多台 PLC 之间的 N：N 网络通信

学习目标

1. 掌握三菱 FX_{3U}-485-BD 通信扩展板的使用方法。
2. 熟悉 N：N 网络设置用辅助继电器、数据寄存器和通信数据链接软元件。
3. 熟悉链接时间的概念。
4. 能使用 FX 系列 PLC 的 RS-485 通信模块实现多台 PLC 之间的 N：N 网络通信。

任务引入

在自动化生产线上经常需要用到多台 PLC，多台 PLC 之间常需要信息交流和控制，因此 PLC 之间要能够通信。本任务用两台 FX_{3U} 系列 PLC 通过 RS-485 通信模块连接成一个 N：N 网络结构，第一台 FX_{3U}-32MT 为主站，第二台 FX_{3U}-32MR 为从站。按下主站的动作按钮 SB01，与从站的 Y10 连接的外部设备 1 动作；按下主站的停止按钮 SB02，与从站的 Y10 连接的外部设备 1 停止。按下从站的动作按钮 SB11，与主站的 Y0 连接的外部设备 0 动作；按下从站的停止按钮 SB12，与主站的 Y0 连接的外部设备 0 停止。当主站检测到与从站没有建立好通信时，主站指示灯 0 点亮；当从站检测到与主站没有建立好通信时，从站指示灯 1 点亮。本任务研究多台 PLC 之间的 N：N 网络通信。

任务分析

本任务的重点是实现两台 PLC 之间的 RS-485 通信，使用 FX_{3U}-485-BD 通信扩展板，N：N 网络方框图如图 7-77 所示，输入/输出地址分配表见表 7-15，连接电路如图 7-78 所示，主站梯形图如图 7-79 所示，从站梯形图如图 7-80 所示。

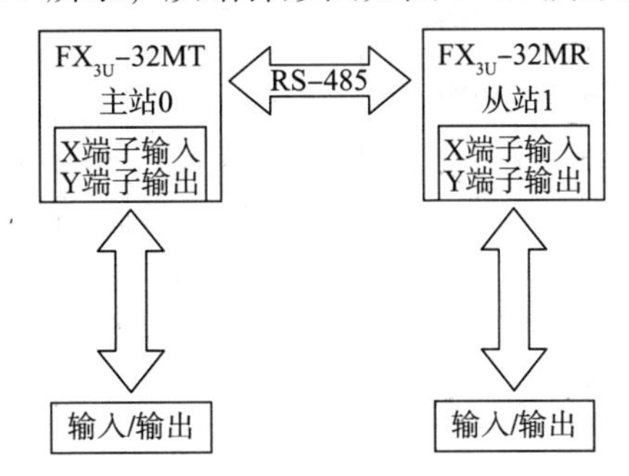

图 7-77　N：N 网络方框图

表 7-15　输入/输出地址分配表

站类别	输入		输出	
	继电器	说明	继电器	说明
主站	X0	动作按钮 SB01	Y0	外部设备 0
	X1	停止按钮 SB02	Y1	指示灯 0
从站	X0	动作按钮 SB11	Y10	外部设备 1
	X1	停止按钮 SB12	Y11	指示灯 1

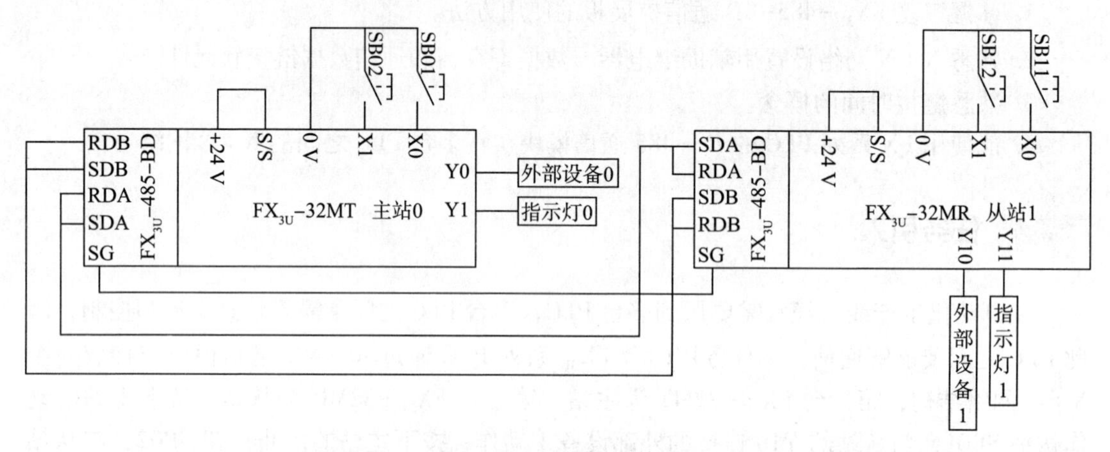

图 7-78　连接电路

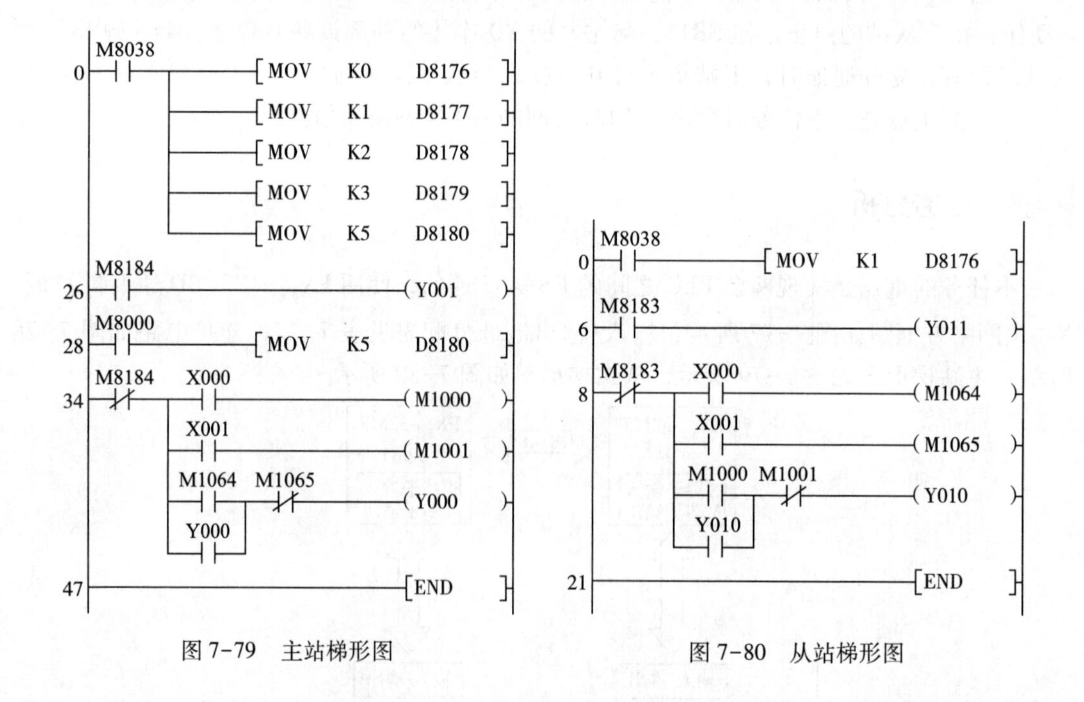

图 7-79　主站梯形图

图 7-80　从站梯形图

相关知识

一、三菱 FX_{3U}-485-BD 通信扩展板

每台 FX_{3U} 系列 PLC 上都可以安装一块 FX_{3U}-485-BD 通信扩展板，如图 7-81 所示，可以使用无协议数据传输、并行连接数据传输以及 N∶N 网络数据传输等。

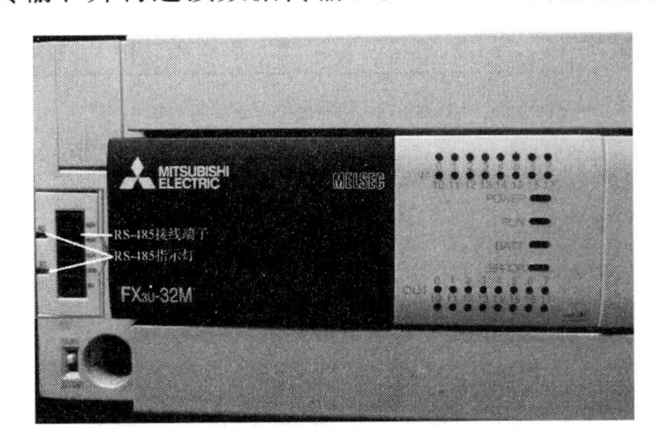

图 7-81　FX_{3U}-485-BD 通信扩展板与 FX_{3U}-32M

使用 N∶N 网络数据传输时，整个系统的最大传输距离为 50 m，最多为 8 个站，1 个主站，站号为 0；7 个从站，站号为 1～7。进行网络连接时通信电缆要使用带屏蔽的双绞线电缆。图 7-82 所示为多台 FX_{3U}-485-BD 通信扩展板电缆连接图，连接完成后要将两端通信扩展板的终端电阻切换开关拨到 110 Ω 位置，如图 7-83 所示。

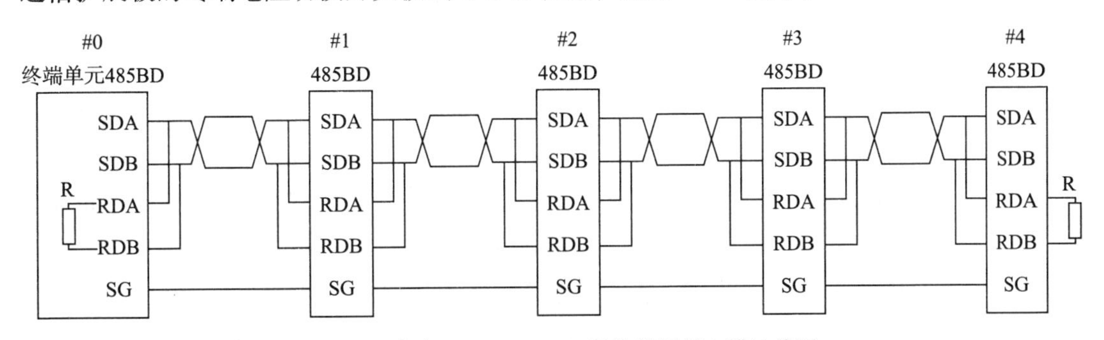

图 7-82　多台 FX_{3U}-485-BD 通信扩展板电缆连接图

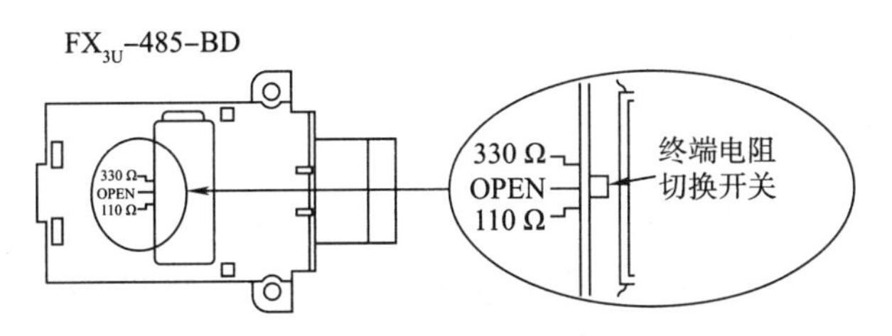

图 7-83　将终端电阻切换开关拨到 110 Ω 位置

二、N：N 网络系统参数

在 N：N 网络中，要保证网络的可靠运行，需要设置正确的通信方式，通信方式设置要在程序的第 0 步进行。

1. N：N 网络设置用辅助继电器和数据寄存器

（1）辅助继电器

N：N 网络设置用辅助继电器功能及说明见表 7-16。

表 7-16　N：N 网络设置用辅助继电器功能及说明

代号	功能	说明
M8038	设定参数	设置 N：N 网络参数标志位
M8179	设定通道	设定所使用的通信口的通道，无程序：通道 1；置 ON：通道 2
M8183	主站通信错误	当主站发生数据传送序列错误时置 ON
M8184~M8190	从站通信错误	当各从站发生数据传送序列错误时置 ON
M8191	数据通信	执行 N：N 网络时置 ON

（2）数据寄存器

N：N 网络设置用数据寄存器功能及说明见表 7-17。

表 7-17　N：N 网络设置用数据寄存器功能及说明

代号	功能	说明	初始值	设定值
D8176	设定站号	设定 N：N 网络使用时的站号，主站为 0，从站为 1~7	0	0~7
D8177	设定从站数	设定从站的总站数，在主站中设定	7	1~7
D8178	设定刷新范围	选择要相互进行通信的软元件点数的模式，有模式 0、1、2，在主站中设定	0	0~2
D8179	设定重试次数	重复指定次数的通信没有响应时，可以确认错误，在主站中设定	3	0~10
D8180	设定监视时间	设定用于判断通信异常的时间（50~2 550 ms），以 10 ms 为单位进行设定，在主站中设定	5	5~255

2. 通信数据链接软元件

通信数据链接软元件分配表见表 7-18。

三、链接时间

链接时间是指更新链接软元件的循环时间（ms）。根据链接站数（主站+从站）和链接软元件数，网络中站点数越多，数据刷新范围越大，链接时间就越长。网络中总站点数与通信设备刷新模式的关系见表 7-19。为了确保网络通信的及时性，在编写与网络有关的程序时，需要根据网络上通信量的大小，选择合适的刷新模式。另外，在网络编程中，也常需考虑链接时间。

表 7-18　通信数据链接软元件分配表

站号		模式 0		模式 1		模式 2	
		辅助继电器 M	数据寄存器 D	辅助继电器 M	数据寄存器 D	辅助继电器 M	数据寄存器 D
		0 点	各站 4 点	各站 32 点	各站 4 点	各站 64 点	各站 8 点
主站	站号 0		D0～D3	M1000～M1031	D0～D3	M1000～M1063	D0～D7
从站	站号 1		D10～D13	M1064～M1095	D10～D13	M1064～M1127	D10～D17
	站号 2		D20～D23	M1128～M1159	D20～D23	M1128～M1191	D20～D27
	站号 3		D30～D33	M1192～M1223	D30～D33	M1192～M1255	D30～D37
	站号 4		D40～D43	M1256～M1287	D40～D43	M1256～M1319	D40～D47
	站号 5		D50～D53	M1320～M1351	D50～D53	M1320～M1383	D50～D57
	站号 6		D60～D63	M1384～M1415	D60～D63	M1384～M1447	D60～D67
	站号 7		D70～D73	M1448～M1479	D70～D73	M1448～M1511	D70～D77

表 7-19　网络中总站点数与通信设备刷新模式的关系

总站点数/个	N：N 网络通信时间/ms		
	模式 0	模式 1	模式 2
	位软元件 0 点，字软元件 4 点	位软元件 32 点，字软元件 4 点	位软元件 64 点，字软元件 8 点
2	18	22	34
3	26	32	50
4	33	42	66
5	41	52	83
6	49	62	99
7	57	72	115
8	65	82	131

正常执行 N：N 网络，两个指示灯都应清晰地闪烁，FX_{3U}-485-BD 通信扩展板指示灯显示状态见表 7-20。当指示灯不闪烁时，要确认接线、主站和各从站的设定情况。

表 7-20　FX_{3U}-485-BD 通信扩展板指示灯显示状态

指示灯显示状态		运行状态
RD	SD	
闪烁	闪烁	正在执行数据的发送/接收
闪烁	灯灭	正在执行数据的接收，但是发送不成功
灯灭	闪烁	正在执行数据的发送，但是接收不成功
灯灭	灯灭	数据的发送和接收都不成功

任务实施

按图 7-78 连接电路，分别下载主站和从站的梯形图，完成调试，观察是否实现相应的通信功能。